污水处理

臭气监测、建模与控制

Odours in Wastewater Treatment

Measurement，Modelling and Control

[英]理查德 · 斯图茨（Richard Stuetz）
[德]弗兰茨-伯恩德 · 弗雷兴（Franz-Bernd Frechen）编
陈 广 邹博源 译

同濟大學出版社
TONGJI UNIVERSITY PRESS
· 上海 ·

图书在版编目（CIP）数据

污水处理臭气监测、建模与控制 /（英）理查德·斯图茨(Richard Stuetz)，（德）弗兰茨－伯恩德·弗雷兴(Franz-Bernd Frechen) 编；陈广，邹博源译．—上海：同济大学出版社，2022.3

书名原文：Odours in Wastewater Treatment: Measurement, Modelling and Control

ISBN 978-7-5765-0134-6

Ⅰ．①污…　Ⅱ．①理…　②弗…　③陈…　④邹…　Ⅲ．①城市污水处理－污水处理厂－臭气治理－研究　Ⅳ．① X512

中国版本图书馆 CIP 数据核字（2022）第 042722 号

污水处理臭气监测、建模与控制

［英］理查德·斯图茨（Richard Stuetz）
［德］弗兰茨-伯恩德·弗雷兴（Franz-Bernd Frechen）　编

陈　广　邹博源　译

责任编辑　翁　晗

封面设计　陈益平

责任校对　徐春莲

出版发行　同济大学出版社　www.tongjipress.com.cn

（地址：上海市四平路 1239 号　邮编：200092　电话：021-65985622）

经　　销　全国各地新华书店

印　　刷　江苏凤凰数码印务有限公司

开　　本　710mm × 1000mm

印　　张　25.25

字　　数　505 000

版　　次　2022 年 3 月第 1 版

印　　次　2022 年 3 月第 1 次印刷

书　　号　ISBN 978-7-5765-0134-6

定　　价　128.00 元

译者信息

陈　广 Chen Guang	邹博源 Zou Boyuan	吕鹏飞 Lü Pengfei
李　闯 Li Chuang	张厚强 Zhang Houqiang	吴　娇 Wu Jiao
胡　坤 Hu Kun	高　磊 Gao Lei	樊　烨 Fan Ye
张　岩 Zhang Yan	张留瓅 Zhang Liuli	沈怡雯 Shen Yiwen

撰稿人信息

特蕾莎・J. 班多斯（Teresa J.Bandosz）
美国纽约城市大学城市学院化学系
Department of Chemistry, The City College of City University of New York, New York, NY 10031, USA

马克・A. 邦茨（Marc A. Boncz）
荷兰瓦赫宁根农业大学环境技术分系
Sub-Department of Environmental Technology, Agricultural University of Wageningen, P.O. Box 8129, 6700 EV, Wageningen, The Netherlands

罗伯特・鲍克（Robert Bowker）
鲍克联合公司，美国波特兰市国会街 477 号
Bowker and Associates Inc., 477 Congress Street, Portland, ME 04101, USA

哈里・布鲁宁（Harry Bruning）
荷兰瓦赫宁根农业大学环境技术分系
Sub-Department of Environmental Technology, Agricultural University of Wageningen, P.O. Box 8129, 6700 EV, Wageningen, The Netherlands

乔安娜・E. 伯吉斯（Joanna E. Burgess）
英国克兰菲尔德大学水科学学院
School of Water Sciences, Cranfield University, Cranfield, MK43 0AL, UK

汤姆・卡德（Tom Card）
环境管理咨询，美国华盛顿州

Environmental Management Consulting, 100 292nd Avenue SE, Fall City, WA 98024, USA

巴特·德·海德尔（Bart De heyder）
阿卡芬，比利时
Aquafin nv, Dijkstraat 8, 2630 Aartselaar, Belgium

理查德·芬纳（Richard A. Fenner）
英国赫特福德大学水工程研究小组
Water Engineering Research Group, University of Hertfordshire, Hatfield, AL10 9AB, UK

弗朗茨－伯纳德·弗雷兴（Franz-Bernd Frechen）
德国卡塞尔大学卫生与环境工程系，科尔－沃尔特斯大街3号，D-34125
Dept of Sanitary and Environmental Engineering, University of Kassel, Kur-Wolters-Strasse 3, D-34125, Germany

彼得·戈斯特洛（Peter Gostelow）
英国克兰菲尔德大学水科学学院
School of Water Sciences, Cranfield University, Cranfield, MK43 0AL, UK

菲尔·霍布斯（Phil Hobbs）
草原与环境研究所，英国北怀克
Institute of Grassland & Environmental Research, North Wyke, Okehampton, EX20 2SB, UK

约翰·霍布森（John Hobson）
WRc，英国斯文顿布拉格
WRc, Frankland Road, Blagrove, Swindon, SN5 8YF, UK

索基尔德·赫维特－雅各布森（Thorkild Hvitved-Jacobsen）
丹麦奥尔堡大学环境工程实验室
Environmental Engineering Laboratory, Aalborg University, Sohngaardsholmsvej 57,

9000 Aalborg, Denmark

约翰·蒋（音译）(John Jiang)

澳大利亚新南威尔士大学土木和环境工程学院水和废物技术中心

Centre for Water and Waste Technology, School of Civil and Environmental Engineering, The University of New South Wales, Sydney, NSW, 2052, Australia

拉尔夫·凯伊（Ralph Kaye）

澳大利亚新南威尔士大学土木和环境工程学院水和废物技术中心

Centre for Water and Waste Technology, School of Civil and Environmental Engineering, The University of New South Wales, Sydney, NSW, 2052, Australia

劳伦斯·科伊（Lawrence Koe）

新加坡国立大学土木工程系

Dept of Civil Engineering, National University of Singapore, 10 Kent Ridge Crescent, Singapore, 119260

皮特·N.L. 伦斯（Piet N.L. Lens）

荷兰瓦赫宁根农业大学环境技术分系

Sub-Department of Environmental Technology, Agricultural University of Wageningen, P.O. Box 8129, 6700 EV, Wageningen, The Netherlands

菲利普·朗赫斯特（Philip Longhurst）

英国克兰菲尔德大学水科学学院

School of Water Sciences, Cranfield University, Cranfield, MK43 0AL, UK

阿伦·麦金太尔（Alun McIntyre）

Entec，泰恩河畔纽森比亚大厦

Entec, Northumbria House, Regent Centre, Newcastle-upon-Tyne, NE3 3PE, UK

西蒙·A. 帕森斯（Simon A. Parsons）

英国克兰菲尔德大学水科学学院

School of Water Sciences, Cranfield University, Cranfield, MK43 0AL, UK

维姆·H. 鲁肯斯（Wim H. Rulkens）
荷兰瓦赫宁根农业大学环境技术分系
Sub-Department of Environmental Technology, Agricultural University of Wageningen, P.O. Box 8129, 6700 EV, Wageningen, The Netherlands

简·赛普玛（Jan Sipma）
荷兰瓦赫宁根农业大学环境技术分系
Sub-Department of Environmental Technology, Agricultural University of Wageningen, P.O. Box 8129, 6700 EV, Wageningen, The Netherlands

罗伯特·W. 斯尼斯（Robert W. Sneath）
英国西尔索研究所生物工程部
Bio-Engineering Division, Silsoe Research Institute, Wrest Park, Silsoe, MK45 4HS, UK

理查德·M. 斯图茨（Richard M. Stuetz）
英国克兰菲尔德大学水科学学院
School of Water Sciences, Cranfield University, Cranfield, MK43 0AL, UK

阿莫斯·塔克（Amos Turk）
美国纽约城市大学城市学院化学系
Department of Chemistry, The City College of City University of New York, New York, NY 10031, USA

赫尔曼·范·兰根霍夫（Herman Van Langenhove）
比利时根特大学有机化学系
Dept of Organic Chemistry, Ghent University, Coupure Links 653, B-9000, Ghent, Belgium

艾莉森·J. 文森特（Alison J. Vincent）
海德咨询，英国纳尔逊市
Hyder Consulting, Hyder Consulting, P.O. Box 4, Pentwyn Road, Nelson, CF46 6YA, UK

杰斯·沃勒森（Jes Vollertsen）

丹麦奥尔堡大学环境工程实验室

Environmental Engineering Laboratory, Aalborg University, Sohngaardsholmsvej 57, 9000 Aalborg, Denmark

龚杨（音译）（Gong Yang）

WRc，英国斯文顿布拉格

WRc, Frankland Road, Blagrove, Swindon, SN5 8YF, UK

序 | Preface

污水处理厂与周边社会环境和谐共处是新时期污水处理行业可持续发展的必然要求，有效遏制污水处理设施运行过程中所产生臭气对周边环境与公众的影响是当前和未来相当长一段时间内污水处理领域的重点工作之一。2016 年上马的世界最大的上海白龙港污水处理厂除臭工程拉开了我国大型城市污水处理厂除臭设施建设的大幕，对于新时期我国污水处理厂的建设和发展具有重要的标志性意义。

污水处理设施除臭工程实践基于对恶臭来源与产生机理的深入理解，依赖于臭气监测、建模预测、臭气控制等各个环节。与国外相比，我国污水处理设施除臭工程处于初级发展阶段，工程实践经验尚有不足。本书译者上海城投污水处理有限公司陈广总经理及其领导的团队一直注重污水处理领域技术的创新与实践工作，敏锐地洞察到现阶段国内污水处理厂除臭领域仍然缺乏系统性的理论基础总结、技术研判分析、工程设计规范与除臭工程运行指南等。借鉴国际相关技术与成功实践经验，从而促进国内污水处理设施除臭技术与工程的科技创新，是其本人及团队翻译此本著作的初衷，也是陈广总经理及其团队注重技术创新与实践的体现。

该译著涵盖了恶臭认知与政策法规、污水输送与处理产生的臭气、臭气取样与检测、恶臭评估与模型预测、恶臭控制与处理等主要内容，同时书中介绍了大量除臭工程案例，对国内污水处理从业人员与科研人员均具有很强的借鉴意义。此书的翻译和出版凝结着陈广总经理及其团队的汗水和心血，我们相信此书的出版对于该领域的技术发展具有重要的促进作用。在此，向本书的译者，陈广总经理及其团队表示衷心的祝贺！

王志伟

王志伟　教授、博士生导师

同济大学环境科学与工程学院院长

2022 年 1 月

译者序 | Translator's Preface

上海白龙港污水处理厂除臭工程作为世界最大规模最高标准最严监控的污水厂专项除臭工程，是上海市的重大民生工程。该工程总除臭风量达 4200 万 m^3/d，加罩面积超 25 万 m^2，收集风管超 78.5 km，并配套新建再生水处理和生物除臭菌自培养供给系统，开启了我国大规模新建污水处理除臭设施的序幕。在全世界范围内，20 世纪 70 年代发达国家已开始针对恶臭气体的污染开展专项立法和整治。现阶段，采取更有效措施防止恶臭气体污染已是世界性议题，国内外污水处理厂都面临减少投诉、缓解厂群矛盾的外部压力。

城镇污水处理厂内部存在着差异化的臭气污染来源、不同的排放规律与复杂的气象扩散条件，这些客观条件直接关联到污水处理厂内污水、污泥处理设施除臭工艺的设计与运行。城镇污水处理厂除臭工程的高效运行是为周边民众提供良好居住环境的最重要途径。2021 年，污水处理设施相配套的除臭设施运行效果，也从检测达标逐步转变至市民感官满意，对除臭工程的运行管理也提出了更高的要求。

与国外相比，我国污水厂与污水输送泵站的除臭工程处于初级阶段。现阶段的工程实践稍显不足。同时缺乏系统性的理论基础汇总、工程设计规范与除臭工程运行规范。本书作者都为国际水协资深专家，已针对臭气污染议题发表多篇专业著作与学术论文。从恶臭污染物产生的机理、不同的臭气污染来源与排放规律进行描述，系统性地介绍了污水厂所面临的客观环境。针对现实情况，采取相应的恶臭检测和评价机制，以此为基础进行建模预测和有效处理技术的应用。本书中引述了大量现实工程案例，对国内相关从业人员与科研人员都具有丰富的借鉴指导意义。

本书共有20个章节，包含五个部分：臭气认知与政策法规、污水输送与处理产生的臭气、臭气取样与检测、臭气评估与模型预测、臭气控制与处理。书中详细说明了污水输送与处理过程中恶臭产生的种类与特征，市民投诉与相关环保政策。从臭气污染的点线面取样到化学与感官检测以及扩散模型来预测臭气对周围环境、人员的影响。最后论述了污水输送与处理过程中的除臭方法，包括排水管道的化学药剂添加、污水处理环节加盖、化学洗涤、物理吸附、催化氧化与生物处理的设计与运行。

在此衷心感谢原著作者，感谢他们在一个如此细分的领域刻苦钻研，为专业技术人员奉献了一本如此有意义的专著；感谢同济出版社的支持，保证了本书中文版的顺利出版。

最后，虽然译者在翻译时尽心尽力，因能力等所限，译文肯定存在不准确、错误之处，欢迎读者批评指正。

本书译者

2022年1月

前言 | Foreword

污水处理设施排放的恶臭气体会对周边居民的生活造成影响。近年来，这些恶臭气体让公众产生越来越多的担忧。污水处理设施周围的土地开发、社会大众对环境问题的认识以及公众对私有化水务公司的期望，大幅提高了社会对恶臭污染的关注。因此，为避免污水处理过程中恶臭气体的产生及其对周边社区的滋扰，精细化管理的需求与日俱增。

在排水管道和污水处理过程中伴生或衍生的恶臭化合物释放至环境中时，会明显对人类形成滋扰。为了避免恶臭化合物的形成，就需要了解其所涉及的相关过程。为了控制和预防臭气的释放，必须了解恶臭气体形成、排放和大气扩散的所有机制。

本书的第一部分介绍了人类如何感知气味、其涉及的生物学机制及与投诉数量有关的解释，概述了环境执法所依据政策法规背后的哲学和基础知识。

本书的第二部分描述了排水管网中臭气和挥发物的形成，以及污水处理中的恶臭来源，特别关注微生物的相互作用和污水处理过程中导致臭气释放的物理因素。对恶臭气体的精准采样和测量对于评估臭气排放及除臭技术的效率至关重要。

本书的第三部分介绍了用于污水处理过程中的气体采样技术，并阐述了直接在现场或在实验室间接测量臭气或臭气组分的不同分析检测方法。特别关注最近的欧洲嗅觉测量标准草案、吸附剂浓缩恶臭混合物的应用以及使用新型传感器阵列替代臭气检测。

本书的第四部分涵盖了评估和预测污水处理过程中恶臭气体的排放路径，这是提供有效治理的重要基础。这部分内容论述了不同种类污水产生差异化恶臭来源的排放预测技术，着重强调恶臭释放能力（OEC）的测量方法在评估污水恶臭气体排放扩散方面的使用和优势。同时，说明了 H_2S 轮廓图、扩散和气体模型使用的实际案例以及监测臭气扰民情况的实践经验。

本书的第五部分概述了目前用于控制和处理恶臭化合物的技术。包括通过在排水管道和污水中添加化学药剂来抑制臭气的形成，以及对敞开式构筑物加盖来控制恶臭气体的扩散。此外，还介绍了对恶臭气体实施化学、物理和生物处理的不同机制，以及这些不同类型的除臭技术所带来的差异化处理效果。

本书是为那些正在从事臭气治理工作和相关科研工作的工程师和科学家而撰写，同时也适用于对除臭领域涉及的政策法规、测量、建模和治理感兴趣的读者。个别章节的内容反映了本书主题的跨学科性质。笔者相信，臭气扰民问题、恶臭气体的形成和除臭技术将引起越来越多的重视，从这个角度来看，此书可能是第一本，但肯定不是最后一本对臭气主题进行讨论的专著。笔者也真切希望，来自不同国家的臭气治理经验和来自不同学科的专业知识在未来更多地进行合作，以建立一个无臭气滋扰的美好环境，而本书可能是朝着这一目标迈出的一步。

笔者感谢这本书创作过程中所有撰稿者的贡献，并由衷感谢国际水协出版社的艾伦·克里克和艾伦·彼得森在编辑出版过程中给予的帮助、支持和耐心。

理查德·斯图茨（Richard Stutz）

弗兰茨–伯恩德·弗雷兴（Franz-Bernd Frechen）

2001 年 3 月

目录 | Contents

第一部分

臭气认知与政策法规

第1章 臭气感知

理查德·M. 斯图茨（Richard M. Stuerz）
彼得·戈斯特洛（Peter Gostelow）
乔安娜·E. 伯吉斯（Joanna E. Burgess）

1.1 引　言

嗅觉（感知）可能是最有趣和最常用的感觉，却未被充分认知。在实际生活中，气味的感知会受到一个事实的深度影响，即嗅觉是主观的、易产生疲劳效应[1]和记忆效应[2]。人类对嗅觉的感知与自身的情感和喜好密切相关，而这些因素直接决定了个人对某些环境臭气（如污水臭气）所产生的反应。尽管人类对嗅觉的感知非常重要，但目前无法将不同人对臭气的主观体验进行比较，也无法量化臭气感知所带来的影响。

[1] 长时间闻某种气味时会对该气味反应不灵敏——译者注。
[2] 闻到某种气味时会不由得想到某种食物的具体形态或者是某个具体人物或场景——译者注。

本章通过描述从鼻子到大脑的感知传递中的分子相互作用的细节，讨论目前人类对嗅觉的理解，探讨公众对待污水处理厂排放恶臭气体的态度，以及臭气污染造成的水务公司不良社会公共形象。

1.2 人类对气味的认知

人类（以及动物）的嗅觉感受器[1]通常位于鼻腔内由支持细胞、嗅细胞和基细胞组成的嗅上皮中。在嗅上皮中，嗅觉细胞的轴突形成嗅神经。嗅束膨大呈球状，位于每侧脑半球额叶的下面；嗅神经进入嗅球。嗅球和端脑是嗅觉中枢。[2]此类反应使人类能够感知所身处的环境信息，辨别不同气味与其浓烈程度，继而产生生理反应，摆脱有害或不愉快的环境。

1.2.1 气味认知

人类对气味的反应是相当主观的，不同气味浓度下引起的不愉悦程度因人而异。这取决于人与人之间的个体差异，是对气味主观感知的结果。图 1.1 展示了一个简单的气味感知模型。气味感知过程分为两个阶段——生理的接受和心理的解读，最终转化为对某特定气味的综合印象。切雷米西诺夫（Cheremisinoff, 1988）描述了一个更复杂的气味感知模型。外界气味分子接触到嗅觉感受器，引发一系列的酶级联反应实现传导：刺激——刺激物或气味的存在；辨别——确认什么气味；联想——回馈递减；仲裁——自主神经发挥参与效应；推断——对气味进行短时记忆；潜意识——无意识地感知气味；适应——确定气味作为一个特定刺激物。

携带气味物质 ⟹ 生理反应 ⟹ 心理解读 ⟹ 气味印象

图 1.1 气味感知（Frechen，1994）

对臭气的生理敏感程度因人而异（Gostelow et al.，2001）。对臭气的感知强度与其浓度没有线性关系（Gardner and Bartlett，1999）。现在已总结出关于臭气强度的两种属性：①在较小的浓度动态区间内，臭气强度随臭气浓度缓慢上升而大幅增加；②在较大的浓度动态区间内，臭气强度随臭气浓度的大幅上升而缓慢增加。

---

[1] 感受被嗅物的化学刺激再将之转换成嗅神经冲动信息的细胞——译者注。

[2] 嗅觉是一种感觉，由两感觉系统参与，即嗅神经系统和鼻三叉神经系统。嗅觉是外激素通讯实现的前提。嗅觉是一种远感，通过长距离感受化学刺激的感觉——译者注。

不同恶臭污染物之间的人类嗅觉阈值存在着较大差异（表 1.1），这取决于污染物的化学性质。年龄、性别和健康状况等诸多因素会不同程度地影响人的敏感程度。对臭气的敏感程度随着人年龄的增长而下降（Fortier et al.，1991；Patterson et al.，1993；Cain et al.，1995；Bliss et al.，1996），吸烟或健康状况不佳的群体情况会更糟糕（Fortier et al.，1991；Griep et al.，1995，1997）。对臭气感知的性别差异性调查显示，其没有统计学意义（Fortier et al，1991；Cain et al.，1995；Bliss et al.，1996）。

表 1.1　污水处理恶臭物质的嗅觉阈值（Vincent and Hobson，1998）

物质	化合物	恶臭描述	嗅觉阈值浓度（ppb）
硫化物	硫化氢	臭鸡蛋	0.5
	甲基硫醇	腐烂卷心菜、大蒜	0.0014～18
	乙硫醇	腐烂甘蓝	0.02
	二氧化硫	辛辣的，酸性	—
	二甲基硫	腐烂的蔬菜	0.12～0.4
	二甲基	腐败的	0.3～11
	二硫化物	—	—
	硫代甲酚	臭鼬，臭味	—
含氮化合物	氨水	刺激的，辛辣的	130～15 300
	甲胺	腥味，恶臭的	0.9～53
	乙胺	含氨的	2 400
	二甲胺	鱼腥味	23～80
	吡啶	令人不快的，刺激的	—
	粪臭素	排泄物的，令人厌恶的	0.002～0.06
	吲哚	排泄物的，令人厌恶的	1.4
酸类	乙酸	酸的	16
	丁酸	陈腐臭味的	0.09～20
	戊酸	汗臭的	1.8～2 630
醛类和酮类	甲醛	辛辣的，令人窒息的	370
	乙醛	有果味的，苹果味	0.005～2
	丁醛	陈腐臭味的，汗臭的	4.6
	异丁醛	有果味的	4.7～7
	戊醛	有果味的，苹果味的	0.7～9
	丙酮	有果味的，汗臭的	4 580
	丁酮	青苹果味	270

影响人类对恶臭气体敏感度的另一个因素是之前是否接触过相同气味。这可能产生两种后果：①事先接触后对臭气强度的感知下降，被称为嗅觉疲劳或嗅觉适应（Dravnieks and Jarke，1980）；②多次接触后对臭气强度的敏感性可能增加（Cain，1980；Leonardos，1980；Laska and Hudson，1991），这是由于人在逐渐熟

悉某种特定气味后能对其进行快速识别。从恶臭中恢复和适应的时间长度取决于恶臭污染物浓度和化合物的结构。对臭气感知的影响因素包括：①两种恶臭物质（交叉适应）导致感知能力降低；②一种化合物提高了另一种化合物的感知强度（协同作用），这类情况仅限于低臭气浓度（Gardner and Bartlett，1999）。

人类对臭气的生理反应是基于对某种恶臭是否令人愉悦的心理判断，以及该气味所连接的既定印象（Gostelow et al.，2001）。臭气滋扰通常涉及危险或不愉快的环境。污水或污泥处理厂散发的臭气通常与有机物的生物腐烂相关。恶臭气体本身并不是最根本的问题，但也应尽量避免，因为有机物腐烂本身意味着对人类健康的威胁。

气味感知也与情绪体验息息相关。对某件事的记忆，不管是快乐的还是悲伤的，都可能让人联想到某种气味所带来的愉悦感或厌恶感（Cheremisinoff，1988）。因此，对特定来源或某些事件关联的气味的认知是一个过程，它使个人能够通过气味获取相关环境信息，在脑海中留下印象并在未来重复出现。

1.2.2 臭气分类

人类所感知的臭气不是由某种单一化合物产生的，而是多组分不同化合物混合而成。这种影响可能随时间而变化，因为不同化合物的挥发性和扩散性也各不相同（Gardner and Bartlett，1999）。与污水排放有关的恶臭气体由多种化合物组成（表 1.1），硫化氢（H_2S）是最重要的恶臭化合物，当 H_2S 与其他物质（尤其是排水管道中工业废水里包含的物质）互相反应时，就会产生更严重的臭气污染（Vincent and Hobson，1998）。

由于恶臭污染物的复杂性和臭气感知强度的主观性，定量技术的发展（通过参考判断人类嗅觉器官的刺激程度）有助于对恶臭污染物中不同组分的刺激程度进行比较（Gardner and Bartlett，1999）。有两种类型的阈值可以识别：①感觉阈值评估人类嗅觉可以感知某种气味存在的最小物质浓度；②识别阈值评估人类嗅觉可以正确识别恶臭化合物质量的最低浓度。这些阈值取决于溶解样品的试剂和测量方法，因此列表中的臭气阈值范围波动很大（Gardner and Bartlett，1999）。表 1.1 罗列了与污水处理相关的恶臭污染物的嗅觉阈值。

不同的臭气可通过气味描述来进行分辨。但目前还未出现一种令人满意且可行性极高的描述体系（Gardner and Bartlett，1999）。阿穆尔（Amoore，1963a，b）最初通过对 600 种有机化合物的研究提出七种主要气味描述：樟脑、麝香、花香、薄荷、乙醚、辛香和腐臭。然而随后的研究表明，这七种分类无法满足现实需求，评估人员所接受的培训和对气味的熟悉程度，在实践中面对恶臭污染物时需要更精细的分类（Gardner and Bartlett，1999；Wright，1982）。关于更详细描述气味特征体系的信息可参考《气味特征图谱》(Dravanieks，1985)，其中罗列了 146 种气味描述。最完整的 830 类气味描述是由美国测试和材料学会（American Society of Testing and Materials，ASTM）汇编的《气味和香味》（Ohloff，1994）。与污水处理有关的化合物气味描述如表 1.1 所列。

1.2.3　嗅觉发生的机理和过程

气味是由位于鼻腔内上游的嗅觉细胞所感知的。图 1.2 描述了人体嗅觉系统不同部位的解剖结构及所处脑部区域（Gardner and Bartlett，1999）。在正常呼吸的情况下，只有 3% 的气流进入该区域（Gardner and Bartlett，1999）。当闻到气味时，用鼻吸气能显著增加进入鼻腔上部的气流并直接通过嗅觉上皮。恶臭分子和受体细胞之间的这种相互作用产生一个神经信号，沿着嗅觉细胞的轴突向下传播，进入嗅球进行信号处理（Wright，1982）。

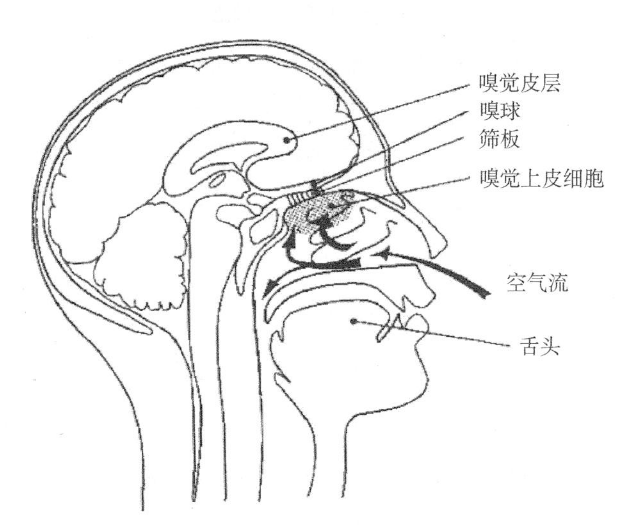

图 1.2　人体嗅觉系统解剖图（Gardner and Bartlett，1999）

1.2.3.1　嗅觉上皮细胞

嗅觉细胞是双极细胞，其树突终止于 10 个或更多的嗅纤毛中，这些嗅纤毛相互交织并在上皮黏液层中形成一个网状结构（Davson，1968；Wright，1982）。

这些嗅纤毛为气味感知提供了更大的表面积，也是分子接触气味物质并开始感觉传导的场所。每个受体细胞由自己的神经纤维轴突连接，该轴突向嗅球传递神经脉冲（Wright，1982）。

恶臭物质与纤毛相互作用的反应机理目前尚未被完全掌握。普遍认为，当嗅觉黏液受到刺激时，纤毛膜上的嗅觉蛋白会在膜上引发一连串的酶级联反应。这种分子过程涉及气味结合蛋白（OBPs）相互作用，这种相互作用促进气味物质穿过黏液层传递到受体，而 G 蛋白[1]则协助将物质与嗅觉膜中的受体相结合。

有几种理论被认为是促进这种化学反应过程的原因。然而，任何理论都必须能够解释臭气的阈值和浓度 / 强度之间的关联性，以及气味质量的差异性和气味的适应性（Koe and Brady，1986）。表 1.2 对嗅觉的三个最突出的理论（即立体化学理论、振动理论、电子贯穿理论）进行了概述。

表 1.2　与分子结构有关的臭气质量理论（Amoore，1964；Wright，1982）

理论	描述
立体化学理论	当分子与嗅觉上皮内的互补受体部位相结合时即被闻到。这种“锁钥”假说是以酶动力学类型机制为基础的
振动理论	嗅觉受体对分子的振动频率是敏感的。这种假说类似于红外光谱学
电子贯穿理论	嗅觉受体对分子的振动而不是它们的形状做出反应。这种假说基于非弹性电子贯穿，即当分子占据结合位时，电子可以通过激发其振动模式而失去能量

1.2.3.2　嗅球、皮层和大脑

嗅觉细胞产生的神经脉冲或动作电位通过单一的未分支轴突传递，嗅觉神经元形成束（由 10～100 个轴突组成）穿透筛板最终传递至嗅球（图 1.3）。虽然嗅觉神经元表达了一个特定的受体并随机分布在嗅觉上皮的特定区域，但它们聚集在突触球（Gardner and Bartlett，1999）。小球成组连接成团并汇入僧帽细胞。嗅觉的结构导致嗅觉感受器神经元与僧帽细胞以 1∶1 000 的比例融合。

这种融合增加了传递到嗅觉皮质的信号灵敏度。这些信号被直接投射到大脑皮层的高级感觉中枢，进行信号解码并发生嗅觉的解读和反应。

[1] G 蛋白是指能与鸟苷二磷酸结合，具有 GTP 水解酶活性的一类信号传导蛋白——译者注。

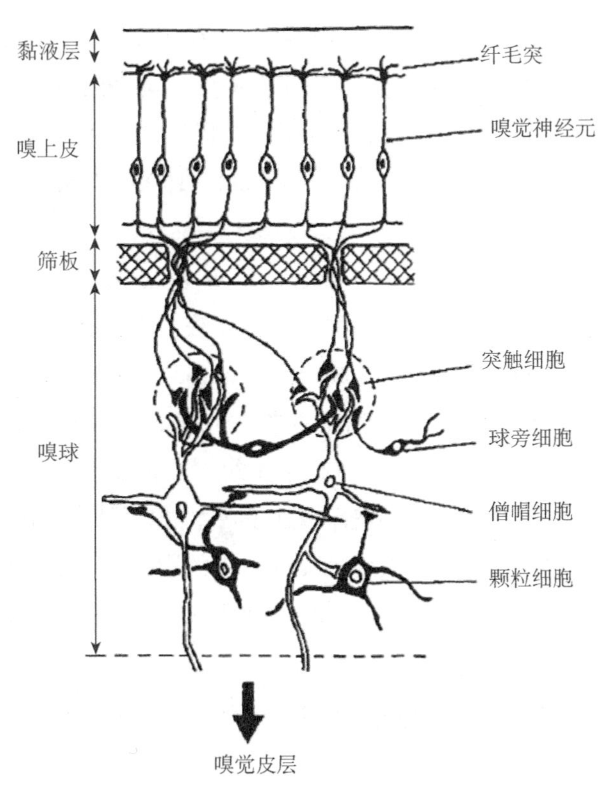

图 1.3　哺乳动物嗅觉系统的不同细胞的连接（Gardner and Bartlett，1999）

1.3　臭气投诉

社会大众早已开始关注并担忧污水处理厂所散发的恶臭污染物（Gostelow et al.，2001）。相比污水处理后的尾水和污泥处理后的固体废弃物，臭气污染受到的关注较少。这主要是由于对臭气排放所造成的公众健康危害或环境风险关注较少。臭气排放和某些恶臭污染物对污水处理厂附近的人群影响最大（Frechen，1988；Wilson et al.，1980）。虽然臭气排放不会直接影响人们的健康，但会间接影响生活质量（Brennan，1993），导致心理压力等（Wilson et al.，1980）。故而，污水及污泥处理厂公共形象较差与臭气排放直接相关。

1.3.1　臭气投诉数据的变化趋势

在 20 世纪最后十年中，对来自农业、垃圾填埋场及污水处理厂所发出的臭气的投诉存在相当大的差异。图 1.4 显示了 1989—2000 年在英格兰和威尔士的臭气投诉案件数量（每百万人口）。数据显示，1989/1990 年至 1995/1996 年期间，对来自农业生产和工业生产过程（包括污水和污泥处理厂）臭气的投诉数量有所增加，从 1995/1996 年开始减少，对于工业生产臭气的投诉减少幅度更大。

污水处理厂臭气投诉增加的最主要原因是周边土地的房地产开发（Balling and Reynolds，1980；Schulz and van Harreveld，1996; Hobson，1997；Vincent and Hobson，1998；Stuetz er al.，1999；Gostelow et al.，2001）。这是人口从城市向农村迁移的结果（Schulz and van Harreveld，1996）。农村的城镇化给污水处理厂带来了大量投诉，同时也使政府加强了环境立法。大量新建社区需要诸多小型污水处理设施（Hobson，1997；Vincent and Hobson，1998），而同时，污水处理设施的发展导致了大量高浓度恶臭气体的排放（Vincent and Hobson，1998）。英格兰和威尔士在 1974 年对水务行业进行了重组，取消了地方政府对污水处理的管控，城市规划与污水处理的剥离进而增加了污水处理厂周围土地的使用。

污水处理设施的扩建使更多人受到臭气污染的影响，增加了周边居民的潜在投诉。公众环保意识的加强和对良好环境的期望使其对环境问题提出更多的申诉（Schulz and van Harreveld，1996；Hobson，1997；Vincent and Hobson，1998）。环保团体的持续施压也使公众对民营水务公司的社会责任有了更多的认识（Vincent and Hobson，1998）。

在 1995/1996 年以后，英格兰和威尔士的臭气投诉数量显著减少（图 1.4），

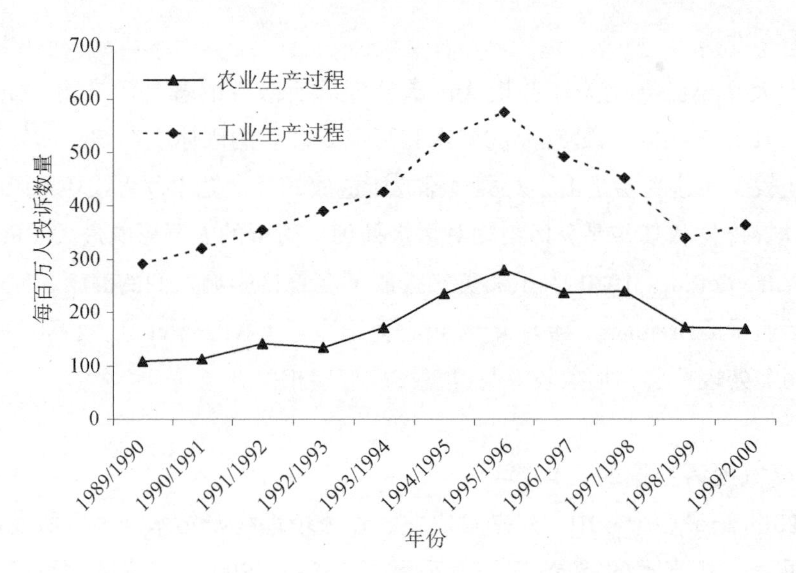

图 1.4　1989—2000 年英格兰和威尔士投诉案数量
（Chartered Institute of Environmental Health, 2000）

这表明农业和工业生产过程中的臭气污染相应减少。1990 年《环境保护法》在英格兰和威尔士实施，直接规定了恶臭气体的排放限值，使得对工业生产的投诉数量大幅减少。法律赋予了地方政府对臭气污染的处罚权，更重要的是，它迫使相关企业重新思考预防及治理臭气污染的策略。在污水处理厂，除臭工程已成为设计和新建工程规划许可的重要考虑因素，同时，解决现有设施的臭气污染变得更加重要（Vincent and Hobson，1998）。水务公司越来越关注其在社会上的公共形象，并已意识到水务设施私有化后公众对其的高标准期望。

随着臭气污染的投诉越来越多，加上新的立法出台，也激发了学术界对于臭气污染评价的研究热情（见第 5—13 章）。此外，在除臭处理技术的管理和开发方面也取得了相当大的进展（见第 14—20 章）。与农业生产相比，对工业生产投诉的数量下降幅度更大（图 1.4），这表明在工业生产设施上安装减排设备可直接减少臭气排放。图 1.5 展示了 1992—1999 年悉尼沿海和内陆污水处理厂的臭气排放投诉数量。随着对恶臭污染源的深入了解，引进和优化除臭系统以控制臭气排放可直接减少投诉数量（Sydney Water，1999）。

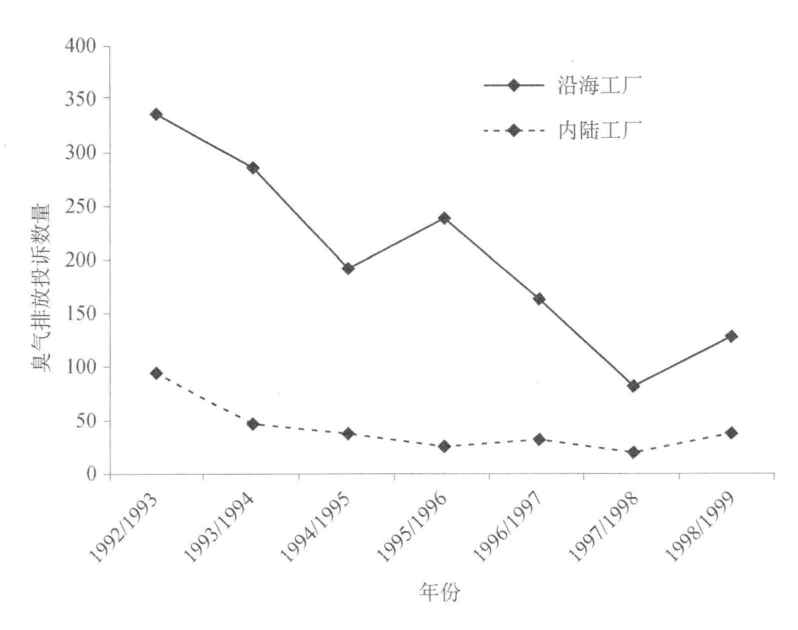

图 1.5　1992—1999 年悉尼沿海和内陆污水处理厂产生的臭气排放投诉数量（Sydney Water，1999）

1.4 参考文献

Amoore, J.E. (1963a) The stereochemical theory of olfaction. *Nature* **198**, 271-272.

Amoore, J.E. (1963b) The stereochemical theory of olfaction. *Nature* **199**, 912-913.

Amoore, J.E. (1964) Current status of the steric theory of odor. *Annal. N.Y. Acad. Sci.* **116**, 457-476.

Balling, R.V. and Reynolds, C. E. (1980) A model for evaluating the dispersion of wastewater plant odors. *J. Water Poll. Cont. Fed.* **52** (10), 2589-2593.

Bliss, P. J., Schulz, T.J., Senger, T. and Kaye, R. B. (1996) Odour measurement-factors affecting olfactometry panel measurement. *Water Sci. Technol.* **34** (3-4) 549-556.

Brennan，B. (1993) Odour nuisance. *Water Waste Treat.* **36**, 30-33.

Cain,W.S. (1980) The case against threshold measurement of environmenta1 odors. *J. Air Poll. Cont. Assoc.* **30**, 1295-1296.

Cain,W.S.,Stevens, J.C. Nickou, C.M., Giles, A., Jobnston,I.and Garcia-Medina, M.R. (1995) Life-span development of odor identification, leaming, and olfactory sensitivity. *Perception* **24**, 1457-1472.

Chartered Institute of Environmental Health (2000) *Annual Report on the Work of Local Authority Environmental Health Departments in England and Wales*.

Cheremisinoff, P.N.(1988) *Industrial Odour Control*. Butterworth-Heinemann, Oxford.

Davson, H. (1968) The sense of smell. In: *Principles of Human Physiology* (H. Davson and M.G. Egg1eton, eds.), pp. 1413-1421, J & A Churchill, London.

Dravnieks, A. (1985) *The Atlas of Odour Character Profile*. American Society for Testing and Materials, ASTM Data Series DS61, Philadelphia.

Dravnieks, A. and Jarke, F. (1980) Odor threshold measurement by dynamic olfactometry: significant operationa1 variables. *J. Air Poll. Cont. Assoc.* **30**, 1284-1289.

Fortier, I., Ferraris, J. and Mergler, D. (1991) Measurement precision of an olfactory perception thresho1d test for use in field studies. *Amer. J. lnd. Med.* **20**, 495-504.

Frechen, F.-B. (1988) Odour emissions and odour contro1 at wastewater treatment plants in West Germany. *Water Sci. Technol.* **20**, 261-266.

Frecben, F.-B. (1994) Odour emissions of wastewater treatment plants- recent German expereinces. *Water Sci. Technol.* **30** (4), 35-46.

Gardner, J.W. and Barlett, P. N. (1999) *Electronic nose: principles and applications.*

Oxford University Press, New York.

Gostelow, P., Parsons, S.A. and Stuetz, R.M. (2001) Odour measurements for sewage treatment works. *Water Res*. **35**, 579-597.

Griep, M.I., Mets, T.F., Vercruysse, A., Cromphout, I., Ponjaert, I., Toft, J.and Massart, D.L.(1995) Food odour thresholds in relation to age, nutritional and health status. *J. Gerontology* **50A**, B407-B414.

Griep, M.I., Mets,T.F., Collys, K., Vogelaere, P., Laska, M. and Massart, D.L. (1997) Odour perception in relation to age, general health, anthropometry and dental state. *Arch. Gerontology Geriatrics* **25**, 263-275.

Hobson, J. (1997) Odour potential. *Water Quality Intemat*. (July/August),pp. 21-24.

Koe, L.C.C. and Brady, D.K. (1986) Sewage odors quantification. *J. Environ. Eng*. **112** (2), 311-327.

Laska, M. and Hudson, R. (1991) A comparison of the detection thresholds of odour mixtures and their components. *Chem. Senses* **16**, 651-662.

Leonardos, G. (1980) Selection of panelists. *J. Air Poll. Cont. Assoc*. **30**, 1297.

Ohloff, G. (1994) *Scent and fragrances*. Springer-Verlag, Berlin.

Patterson, M.Q., Stevens, J.C. Cain, W.S., and Commeto-Muniz, J.E. (1993) Detection thresholds for an olfactory mixture and its three constituent compounds. *Chem Senses* **18**, 723-734.

Schulz, T.J. and van Harreveld,A.P.(1996)Intemational moves towards standardisation of odour measurements using olfactometry. *Water Sci. Technol*. **34** (3-4) 541-547.

Stuetz, R. M., Fenner, R.A. and Engin, G. (I999) Assessment of odours om sewage treatment works by an electronic nose, H2S analysis and olfactometry. *Waler Res*. **33**, 452-461.

Sydney Water (1999) *Annual Environmental and Public Heallh Report*. Sydney Water Corporation, Sydney.

Wilson, G.E. Huang, Y.C. and Schroepfer, W. (1980) Atrnospheric sublayer transport and odor control. *J. Environ. Eng. Div. Proc. Am. Soc. Civil Eng*. **106**, 389-401.

Vincent, A. and Hobson, J. (1998) *Odour Conlrol*. CIWEM Monographs on Best Practice No. 2, Terence Dal ton Publishers, London.

Wright, R.H. (1982) *The Sense of Smell*. CRC Press, Boca Raton.

第2章
法规和政策

弗朗茨－伯纳德·弗雷兴（Franz-Bernd Frechen）

2.1 引　言

臭气污染会对排放源周边社区民众造成严重滋扰。因此在人口稠密地区，臭气污染已日益成为世界性议题。《欧洲人权公约》第8条提及人人有权享有使自己的个人和家庭生活得到尊重的权利。这适用于严重的环境污染影响个人福祉的情况，即使人的健康没有受到严重损害。世界卫生组织（WHO）关于健康的定义："健康乃是一种在身体上、精神上的完美状态，以及良好的适应力，而不仅仅是没有疾病和衰弱的状态。"这是个理想化的定义。我们必须面对这样一个事实：臭气对人造成滋扰，尽管臭气本身并不具有毒性，也不作为引起疾病的直接原因，却可能间接地影响人体健康。

在讨论臭气问题时，除了其造成的滋扰外，所涉及的对人体生理毒性危害在此不做论述。在本书的架构中，臭气被视为对人类造成滋扰的潜在来源，而不是具有某种毒性进而引起人类疾病的直接原因。若气体存在毒性效应，则由专业法律框架和行政条例管辖。

本章的目的并不是要全面说明相关政策法规在欧盟或某个特定欧洲国家或任何其他国家的适用性，而是讨论一些普遍适用的有效原则，这些原则将使人们能够接触到现有的法律条例，或建立一个新的法律制度框架。为了进一步说明，本章将列举某些实际案例。

2.2 问题组成部分

恶臭是指大气、水、土壤、废弃物等物质中的异味物质。通常所指的臭气，是指在物理、化学反应过程中产生的带有恶臭的气体，是可引起公害的气态污染物。这是一个非常简单、非常重要、非常基本、也经常被误解的事实。例如，许多论文都是专门针对臭气的特殊扩散计算。这具有明显的误导性，因为臭气会像其他气体一样扩散，没有一种气体的特殊扩散会引发人类恶臭的感觉阈值，恶臭气体与非恶臭气体的扩散路径并无不同。这就意味着对恶臭影响评价与对其他类型的污染物评价存在较大不同。

这个问题的基本要素是什么？具体如下：

（1）恶臭刺激与存在一定量的恶臭物质相关，可以通过分析仪器进行测量，获知恶臭物质浓度后，可测量臭气浓度（ou/m^3）。

（2）这种反应是对刺激的评估，可以表示滋扰程度。

在这两个锚点之间发生的过程，例如生理反应和心理反应，本书中也有涉及。在讨论规章制度和政策时，不做关注。

第二个要点包括三个部分，必须清楚区分：必须存在滋扰；滋扰程度必须超过相当限度；且这个议题必须得到客观的评价。

这代表在适用的政策法规和行政条例中，必须制定有关滋扰程度的标准，这些标准必须是可行的，且通过适当操作可加以衡量。

回顾“臭气的扩散计算”，上述误导性陈述主要是由于“臭气”扩散模型通常包括某种程度的滋扰评估，使用一组复杂的基础数据来“校准模型”。事实上，所有建模预估都是经过校准的，而不是纯粹由扩散模型计算。

2.3 标准的类型是什么

2.3.1 概况

臭气对人带来不愉的感官体验的前提是，人出现在臭气污染的环境中。无人在场则无须担忧臭气，即无人无滋扰。

若环境空气中存在臭气污染，则须先确认污染源，后在排放处进行检测。因此，通常的环保减排措施，防止环境污染的首要任务是在污染源采取措施，且还需要根据不同污染源制定差异化的减排标准。

整个过程包括三个部分：排放、影响和滋扰。所有这三个部分都必须加以考虑，它们之间的联系是很重要的。因为根据动机，通常标准应该产生于（最大允许）妨害，然后再回推（最大允许）排放限值。所以，我们很难在滋扰和影响之间建立生理—心理联系，在影响和排放之间确实存在气象扩散的关联。

当开始考虑防止臭气滋扰的法律法规时，一个外行人可能会说“不允许有任何臭气”。当然，这并不包括令人愉快的气味。下一步将讨论“不愉快的”“恼人的”或类似的词的范围。

下一个要处理的问题就是定义可接受干扰范围。一个非常严格的标准是，“任何时候”和“任何人”都不允许不愉快的气味存在。这里需要介绍臭气影响的持续时间和受影响人群的比例。

在这一点上，臭气影响标准不可或缺地由两个部分组成：影响程度和持续时间。

这两个参数对抑制恶臭影响程度很大，但其程度也可能会受到其他因素的影响，比如人的年龄、社会地位、健康状况等，在此不作探究。

所有抑制恶臭的法律和行政条例都应直接或间接地涉及上述两个参数。根据管理需求，法律和条例或多或少会罗列关于这两个参数的详细信息。

适用政策法规中有几种类型的标准：旧标准、新标准、简单标准和复杂标准。以下两种类型的标准显然属于旧标准和简单标准。

（1）最小距离标准（Minimum Distance Standards，MDS）：此类标准根据实际经验，考虑工厂的类型和规模，但不考虑臭气敏感区域。这是较老套的监管思路，仅适合在简单情况下作为一条经验法则，并不适用于复杂现实中臭气对人群带来的滋扰。

（2）最高排放标准（Maximum Emission Standards，MES）：无论是根据允许

排放限值所产生影响的经验，或是忽略其影响，这种类型的法规已无法满足今天的环境需求，即使其对工厂的类型和规模或排放量进行了区分。

随着认知的加深，新的标准越来越认识到整个排放过程中对人群的滋扰。当然，这使得规定排放设施所要达到的限值更加困难。这些新的标准可以描述如下。

（1）最大影响标准（Maximum Impact Standards，MIS）：限制厂界或相关区域的影响。实践中，测量（现有厂区）或预期（设计中的新厂区，需要进行大气扩散计算）可能产生的臭气污染，间接限制排放对区域的影响。

（2）最大滋扰标准（Maximum Annoyance Standards，MAS）：通过问卷调查的方式收集居民对恶臭、噪声、粉尘等环境影响的满意程度。从中得出关键结论：是否必须在特定区域采取除臭措施。

目前使用最多的是最高排放标准。为了对限值做出合理的规定，必须证实影响和滋扰之间的相互关系，即通过限制最大影响程度，减少对公众的损害。

在这种情况下，需要规定或了解排放与滋扰之间的相互联系，包括气象扩散条件。

2.3.2　滋扰程度

滋扰范围有几个方面值得简要讨论。有两类观点必须关注，即“刺激”观点和“受扰人群”观点。然而，主要问题是这两个观点之间的相互关系。这种联系并不由任何已知的公式或定律组成，这使得从一个现象到另一个现象的探索变得非常困难。

2.3.2.1　“刺激”观点

臭气刺激有几种重要的性质，这些性质对造成滋扰有重要意义：

（1）人对臭气的愉悦度；

（2）臭气感官强度，可以用臭气浓度或臭气强度来表示；

（3）臭气的种类；

（4）时间相关特性，例如总影响持续时间、影响的节奏、影响的频率、影响时间（天 / 周 / 年度）。

现在普遍认同的观点是，臭气干扰与人对臭气的愉悦度相关。某些国家的行业指南对其进行了说明，例如德国双语的 VDI 指导方针 3882，第二部分（VDI

3882，第二部分，1994 年出版）。到 2001 年本书首版为止，其他欧洲国家还未出版涉及此类议题的指导手册。人对臭气的愉悦度按照从 –4（令人非常不愉快）到 +4（令人极其愉快）来划分。例如，香草味是一个令人愉悦的气味，一个合格的测试者会在 +1.9 和 +2.9 之间进行评分。

愉悦度与臭气浓度相关，这是显而易见的，因此也被归纳于 VDI 指南。随着某种恶臭气体的浓度增加，愉悦度变得更差（即评分更负）。通常可以观察到，在非常高的浓度下，愉悦度会下降，甚至降到 0 以下。

臭气浓度本身与所感知到的臭气强度相关，德国双语的 VDI 指导方针 3882，第一部分（VDI 3882，第一部分，1992 年出版）中描述了三个参数：

（1）人对臭气的愉悦度；

（2）臭气浓度；

（3）臭气强度。

这三个参数对臭气带来的滋扰有着重要影响。虽然理论上存在测量所有参数的必要，但在实践中因不可行而无法操作。

由于臭气浓度和臭气强度可互相通过公式计算，例如韦伯–费西纳定律或史蒂文斯定律，因此可省略这两个参数中的一个，这将增加可行性、降低成本，且不会严重影响评估报告的内容。

减少应测参数的种类须接受这样一个假设，即针对带来滋扰的恶臭气体，尽量减少排放浓度。因此需假设人对在政策法规中设定限值的恶臭气体的愉悦度在 0 以下。

最后，三个参数中只有臭气浓度被保留，作为带来滋扰的指标。若不包括时间这个维度，就无法提供关于滋扰程度的信息（以及所有三个参数的总和）。

目前普遍认为，若只是短时间内出现恶臭滋扰状况，人们对其其厌烦程度无法与反复出现的恶臭滋扰情况相提并论。这就引入了时间的维度，包含四个需讨论的面向：即各自事件的总持续时间、事件出现的节奏（污染程度）、频率以及每天 / 每周 / 一年中的具体时间。然而，由于节奏、频率、一年中的具体时间等较易确定，但很难精确量化所覆盖的相关影响，时间的维度被简化为在一定时间内的总持续时间参数。

这不仅是一种易于使用和测量的参数，且为使用大气扩散计算提供了很好的条件，特别是在需预测正在设计或施工的设施产生的恶臭影响时，大气扩散建模必不可少。大气扩散建模能够计算出影响浓度和该状态的持续时间，按量级排列浓度并对持续时间进行汇总，可以呈现出臭气影响浓度的累积顺序，因此可以很容易地判断哪个浓度超过了基于计算的时间段的总持续时间。这个基本时间段通常表示为一年，但气象数据通常是较长时间段（例如 10 年）的平均值。图 2.1 显示了一个真实的案例，其中计算了大约 100 个受体点，也就是对臭气影响进行评估的点。

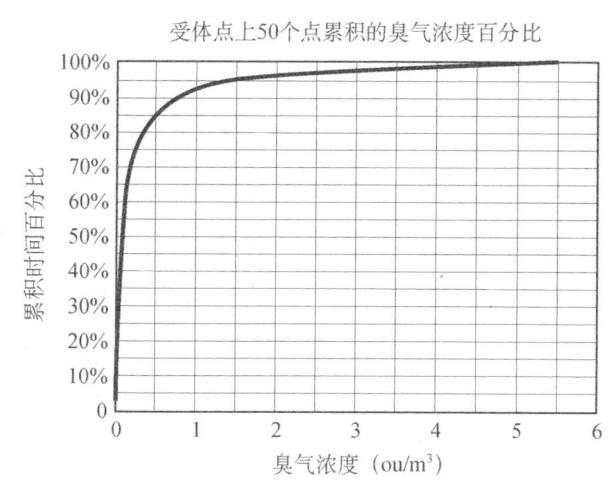

图 2.1　总持续时间样本和频率与臭气浓度的影响

从这个评估中可以看出，影响浓度为 0.5 ou/m^3 的时间超过 15%，影响浓度为 1 ou/m^3 的时间超过 8%，最大影响浓度为 6 ou/m^3。

一般来说，臭气浓度平均值并不是很重要。图 2.1 所示案例中给出的平均影响浓度不是通过计算所到的，而是跟这些臭气浓度的峰值情况有关，并且这些峰值情况发生在短时间内。因此，在没有臭气的情况下所占的时间比例（较弱地感知臭气、明显地感知臭气、感知恶臭滋扰、可识别由某设施所排放的臭气）的范围在 85%～90% 之间，这与在德国的案例一样，是由于臭气的“短时效应”而带来的特殊额外评估。同时，百分比浓度在 95%，98%，99% 甚至 99.5% 时也存在。若不考虑各自具体情况和先决条件，则这些值无法相互进行比较。

总之，“刺激观点”可以用来在双组分标准中描述和评估滋扰程度，换而言之，主要以给定的影响臭气浓度的形式出现，在规定的时间内，每次不得超过该浓度，例如每年的数小时。从图 2.1 中给出的案例可以直接推导出，规定超过 0.5 ou/m^3 的影响浓度不得超过 15% 时间的标准与规定超过 1 ou/m^3 的影响浓度不得超过 8% 时间的标准相当。

最后，须对“臭气的种类”这一参数加以考虑。虽然这类参数并不适合任何直接的监管方法，但最重要的是，所有努力的方向必须是减少臭气的排放。因此，找出恶臭产生的原因是至关重要的。当考虑臭气种类时，这就很容易实现了。因此，对于现场检查来说，记录呈现不同种类的恶臭气体至关重要。只有考虑臭气的种类时，“谁污染、谁治理”原则才可能适用。因此，双组分标准必须在限制条件下加以扩展，须识别不同的臭气来源和产生原因。

2.3.2.2 “受扰人群”观点

刺激观点并不关心在恶臭影响地区生活的居民。即使没有人居住在该地区，一个标准遵循刺激观点也是可能的。

然而，只有当标准具有保护性目标时才有意义。因此，当我们将诸如直接毒性等问题排除在关于臭气的讨论之外，只有潜在地影响人群的存在时，才有理由建立影响标准。

如果在相关区域有居民社区，那么避免对社区居民的影响是制定标准的动机。因此，须根据当地居民的反馈对具体情况进行评估，并决定在特定情况下是否存在合法或非法的情况。

这里假设由于技术和经济原因，完全没有任何滋扰是实践中无法实现的目标。那么，就归结为一个问题，即什么程度是可以接受的。例如，《德国联邦环境空气保护法》（BimSchG，*Bundes-Immissionsschut zgesetz*）区分了非实质性滋扰和实质性滋扰。如果滋扰是非实质性的，那么就不存在除臭的要求。

测量滋扰程度时必须有专家小组成员，因为滋扰无法被任何技术或分析工具衡量，而是需要心理测量法。

专家小组成员可能是在评估气味方面经验丰富的测试人员。但在实际案例中，最常见的情况是专家小组成员把当地居民作为研究对象，采集他们实际情况下受臭气滋扰程度的信息。最有价值的方法是群体问卷，在双语的 VDI 指南 3883，第二部分（VDI 3883，第二部分，1993 年出版）中描述了不同的操作方法。欧洲标准即将颁布。[1]

通常，调查问卷包括一个关于滋扰程度的问题，用一个从 0（无滋扰）到 10（非常严重）的计量表表示类别或指示。然而，这里给出了两个参数分布，例如

[1] 现已实施——译者注。

受影响人群百分比和不同滋扰类型对比，因此，须精简信息到仅用数字表示结果。例如，滋扰类别提问使用不同的权重（“有点烦人”“烦人”“非常烦人”“极度烦人”），然后计算综合指数 I。精简信息的后果是用数字表示结果，但信息的内容和价值也会减少。

关于“受扰人群”观点的规定必须制定标准，可使用问卷调查方式进行审查。例如类别评估包括“有点烦人”“烦人”“非常烦人”“极度烦人”，即可最大限度地结合每个类别的最大百分比（“不到 5% 的极度烦人”，或者“小于 15% 的烦人”等）或合并不同类别的结果（“不到 15% 的极度烦人”）。

2.4　环境保护政策

当然，标准的类型在很大程度上取决于环境保护政策。可以区分出两个主要的方向——排放限制政策（也就是所谓的“客观方法”）和“影响限制政策”（即所谓的“主观方法”）。

2.4.1　客观方法：排放原则

法律面前人人平等。这一原则适用于所有因生产经营活动产生污染的公司及每个排放污水的城市。因此，以同样方式衡量每个人是公平的。若不同国家“提出”不同的排放标准，就会出现问题，因为这会造成竞争，产生对环境不利的影响。

大多数法律制度都遵循这一原则。这为各方提供了很大的确定性，因为在这样一个系统内行事的条件是可靠的，不会朝令夕改。

2.4.2　主观方法：影响原则

人人有权受到保护，不受环境污染的影响。若排污单位对人群造成实质性影响（或严重影响），那么政策法规必须对污染者进行处罚，要求其整改并治理污染。

因此，在特定的情况下，污染排放设施、污水处理厂或任何其他设施都必须面对这样的事实，即由于其臭气污染物的排放对人群造成的困扰，社会大众的心理预期可能会超过政府所颁布的排放标准。这些社会诉求会倒逼企业对现有设施设备进行升级改造，减少臭气排放，缓解厂群矛盾。

2.4.3 最佳做法：综合考量

排放原则和影响原则可以结合为一种方法制定基本规则，要求制定有关排放预防的最低限量标准，并提出超出基本要求标准集的附加要求。

纵观欧盟新颁布的立法（2000 年欧盟还未出台有关除臭或预防臭气扰民的法律），这种类型的监管似乎正在被越来越多地使用。排放限值作为长期以来的主要监管手段，越来越多地被人的感官体验所补充，因此，上述两个原则现在正被结合起来付诸实践。

2.4.4 现有案例启示

在这里，我们无法包罗万象地介绍不同国家所有相关的规章制度。本章的目的是提供一些有用的基本信息，而这些基本信息应根据个人的经验加以扩展，并使人们更好地了解和更深入地讨论与臭气妨害有关的背景。这里列举一些可能有助于实现这一目标的案例。

2.4.4.1 德国

在德国，环境保护法规相对陈旧，第二次世界大战后经济的迅速发展和人口密度的增加，使得环境保护立法必须加快进程。然而，除了最低距离限值和模糊的 MES（TA Luft）以及 MIS（Gem.Rd.Erl NRW）规定（Frechen，2000）外，直到 1990 年法律才对臭气污染议题做出详细规定。

司法机构须对若干臭气污染案件做出裁决，在这些案件中受扰群体起诉了排放设施的经营者。现在越来越多的人意识到，居民不应该受到实质性的臭气滋扰。

北莱茵—威斯特伐利亚是德国人口最稠密和工业最发达地区，十年来，根据问卷调查和实地调研进行备份和校准，制定和测试了一项新的法规，这份《环境空气臭气管理条例》由双方共同解释（1995）。它将影响臭气浓度的限值设定为 1 ou/m^3，然后限制较高排放浓度的时间百分比（非实质性滋扰）。工业区的时间百分比为 15%，住宅区为 10%。虽然 10% 甚至 15% 似乎是很高的百分比，并且具有非常严重的影响，但必须考虑的是，1 ou/m^3 的限值对于臭气的短期影响来说是可以接受的。这意味着，当使用标准大气扩散模型来计算每小时影响浓度的平均值时，必须将每小时平均值乘以系数 10。因此，在法律意义上，瞬时影响浓度为 0.1 ou/m^3（由计算得出的每小时平均值）等同于 1 ou/m^3。

Frechen（2000）提供了更多关于德国的相关信息。

近来有人讨论是否要将《环境空气臭气管理条例》纳入联邦法律，这意味着它将在德国各地都适用。

2.4.4.2　瑞士

“过高的影响”是不被允许的。如果“人口中的相关人群”明显受到滋扰，则表明影响太高。其程度的确定采用问卷调查法。许多重要的反应是用具体数值来表示的，刻度范围从 0 到 10。具体方案如表 1 所列。

表 1　不同滋扰程度对应措施

滋扰	范围	受强烈滋扰所占百分比（≥3%）	措施
强	＞5	＞25%	立即采取措施
居中	3～5	10%～25%	长期措施
合理	＜3	＜10%	不采取特别措施

虽然当局已就约 150 种会造成恶臭的物质规定了排放限值，却未就臭气浓度规定排放限值，并预计若排放浓度符合这些限定，便不会对人群产生严重的滋扰。

2.4.4.3　荷兰

政策的目标是使人们尽可能地不受滋扰。其目标是到 2000 年，受工业臭气污染的滋扰人群不超过 12%（这里指有时感知到或者经常受到臭气滋扰的人）。因此，工业臭气污染的受扰人群百分比应该下降到 3% 以下。

每年都会通过调研更新百分比结果。每年一次电话调查问卷作为年度数据补充说明。

2.4.4.4　英国

英国的《环境保护法》中对臭气滋扰的控制进行了规定。Salter（2000）对英国的“臭气滋扰的法律背景”给出了综合全面的论述。该法规没有制定关于臭气排放的通用有效标准，也没有包含影响臭气浓度或持续时间百分比，仅针对臭气滋扰做了普遍适用的说明。

2.4.4.5 比利时

除了声明“禁止由烟尘、烟气、臭气、烟雾造成不可接受的滋扰”外，并无任何专属法律。这当然是一个非常广泛的规定，但可在法庭上根据需求使用。

每一个行业没有详细的除臭规定。关于污水处理臭气也没有具体规定。集约化畜禽养殖场与居民小区之间设置“最小距离”，无机和有机化合物（类似于 TA-Luft）之间设有一般排放限制值。这有助于防止臭气扰民，效果却无法得到保证。

通常，除臭标准是通过颁发公司工作许可证的方式进行规定。其中设有一个标准定义为 98%，这个百分比对应于 1 su/m^3（su= 嗅探单位）。达标方法在工作许可证中作了说明，并得到环境监管部门的批准。

若存在投诉，工厂则必须进行调查以描述具体情况，并评估对附近社区的影响。如果影响重大，则需要制定专属除臭方案，说明相关技术手段和管理措施以及计划时间表。

总体来说，在比利时，除臭政策或多或少针对具体案例。

2.4.4.6 美国

美国是全世界较早致力于制定除臭标准的国家，没有统一的联邦标准，各州根据本地区具体情况制定灵活而实际的除臭标准。

例如，马萨诸塞州针对堆肥设施的除臭政策草案，要求新建或扩建的设施在厂界排放不得超过 5 Dilution/Threshold（D/T 稀释倍数的限值）。

美国各州制定了差异化的除臭标准。既有针对硫化氢等恶臭气体的具体限值，有些也规定了 D/T 限值，甚至还包含通用的妨害术语。这类术语要求臭气不会造成妨害，它有不同的定义方式。“妨害健康”的定义之一是不合理地干预生活和财产的舒适享受（这与 WHO 的健康定义相近）或影响其他业者的经营。

2.4.4.7 欧盟污水厂规定

欧盟将对超过 50 人的污水处理厂颁布第 12255 号法令。法令的第 9 部分致力于“臭气和通风”，给出了一些常规性的建议和提示。涉及排放源即污水处理厂，并对臭气影响给出了一些提示，但未对预防恶臭滋扰给出完整的标准。

2.5 结 论

10 年前在巴西，笔者针对处理石油和炼油工业废水的污水处理厂提出了专家意见。投诉来自厂区 5 公里外的社区。第一个结论：污水处理厂的臭气污染已是世界性议题，恶臭滋扰所带来的厂群矛盾不只是在“第一世界（发达国家）”。第二个结论：在此案例中，距离无法避免恶臭滋扰，恶臭气体在长路径扩散后仍可产生较明显的臭气污染。

1960 年在德国，一个新建的机械堆肥厂散发的臭气让附近居民非常厌恶，以致于几乎决定要拆掉新工厂。总之，即使没有法规（在 20 世纪 50 年代末，德国没有任何政策规定恶臭扰民的限度），有时在具体情况中，也需付出巨大的努力来改善这种局面。

政策法规的设计最好直接应对恶臭引起的扰民问题，减少排放的政策应当结合最大影响标准，在有关措施生效后对当地社区居民进行问卷调查及实地走访[如德国双语 VDI 3940（VDI 3940，1993）中所描述的类型]。

最后，提出一些关键的声明：

● “无恶臭”不是一个选择：污水处理厂总是会有一些臭气排放，甚至在除臭后的尾气排放中也能检测出臭气浓度。

● “无扰民”不是一种选择：没有任何一个国家有足够的资金去让公民远离那些哪怕是最低程度的干扰。在花钱治理和无恶臭扰民的问题中，至少会呈现出被称为“非实质干扰”的残余风险。问题是，非实质性扰民和实质性扰民之间的边界在哪里？

2.6 致　谢

有关比利时和美国的现有行业法规信息由 Herman Van Langenhove 和 Thomas Mahin 提供。

2.7 参考文献

Both, R. (1995) Odour regulations in Gerrnany - A new directive on odour in ambient air. *Proc. International Specialty conference Air Waste Management Association Odours: Indoor and Environmental Air*, September 1995.

Frechen, F.-B. (2000) Odour measurement and policy in Germany. *Water Science and Technology*, **41** (6) 17-24.

Salter, J. (2000) The legal context of odour annoyance. *Proc. International Meeting on Odour Measurement and Modelling, Odour 1, Cranfield University.*

VDI-guideline 3882 part 1 (1992) Olfactometry-Determination of odour Intensity, *VDI-handbook on Air Pollution Prevention*, Vol. 1.

VDI-guideline 3882 part 2 (1994) Olfacωmetry-Determination of hedonic odour tone, *VDI-handbook on Air Pollution Prevention*, Vol.1.

VDI-guideline 3883 part 1 (1997) Effects and assessment of odours-Psychometric assessment of odour annoyance-questionnaires, *VDI-handbook on Air Pollution Prevention*, Vol. 1.

VDI-guideline 3883 part 2 (1993) Effects and assessment of odours-Determination of annoyance parameters by questioning- repeated brief questioning of neighbour panellists, *VDI-handbook on Air Pollution Prevention*, Vol. 1.

VDI-guideline 3940 (1993) Determination of odorants in ambient air by field inspections, *VDI-handbook on Air Pollution Prevention*, Vol. 1.

第二部分

污水输送与处理产生的臭气

第3章
污水管网中臭气的形成

索基尔德·赫维特–雅各布森（Thorkild Hvitved-Jacobsen）
杰斯·沃勒森（Jes Vollertsen）

3.1 引　言

对污水进行安全、有效的收集和输送，并最终使其得以处理和达标排放，历来是污水输送管网的主要功能。这种简化的概念是可把污水输送管间接当作用于化学和生物处理的反应器，从生物学的角度来看，氧化还原条件对排水管道的功能至关重要，好氧环境将能确保臭气得到有效控制和使腐蚀问题最小化。但是，由于反硝化和生物除磷所需的益于生物降解的底物在排水管道有氧流动下会被降解，这些条件或许会给后续的污水处理带来不利影响。

污水管网中的厌氧状态可在管网本身引起许多问题，并且通常会引发恶臭、健康风险和设施腐蚀问题。这些问题（通常被认为与硫化氢的形成有关）已在早期出版物中得到关注（Pomeroy and Bowlus，1946；Thistlethwayte，1972；Boon and Lister，1975；Pomeroy and Parkhurst，1977）。回溯过去，只有少数的研究关注到有机物在排水管道流动过程中的变化，而这些研究只专注去除 BOD 或 COD（Stoyer，1970；Koch and Zandi，1973；Pomeroy and Parkhurst，1973；Green et al.，1985）。

污水输送过程发生在一个复杂的系统中。在四个阶段中的一个或多个阶段进行，分别为：悬浮水阶段、微生物膜阶段、排水管道沉积物阶段和污水管网内大气阶段，以及这些阶段之间相关物质的交换。因此，污水输送系统中正在进行或已经完成的过程，会影响城市的其他系统，如城市大气、污水处理厂和当地的受纳水体（图 3.1）。

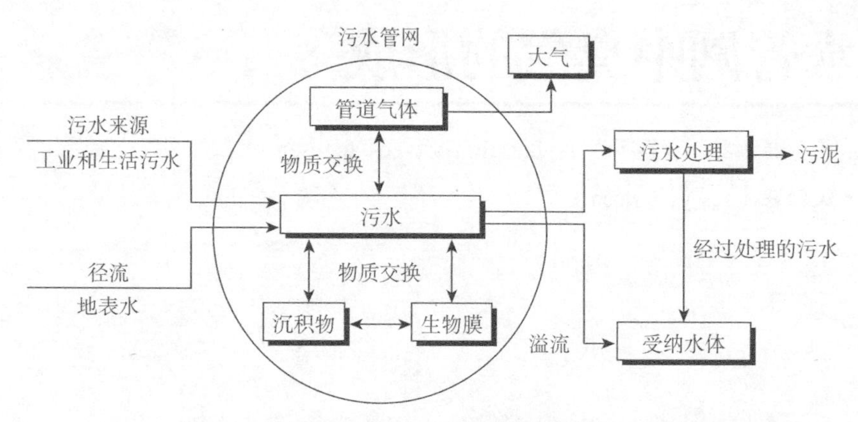

图 3.1 城市污水系统内污水输送和处理的相互关系

尽管在污水收集和处理过程中，恶臭现象和相关的控制策略多年来一直备受人们关注，但排水管道管网中臭气产生的具体途径和条件还未见详细的说明，对臭气的一般描述和相应的建模等基础概念还未建立，这种基础理解的缺乏被认为是问题研究的关键点。

本章将从微生物学的基本观点出发，并结合相关的实验研究成果分析恶臭的产生。在此背景下，将预测污水管网中恶臭形成的可能性，为此，需要考虑一个成熟的污水输送模型（Hvitved-Jacobsen et al.，1998a，b；Hvitved-Jacobsen and Nielsen，2000）。

3.2 污水中微生物繁殖与臭味形成的关系

有几种现象使污水管网成为微生物繁殖的复杂系统：

（1）污水是一种含有多种微生物的基质，其基质的数量随着时间和空间的变化而变化。

（2）微生物过程在排水管道的不同子系统中进行：悬浮水阶段、微生物膜阶段、排水管道沉积物阶段和污水管网内大气阶段。

（3）在污水管网中的生物繁殖，跨越这些子系统的边界相互作用，并经常发生在不断变化的好氧和厌氧条件下，在这些子系统之间进行底物（电子供体和电子受体）和生物量的交换。

因此，评估污水管网不同子系统中恶臭化合物的微生物产量，重点应关注已建立的氧化还原条件。

3.2.1　基本原理

有机物的微生物转化基本上被认为是生化过程，即由活的有机体引起的化学成分的变化。污水管道系统主要由异养（或更准确地称为化学异养）微生物（细菌）的活性控制。对这些生化过程来说，污水生物膜中异养生物量的存在以及排水管道的沉积物是这些生化过程的中心。异养生物利用污水中的有机物达到两个基本目标：一是有机物作为电子供体，形成细胞合成材料的碳源，为生长过程和维持所需提供能源；二是为合成代谢过程提供必要的物质（图 3.2），分解代谢过程为生产新细胞生物量和维持现有生物量基本功能提供了所需的能量。

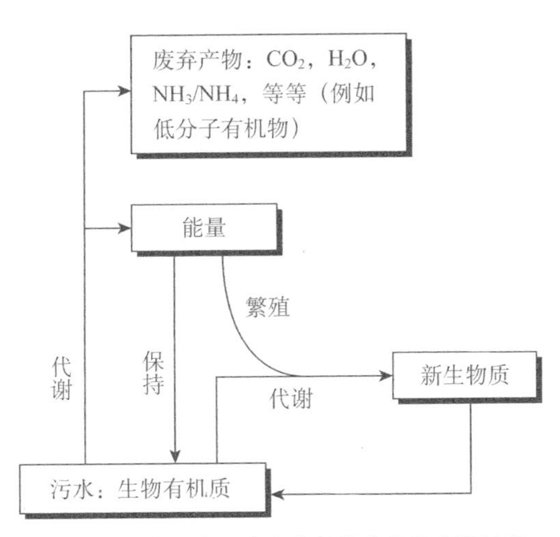

图 3.2　污水系统污水中有机物变化的主要途径

有机物通过分解代谢为微生物提供能量，即通过氧化有机物进行的“降解”过程。因此，有机物就是电子供体。相应的被还原的外部电子受体是溶解氧（DO，好氧过程）、硝酸盐（缺氧过程）或硫酸盐（厌氧过程）。这些产生能量的反应被称为呼吸过程，只在外部化合物的存在下进行，外部化合物可以充当电子传输链末端的电子受体。

3.2.2 好氧和缺氧异养微生物过程

复杂的有机分子（电子供体）正处于有氧呼吸过程中，通过将电子传递给氧源而被分解，氧源通过生成 H_2O、CO_2 和无机物质而被还原。因此，有机碳同时转化为无机碳并释放为二氧化碳。虽然氨（NH_3）是通过好氧氨化产生的，但它不是导致恶臭问题的主要原因。这是因为 NH_3 具有相对高的识别阈值（约 40 ppb），且在典型中性 pH 值下从污水中排出趋势相对低。因此，好氧和缺氧过程的最终产物通常被认为是无味物质。因此就恶臭问题而言，在有氧条件下，排水管道中的污水流动并没有臭气问题受关注。

以 DO 作为末端电子受体的有氧呼吸是能量代谢的有效过程。然而，在 DO 非限制条件下，污水的氧气吸收率（OUR）可能会有很大差异，这取决于细菌的密度和活性以及污水的生物降解性。通常，OUR 值应在 2～20 g O_2 / m^3/h 的范围内测量（Boon and Lister，1975；Matos and de Sousa，1996；Hvitved-Jacobsen and Vollertsen，1998）。最容易被生物降解的分子通常也是最易挥发的，因此，挥发性脂肪酸（VFAs）可能会发生生物降解，通常可以有效去除排放到污水管网中并在污水管网中产生的可生物降解挥发性物质。

缺氧条件要求不存在 DO 和硝酸盐，这些条件通常仅在人工干预时才能实现。有机物质降解的好氧和缺氧途径相同，因此，缺氧条件下，通常不会产生特别的恶臭问题。向污水中添加硝酸盐被广泛用作控制措施，以避免排水管道中的厌氧条件。

3.2.3 厌氧异养微生物过程

恶臭化合物的形成，从理论观点来看，评估污水管网中厌氧异养微生物的生物形成和发展是十分重要的。

在厌氧条件下，呼吸和发酵过程都可以支持生物的能量需求（图 3.2）。与呼吸相反，发酵不需要外部电子受体的参与，在这种情况下，有机基质经历一系列可逆的氧化和还原反应，即在一个步骤中还原的有机物质在另一个步骤中被氧化。

结果，通过发酵对部分有机物质进行分解，产生了具有低分子量的有机产物，例如 VFAs，CO_2 等，与细胞的有氧呼吸相比，发酵效率较低，但是，发酵产物某种程度上除可发酵底物外，还可被硫酸盐还原菌利用，硫酸盐作为末端电子受体使用（Nielsen and Hvitved-Jacobsen，1988）。在不存在硫酸盐的情况下，产甲烷菌利用低分子量发酵产物来获得能量，产生的甲烷（CH_4）作为最终产物。一些产甲烷菌，通过化学自养，利用 CO_2 和 H_2 产生能量。此外，在排水管道中的好氧 / 厌氧的条件改变下，在厌氧条件下产生的低分子有机物可能在系统的好氧反应中降解。

发酵可以发生在排水管道的三个主要微生物系统阶段中，即悬浮水阶段、微生物膜阶段和排水管道沉积物阶段（图 3.3）。

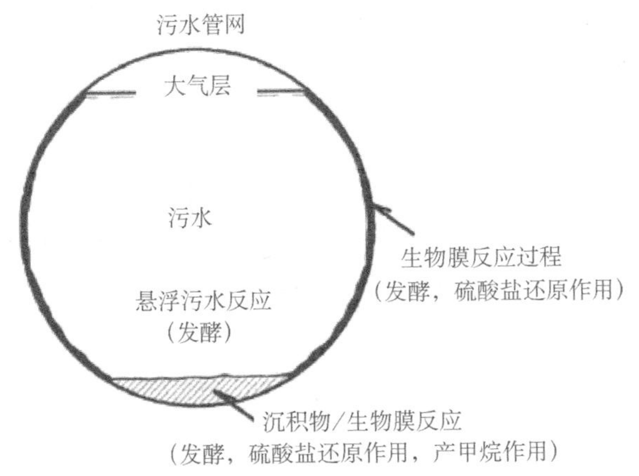

图 3.3　厌氧条件下重力流污水系统的各相体及化学过程概况

硫酸盐还原菌（SRB）生长缓慢，因此主要存在于生物膜和沉积物中，其中来自污水的硫酸盐可以渗透进生物膜中（Nielsen and Hvitved-Jacobsen，1988；Hvitved-Jacobsen et al.，1998b；Bjerre et al.，1998）。然而，由于生物膜的分离，在污水中可能仅在一定程度上发生硫酸盐还原反应。产甲烷微生物活性通常不需要硫酸盐存在，因此，其主要发生在沉积物较深部分，而不是通常情况下的在被硫酸盐渗透的生物膜中。

在没有大量沉积物的排水管道管网中，厌氧过程因 VFA 和 CO_2 的生成酸以及硫酸盐还原（硫化氢生成）而占主导地位。因此，产甲烷阶段不太重要，通常可以被排除在外。 Tanaka 和 Hvitved-Jacobsen（1999）以及 Tanaka（1998）模拟排水管道条件，在许多实验室模拟了这些现实情况，并在现场给予了验证。

如通常情况所示，无氧呼吸（硫酸盐呼吸）和发酵均会产生有臭味的物质，并且它们通常同时进行。硫酸盐呼吸的最终产物为硫化氢，众所周知，硫化氢是引起臭味的重要成分。这取决于底物的类型和存在的微生物，发酵途径和产物可以有显著变化。图 3.4 所示是一个糖发酵的例子，说明可以产生多种挥发性有机化合物（VOCs）和可能有臭气的化合物。

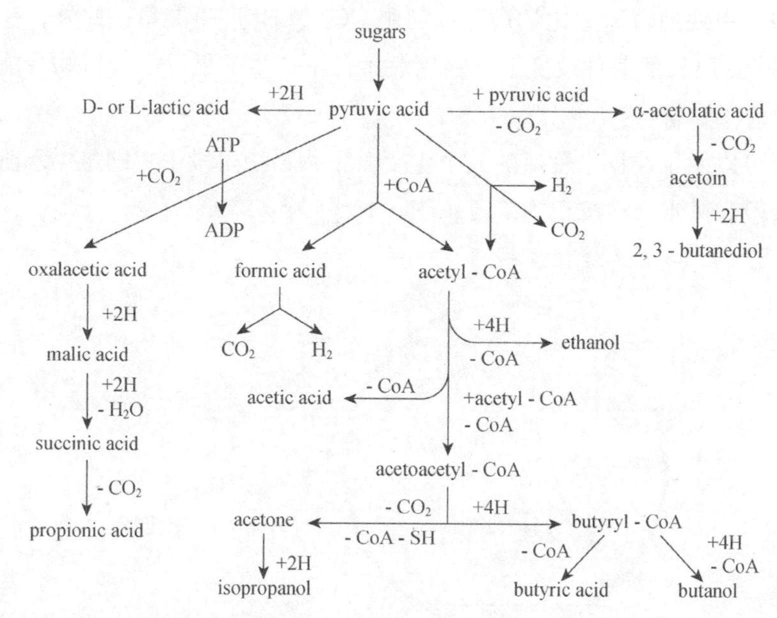

图 3.4 利用丙酮酸细菌发酵糖的一些 MOR 途径和最终产物（Stanier et al.，1986）

图 3.5 概述了污水管网中污水的好氧与厌氧转化之间的相互作用。所述的概念主要是异养过程模型的基础描述。

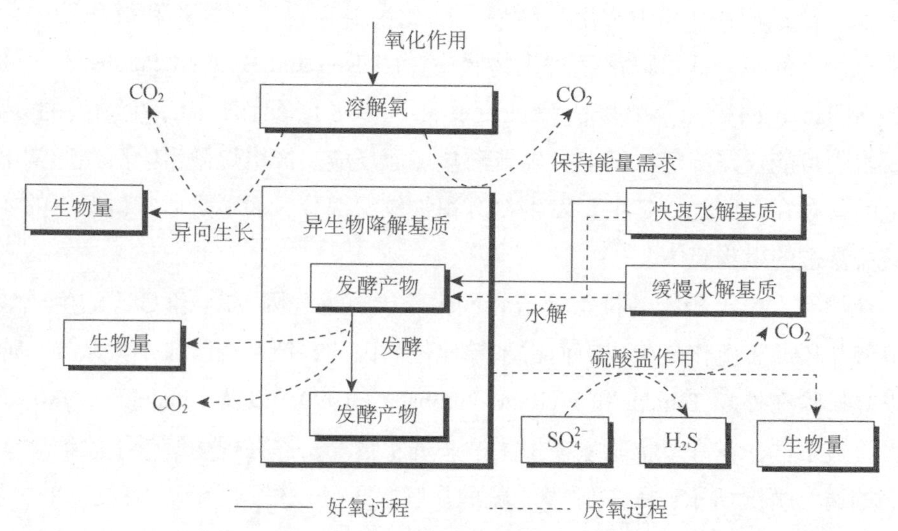

图 3.5 简化的综合好氧和厌氧概念，用于转化排水管道污水中的有机物和硫成分

3.3　厌氧条件下污水管网挥发性有机化合物的产生

微生物厌氧过程中会产生无机气体和挥发性有机化合物。臭气中的无机气体主要由氨（NH_3）和硫化氢（H_2S）组成。

除了有臭味之外，气态的硫化氢还存在损害人体健康和腐蚀物体的问题。在浓度约为 0.001 ppm（气味浓度阈值）时，人类可以闻到硫化氢的存在。在浓度为 10～50 ppm 时，硫化氢具有亚致死效应（恶心以及眼睛、鼻子、喉咙的刺激）。当达到约 100 ppm 时会导致严重的呼吸问题。在 300～500 ppm 时，人可能会在几分钟内死亡。最值得注意的是，当硫化氢浓度为 50 ppm 时其会失去气味特征，超过此线，人就无法闻到它的存在（ASCE，1989）。

如图 3.4 所示，微生物厌氧过程会产生大量的挥发性有机化合物，与气味相关最常见的有机物以及污水中产生的有机物如表 3.1 所列。许多有机化合物被称作潜在的恶臭产生物，已经在国内污水中被确认存在。通常，挥发性脂肪酸是碳水化合物厌氧分解后的产物，例如淀粉。硫醇主要由蛋白质分解产生。表 3.1 中所列的一些化合物是由含硫和含氮的有机物厌氧分解所产生的。

很少有研究涉及排水管网中具有特殊恶臭化合物的检测。Hwang 等人在污水处理的不同阶段对污水中的恶臭物质进行了研究分析（表 3.1）。

表 3.1　污水处理厂进水中含有的硫和氮臭味化合物浓度（Hwang et al.,1995）

化合物	平均浓度（μg / L）	浓度范围（μg / L）
硫化氢	23.9	15～38
二硫化碳	0.8	0.2～1.7
甲硫醇	148	11～322
二甲基硫化物	10.6	3～27
二甲基二硫化物	52.9	30～79
二甲胺	210	—
三甲胺	78	—
正丙胺	33	—
吲哚	570	—
粪臭素	700	—

虽然表 3.1 所示仅是一个例子，但的确很有趣，原因如下。首先，表中显示，排水管道系统污水中可能出现几种臭味化合物，其浓度相对较高，特别是与 H_2S 相比。还应注意，这个浓度是在污水中的浓度，在气态中出现的情况可能会有很大的不同，这将在下文举出的例子以及第 3.4 节中进行更详细的说明。

Thistlethwayte 和 Goleb（1972）报道过对排水管道空气成分的调查。主要样本是在输送混合了城市污水的排水管道中采集的，最长停留时间约为 4 h。污水的浓度范围为 300～350 g/m^3，温度通常约为 24℃。作者将排水管道空气中的组分分为四组。这些分组不仅取决于组分的化学性质，而且还取决于它们各自的浓度（本方案不包括氨）：

- 二氧化碳（CO_2）；
- 碳氢化合物和氯化氢；
- 硫化氢（H_2S）；
- 恶臭气体和蒸气，如硫醇、胺、醛和挥发性脂肪酸。

Thistlethwayte 和 Goleb（1972）报告的排水管道空气典型成分如表 3.2 所列，该组合物对应于干燥天气条件和排水管道中的厌氧条件。这项调查没有区分成分来源，例如源于工业的成分和排水管道中产生的成分。

第 1 组（CO_2）表明污水有机物在排水管道中发生微生物降解。就臭气而言，其他第 2～4 组都是与之相关联的。尽管调查不包括排水管道大气中发现的成分来源，并且第 2 组可能是系统输入的结果，但第 3 组和第 4 组中包含的成分被解释为厌氧过程的结果。

Thistlethwayte 和 Goleb（1972）的研究结果表明，第 3 组和第 4 组的组分浓度往往是相关的，也就是说，第 4 组的组分（a，b 和 c）倾向于根据 H_2S 浓度的水平变化，大致比例为 1：50 到 1：100。他们的结论是：观察结果表明，尽管单独的 H_2S 浓度可能不足以测量潜在的排水管道臭气含量水平，但 H_2S 浓度测量可能足以用于大多数排水管道气体的研究。

表 3.2 典型的排水管道空气成分

序号	组分	浓度按体积计
①	二氧化碳，CO_2	0.2%～1.2%
②	碳氢化合物和氯化烃	
	a. 碳氢化合物，主要是脂肪族 C6-C14，主要是 C8-C12（汽油）	高达 500 ppm
	b. 氯化烃，主要是三氯乙烯与二氯乙烷和一些四氯化碳	10～100 ppm

续表

序号	组分	浓度按体积计
③	硫化氢，H_2S	0.2～10 ppm
	有气味的气体和蒸气	
④	a. 硫化物（主要是甲硫醇和二甲基硫醚；一些乙硫醇）	10～50 ppb
	b. 胺类（主要是三甲胺和二甲胺；一些二乙胺）	10～50 ppb
	c. 醛（主要是丁醛）	10～100 ppb

3.4　排水管道的臭气排放

3.4.1　基本方面

污水管网的设计特点和运行模式在很大程度上决定了是否会出现不好的情况，从而产生相关的潜在臭气问题。表 3.3 概述了主要污水管网的特点，这些特点通常与臭气的形成有关。如果氧气和硝酸盐都不可得，则严格的厌氧条件形成且硫酸盐为潜在外部电子受体。除了表 3.3 所列的呼吸过程外，厌氧条件下的发酵对 VOCs 的形成也起到主要作用。

恶臭化合物从污水中释放到覆盖层中是产生恶臭问题的一个基本过程，只要恶臭化合物保持在液态中，恶臭问题就可控。

在好氧条件下，恶臭物质可能在污水阶段发生降解，这一点很重要。硫化合物似乎可以快速降解，而氮化合物则不是这样（Hwang et al.，1995）。

因此，对于污水排水管道系统，必须处理两种有恶臭化合物的主要流动现象：

- 从污水排放到排水管道大气中的臭气化合物的水–空气传输过程。
- 排水管道系统的通风，将排水管道空气输送到不应接受恶臭的位置。

以下基本条件和现象对于运输过程以及从污水阶段转移到排水管道大气和随后进入城市大气的挥发性恶臭化合物的数量非常重要：

- 污水的 pH 值和温度。
- 污水的湍流。
- 排水管道系统的通风。
- 化学和微生物过程，例如在排水管道壁上，影响排水管道大气中恶臭化合物的数量。

表 3.3 排水管道系统中微生物氧化还原过程的电子受体和相关条件

工艺条件	电子受体	排水管道系统的典型特性
好氧	+ 氧	部分存在重力流排水管道，存在压力排水管道
缺氧	− 氧气、+ 硝酸盐	压力排水管道加入硝酸盐
厌氧	− 氧气	压力排水管道
	− 硝酸盐	全流动的重力流排水管道
	+ 硫酸盐（+ CO_2）	低坡度的重力流排水管道

通常情况下，由于排水管道大气被影响挥发性化合物的水−空气传输的通风稀释，所以存在臭气化合物排放的非平衡条件。因此，排水管道大气中恶臭化合物的分压通常低于相应的平衡分压。然而，对污水中恶臭成分释放潜力的简单理解是基于它们在平衡条件下的行为。

3.4.2 恶臭化合物的水 – 空气平衡条件

第一种方法是用分配系数 A 来描述气态和液态之间或多或少的挥发性化合物的系数：

$$K_A = \frac{y_A}{x_A} \tag{3.1}$$

式中：

K_A = 分配系数或分配系数（ - ）；

y_A = 气态中 A 的摩尔分数（摩尔数 / 总摩尔数）；

x_A = 液态中 A 的摩尔分数（摩尔数 / 总摩尔数）。

式（3.1）中使用的组分摩尔分数的概念是处理痕量和稀释溶液浓度时的一种方便的测量方法，在环境系统中经常使用，特别是在运输现象和均衡现象的情况下，其结果是简单的定量表达。在处理污水排放到排水管道的恶臭组分时，有一个有趣的相关例子。

由 A 和 B 两个组分组成的二元体系，可以说明摩尔分数的基本原理。A（相合相）的摩尔分数定义如下：

$$y_A = \frac{N_A}{(N_A + N_B)} \tag{3.2}$$

式中：

N_A = A 的摩尔数；

N_B = B 的摩尔数。

因此，质量平衡（在气态的实际情况下）为：

$$y_A+y_B=1 \tag{3.3}$$

对于空气中痕量的 A，y_A 可以表示为对应于 1 mol 空气（主要由 N_2，O_2，Ar 和 CO_2 组成）在 0℃、1atm 时具有约 22.4 L/mol 的摩尔体积的情况，“摩尔重量”为 29 g/mol。

$$y_A = \frac{c_{1A}}{1/224} = \frac{c_{1A}}{0.0446} \tag{3.4}$$

式中：

C_{1A} = 空气中组分 A 的摩尔浓度（mol/L）。

与之对应，对于稀水溶液，1 mol 水等于 18 g，即 x_A 可表示如下：

$$x_A = \frac{c_{2A}}{1\,000/18} = \frac{c_{2A}}{55.56} \tag{3.5}$$

式中：

C_{2A} = 组分 A 在水中的摩尔浓度（mol/L）。

式（3.1）表示气态和液态中 A 的浓度比，分别在平衡时是常数，该常数与温度有关，只要是稀溶液，就与 A 的量无关。

相对挥发度α是一个不同的常数，它在平衡条件下可用于表示挥发性化合物在由 A 和水蒸气制成的气态与含有 A 的液态之间的分布。组分 A 的该常数定义如下：

$$\alpha_A = \frac{y_A/y_{water}}{x_A/x_{water}} \tag{3.6}$$

式中：

α_A = 组分 A 的相对挥发度（ - ）;

y_{water} = 气态中水蒸气的摩尔分数（摩尔数 / 总摩尔数）;

x_{water} = 液态中水的摩尔分数（摩尔数 / 总摩尔数）。

对于水的稀释溶液（这是正常污水的合理近似值），x_{water} 近似等于 1，因此式（3.6）被简化为

$$\alpha_A = \frac{y_A/y_{water}}{x_A} \tag{3.7}$$

用亨利定律描述挥发性化合物 A 的气液平衡的最广泛和最简单的理论方法是

$$p_A=y_AP=H_Ax_A \tag{3.8}$$

式中：

p_A = 气态（atm）中组分 A 的 pH 值；

P = 总压力（atm）；

H_A = A 的亨利定律常数（atm / 摩尔分数）。

亨利定律定义了在平衡条件、恒定温度下，气态中挥发性化合物的相对量是液态中相对浓度的函数，即亨利定律量化了挥发性化合物逸出的趋势程度。该定律适用于 x_A 接近 0 的溶液，前提是 A 在液态中不离解或反应。表 3.4 给出了一些亨利定律常数和所选恶臭和无臭化合物沸点的示例。该列表包括经常出现在排水管道网络中的碳氢化合物的值，例如工业来源和街道径流的。

表 3.4 所选有气味化合物在 25℃水中的气液平衡，包括用于比较的其他化合物（Thibodeaux，1979；Sander，2000）

物质	化合物	大气压下的沸点（℃）	亨利定律常数，HA［atm（摩尔分数）$^{-1}$］
挥发性含硫化合物（VSCs）	甲硫醇	6	200
	乙硫醇	35	200
	烯丙基硫醇	69	
	苄硫醇	195	
	二甲基硫化物	37	110
	二甲基二硫化物	110	63
	硫甲酚		
含氮化合物	甲胺	–6.4	0.55
	乙胺	17	0.55
	二甲胺	7	1.3
	吡啶	115	0.5
	吲哚	254	
	粪臭素	265	
酸（VFAs）	醋	118	0.063
	丁	162	0.03
	戊酸	185	0.025
醛类和醛类	乙醛	21	5.88
	丁醛	76	6.3
酮类	丙酮	56	1.9
	丁酮	80	2.8
无机气体	硫化氢，H_2S	–59.6	563
	氨，NH_3	–33.4	0.843

续表

物质	化合物	大气压下的沸点（℃）	亨利定律常数，HA [atm（摩尔分数）$^{-1}$]
选定非芳香化合物	氮气，N_2	−195.8	86 500
	氧气，O_2	−183	43 800
	二氧化碳，CO_2	−78.5	1 640
碳氢化合物	甲烷，CH_4	−161.5	40 200
	戊烷，C_5H_{12}	36	70 400
	己烷，C_6H_{14}	69	80 500
	庚烷，C_7H_{16}	98	46 900
	辛烷，C_8H_{18}	125	19 400

如前所述，简化的平衡法要求相关气味化合物以非离解分子形式存在于液态中。对于一些恶臭化合物，情况并非如此。在这方面，硫化氢是一个重要的例子，硫化物化学平衡根据以下方程式：

$$\underset{\text{(gas)}}{H_2S(g)} \overset{\text{water-air transfer}}{\Leftrightarrow} \underset{\text{(aqueous)}}{H_2S(aq)} \overset{pK_{a1}=7.0}{\Leftrightarrow} \underset{\text{(ion)}}{HS^-} \overset{pK_{a2}=14}{\Leftrightarrow} \underset{\text{(ion)}}{S^{2-}} \tag{3.9}$$

平衡常数 K_{a1} 和 K_{a2} 之间的比例决定了平衡时的浓度 C：

$$K_{a1} = \frac{C_{H^+} \cdot C_{HS^-}}{_{H_2S}(aq)} \tag{3.10}$$

$$K_{a2} = \frac{C_{H^+} \cdot C_{S^{2-}}}{C_{HS^-}} \tag{3.11}$$

因此，硫化氢向大气中释放很大程度上取决于 pH 值，因为硫化氢只能以分子形式释放，而不能进行电离释放。例如，在 pH 值约为 7 时，液态中存在等量的 H_2S 和 HS^-。在平衡条件下和恒定的总硫化物浓度下，pH 值的增加将降低排水管道大气中覆盖的硫化氢浓度（图 3.6）。因此，当应用亨利定律时，式（3.8）只应考虑未离解状态。

可以基于方程（3.9）～方程（3.11）确定未解离的 H_2S（aq）形式。硫化物离子 S^{2-} 仅在 pH 值约为 12 时存在可测量的量。因此在污水环境中，只有式（3.9）中的 H_2S（aq）和 HS^- 之间的平衡是相关的，并且式（3.12）保留了比值，实际 pH 值在 C_{HS^-} 和 C_{H_2S} 之间：

$$pH = pK_{s1} + \log\frac{C_{HS^-}}{C_{H_2S}(aq)} \tag{3.12}$$

式中，在 25℃时，pK_{s1}=7。

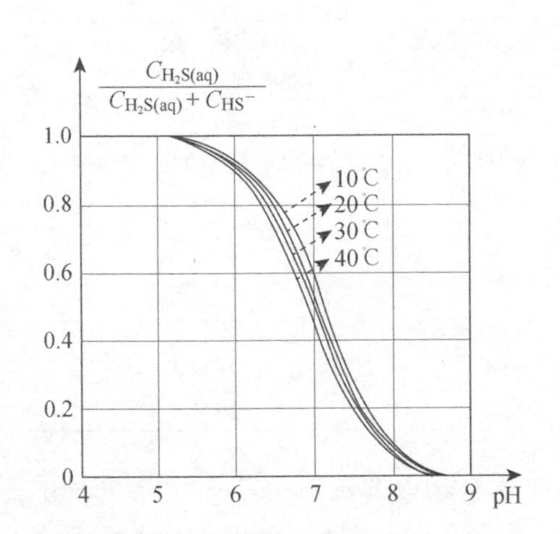

图3.6 水溶液中H_2S的平衡条件(Melboume and Metropolitan Board of Works，1989)

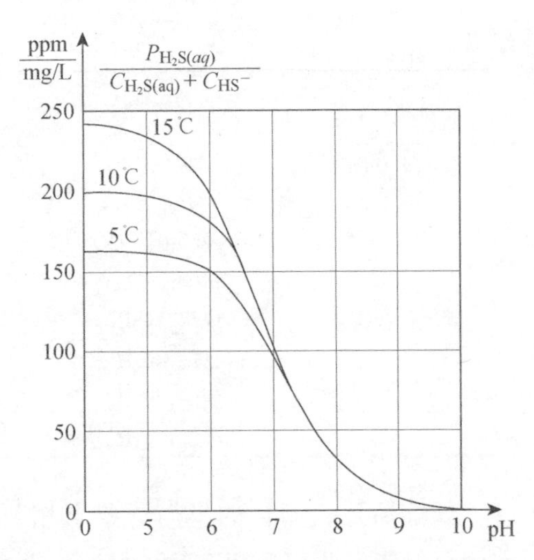

图 3.7 在以体积为单位测量的液态硫化物的大气中 H_2S 的等分压力 (ppm)，参见式 (3.8) 和式 (3.9)。曲线显示了液态中单位浓度 H_2S 的大气等分压力

图 3.7 所示曲线是亨利定律、方程式（3.8）和 H_2S 的离解取决于 pH 值 [方程式（3.12）] 的组合结果。虽然是平衡条件的描述，但它们对于评估臭气问题的潜在风险是不可或缺的。污水中的紊流（如水滴引起的紊流）和排水管道中的通风程度对于建立图 3.7 所示的平衡条件都很重要。在泵站和水跃等处，H_2S 有很高的概率向外释放。Matos 和 de Sousa（1992）描述了这种情况，他们开发了一个模型，用于预测污水管道大气中硫化氢因重力而导致的积聚。

除硫化氢外，污水中还有许多其他有气味的化合物，如 NH_3 和 VFAs 都以分子和离子形式存在。因此，这些化合物存在与 H_2S 类似的条件。

3.4.3 恶臭化合物的水–气传输过程

从理论上讲，挥发性组分在水–气分界面上的传输过程如图 3.8 所示。这里显示了一个理解性的概念，即在两个阶段都存在浓度梯度，并且传质总阻力是每个阶段阻力的总和。

尽管在污水输送系统中，水–空气分界面的传质很困难，但从理论上理解这一概念很重要。传质的阻力有可能主要存在于界面处的薄水气层中，图 3.8 显示的是两个梯度的薄膜。假设界面本身的传质阻力可以忽略不计。从理论角度来

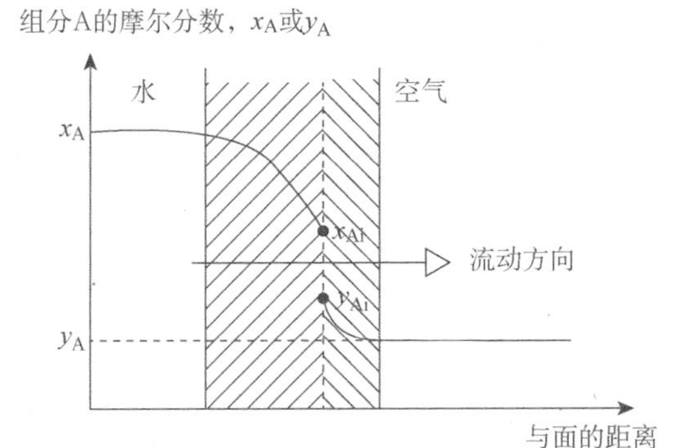

图 3.8　在水 – 气界面上流动挥发性组分 A 的基本原理

看，界面存在平衡条件。基于对水–空气边界传输的概念理解，质量传输理论通常被称为“双膜理论”（Lewis and Whitman，1924）。

分子在静止的液体和气体薄膜中扩散的双膜理论是理解跨水–空气边界传质的传统方法，同时也存在其他可参考理论，如表面更新理论（Danckwerts，1951）。双膜理论解释了简单的经验公式在实践中使用时可能出现的基本现象，关于水–气传质的更多细节可参见（Thibodeaux，1979）和（Stumm and Morgan，1981）。

根据双膜理论，可以将挥发性组分从液相到气相的传输分为两个步骤：从液相本体到界面和从界面到空气。从液相本体到界面和从界面到空气的单位表面积质量传输的驱动力由实际摩尔分数 x_A 和 y_A 的差值和与 x_{A1} 和 y_{A2} 相应平衡值确定：

$$J_A=-k_{2A}(x_A^*-x_A) \tag{3.13}$$

$$J_A=k_{1A}(y_A^*-y_A) \tag{3.14}$$

式中：

x_A = 组分 A 的通量率［摩尔 /（总摩尔）/ s / m^2］；

K_{1A} = 气相传质系数（m/s）；

k_{2A} = 液相传质系数（m/s）。

式（3.13）或式（3.14）中哪一个为主导取决于边界的哪个部分对质量传递具有主要阻力。例如，如果在边界的水膜中存在主要电阻，即 $k_{2A} < k_{1A}$，则式（3.13）是通量率的相关描述。

摩尔分数 x^*_A 和 y^*_A 的两个平衡值是虚构的，但是，每个平衡值都由亨利定律来确定，即

$$y^*_A = \frac{H_A}{P} x_A \tag{3.15}$$

$$y_A = \frac{H_A}{P} x^*_A \tag{3.16}$$

式（3.15）和式（3.16）中的任何一个都可以在式（3.13）或式（3.14）中代入。在水膜中具有主导阻力的情况下，通过代入式（3.15）重新制定式（3.13）：

$$J_A = k_{2A}\left(x_A - \frac{y_A}{H_A / P}\right) \tag{3.17}$$

质量传递系数 k_{1A} 和 k_{2A} 中可以分别被解释为分子扩散系数 D 除以气态和液态的膜厚度 z，即 $k= D/z$。然而，由于缺乏对两种薄膜厚度的了解，这种解释实际上没有意义。

水–气传质的一般表达式可以通过分别求解式（3.13）和式（3.14），得到 x^*_A 和 y^*_A，替换两个方程（3.15）和（3.16）中的结果。由此获得以下两个表达式：

$$J_A = \frac{k_{1A} \cdot k_{2A}}{\dfrac{k_{1A} \cdot P}{H_A} + k_{2A}}\left(-\frac{y_A \cdot P}{H_A} + x_A\right) = K_L\left(-\frac{y_A \cdot P}{H_A} + x_A\right) \tag{3.18}$$

$$J_A = \frac{k_{1A} \cdot k_{2A}}{k_{1A} + \dfrac{k_{2A} \cdot H_A}{P}}\left(x_A \cdot \frac{H_A}{P} - y_A\right) = K_G\left(x_A \cdot \frac{H_A}{P} - y_A\right) \tag{3.19}$$

式中：

K_G = 总质量传递系数（气相）(m/s)；

K_L= 总质量传递系数（液相）(m/s)。

从式（3.18）和式（3.19）可导出以下两个表达式：

$$\frac{1}{K_L} = \frac{1}{k_{1A}} + \frac{P}{H_A \cdot k_{2A}} \tag{3.20}$$

$$\frac{1}{K_G} = \frac{1}{k_{2A}} + \frac{H_A}{P \cdot k_{1A}} \tag{3.21}$$

两对方程式（3.18）、式（3.19）和方程式（3.20）、式（3.21）同样有效，但通常应用两个对应的方程式（3.18）和式（3.20）。

式（3.20）表示跨水−气边界的质量传递的总阻力等于液膜和气膜两端的阻力之和。在这方面，亨利常数的重要性显而易见。对于高 H_A 值，以 O_2 为例，电阻主要存在于水膜中，因此排水管道中的湍流会增强水−空气传递过程。对于具有相对低 H_A 值的有气味成分，液态中湍流的重要性降低，并且气态中湍流的释放速率将相应地增高（表 3.4）。从式（3.20）和式（3.21）可以看出，这些事实也取决于根据系统特性而变化的 k_{1A}/k_{2A} 比率。

Liss 和 Slater（1974）基于 H_A 的值评估了存在哪种类型的传质阻力。他们提出的以下标准对大多数系统有效（参见表 3.4）：

（1）如果 $H_A>250$ atm /（摩尔分数），则流过液膜的流动控制传质。

（2）如果 H_A 在 1～250 atm /（摩尔分数）之间，则水和空气膜中的阻力可能是重要的。

（3）如果 $H_A<1$ atm /（摩尔分数），则流动条件由空气膜控制。这种情况不仅对应于具有相对低挥发性的化合物，而且对应于在液态中具有反应性的化合物，如 NH_3。

从表 3.5 可以看出，所有三种情况都与有气味的化合物有关。

根据速率表达式式（3.17）量化水−气传输现象的一个主要问题是找到适当的 K_L 值。就排水管道系统而言，关于水−气质量传递的最成熟的知识是关于氧气转移（再曝气）的。在理论考虑和经验知识方面，目前已经开发了许多方程来确定管道中的再曝气。考虑到排水管道时，传统上使用一种方法处理再曝气，与式（3.18）和式（3.19）相比，采用不同的公式：

$$F=K_L a\left(S_{OS}-S_O\right)=K_{LO_2}\left(S_{OS}-S_O\right) \tag{3.22}$$

式中：

F= 氧传递速度（g/m³/ s）；

$K_L a=K_{LO_2}$：总氧传递系数（s^{-1}）；

S_{OS}= 污水的溶解氧饱和度（平衡）浓度（g/m³）；

S_O= 散装液态的氧浓度（g/m³）。

总氧传递系数定义如下：

$$K_L a=K_L^{'}\cdot a=K_L^{'}\ A/V=K_L^{'}\ d_m^{-1} \tag{3.23}$$

式中：

$K_L^{'}$= 氧传递速度（m/s）；

a= 水−气表面积 A 与水的体积 V 比（m^{-1}）；

d_m = 液态的水力平均深度（m）。

目前有多个经验表达式来确定 K_{LO_2}（Krenkel and Orlob，1962；Parkhurst and Pomeroy，1972；Tsivoglou and Neal，1976；Taghizadeh-Nasser，1986）。式（3.24）由 Jensen 和 Hvitved-Jacobsen（1991）、Jensen（1994）在现场条件下开发和验证，用于预测排水管道管道中的再曝气：

$$K_{LO_2} = 0.86\left(1 + 0.2\,F_r^2\right)(s\,u)^{\frac{3}{8}}\,d_m^{-1}\,1.024^{T-20} \tag{3.24}$$

式中：

$F_r = ug^{-0.5}\,d_m^{-0.5}$，弗劳德数（-）；

u = 平均流速（m / s）；

g = 重力加速度（m / s^2）；

s = 斜率（m / m）；

T = 温度（℃）。

前文已提到了基于对分子扩散系数的知识和根据 K_L 值从空气–水氧转移获得的经验来确定有气味化合物的 K_{LO_2} 值的方法。根据双膜理论的质量传递系数 k 对于两个膜来说都等于 D/z。与该理论相反，表面更新理论暗示 $k = D^{0.5}/z$。因此，从理论的观点来看，式（3.25）中的 n 值没有被很好地定义。

$$\frac{K_L}{K_{LO_2}} = \left(\frac{D_L}{D_{LO_2}}\right)^n \tag{3.25}$$

此外，氧在空气–水界面之间的阻力几乎只存在于水膜中。因此，式（3.25）仅适用于与其氧量相当的化合物，即根据 Liss 和 Slater（1974）的理论，H_A 值大于 250 atm/（摩尔分数）。

尽管理论和实践上都存在着预测气味化合物的水–空气输运的限制条件，但是，关于这些化合物的理论知识是非常有价值的，这些知识可被用于评价臭气问题和总结经验公式。

3.5 污水管网中硫化氢的预测

Thislethwayte 和 Goleb（1972）得到一个很重要，但也存在疑问的结论：虽然仅靠 H_2S 的浓度可能不足以衡量排水管道潜在的臭气浓度，但是 H_2S 浓度的测量对于大多数排水管道气体的研究来说可能已经足够，可根据排水管道中有限的数据测量。然而，它符合有关污水管网中厌氧微生物理论的考虑以及对这些处理过程的调查。

根据现有的理论和实践知识，建立一个普遍适用的污水管网恶臭排放预测模型是不现实的，即使是对排水管网排放的硫化氢进行更有限的预测也是十分困难的。比较现实的就是将管网中的硫化氢当做评判潜在风险的底线。

从预防排水管网臭气的角度来考虑，这些相应的理论和实践都十分重要。如果硫化氢的含量可以作为评价污水管网臭气的一个指标，那么考虑在污水管网中建立硫化氢形成过程的模型代替臭气预测理论是十分可行的。因此，在考虑与污水收集相关的臭气问题时，有关污水管网中硫化氢形成和预测的知识十分重要。

排水管网中大量硫黄的循环和沉淀过程一定程度上影响硫化氢所产生的臭味问题。图 3.9 概述了主要的途径。虽然不是所有的方面都可被轻易量化，但应该将其纳入与污水输送有关的臭味问题的评估。

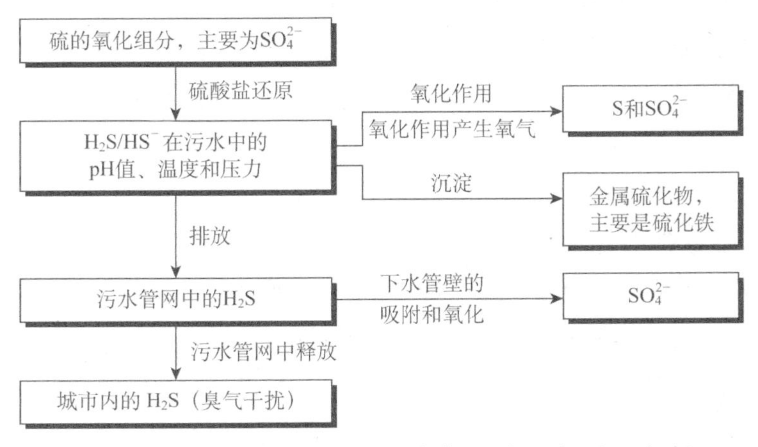

图 3.9　与恶臭问题有关的污水管网中硫循环主要过程和沉淀过程

图 3.9 所体现的不同现象和过程的详细情况，在这里不予讨论，但将在第 3.5.2 节对污水管网中硫化氢的形成作出简要说明。更多的信息可以在以下文献中找到：USEPA，1974；ASCE，1982；USEPA，1985；ASCE，1989；Melbourne and Metropolitan Board of Works，1989；Hvitved-Jacobsen and Nielsen，2000。

3.5.1　恶臭评价标准

污水中的硫化氢浓度水平可以被认为是与特定污水管网有关的臭气指标的一个相关估计值。污水经厌氧处理产生的硫化氢气体实际浓度是一个更准确的但也更复杂的评估臭气问题的指标。考虑到水–空气的硫化氢转移、硫化物氧化和现有的排水管道通风系统的模型模拟的可能性，如果以大气中硫化氢浓度为评估的基础，则必须非常清楚排水管道的系统及其运行的特点。

在大气中的液态硫化物（H_2S + HS^-）处于平衡状态，单位体积的 pH 值为 7 的 H_2S 分压约等于 100 ppm/（mg/L）(图 3.7)。因此可以明显看出，在平衡条件下，污水中的硫化物浓度非常低。考虑到硫化氢亨利常数的值相对较高，H_A=563 atm/（摩尔分数）$^{-1}$（表 3.5），在实际情况下，这种情况很少出现，因为在问题出现之前，排水管道系统污水中的硫化氢浓度通常已经超过 0.5 mgSl^{-1}。在常规报告中，硫化物浓度为 0～0.5 mgSI^{-1}、0.5～3 mgSI^{-1} 和 3～10 mgSI^{-1} 可分别被视为低、中和高（Hvitved Jacobsen and Nielsen，2000）。这些数值对于预测与污水收集有关的气味问题的模型模拟而言尤其重要。

3.5.2 影响污水管网中硫化氢形成和存在的因素

硫酸盐还原需要厌氧条件，即不存在溶解性氧和硝酸盐，在这样的条件下，硫酸盐还原速率的测定是非常重要的。在使用硫化物预测模型时，以下因素很重要。

3.5.2.1 硫酸盐的存在

硫酸盐通常存在于浓度大于 5～15 mg/L 的所有类型的污水中，这个范围的浓度在相对薄的生物膜中不限制硫化物形成速率（Nielsen and Hvitved-Jacobsen，1988）。然而，在排水管道沉积物中，硫酸盐可能渗透到更深的沉积层中，硫酸盐还原的可能性可能随着大量液态中硫酸盐浓度的增加而增加。在特定条件下，例如在工业污水的情况下，重要的是硫酸盐以外的硫成分（例如硫代硫酸盐和亚硫酸盐）可以作为硫酸盐还原菌的硫源（Nielsen，1991）。

3.5.2.2 可生物降解有机物的数量和质量

可生物降解的有机物质可在污水中作为硫酸盐还原的底物。然而，在来自例如具有相对高浓度的易于生物降解的有机物的食品工业的污水中，硫酸盐还原细菌比较喜欢硫酸盐还原率高于来自家庭的污水。在生活污水中，由于水的短缺或再利用，某些地区的 COD 可能较高，导致硫化物形成的可能性较高。几种特定的有机物，例如已确定甲酸盐、乳酸盐和乙醇是特别适合硫酸盐还原菌的底物（Nielsen and Hvitved-Jacobsen，1988）。

3.5.2.3　温度

对于硫酸盐还原菌，硫酸盐还原的温度依赖性高，对应于约 1.13/℃的温度系数，即每 10℃温度增加因子以 Q_{10} = 3.0～3.5 的速率变化。研究表明，温度系数将降至约 1.03/℃（Nielsen et al.，1998）。

3.5.2.4　pH 值

硫酸盐还原菌主要存在于 pH=5.5～9 之间。然而，显著抑制硫酸盐还原菌不会存在于 pH 值小于 10。

3.5.2.5　面积与压力总管的体积比

硫化物主要在生物膜中生产，因此，硫化物的相应液态浓度涉及排水管道管的面积：体积（A：V）。因此，与小直径管道相比，来自大直径管道的污水中的硫化物浓度相对较低。

3.5.2.6　压力总管中的流速

硫化物的潜在产量取决于生物膜厚度。如果管道中的流速为 0.8～1 m/s，则相应的生物膜相当薄，通常为 100～300 μm。然而，高速度也减小了扩散边界层的厚度，从而降低了穿过生物膜–水界面的传输阻力。

3.5.2.7　在排水管道管网中的厌氧停留时间

运输过程中污水的厌氧停留时间是影响污水中硫化物浓度水平的一个因素。停留时间取决于污水流入量与管道水量的比值。因此，硫化物形成的水平（特别是在压力管道中）受到流入的污水的日变化和联合污水集水区的降水量的影响。

3.5.2.8　沉淀硫化氢

如图 3.9 所示，硫化氢的许多沉淀可能会降低液态中的实际浓度。排水管道气体的排放（也受到排水管道通风的影响），特别是重力流排水管道的氧化，由于再氧化过程和重金属硫化物（主要是硫化铁）的沉淀，是需要重点考虑的。

3.5.3　使用经验公式预测硫化氢的形成

目前已经开发了许多简单的经验方程来预测重力流排水管道和压力管道中的

硫化物形成。这些方程式本章不会涉及。这些模型的概述在 Hvitved-Jacobsen 和 Nielsen（2000）等人的文献中均有罗列。

3.5.4 形成硫化氢的综合模型

到目前为止，只有经济模型可用于预测排水管道管网中的硫化氢。排水管道过程模型方法由 Hvitved-Jacobsen 等人提出（1998a，b）。Hvitved-Jacobsen 和 Nielsen（2000）增加了一个新的维度，将有机物质的厌氧转化与硫化物的形成相结合（图 3.5）。虽然与形成有气味物质的复杂性相比，这个概念相当粗糙，但它包括污水质量、发生的过程和硫化物的形成之间的联系。表 3.5 阐述了其工艺概念。更多细节，例如关于模型配方和工艺描述，可以在 Hvitved-Jacobsen（1998b）以及 Hvitved-Jacobsen 和 Nielsen（2000）等人的文献中找到。

表 3.5 排水管道有机物和硫成分转化的综合好氧和厌氧过程模型概念

	S_F	S_A	X_{S_1}	X_{S_2}	X_{BW}	X_{H_2S}	$-S_O$	过程速率 *
重力流中好氧生长		$-1/Y_{Hw}$			1		$(1-Y_{Hw})/Y_{Hw}$	Eq. a
生物膜中好氧生长		$-1/Y_{Hf}$			1		$(1-Y_{Hf})/Y_{Hf}$	Eq. b
能量需求		−1					1	Eq. c
快速好氧水解		1	−1					Eq. d, n=1
慢速好氧水解		1		−1				Eq. d, n=2
快速厌氧水解		1	−1					Eq. e, n=1
慢速厌氧水解		1		−1				Eq. e, n=1
发酵	−1	1						Eq. f
硫化氢						1		Eq. g
复氧产率							−1	Eq. h

* 处理率的公式见 Hvitved-Jacobsen 等人（1998b）或 Hvitved-Jacobsen 和 Nielsen（2000）的有关文献。

在考虑硫化物形成时，排水管网过程模型包括了对相关过程的概念性的理解。与硫化氢的经验预测模型相比，还有其他优点。一个主要优点是该模型旨在模拟变化的好氧和厌氧条件。因此，该模型能够模拟具有任意重力和压力管段的排水管道网络中的质量变化。

3.5.5　基于排水管网臭气形成的过程建模

图 3.5 和表 3.4 中所述排水管道过程模型是基于实验室和中试规模调查开发的。它已经在重力流排水管道和压力管道中得到验证，因为它能够模拟排水管道中有机物和硫化物形成的变化（Tanaka et al.，1998；Tanaka and Hvitved-Jacobsen，2000）。然而，到目前为止，该模型还没有被用作评估排水管道管网中臭气问题的工具。为此目的，仍有许多案例研究尚待进行。

基于理论上的考虑，排水管道过程模型具有预测排水管道管网中臭气形成的基本特征。该声明得到了作为模型制定和验证背景的实验结果的支持。以下是支持此声明的主要特征：

（1）可发酵生物和发酵产物是硫酸盐呼吸生物质的底物，即通过发酵产生的恶臭物质可以与 H_2S 同时出现。通常，生产速率会受到由水解和发酵产生的快速可生物降解的有机底物的限制。

（2）硫化氢是一种气体，具有约 0.5～1 ppb 的低阈值气味值。该阈值与通过发酵产生的许多恶臭 VOCs 具有相同的数量级。

（3）硫化氢是亨利定律常数相对较高的组分。因此，它具有从污液态排出的高趋势及作为恶臭物质发生的特性。

（4）建议用于臭气建模的排水管网过程模型是从概念的角度设计的。它包括在好氧和厌氧条件下与硫化物形成相结合的污水有机物质量转化。因此，污水的生物降解性被认为是形成所有气味的关键，可以作为硫化物形成的基础。

（5）排水管道过程模型能够模拟重力流排水管道和压力管道中的好氧 / 厌氧过程。因此，该模型适用于不同的现实条件。

由于排水管道过程模型具有概念背景，因此它具有用于设计目的的能力。在这方面，它优于现有的用于硫化氢预测的纯经验模型。

作为排水管道过程模型评估过程的一部分，评估必须投入一些标准以区分不同级别的气味问题。在这方面，第 3.5.1 节讨论的标准被认为是合理和现实的。

3.6　排水管道过程模型的仿真实例

以下示例的目的是给出模拟结果和排水管道过程模型性能的印象。

该模型已被用于模拟德国埃姆舍尔地区 50 公里排水管道的有机物转化和硫化物的形成。现有排水管道系统不断变化已成为问题复杂性的原因。排水管道集水器中的臭气和腐蚀问题以及在后续处理厂的生物氮和磷去除方面对污水处理的改进正在被关注。

根据排水管道系统现状，对重力流排水管道和压力管的不同情况进行了对比分析。 Emscher 地区的地理位置相对平坦，仅允许建造具有相应低坡度的重力流排水管道。这种重力流排水管道将受到好氧 / 厌氧变化条件的影响。作为规划过程的一部分，通过模型模拟确定并量化了同时好氧 / 厌氧过程的可能性。排水管道过程模型的模拟实例如图 3.10 和图 3.11 所示（Hvitved-Jacobsen and Vollertsen，1998；Hvitved-Jacobsen et al.，1999）。

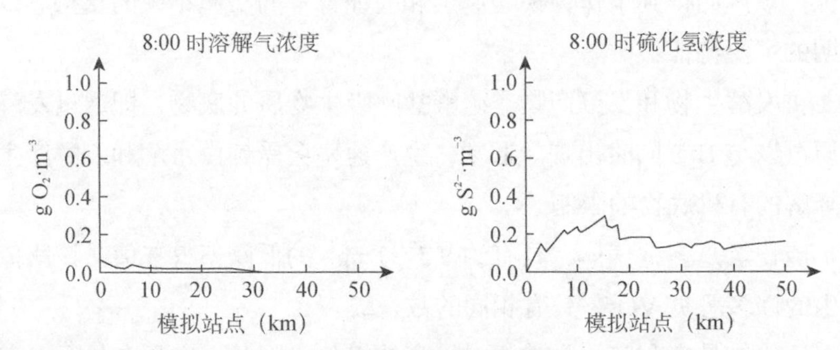

图 3.10　采用排水管道工艺模型对 50 km 重力排水管道管道进行模拟的结果，坡度小于 0.13%，在 8：00 显示溶解氧浓度（DO）和硫化氢浓度的变化

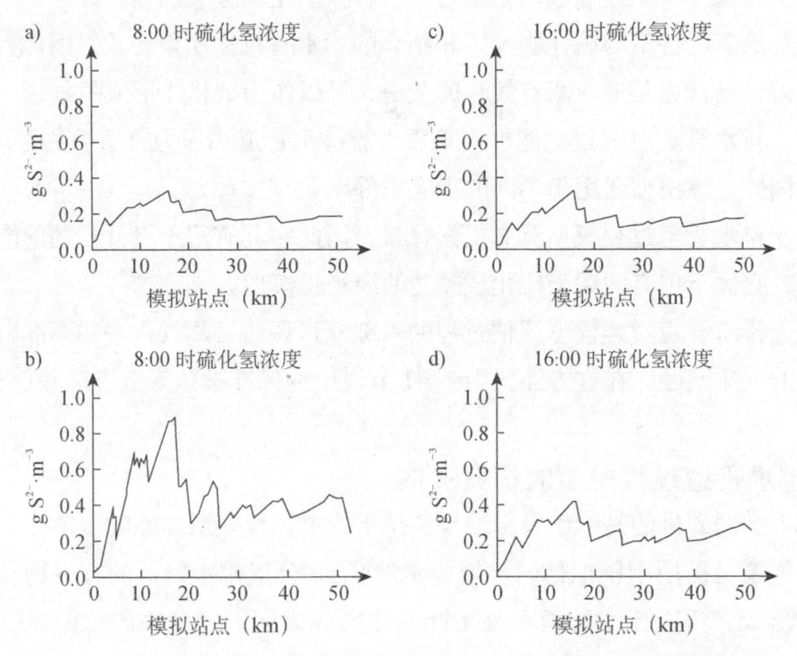

图 3.11　重力排水管道（A、B）和压力主管（C、D）中的模拟硫化氢剖面

该实例表明，在不同条件下和不同类型的排水管道系统中模拟硫化物的形成是可行的。如前所述，目前缺乏关于模型模拟能力的信息，这是一个需要克服的难点。

3.7　排水管道恶臭的控制

排水管道中硫化物的控制方法和程序已经建立，并且存在大量和多种控制方法。文献中的理论和实践观点对这些方法做了很好的描述。几种这些方法的原理可在例如 Thistlethwayte（1972），USEPA（1974），ASCE（1982），USEPA（1985），ASCE（1989），Melbourne 和 Metropolitan Board of Works（1989），Boon（1995）等的描述中获得。表 3.6 是对常用控制方法的概述。

表 3.6　排水管道系统中硫化物的控制方法

方法一般原理	特定措施
防止硫酸盐还原条件	污水中添加如下物质： 空气 纯氧 硝酸盐
预防不良反应	硫化物的化学沉淀： 硫酸铁（II） 氯化铁（III）
旨在对生物系统产生特定影响的方法	通过碱性物质增加 pH 值： 氯 过氧化氢 臭氧
物理方法	冲洗 用于球分离生物膜
其他方法	减少湍流 耐腐蚀材料的保护涂层 控制通风

排水管道中的臭气是否源自污水中的硫酸盐还原或发酵过程通常没有明显的区别。在这方面，重要的是，并非表 3.6 中列出的所有方法通常都适用于控制气味。例如，硫化物的化学沉淀可能对 VOCs 的厌氧产生没有影响。从一般和理论的观点来看，表 3.6 中第 1 项中提到的方法最适合控制污水的腐化，从而控制臭气形成。但是，需要注意的是，任何控制方法的适用性都应该从特定地点、特定情况的角度进行评估。

3.8 参考文献

ASCE (1982) Gravity sanitary sewer design and construction ASCE (American Society of Civil Engineers) manuals and reports on engineering practice **60** or WPCF (water Pollution Control Federation) manual of practice **FD-5**, pp. 275.

ASCE (1989) Sulphide i n wastewater collection and treatment systems, ASCE (American Society of Civil Engineers) manuals and reports on engineering practice **69**, pp 324.

Bjerre, H.L., Hvitved-Jacobsen, T. Scblegel, S. and Teichgräber, B. (1998) Biological activity of biofi1m and sediment in the Emscher river. Gerrnany, *Water Sci. Technol.* **37** (1) 9-16.

Boon, A.G. and. Lister, A.R (1975) Formation of sulphide in rising main sewers and its prevention by injection of oxygen. *Prog. Water Tech.* **7** (2), 289-300.

Boon, A.G. (1995) Septicity in sewers: causes, consequences and containment. *Water, Sci. Technol.* **31** (7) 237-253.

Dague, R.R. (1972) Fundamenta1s of odor contro1. *J. Water Poll. Control Fed.* **44**, 583-595.

Danckwerts, P.V. (1951) Significance of liquid-film coefficient in gas adsorption. *industrial and Engineering Chemistry* **43** (6), 1460.

Green, M.Shelef, G. and Messing, A. (1985) Using the sewerage system main conduits for biologica1 treatment. *Water Res.* **19** (8), 1023-1028.

Hvitved-Jacobsen, T. Raunkjær, K. and Nie1sen, P.H. (1995) Volati1e fatty acids and sulphide in pressure mains, *Water Sci. Technol.* **31** (7), 169-179.

Hvitved-Jacobsen, T., Vollertsen, J. and Nielsen, P.H. (1998a) A process and model concept for microbial wastewater transformations in gravity sewers. *Water Sci. Technol.* **37** (1), 233-241.

Hvitved-JacobsenT.Vollertsen1.and Tanaka, N. (1998b) Wastewater quality changes during transport in sewers - an integrated aerobic and anaerobic model concept for carbon and sulfur microbial transformations. *Water Sci. Technol.* **38** (10), 257-264 (read text pp. 249-256) or errata in *Water Sci. Technol.* **39** (2), 242-249.

Hvitved-Jacobsen, T. and Vollertsen, J. (1998) An intercepting sewer from Dortmund to Dinslaken, Germany, report submitted to the Emschergenossenschaft, Essen,

Germany, pp. 35.

Hvit led-Jacobsen, Vollertsen, J. and Tanaka, N. (1999) An integrated aerobic/ anaerobic approach for prediction of sulphide fomation in sewers. Proc. CIWEM and IAWQ joint International Conference on Control and Prevention of Odours in the Water Industry, London, September 22-24, 1999, 27-36.

Hvitved-Jacobsen, T. and Nielsen, P.H. (2000) Sulfur transformations during sewage transport. In: *Environmental Technologies to Treat Sulfur Pollution - principles and engineering* (P. Lens and L.H. Pol, eds.) IWA Publishing London, pp. 131-151.

Hwang, Y., Matsuo, T., Hanaki, K., and Suzuki, N. (1995) Identification and quantification of sulfur and nitrogen containing odorous compounds in wastewater. Water Res. 29 (2), 711-718.

Jensen, N.Aa. and Hvitved-Jacobsen, T. (1991) Method for measurement of reaeration in gravity sewers using radio tracers. *J.Waler Poll. Conlr. Fed.* **63** (5), 758-767.

Jensen, N.Aa. (1994) Air-water oxygen transfer in gravity sewers. *Ph.D. dissertation*, Environmental Engineering Laboratory, Aalborg University, Denmark.

Koch, C.M. and Zandi, I. (1973) Use of pipelines as aerobic biological reactors. J. *Waler Poll. Contr. Fed.* **45**, 2537-2548.

Krenkel, P.A. and Orlob, G.T. (1962) Turbulent diffusion and the reaeration coefficient, *J. Sanit. Eng. Div.* **88** (SA2), 53.

Lewis, W.K. and Whitrnan, W.G. (1924) Principles of gas adsorption. *lndustrial and Engineering Chemistry* **16** (12), 1215.

Liss, P.S. and Slater, P.G. (1974) F1ux of gases across the air-sea interface. *Nature* **247**, 181-184.

Matos, J.S. and de Sousa, E.R. (1992) The forecasting of hydrogen sulphide gas build-up in sewerage col1ection systems. *Water Sci. Technol.* **26** (3-4), 915-922.

Matos, J.S. and de Sousa, E.R. (1996) Prediction of dissolved oxygen concentration along sanitary sewers. *Water Sci. Technol.* **34** (5-6), 525-532.

Melbourne and Metropolitan Board of Works (1989) Hydrogen sulphide control manual – septicity, corrosion and odour control in sewerage systems, Technological Standing Committee on Hydrogen Sulphide Corrosion in Sewerage Works, vol. 1 and 2.

Nielsen, P.H. and Hvitved-Jacobsen, T. (1988) Effect of sulphate and organic matter on the hydrogen sulphide formation in biofilms of filled sanitary sewers. *J. Water Poll. Contr. Fed.* **60**, 627-634.

Nielsen P.H. (1991) Sulfur sources for hydrogen sulphide production in biofilm from sewer systems. *Wat. Sci. Tech.* **23**, 1265-1274.

Nielsen, P.H. Raunkjaer, K. and Hvitved-Jacobsen, T. (1998) Sulphide production and wastewater quality in pressure mains. *Water Sci. Technol.* **37** (1), 97-104.

Parkhurst, J.D. and Pomeroy, R.D. (1972) Oxygen Absorption in streams, *J. Sanit. Eng. Div.* **98** (SA1), 101.

Pomeroy, R.D. and Bow1us, F.D. (1 946) Progress report on sulphide control research. *Sewage Works Journal* **18** (4) .

Pomeroy, R.D. and Parkhurst, J.D. (1973) Self-purification in sewers, Advances in Water Pollution Research. Proc. 6th Intemational conference Pergamon Press.

Pomeroy, R.D. and Parkhurst, J.D. (1977) The forecasting of sulphide buildup rates in sewers. *Prog. Water Techn.* **9** (3), 621-628.

Raunkjær, K.Hvitved-Jacobsen, T. and Nielsen, P.H. (1994) Measurement of pools of protein, carbohydrate and lipid in domestic wastewater, *Water Res.* **28** (2), 251-262.

Sander, R. (2000) Henry's law Constants. In: *Chemistry WebBook*, (W.G. Mallard and P.J. Lindstrom (eds.) NIST Standard Reference Database Number 69, National lnstitute of Standards and Technology USA, http://webbook.nist.gov/chemistry.

Stanier, R.Y.lngraham, J.L., Wheels, M.L. and Painter, P.R. (1986) *The Microbial World*, Prentice-Hall, Englewood Cliffs.

Stoyer, R.L (1970) The pressure pipe wastewater treatment system. Presented at the 2nd Annual Sanitary Engineering Research Laboratory Workshop on Wastewater Reclamation and Reuse, Tahoe City, CA, USA.

Stumm, W. and J.J.Morgan (1981) *Aquatic Chemistry: An introduction emphasizing chemical equilibria in natural waters*. John Wiley and Sons, New York.

Taghizadeh-Nasser, M. (1986) Gas-liquid mass transfer in sewers (in Swedish); Materieöverfòring gas-vätska I avloppsledningar. Chalmers Tekniska Högskola, Gteborg, Publikation 3:86 (Licentiatuppsats) .

Tanaka, N. (1998) Aerobic/anaerobic process transition and interactions in sewers.

Ph.D. dissertation, Environmental Engineering Laboratory, Aalborg University Denmark.

Tanaka, N., Hvitved-Jacobsen, T., Ochi, T. and Sato, N. (1998) Aerobic/anaerobic microbial wastewater transformations and reaeration in an air-injected pressure sewer. Proc. 71st Annual Water Environment Federation Conference & Exposition, WEFTEC'98, Orlando, Florida, USA, October 3-7, **2**, 853-864.

Tanaka, N. and Hvitved-Jacobsen, T. (1999) Anaerobic transformations of wastewater organic matter under sewer conditions. In: Proceedings of the 8th International Conference on Urban Storm Drainage (I.B. Joliffe and J.E. Ball, eds.) Sydney, Australia, August 30 – September 3, 1999, 288-296.

Tanaka, N. and Hvitved-Jacobsen, T. (2000) Sulphide production and wastewater quality - investigations in a pilot plant pressure sewer. Proc. 1st World Congress of the International Water Association (IWA) Paris, France, July 3-7, 2000, pp 8.

Thibodeaux, L.J. (1979) *Chemodynamics - Environmental Movement of Chemicals in Air, Water and Soil*, John Wiley & Sons, pp. 501.

Thistlethwayte, D.K.B. (ed.) (1972) *The Control of Sulphides in Sewerage Systems*, Butterworth, Sydney.

Thistlethwayte, D.K.B. and Goleb, E.E. (1972) The composition of sewer air. Proc. 6th International Conference on Water Pollution Research, Israel, June 1972, 281-289.

Tsivoglou, E.C. and Neal, L.A. (1976) Tracer measurement of reaeration. III Predicting the reaeration capacity of inland streams. *J. Water Pollut. Control Fed.* **48** (12), 2669.

USEPA (1974) Process design manual for sulphide control in sanitary sewerage systems, USEPA (US Environmental Protection Agency) Technology Transfer, Washington, D.C., USA.

USEPA (1985) Design manual - odor and corrosion control in sanitary sewerage systems and treatment plants, USEPA (US Environmental Protection Agency) publication **EPA 625/1-85/018**, Washington, D.C.USA.

Vincent, A. and Hobson, J. (1998) Odour control, CIWEM Monographs on Best Practices **2**, Terence Dalton, London.

第4章 污水处理中的臭气来源

艾莉森 · J. 文森特（Alison J. Vincent）

4.1 引 言

污水处理厂的进水是生活污水和工业污水的混合物，由于地排水渗透和合流制排水系统中雨水径流的影响，污水通常会被稀释。原始的污水有恶臭，与其相关的产物同样有恶臭。其恶臭程度和对人群的滋扰程度取决于污水的原始成分、污水处理工艺和其副产物的处理方式，以及污水和潜在污染源暴露在大气中的扩散程度。本章研究了与污水臭气相关的恶臭化合物、臭气来源以及影响臭气排放的因素。

4.1.1 污水中的化学物质鉴别

使用气相色谱法和定量仪器对气体进行分析，结果表明，污水和污泥处理处置的不同阶段存在着各类不同的化学物质，其中的某些化学物质与臭气问题并不相关。

主要的化学物质有：

- 大量的脂肪烃、芳香烃和含氯碳氢化合物，统称为挥发性有机化合物或 VOCs；
- 硫化氢；
- 含硫有机化合物；
- 醛和酮；
- 小分子脂肪酸；
- 氨和胺。

引起臭气问题的主要化学物质列于表 1.1。其中一些化学物质会危害人体健康，可能超过职业健康安全接触极限值（Health and Safety Executive，1997）。硫化氢是最常见的气体，当浓度超过 300 ppm 时具有致命性，而在污水处理厂封闭的处理工艺段中，硫化氢浓度一般都会超过 300 ppm（World Health Organisation，1987）。

通过嗅觉测定法测量到的臭气浓度，与将每种化学成分的临界浓度累加计算得出的臭气浓度，结果并不一样。臭气与每种化学物质之间关系的强度取决于组分的数量和种类、臭气强度和不同的处理工艺（Laing，1994；Patterson，1993；Laska and Hudson，1991）。标志性化合物（如硫化氢）和臭气浓度之间的关系，在不同处理工艺段和取样点间也会有所不同（Koe，1985）。未来电子鼻技术的发展可能会使污水中的臭气被识别和量化（Stuedz，1999）。

4.2　污水和污泥中的臭气来源

导致污水及其相关副产物恶臭的化学物质主要来自污水中的原始成分、发生的生化反应及污水处理过程中加入的化学物质。

4.2.1　污水中原始成分引发的臭气

新鲜污水的气味来自其组成成分，主要有厕所、浴池、洗碗机和洗衣机及工业污染物的排放。若非接近敞开式污染源、污水泵站的通风系统或含有恶臭严重的工业垃圾，新鲜污水很少会引发很严重的臭气问题。产生臭气的化学物质通常包括以下这些：

（1）家庭使用的清洁剂（如甲苯、柠檬烯、芳香烃衍生物、饱和脂肪族碳氢化合物 C9-C14、二甲苯、苯酚）衍生出的各种脂肪烃、芳香烃和含氯碳氢化合物；

（2）溶剂（如含氯碳氢化合物）；

（3）汽油衍生物（如苯）；

（4）与人类排泄物［如尿中的尿素和氨、粪臭素和吲哚（俗称“铅中毒物”）］相关的恶臭。

大多数挥发性有机碳化合物（VOCs）来自溶剂和石化产品的废弃物，其溶解性相对较低，因此，在污水处理系统、输送泵站和曝气过程中被部分剥离。一些挥发性有机物会被吸附到初沉污泥上，并在随后的中温厌氧消化和其他加热过程中释放。在通风空气中，碳氢化合物的存在可能会影响除臭处理装置的设计，如：挥发性有机物吸附在活性炭上，可能会降低活性炭的吸附性能等。

污水中的其他成分也会增加下游处理工艺产生臭气的可能性。这些成分包括：

（1）来自食品工厂的严重腐烂排放物；

（2）含热废水；

（3）含有硫酸盐的污水和渗透地排水；

（4）渗入的海水（其中硫酸盐含量高且含有必需的微量营养物）；

（5）有毒物质的。

4.2.2 污水输送和处理过程中臭气生化性质发生改变的影响因素

大多数与臭气问题有关的化学物质都与污水输送和污泥处理过程的厌氧环境相关，长时间存放导致腐败的产生，也就是在所有溶解氧和硝酸盐被微生物利用后生成恶臭气体。微生物消耗溶解氧的速率是非常稳定的，直至溶解氧浓度只有 0.2～0.4 mg/L。污水中微生物的呼吸速率约为 3～15 mg/L/h，15℃时，污泥中细菌的呼吸速率约为 700 $mg/m^2/h$（Boon and Lister，1975）。当溶解氧浓度成为速率限制因素时，污水中的氮氧化物将为有机物的缺氧反应提供电子受体。在这种情况下微生物将继续呼吸和氧化底物，此时的呼吸速率要比有氧时的呼吸速率慢。缺氧条件下的呼吸速率约为有氧时呼吸速率的 40%。随着污水氧化还原电位的降低，这些阶段便会随之发生（图 4.1）。在缺氧条件下，氧化还原电位将从 +50 mV 下降至 –100 mV 左右。

在初沉污泥中，残余溶解氧的消耗非常迅速，因为污泥中微生物的数量比污水多几个数量级，而且单位体积的基质底物利用率也要高得多。剩余活性污泥或腐殖污泥均来自好氧生物处理工艺段，可能含有残留的溶解氧和硝酸盐，除非与

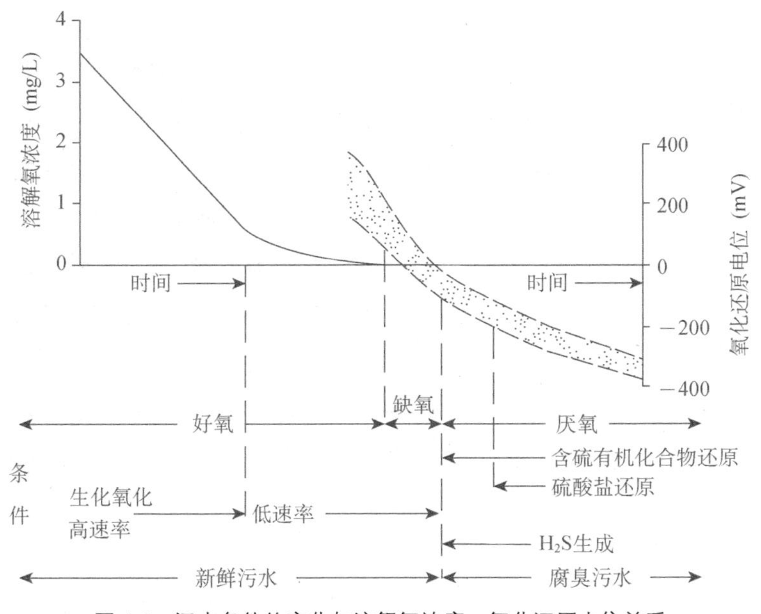

图 4.1　污水条件的变化与溶解氧浓度、氧化还原电位关系

初沉污泥一起处理，否则较不易稳定化。

在厌氧环境下，会发生生化反应产生臭气，主要有以下过程：

（1）脂肪、多糖和蛋白质的发酵（水解、产酸和蛋白质水解），可产生多种脂肪酸、醇、醛、酮、氨、胺、硫醇和硫化物（4.2.2.1 节）；

（2）硫酸盐被利用作为产生硫化氢的电子受体（4.2.2.2 节）。

另外，以下生化反应将减少臭气的产生：

（1）在有氧和缺氧条件下，恶臭化合物被氧化（4.2.2.3 节）；

（2）在厌氧消化过程中，产甲烷菌分解挥发性脂肪酸，生成无异味的甲烷（4.2.2.4 节）。

所有生化反应发生的程度都受到环境因素的制约，包括停留时间、温度、pH 值、氧化还原电位、底物和营养物浓度、有毒化学物质、盐度以及污水和污泥成分（特别是有机物和固体悬浮物的浓度）等。下文将详细介绍。

4.2.2.1　发酵过程

在厌氧条件下，脂肪、多糖和蛋白质会发酵，在发酵过程中，这些化合物首先被水解成脂肪酸、短链糖类、氨基酸和肽类，然后分解成短链化合物。在一个加热的厌氧消化池中，发酵是先进行“酸化”过程，然后挥发性脂肪酸（VFAs）

被迅速转化为甲烷。

蛋白质物质（含硫氨基酸——半胱氨酸、胱氨酸和蛋氨酸）和含硫有机化合物水解产生硫化氢、有机硫化物和二硫化物。生活污水通常含有 3～6 mg/L 以蛋白质形式存在的有机硫化物和 4 mg/L 以硫酸盐形式存在的有机硫化物，以硫酸盐形式存在的有机硫化物主要存在于家用洗涤剂中（Boon，1995）。

引起硫化物水解的细菌有厌氧菌和兼性厌氧菌，例如：变形杆菌属、拟杆菌、部分梭菌（Crowther and Harkness，1975）。与将硫酸盐还原为硫化氢的细菌相比，这些细菌需要在更高的氧化还原电位下才能活化。

很多发酵过程的产物都具有可挥发和难闻的特点，包括：氨、胺、醇、醛、酮、二氧化碳、短链挥发性脂肪酸，如丁酸、丙酸、乙酸乙酯（乙硫醇）、二甲基硫、甲基二硫和硫化氢等。

在污水处理中，发酵产物带来的恶臭冲击比硫化氢要小，但是，在污泥浓缩或脱水过程中会产生滞留污泥和污泥液，它们发酵后的产物可能是恶臭的主要来源。在初沉污泥的储存过程中，会产生大量的挥发性脂肪酸和其他发酵产物，它们的浓度会随着在厌氧状态下停留时间的延长而越来越高。污泥中挥发性脂肪酸的产生会导致 pH 值降低，在化粪池污泥中 pH 值低至 5.5。在酸性条件下，将会有更多的有机硫化物和硫化氢被释放出来。活性污泥或腐殖污泥在厌氧条件下长期储存也会发生发酵反应。发酵过程涵盖初沉池污泥、未处理的污泥、重力浓缩工艺段、厌氧消化工艺段、剩余污泥、生物除磷产生挥发性脂肪酸的阶段。

4.2.2.2 硫酸盐还原作用

硫酸盐在硫酸盐还原菌作用下还原生成硫化氢的反应，被认为是臭气生成的重要反应。因为硫化氢独特的气味，臭气中总会发现硫化氢的存在，即使它并不是产生臭气的主要原因。硫化氢也是构筑物、铁和砂浆被腐蚀的常见原因，特别是当硫化氢被氧化生成硫酸时腐蚀情况更严重。正因为如此，许多研究人员对硫化氢的产生和控制进行了研究（Boon and Lister，1975；Hvited-Jacobsen et al.，1999），并编写了污水系统臭气和腐蚀控制方面的设计指南（Bowker et al.，1989；EPA，1974；Pomeroy，1990）。下面列出了污水管主干管中硫化氢生成的经验公式（Boon and Lister，1975）：

$$C_S=K_C\, t\, \mathrm{COD}[(1+0.004D)/D]1.07^{(T-20)} \tag{4.1}$$

式中：

C_s= 硫化物浓度；

Kc= 常数，通常取 0.00152；

t= 厌氧停留时间（min）；

D= 污水管主干管直径（cm）；

T= 污水的温度（℃）；

COD= 化学需氧量（mg/L）。

硫酸盐还原菌是一种异养细菌，它通过“呼吸”代谢硫酸盐为有机物异化提供能量，并将硫化物释放到污水中（Postgate，1959，1984）。硫酸盐还原菌是绝对的厌氧菌，比同时发生的发酵反应需要的氧化还原电位低（–200 mV 以下）。它们的生长速度比其他有氧微生物慢。在氧和硝酸盐存在时，硫酸盐还原菌便不能发挥作用。然而，它们能在更不利的温度、氧气浓度、盐度和压力的条件下生存，只要是在厌氧条件下，它们随时会变得活跃起来（Lens et al.，1995）。硫酸盐还原菌存在于污水、污泥、污水输送管道和调蓄池沉积的污泥中，并大量存在于河道和河底的淤泥中（Schmitt and Seyfried，1992），以及厌氧消化反应中。

硫酸盐在硫酸盐还原菌作用下产生的硫化物数量受到污水和污泥中原始硫酸盐含量（以无机硫化物和硫酸盐形式计）以及营养物和发酵产物的限制（Hvitved-Jacobsen et al.，1999）。在污水中无机硫化物的浓度因地域不同而大不相同，具体取决于地排水和饮用水的硬度、饮用水的处理方法以及工业污水的成分。在英国内陆地区，无机硫化物浓度一般均超过 10 mg/L（以硫计），通常浓度约为 20 mg/L（以硫计）。当有海水渗入或含硫酸盐的工业污水掺入时，在污泥储存或厌氧消化过程中，可能会生成高浓度的硫化物。在污水或污泥中存在的金属盐自然会与这些硫化物反应生成不溶性的硫化物沉淀，因此，在硫化物中添加铁盐的方法已成为一种臭气控制技术。

硫酸盐还原反应通常发生在：污水输送的主干管、池体中的沉积物和污泥、沉砂池、雨水井、初沉池、高负荷生物过滤器或生物转盘、雨水或潮汐海水储存池、储泥池、重力浓缩池、上流式厌氧污泥反应器、厌氧消化器等。

4.2.2.3　有氧条件下的细菌活性

在有氧或缺氧条件下，细菌会氧化有机物。细菌的氧化作用通常发生在污水、污泥液、湿污泥的表面、好氧二级处理的生物膜和污泥中（Einarsen et al.,

1999)。保持有氧环境会有以下效果：抑制硫酸盐还原菌的生长，让之前在厌氧条件下生成的恶臭化合物在氧气的作用下发生氧化作用，生成臭气污染较小的化合物，如硫酸、硝酸盐和二氧化碳等。污水中硫化物的氧化速度为1～15 mg/L/h（Bowker et al.，1989），通常为2.5 mg/L/h。在混合介质和生物膜中，氧化速度会更快。

在自养硫杆菌作用下硫化氢氧化生成硫酸的反应，被用于好氧生物过滤器或生物洗涤塔的除臭，贝壳、泥饼、椰壳或塑料介质通常作为除臭的生物填料。这种活性污泥法，好比是臭气的“生物洗涤器”，在鼓风机的吹动下臭气向上涌动，使活性污泥中的微生物充分接触、吸收和降解臭气，从而实现除臭处理。这种方法已在很多地方试验成功。

对污水或污泥液的曝气，无论是湍流流态还是曝气，均会导致挥发性有机物和溶解性有毒气体的释放。在污水系统中，这有可能会引发检查井、入口和排口的恶臭，当来自上游系统的污水已经腐化时，会更加严重。硫化氢释放到污水管道里，管道的潮湿内壁上生长有污泥，硫化氢吸附在这部分污泥上，会慢慢氧化为硫酸。因此，污水管道外表面虽不直接与污水接触，也会发生腐蚀。这就是污水管道腐蚀的常见原因。

使臭气减少的氧化反应通常发生在以下点位：

（1）重力浓缩池；

（2）生物过滤器；

（3）活性污泥厂；

（4）淹没式生物曝气过滤器；

（5）连续式反应器；等等。

缺氧过程通常发生在以下点位：

（1）污水管主干管和排水管网；

（2）活性污泥厂的曝气池和缺氧池选择区的前端。

4.2.2.4 产甲烷菌活性

产甲烷菌的工作环境与硫酸盐还原菌相同，它们将挥发性脂肪酸转化为甲烷，在这个过程中臭气的浓度会大大降低，污泥难以忍受的气味大大减少。硫酸盐还原菌与产甲烷菌发生竞争，因此沼气中可能含有大量的硫化氢以及其他有机硫化物，如二甲基二硫化物（Winter and Duckham，2000），沼气成分见表4.1。

表 4.1　沼气的成分

化合物	消化气体组成
甲烷	65%～70%（体积比）
二氧化碳	25%～30%（体积比）
氢气、水蒸气、氮和其他气体	约 5%（体积比）
硫化氢	0.03%～0.3%（体积比）
包含有机化合物在内的其他挥发性化合物和挥发性有机化合物	10～30 ppm（体积比）

消化污泥仍然有恶臭，在排泥过程中或者从消化器排出后都会产生恶臭，这是残余消化活动的继续进行或者污泥中夹带的沼气释放出来所引起的。在污泥脱水、泥饼储存和处理的过程中，臭气也会被释放出来。消化污泥脱水产生的污泥液含有氨和其他还原性氮化合物以及硫化氢，这也是产生恶臭的原因。另外，消化器在刚启动阶段或者存在故障时也会产生臭气，产甲烷反应阶段的停止可导致高浓度挥发性脂肪酸和硫化物的形成，并有造成臭气问题的重大风险。

消化过程产生的沼气通常在锅炉中燃烧、为消化过程提供热量，或者在热电联产发电机中燃烧，在此期间，臭气会被热氧化。多余的气体在火炬筒或燃烧器中燃烧。热氧化过程与时间和温度有关，当燃烧炉和锅炉的残余硫化物起始含量很高或者炉内温度较低时，热氧化过程会出现问题。从压力释放阀间断性释放出的沼气会引起臭味问题。

4.2.3　污水处理工艺中化学物质使用对臭气的影响

化学物质常被用于污水处理，它们可提高固体悬浮物和五日生化需氧量的去除率，并对污泥调理和稳定有明显的效果。这些化学物质可能会对臭气产生影响，特别是对污水或污泥中已存在的恶臭物质的释放产生影响。例如：为了去除磷酸盐、促进固体悬浮物的沉淀和生化需氧量的去除，通常会向污水中投加铁盐，铁盐可以沉淀硫化物，因此就减少了臭气释放的可能性。但是，高剂量的铁盐（如氯化铁）会导致 pH 值降低，反而会引起硫化物的释放；再如，投加石灰有助于悬浮物的沉淀和污泥的稳定化，但石灰会抑制 pH 值升高而导致硫化氢释放，同时又显著增加了氨和其他还原性恶臭氮化合物释放的可能性。

污水处理的其他物化手段是臭气产生的潜在来源，特别是石灰和氨水的使用。未稳定化的污水、污泥在储存时会产生臭气，除此之外，膜处理工艺其他阶段产生臭气的可能性基本都很小。

化学物质既可作为污水和污泥的添加剂，又可用于臭气处理工艺中的臭气控制。处理过的气体中可能含有残留的恶臭，例如次氯酸盐洗涤器的余氯、臭氧洗涤器产生的臭氧或泥炭床生物过滤器产生的泥炭气味。当有公文明示气体成分要达到某个排放标准以及处理过的气体排放点靠近气体监测器时，对这些臭气的控制可能就比较重要。

4.3 臭气排放

只有当臭气化合物排放到大气中和有人投诉时，臭气化合物的负面影响才会显现。将臭气化合物进行稀释，或在溶液中进行化学或生化氧化处理后，将不会产生恶臭问题。污水或其衍生产物处理过程中释放的臭气会引起问题，问题的程度取决于以下因素：

（1）释放产生臭气的特定化学物质；

（2）释放出的臭气量（即气体的流速乘以臭气含量）。高浓度的臭气（例如从砂砾料斗中发出的气味）与高流速低污染的臭气（初沉池上的气味）相比影响还是小的；

（3）受纳臭气扩散的空间的体积；

（4）某种受体可能会对臭气比较“敏感”，与“非敏化”受体相比，它们可检测出更低浓度的臭气；

（5）气体的释放频率、持续时间和臭气每天的释放时间，例如：从储泥池中不定期清除污泥、污泥脱水过程释放的强烈异味，以及污水持续排放低浓度臭气。一般来说，臭气周期性或持续性释放是比较棘手的问题。

4.3.1 影响臭气释放的因素

气体定律描述了臭气从液态转移到气态的数量，传质速率可用传质理论来描述［式（4.2）］：

$$r_v = K_L a\,(C - C^*)V \tag{4.2}$$

式中：

r_v= 挥发速率（mg/h）；

K_L= 传质系数（m/h）；

a= 传质比界面面积（L/m）；

C= 水中挥发性化合物浓度（mg/m^3）；

C^*= 气液平衡相中挥发性化合物的浓度（mg/m^3）；

亨利定律描述了气相中的最大浓度［式（4.3）］：

$$P=Hp \tag{4.3}$$

式中：

P= 气相摩尔分数；

p= 液相中溶解性气体的摩尔分数；

H= 硫化氢的亨利常数（在 20℃时为 483 atm/mol）（Tchobanoglous and Burton，1991）。

影响臭气释放量的因素主要如下：

（1）溶解性气体的溶解度；

（2）气相和液相中化合物的浓度；

（3）传质系数与相界面积结合的体积传质系数（K_La），在湍流点的释放速率远大于静态表面；

（4）温度：溶解度随温度升高而减小，迁移速率随温度升高而增大；

（5）pH 值对溶解性气体浓度有影响，因为只有未发生电离的恶臭化合物才能转移到大气中；低 pH 值有利于 H_2S（表 4.2）、硫醇和挥发性脂肪酸的释放，高 pH 值有利于减少氨和含氮化合物的释放，氨在 pH=11 时基本不会发生电离。pH 值的变化对非极性化合物没有影响。

由于大多数系统的动态特性，气相中的硫化氢浓度很少达到亨利定律所预测的平衡值（表 4.3）。然而在封闭系统中，它们的浓度可能迅速超过安全阈值，对健康构成危险，特别是在封闭的储泥池里。

表 4.2　溶解性硫化物中 H_2S 和 HS^- 的比例（Pomeroy，1990）

酸碱值	未电离 H_2S 比例	HS^- 比例
5	0.99	0.01
6	0.91	0.09
7	0.50	0.50
8	0.09	0.91
9	0.01	0.99

表 4.3 污水系统中气液平衡相中硫化氢的典型浓度（Cranny，1994；Matos and Aires，1994 年）

污水中硫化物浓度（mg/L）	污水系统大气中硫化氢最大可能浓度（20℃，pH=7.0）ppm（体积比）	污水系统大气中硫化氢测量到的浓度 ppm（体积比）
Hunters Green 泵站		
10	1 357	225
11	1 493	185
15	2 036	200
9	1 222	40
Costa to Estoril		
10	1 357	300
1.5	204	60

在敞开的静态表面，如氧化塘，空气在水面上的运动降低了恶臭物质的浓度，为臭气的循序渐进性排放提供了一个积极的驱动力，在这种情况下，臭气的释放量可能与风速成正比。

臭气的大量释放发生在湍流点，如：水堰和排泄点、污水 / 污泥混合或剧烈曝气的地方。空气运动可提供一个积极驱动力，几乎可使臭气完全暴露，这些地方最可能发生混凝土和铁质构筑物的腐蚀。降低翻堰、跌入池子和渠道中水流的高度，或者在这些地方进行选择性加盖，将可大大减少臭气释放量。

4.3.2 臭气释放量及其影响

臭气排放值等于气体流速乘以利用嗅觉测量法或硫化氢浓度测量仪得到的臭气含量，臭气排放值在某个排气筒内很容易测量，但在面积源内很难测量。

许多科研人员描述了在污水处理过程中，测定不同阶段液体臭气排放规律的试验（Koe and Tan，1990；Frechen，2000；Hobson，1995）。在试验中，已知体积的空气循环通过一个给定体积的液体，然后通过嗅觉测定仪测量逸出气体中液体气体的含量。表 4.4（Hobson，1995）列出了几种臭气源的恶臭气体浓度，结果显示，活性污泥法和消化工艺可减少一定量的臭气。可通过质量平衡或经验公式来表示某些过程中释放出的臭气量。Young 和 Hobson（1998）在式（4.4）中用臭气浓度值表示水堰上的臭气释放值。

$$OE = 7.16 \times 10^{-4}\ \mathrm{OP}\ F_{\mathrm{weir}}\ hK_{\mathrm{pH}} \tag{4.4}$$

式中：

OE= 单位长度堰上的臭气释放速率（ou/sm）；

OP= 堰处的臭气浓度（ou/m^3）；

F_{weir}= 堰负荷率（m^2/h）；

h= 堰处的跌落水头（m）；

K_{pH}=pH 值校正系数，在 pH 值 =7 时，取 1.17。

表 4.4　不同臭气源臭气浓度

臭气源	臭气浓度（ou/m^3）
污水污泥原泥	100 000～2 500 000
新鲜消化污泥	300 000
储存的消化污泥	10 000
消化污泥滤液	2 000
排水管道主干管污水	1 000 000
混合液	620
暴雨雨水调蓄池（城镇地表）	305 650
重力浓缩池溢流（最大）	4 000 000
氧化沟选择池	2 000

注：ou 为欧洲气味单位，ou 值是质量测量值，一个 ou 是污染物的质量，当蒸发成 1 m^3 的无味气体（在标准条件下）时，产生浓度等于该污染物检测阈值的混合物。相当于 mg/m^3。

硫化氢也可以用来表示臭气的浓度，英国在可能产生臭气污染源的地方沿程进行了硫化氢测定，以确定臭气产生和释放的点位（表 4.5）。

表 4.5　污水和污泥中硫化物浓度（mg/L，以硫计）

	A 点	B 点	C 点
污水入口	0.03	0	0.06
初沉池堰前	4.4	—	—
初沉池堰后	1.1	0.5	0.11
混合液	0.2	0.3	—
最终排放	0	—	—
初沉污泥	50.1	16	48
污泥泵坑	—	14	—
储泥池	—	2（曝气）	38
浓缩污泥	57.6	—	—
污泥液	—	—	7
消化污泥	23.3	—	—

在这些例子中，A 点主要是初级处理阶段产生和释放的臭气；B 点的臭气主要是初沉污泥产生的，在曝气储泥池中释放。由于有污泥控制手段和有效的气体处理工艺，污泥处置和消化过程中并未产生臭气；C 点的臭气主要存在于污泥中，并在机械脱水过程中释放出来。

对于空旷的场地，臭气释放值或预测方程可以被用来推导出扩散模型中臭气的释放速率（Boon et al.，2001；Yang and Hobson，1998；Witherspoon et al.，2000）。描述挥发性有机化合物释放的方程式已在相关文献中提到（Melcer et al.，1994），并适用于商业化计算模型，比如 TOXCHEM。面积源的释放速率则被 Frechen 提出（1992，2000b）。

测量或估算的臭气释放的影响可使用扩散模型来确定。可以用经验公式（4.5）（Keddie，1980）对臭气释放的影响作出粗略的估计，该公式将气体的流速和气体中臭气的含量与预估的臭气污染源半径联系起来。

$$OR = (2.2E)^{0.6} \tag{4.5}$$

式中：

OR= 臭气影响距离的半径（m）；

E= 臭气释放速率 = 空气的流速（m^3/s）× 臭气含量（ou/m^3），测量的范围介于（0.7E）$^{0.6}$ 到（7E）$^{0.6}$。

臭气释放的主要点位有：

（1）污水管主干管的排放点；

（2）初沉池过水堰；

（3）初沉池污泥槽；

（4）敞开的储泥槽内或堰处的污泥；

（5）污泥机械浓缩和脱水装置；

（6）污泥储泥槽进、出口；

（7）污泥液排放口。

4.4 污水处理过程中臭气问题最小化优化设计

臭气控制技术既能阻止臭气的产生，又能使臭气的释放量最小化；虽然不能阻止污水污泥的腐化过程，但是，许多案例证明除臭技术可有效减小臭气的释放量。工艺的选择对于某个点位臭气的控制有显著的影响。用延时曝气工艺处理污泥池内排出的污水就不会考虑配置臭气控制措施。相比之下，用初次沉淀法、高速生物过滤法、引入污泥法处理污水的工艺和污泥处理装置都需要采取有效的臭气控制措施。在污水污泥处理的任一阶段几乎都会产生臭气问题，而且，在某一个工艺段产生的臭气很可能会在后续处理过程中被释放出来。

可通过设计优化来显著降低臭气问题（Vincent and Hobson，1998），成功设计的原则是：

（1）减少臭气产生，例如：尽量减少污水和污泥在厌氧条件下的储存时间；

（2）最大限度地减少臭气的释放，例如：避免污水、污泥或污泥液的湍流流动或水力下降太快（在翻过堰或进储泥池时）；

（3）控制臭气扩散点，减轻臭气释放对边界区域敏感位置的影响。

4.4.1　不同工艺段臭气释放和控制

下面简要介绍污水处理过程中常见工艺段臭气产生和释放的可能性，以及将臭气问题最小化的控制措施。

4.4.1.1　污水系统

在污水输送主干管中，污水和污泥中微生物呼吸会迅速耗尽溶解氧或硝酸盐。硫酸盐还原作用和发酵作用发生在污水中和污水管道内壁粘附的污泥中。臭气会在污水的排放点处释放，如果接收污水的管道直径相对较小，或者有接入口靠近污水系统排放口、下游泵站和污水厂，则可能会引起臭气污染问题。

在重力流污水管道中，有坡度管道产生的污水的流速应该能保证管道中氧气溶解的速率超过污水和管道沉积物中微生物的呼吸速率，但是，Boon（1995）对重力流污水管中大气复氧速率的调查发现，在下游的污水管道主干管中，如果管道坡度较小，管道沉积物会积聚，污水管道中大气的复氧将会导致溶解性硫化物氧化，从而导致重力流污水管中臭气的产生，重力流污水管中污水进入污水处理厂时，就会释放出臭气。

污水管中臭气最小化的设计要点包括：

（1）减少排水管长度；

（2）确保重力流污水管坡度较大；

（3）避免重力流污水管的水力骤降或急转弯；

（4）确保避免臭气从污水管道中逸出，如果可能的话，对检修口进行密封；

（5）如果出现臭气问题，使用化学药剂去阻止或沉淀硫化物（如：硝酸盐、氧气或铁等）。

4.4.1.2 污水泵站

臭气（包括硫化氢和挥发性有机化合物）可能存在于上游来水，并在开放式沟渠、拦水堰或污水前池中释放，这些臭气将危害健康和安全，如果人员需要进入，应提供适当的通风。靠近住宅的泵站可能会产生臭气污染问题。

污水泵站臭气最小化的设计要点包括：

（1）降低进水泵站前池时的水头；

（2）避免灌渠内的水流紊流流态；

（3）最大限度地减少进水前池的有效容积；

（4）在污水泵站前池中设置足够大坡度，避免污泥或碎屑沉积；

（5）去除挂靠在池壁上脂肪和油脂。

4.4.1.3 雨水调蓄池

雨水调蓄池通常设置在污水系统内部或污水处理厂的入口处。在雨水调蓄池储存初期雨水、污泥和沉积物的过程中会产生臭气，并在调蓄池充满和排空时释放出来，特别是当进行强有力的搅拌或喷射液体清洗调蓄池时。当调蓄池水体回到污水主输送管道时，水体和污水的接入点也将产生臭气问题。

雨水调蓄池臭气最小化的设计要点包括：

（1）尽量减少降雨时雨污混合水的存储；

（2）保持调蓄池内清洁干净；

（3）设计时尽量保证入口和排放口低水位，以减少污水的飞溅。

4.4.1.4 污水入口设施

未经处理的污水入口通道会产生臭气问题，特别是在污水和污泥的接入口、污泥回流入口、污泥消化液或化粪池污水的回流口等处。重力流污水管道中的臭气也将在污水处理厂的入口处释放进入大气中。臭气可以从污水排放点、开放式灌渠、砂砾筛除设施中释放（特别是曝气沉砂池中）。砂砾筛除后在储存和运输过程中会产生臭味，尤其是分离后还未清洗的砂砾其恶臭问题更严重。

污水入口设施臭气最小化的优化设计要点包括：

（1）避免沉砂池的砂砾累积；

（2）及时洗涤筛选的砂砾；

（3）避免管道水头骤降或急转弯；

（4）排放点高度应尽可能低，臭气排放点应在水面下。

4.4.1.5　初沉池

进入初沉池的污水可能已经发生了腐化。在初沉池沉淀过程中，污水和污泥中有机物在没有化学物质添加的情况下，不可避免地会进一步腐化。剩余污泥和初沉污泥的共同沉降将加快污泥的腐化速度，使得臭气在静水区、高沉池表面、污水流动的溢流堰、流槽、清淤池和喇叭排放口处等区域释放出来。

初沉池臭气最小化的优化设计要点包括：

（1）允许初沉池在进水流量较低时停止运行，以保证水力停留时间接近设计值；

（2）最大限度地减小溢流堰的跌水水头；

（3）设置自动排泥设施；

（4）排出低浓度的污泥（约 2%），避免停留时间过长。

4.4.1.6　曝气二级处理工艺段

在曝气生化处理工艺段，污水中臭气可通过污泥絮体上厌氧微生物的吸附和生化氧化去除。但是，泥水混合液的曝气系统会将混合液中的臭气带出来，其臭气特征是：与低负荷污水厂处理相比，具有更高的恶臭排放速率。据报道，机械充气装置去除臭气的能力比微气泡扩散装置要强（Merce，1994）。如果进入的污水是腐化的或混有污泥液，臭气可以从曝气池的入口处释放出来，但是释放量比初沉池要少得多。

曝气生反池臭气最小化的优化设计要点包括：

（1）确保充分曝气和搅拌混合；

（2）如果曝气池点位附近属于臭气敏感区域，可使用空气扩散曝气而不采用机械表面曝气；

（3）设计污泥或其他恶臭液体水面下排放。

4.4.1.7 生物滤池

生物滤池可通过生物膜上的厌氧微生物吸附和生化氧化来去除污水中的臭气。与高负荷污水厂相比，低负荷污水厂的臭气量相对较小。臭气会在滤池表面从污水中分离出来。当污水温度高于环境温度时，气体会直接穿过滤池逸出，滤池的这种自然通风现象会加剧臭气的产生。如果生物滤池超负荷运行，会受到排放的有毒物质的影响，或者滤池生物膜恶化发生积水情况，这些现象都会导致生物滤池成为臭气的污染源。高负荷生物滤池常常是臭气的来源，因为在高负荷率的生物膜中会发生厌氧反应，当气体流通时，臭气就会产生并被释放到大气中。

生物滤池臭气最小化的优化设计要点包括：

（1）从上至下给滤池通风，为高负荷滤池提供加盖、高强度通风和除臭设施；

（2）减小布水器与生物膜表面之间的跌水水头，避免飞溅；

（3）如果有积水的迹象，使用再循环系统；

（4）确保足够的通风。

4.4.1.8 污泥和化粪池进出口

在放空和填充水池作业时，臭气会从进口、出口逸出。如果污水池中的污泥在用泵往外输送之前经过搅拌混匀，臭气也将会被释放出来。

进出口臭气最小化的优化设计要点包括：

（1）确保污泥和化粪池垃圾的排放口在低水位或全程封闭；

（2）给接收器或池子加盖；

（3）若出现问题，可将池子通风口连接到臭气处理装置；

（4）储泥池排放口应远离周边的敏感区域。

4.4.1.9 污泥的储存和重力浓缩

随着污泥储存时间的延长，硫化氢和发酵产物的生成量将显著增加，污泥液的浓度也会随着时间的延长而显著增加。强烈的臭味会在池子的填充和排空过程中、满池的表面和堰上、污泥混匀以及污泥液处理过程中释放出来。

污泥储存过程中臭气最小化的优化设计要点包括：

（1）尽量减少污泥在浓缩、消化和脱水阶段前的储存量，以减少污水和污泥液的臭气产生量；

（2）确保通往臭气处理装置沿途的密封性（注意：硫化氢的毒性会在密封下

积累）；

（3）降低污泥液和污泥排放液位，以防飞溅；

（4）在低速下进行污泥的混匀操作，避免在高速下进行混合。

4.4.1.10　机械浓缩和脱水

污泥和污泥液在浓缩和脱水过程中会产生大量的恶臭，臭气浓度取决于浓缩和脱水阶段之前污泥在初沉池和储泥池中滞留时间的长短。因为机械浓缩一般是在封闭设备中进行，臭气问题较易控制。但是，若机械浓缩过程出现故障，则会加剧后续处理的臭气问题，致使污泥需要重新浓缩，污泥滞留的时间大大延长，就会导致大量臭气产生。

机械浓缩和脱水阶段臭气最小化的优化设计要点包括：

（1）确保有足够的条件处理污泥，保证未处理的污泥不会滞留或者重新回到之前的处理阶段；

（2）确保原生污泥在脱水之前不会严重腐化；

（3）先在臭气处理设施中控制和处理好污泥中的臭气后，再排放到后续的存储设施中；

（4）降低污泥液和污泥排放液位，以防飞溅。

4.4.1.11　厌氧消化

污水污泥通过溢流堰时会释放出臭气，并一起进入二级消化池，在消化器的厌氧消化启动阶段和操作出现问题时会产生臭气。另外，如果点火延迟，沼气中的一些臭气可能会从减压阀和废气燃烧器中释放出来，这些残留臭气可能会在锅炉燃烧后的排气口和热电联产单元的排气口出现。

厌氧消化工艺段臭气最小化的优化设计要点包括：

（1）确保废气燃烧器稳定运行；

（2）降低消化污泥进入二级消化池的管道水头；

（3）如果硫化氢含量高，可能会引发问题时，可添加铁盐给予应对。

4.4.1.12　热处理和污泥干化

由于温度升高，液相中的化合物挥发，以及细胞分解向液相中释放更多的有机物（包括氨等），使污水和污泥热处理过程中的臭气问题比较突出。臭气所产生问题的严重程度取决于热处理过程的产物在特定系统的气相、液相的控制程度，以及经过热处理后残渣的处理处置方式。

4.4.2 臭气问题常见原因

基于 26 个污水处理厂所发生的臭气问题，将引发臭气的主要原因列于表 4.6（Vincent，1998）。这些污水处理厂中 13 个选址在空旷场地，6 个由于调试不畅而出现问题，3 个因周边土地开发而出现问题。

表 4.6 26 个污水厂引发臭气的主要原因

引发臭气主要原因	数量
主干管系统	12
重力流污水收集系统	2
工业废物	4
雨水调蓄池 / 化粪池	4
初沉池	10
超负荷生物滤池	1
污泥浓缩 / 脱水	13
污泥的装卸和运输	3
污泥消化（加热和冷却阶段）	6

4.5 参考文献

Bonnm, C., bbone, A. and Padlard, II. (1990) Odour nuianccs created by sludge treatment：problems and solutions. *Water Sd. Technol*. **22** (12), 65-74.

Boon, A.G. (1995) Septicity in sewers：causes, consequences and containment. *Water Sd, Technol*. **31** (7), 237-253.

Boon, A.G., Vincent, A.J., and Boon, K, O. (1998) Avoiding the Problems of Septic Wastewater, *Wager Sci. Technol*. **37** (1) 223-231.

Boon, AG. and Lister, A.R, (1975) Formation of sulphide in a rising-main sewer and its prevention by injection of oxygen. *Prog, Wat Technol*. **7** (2) . 289-MM)

Bowkcr. D. O, Bowker, J. M. Smith and Webster. N. A. (1989) *Odour and Corrosion Control in Sanawy Sewerage Systems and Treatment Plants*. Hemisphere Publishing Corporation.

Cranny. P. (1994) Stripping and volatilisation in wastewater facilities. *Proc, Water*

Environment Federation Specialisv Conference Series, Jacksonville.

Crowthcr. R.F. and Harkncss, N. (1975) Anaerobic bacteria. In: *Ecological Aspects of Used Water Treatment* Volume 1, The Organisms and their Ecology (C.R. Curds and H.A. Hawkes. eds.) Academic Press. London.

Einarsen, A.M. iEsoy, A., Rasmussen, A-I., Bungum, S. and Sveberg, M. (1999) Biological Prevention and removal of hydrogen sulphidc in Sludge at Lillehaminer Wastewaster Treatment Plant. *Water Sci. Technol.* **41** (6), 175-182.

EPA (1974) *Process Design Manual for Sulfide Control in Sanitary Sewerage Systems*, EPA-625/ 1-74-005.

Frechen, F-B. (1992) Odor emissions of large WWTPs：source strength measurement. atmospheric dispersion calculation. emission prognosis, counIctrncasurcs - case studies. *Water Sd. Tech.* **25** (4-5), 375.382.

Frcchen, F..B, (2000a) Sampling methods for odour analysis *Proc. International Meeting on Odour Measurement and Modelling. Odour I. Cranfleld University*.

Frechen, F-B. (2000b) Overview of olfactometric emission measurements at wastewater treatment plants. *IWA Specialist Group on Odours and Volatile Emissions* Newsletter No 3 (September) .

Health and Safety Executive (1997) *Occupational Exposure Limits* EH4O.

Hobson. J. (1995) The odour potential：a new tool for odour management, *J. CIWEM* **9**, 458-463.

Hvitvcd-jacobsen, T., Vollcrtson, J., and Tanaka, N. (1999) An integrated acrobic/ariacrobic approach for prediction of sulfide formation in sewers. *Water Sci Technol.* **41** (6), 107-116.

Keddic. A.W.C. (1980) Dispersion of odours. In: *Odour Control - A Concise Guide*. Published by Warren Spring Laboratory for Department of the Environment. pp 93-107.

Koc, L.C.C. (1985) Hydrogen sulphide odor in sewer atmospheres. *Water*, *Air Soil Pollwion*, **24**. 297-306.

Koe, LC.C. and Tan, YG (1987) GC-MS analysis of odorous emissions from the dissolved air flotation units treating surplus activated sludge at a wastewater rcatmcnt works. *Inter.J. Environ. Studies* **30**, 37-44.

Koe, L.C.C. and Tan, N.C., (1990) Odour generation potential of wastewaters, *Water Res*. **24** (12), 1453-1458.

Laing, D.G.. Eddy. A. and Best. Di. (1994) Perceptual characteristics of binary. irinary and quaternary mixtures arid their components. *Physiology and Behaviour* **56** 81-93.

Laska, M. and Hudson. R. (1991) A comparison of the detection thresholds of odour mixtures and their components. Chem, Senses **16** 651-662.

Lens. P.N., Dc Poortcr, M.-P., Cronenbcrg, C.C., and Versiracte. W.H. (1995) Sulfate reducing and Methane Producing bacteria in Aerobic Wastewater Treatment Systems *Water Res*. 29 (3), 871-880.

Matos. iS. and Aires, A.M. (1994) Mathematical modelling of sulphides and hydrogen sulphide gas build-up in the Costa do Estoril Sewerage System. *Proc. IAWQ Specialised Iniernwional Conference. The sewer as a Physical. Chemical and Biological Reactor*. May 16-18.

Mclcer, H., Bell. J.P., Corsi, R.L.. MacGillivray. B. and Child P. (1994) Stripping and volatilisation in wastewater facilities. *Proc. Water Environment Federation Speciality Conference Series*. Jacksonville.

Patterson, M.Q.. Stevens, J.C., Cain, W.S., and Commcto-Muniz. i.E., (1993) Detection thresholds for an olfactometry mixture and its three constituent compounds. *Client. Senses* **18** 723-734.

Pomeroy, R.D. (1990) *The Problem of Hydrogen Suiphide In Sewers*, 2nd Ed. Clay Pipc Development Association Limited. London.

Postgate. J.R., (1959), Sulphate reduction by bacteria. *A. Rev. Microbiol*. **13**, 505-520.

Postgate. J.R., (1984) *The Sulplsaie.rrducing Bacteria*. Cambridge University Prcss.

Schmitt, F., and Scyfhcd, C.F. (1992) Sulfate reduction in sewer sediments. *Water Sci. Tech*, **25** (8), 83-90.

Stuetz R.M., Fenner, RA, and Engin G. (1999) Assessment of odours from wastewater treatment works by an Electronic Nosc, H_2S analysis and olfactometry. *Water Res*. **33** (2), 453-461.

Tchobanoglous, G. and Burton, F.L. (1991) *Wastewaier Engineering: Treaiment, Disposal and Reuse*, Metcalf and Eddy Inc., McGraw-Hill Inc.. New York.

Van Langenhove, H.. Roelstractc, K., Schampp. N. and Houtmcycrs, J. (1983) . G ('-MS identification of odorous volatiles in wastcwater, *Water Res*. **19** 597-603.

Vincent. A. and Hobson, J. (1998) Odour Control. *CIWEM Monographs on Best Practice*, No. 2, Tcrence Dalton Publishing, London.

Vincent, AJ. (1998) The Management of odours. paper presented to CIWEM, East Midlands Branch, November.

Winter, P. and Duckhani, S.C. (2000) Analysis of volatile odour compounds in digested wastewater sludge and aged wastewater sludge cake. *Water Sci. Technol.* **41** (6), 73-80.

Witherspoon, J.R., Sidu, A., Castlebcriy, J., Coleman, L., Reynolds, K., Card, T. and Daipper, G.T. (2000) Odor emission estimates using models and sampling, odour dispersion modelling and control strategies fbr cast bay municipal utility district's (EBMUD's) collectioi sewerage system and wastewater treatment plant. *Water Sci. Technol.* 41 (6), 65-71.

World Health Organisation (1987) *Air Quality guidelines for Europe*. WHO Regional Publications Series No. 23. Regional Office for Europe Copenhagen.

Yang. G., and Hobson. J. (1998) Validation of the wastewater treatment odour production (STOP) model. *Proc. 2nd CIWEM National Conference on Odour Control in Wastewater Treatment*, London.

Zeman, A. and Koch, K. (1983) Mass spcctromctric analysis of majodorous air pollutants from wastcwatcr plants. *Internat. J. Mass SpectromeLry and Ion Physics* **48**, 291- 294.

第三部分

臭气取样与检测

第5章
臭气检测的采样技术

约翰·蒋（John Jiang，音译）
拉尔夫·凯伊（Ralph Kaye）

5.1 引　言

动态嗅觉测量法提供了全面而有效的技术铺垫，用于检测多组分恶臭气体的臭气浓度和臭气强度。动态嗅觉测量法与恶臭污染扩散模型相结合，可为臭气影响评估提供坚实可信的预测基础。使用扩散模型进行臭气影响评估，需要获取可靠的数据源。

在过去，通过嗅觉测量来科学准确定量恶臭气体存在困难。即使在今天，仍有人相信臭气测量科学是一门“黑色艺术”。毫无疑问，许多持有这种观点的人都有早期使用嗅觉测量技术对气味进行感官评价的体验。幸运的是，现在嗅觉测量技术已获得较大进展，结果的准确性和可重复性都有了大幅提升（Wenzel，1948；Hangartner et al.，1985）。嗅觉测量法的发展集中在人口稠密的欧洲，高强度的农业集约化经营导致了臭气的产生，严重影响了周边社区居民的生活质量。

现代嗅觉测量中仪器的设计及材料的应用与十年前的老技术相比有很大的不同。可校准的嗅觉测量，设备与可视化屏幕大幅提高了臭气浓度测量的可靠性（Jiang，1996）。最重要的是，嗅觉测量技术已经标准化。欧洲标准草案prEN17325（CEN1997）是基于性能表现的标准，以丁醇作为标准物质定义臭气检测单位。现已发布的澳大利亚-新西兰标准（DR99306）是基于欧洲标准，使用相同性能表现为基础的标准。

与此同时，臭气取样技术的发展也大幅增加了检测的科学性。现在运输臭气样品去实验室，运输过程中，臭气浓度和臭气强度可几乎完全不受影响。此外，上述欧洲嗅觉测量标准草案还规定了常规情况下的排放源采样技术。

5.1.1 污染源排放类型

欧洲嗅觉测量标准草案将污染源排放定义为点源、外流面源和无外流面源。对集约型农业特别重要的体源污染，在此不做论述。

环境参数（如臭气浓度）的采样对环境工程师和科学家来说是一项极其复杂的任务。只有在从事取样的专业人员充分了解臭气产生机理后，才能采集到具有代表性的样品。

不同行业的不同生产工艺，会排放不同特征的臭气。表5.1列出了不同行业的案例并描述了与恶臭有关的工业以及臭气产生过程及相关排放特征。

表5.1 不同工业的臭气排放

工业	臭气产生特征
污水厂	大型开放液面，无流出（如初沉池、工艺池） 带有流出物的大型敞口液面（如曝气池、生物过滤器） 大型开放固体表面，无流出物（脱水污泥储存点） 点源（如通风管、洗涤塔）体源（脱水污泥构筑物）
集约农业（如养猪场、家禽、牲畜饲养场、屠宰场）	体源（如动物棚） 大型开放固体表面，无流出（如栏中的粪便垫） 大型开放的液体表面，无流出物（如污水池） 点源（如堆积物）
食品加工（如饼干、宠物食品）	体源（如建筑） 点源（如室内用洗涤器） 外流面源（如生物反应器室内处理、室外堆肥排放物堆积）

续表

工业	臭气产生特征
堆肥	点源（如堆积物）
	体源（如建筑）
	面源（如污水处理池）
工厂（如石油加工工厂）	点源（如堆积物）
	体源（如建筑物）
其他（如快餐店）	

5.1.2　取样误差

虽然欧洲标准草案提及面源的恶臭气体排放测量对取样装置和取样条件的敏感性，但未做具体说明。不适当的取样仪器和对取样条件不够重视，会造成很大的采样误差并掩盖掉后续嗅觉测试中的潜在误差。

在项目执行前的规划阶段，应考虑在样品收集和运输过程中不适当操作引发误差的可能性。导致不同程度取样误差的情况包括：

（1）冲洗样品袋：样品袋会吸收某些恶臭化合物，进而导致臭气浓度低于预期。但是在某些特定情况下，样品袋对排放物的过度冲洗会产生明显高于实际的臭气浓度，因为额外恶臭化合物已被吸附至袋壁上，这些化合物在测试期间重新释放，致使臭气浓度高于预期。

（2）样品储存材料：虽然欧洲标准草案推荐使用纳洛芬（聚对苯二甲酸酯聚合物）作为存储材料，但对该材料的吸附、扩散和化学转化特性的研究却较少。对纳洛芬使用情况的初步调查表明，在标准浓度允许范围内的储存时间，臭气浓度的测量值明显增加或大幅减少。观测到的最大值和最小值的变化系数达三倍以上（Pollcok，2000）。

（3）预稀释：对于高湿度（湿度大于 90%）和高温度（高于 50℃）的臭气源进行取样时，应采用预稀释以防止在储存袋内发生凝结，否则可能会造成一定程度的样品损失。此外，高浓度样品需预稀释，以防止嗅觉测量仪被污染。然而，预稀释肯定会引入一些误差，在不必要的情况下无须使用。

（4）存储时间：延长保存时间可能会导致一些样品丢失（Schuetzl　et al., 1975）。特灵（Tedlar）袋已被证明其在保存气体样品中具有良好的性能（Pau et al., 1991），并已被美国环保署推荐用于有毒气体的采样。

5.2 臭气影响评估和取样方案设计

臭气影响研究的设计包含：建立目标、现场调研、规划采样流程、排放环境监测、收集样品和测算结果。

5.2.1 建立目标

在进行臭气影响研究之前，充分了解研究目标非常重要，主要目标如下：

（1）测量来自所有潜在恶臭气体排放作为扩散模拟的主要输入数据；

（2）归类设施的恶臭来源作为除臭措施准备步骤；

（3）评价现有和潜在的除臭技术的效果；

（4）准备恶臭气体排放清单；

（5）根据内部管理要求和外部政策法规评估恶臭气体排放的合理性。

5.2.2 现场调研

在规划采样流程之前，有必要进行一次现场调研，以确定设施潜在的恶臭气体排放源。需注意的因素包括：

（1）操作条件。过程中的任何变化都要与现场人员讨论。

（2）恶臭气体排放和采样点的位置。如有必要，必须安排额外的设备和准备工作。

（3）恶臭来源环境。当空气温度超过 50℃或空气相对湿度在 90% 以上时，需对样品进行稀释。在这种情况下，应在排气筒中分别插入温度计和皮托管，分别测量空气温度和风速，相对湿度应使用相对湿度传感器测量。

（4）取样点的易操作性。如有需要，可设立一个工作平台，确保取样过程的安全性。更详细的信息参考欧洲臭气测量标准中的附件一。

（5）电和水的可用性。如有需要，可携带一个便携式发电机。

5.2.3 规划采样流程

采集环境参数如臭气浓度，对于采样人员来说通常是一项极其复杂的任务。通常污水处理厂与家畜饲养场的臭气排放，无论是在空间上还是在时间上，都具有本质上的不同。因此，臭气影响研究的设计与嗅觉测量分析一样，实现真实情况的合理表述也至关重要。在非稳定大气条件下以及低污染物排放浓度情况下获取数据时，需要特别注意，有时污染物浓度仅在兆分之一即 10^{-12} 水平。

只有在从事取样的专业人员充分了解臭气产生机理的条件下，才能收集到具有代表性的样品。在执行取样项目之前，应考虑可控的影响因素，例如机械通风率以及可能影响臭气产生的天气条件等非可控因素。在现场人员的协助下，识别产生和排放大量恶臭气体的处理设施。在通常情况下，臭气样品的采集应考虑到最坏的情况。

采样点的数量、位置及采样的频率、持续时间和平均时长应客观反映恶臭排放设施的时间和空间分布情况。增加样品采集的持续时间和数量会相应增加检测成本。在某些情况下，为表示平均值，在几个采样点上采集一个混合样本比较合适。对于稳定的恶臭排放源，如连续排放的排气筒，至少需要两个样品才能代表恶臭气体的排放。有些情况下，需采取更多的样品才能表达恶臭气体的排放规律。所采样品必须以地点和时间作为参考依据。

取样计划须符合所采用的检测程序，这尤其重要。臭气采样程序的设计应考虑采样和检测之间的时间间隔。至于臭气测试，时间限制是要在 30 小时内完成样品的收集、运输和测试。因此，必须事先协调取样方案，选择和召集嗅觉评测小组。同一天内完成采样和测试工作效果最佳。诸多考虑因素包括：样品的数量、样品保存方法的局限性、设施地点的地理位置、试验场的地理位置以及样品运输的方法。

取样计划应包括取样来源、地点、频率和任何采样要求的细节，如预稀释。在某些研究中，须界定臭气影响区域，这是基于扩散模型计算结果或投诉记录。

5.2.4　经济和现实考量

可控操作因素，如集约化牧场的机械通风率，以及不可控因素如天气条件，都可能影响臭气的产生，在实施计划之前必须加以考虑。理想的情况是，应在已知的实际运行条件范围内进行取样。

取样点的数量和位置以及取样的频率、持续时间和采样的平均时长应能反映特定设施当时的排放形态及空间分布。然而，资源的可利用性如实验室检测能力和人力，可能会对取样计划施加不可避免的限制。在特定情况下，须采用不同采样点的混合样品而非大量独立样品描绘大面积污染源的恶臭气体平均排放浓度。

5.3 样本收集——通用原则

在现场使用特定的气体采样袋进行采样，有直接的或间接的技术可供选择。对于直接采样，在采样泵的压力下样品气体被填充到采样袋内。由于存在被二次污染的风险，直接取样法基本不太适用，通常采用间接采样法。在间接取样中，将采样袋置于一个密封的容器中，该容器连接到空气泵的压力部位。通过降低容器内的压力，样品空气被吸入袋中。取样容器可以配备一个透明的聚碳酸酯盖子或一个可视窗口，以便在取样期间观测。图 5.1 所示为间接取样装置的常见配置。

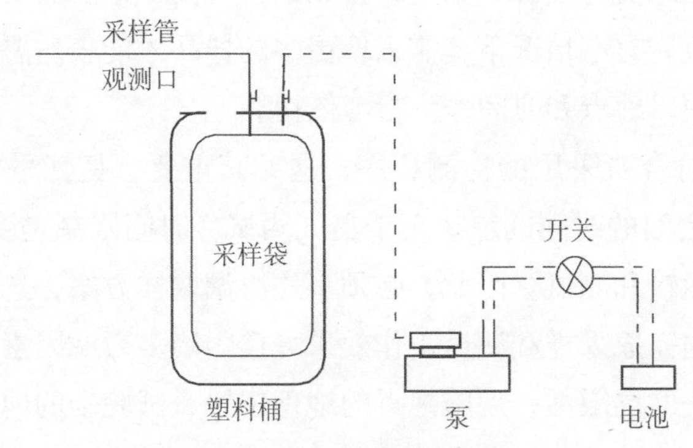

图 5.1 间接取样的装置排列图

5.3.1 材 料

只有特氟龙（Teflon）、特灵（Tedlar）、不锈钢和玻璃等不透气材料才能被用于有气味样品的取样。而聚四氟乙烯（PTFE）或聚全氟乙烯（FEP）型特氟龙（Teflon）可用于点线取样，最好使用聚全氟乙烯（FEP），因为它是半透明的，任何可能存在的灰尘、冷凝水或夹带的水分都易被察觉。不锈钢可用作配件。其他材料如黄铜和橡胶应禁止作为配件使用，因为其本身就存在气味，或会与臭气样品发生反应。

在取样时，应对每个样品使用洁净取样管。采样器和配件若已事先进行清洗并无任何气味，可重复使用。在清洁采样器和配件时，先前样品的所有残留物都必须用干净的热水清洗，并在气味检测实验室中使用无气味的空气干燥。

市场采购的特灵（Tedlar）和聚全氟乙烯（FEP）型特氟龙（Teflon）气体采样袋价格特别昂贵，都会重复使用。在气味检测实验室，有时会用无气味的空气反复冲洗清洁这种采样袋以便重复使用。这会耗费大量人力和时间且无法保证每次都会达到预期效果。通常采样袋最多可重复使用 10 次，同时，每个重复使用周期的人工成本约为新采样袋成本的 20%。

5.3.2　采样袋

质量管控很重要，没有什么比花一天时间收集样品结果却发现在测试前采样袋已经损坏的情况更糟糕的了。采样袋是一个关键部件，必须符合以下标准：

（1）无异味；

（2）不吸附气体样品或与气体样品发生反应；

（3）避免采样气体量在收集时间和测量时间间隔有任何重大损失；

（4）比较耐用；

（5）无泄漏；

（6）包含与其他采样设备和嗅觉仪器的兼容装置；

（7）有足够的容积能完成一个完整的测试。

采样袋中的样品损失可能是因为恶臭化合物吸附到袋壁上，发生了渗透或因样品与周围空气的温差发生冷凝以及光催化反应。图 5.2 所示为采样袋材料对乙苯回收的影响（Schuetzle et al.，1975）。特灵（Tedlar）对气味样品的储存性能尤其出色（Pau et al.，1991），并被美国环保署推荐用于有毒气体样品的采样。

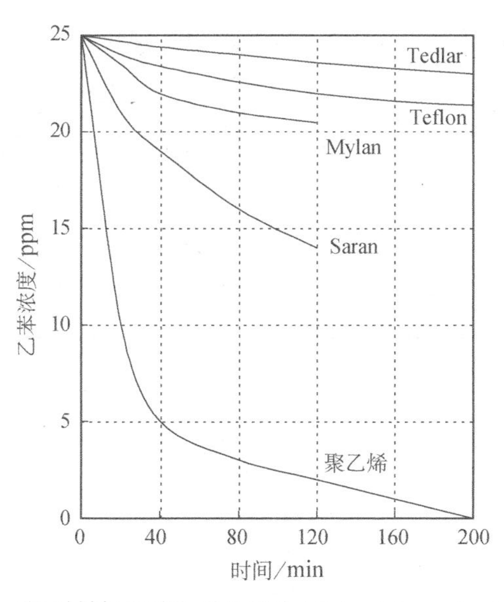

图 5.2　袋子材料对乙苯回收的影响（Schuetzle et al.，1975）

如图 5.2 所示，特灵（Tedlar）和聚全氟乙烯特灵（FEP Tedlar）是制作气体采样袋的合适材料。在实际应用中，特灵不易碎。然而过去也存在市场采购的气体采样袋本身存在气味的问题，且问题较为严重。气体采样袋材料在制作过程中使用的溶剂可能会产生固有气味。因此应检查所有采样袋，包含已使用的采样袋或新采样袋的残留气味的浓度，确定气味浓度是否足够低或者不与气体样品发生反应，从而不影响臭气的测量结果。在使用前，新样品袋应在实验室内填充无臭空气，并停留若干小时，通过嗅觉测定法检测是否有残留的气味。

由于重复利用取样袋会产生很多问题，使用一次性 Nalophan NA 袋最近已成为一种趋势。Nalophan NA 材料因其成本低廉而被列入欧洲标准草案中，但是关于 Nalophan NA 的研究文献较少，关于它的使用也存在一些争议。澳大利亚有案例表明，测量异常可能是因为使用了 Nalophan NA 采样袋。此外，人们还察觉到这种材料的采样袋有轻微的气味。

在实际应用中，特灵（Tedlar）片状材料可批量生产。材料可进行热封。一次性使用的制作成本可低于重复利用的商业气体采样袋。应从实验批次中抽取特灵（Tedlar）样品片状材料并制成袋状，通过嗅觉测量仪检测本身固有的气味，确认其残留浓度对检测过程和结果不构成影响。

5.3.3 文档记录

应严格遵守文档记录和质量控制 / 质量保证规范。重要的是在取样过程中记录排放源取样特征的细节，包括几何尺寸、温度、湿度和气体速率。建议对所有样品都使用预印的表格。每个样品应使用单独的表格，表 5.2 列出了每一个气体来源类型所需的一些详细信息。

表 5.2 臭气样品的细节记录

样品来源	点	面	体
客户名称	√	√	√
任务号	√	√	√
序号	√	√	√
客户联系方式	√	√	√
位置	√	√	√
来源识别	√	√	√
日期	√	√	√
时间	√	√	√

续表

样品来源	点	面	体
烟囱尺寸	√	—	—
烟囱气体速率	√	—	—
烟囱湿度	√	—	—
烟囱温度	√	—	—
静态取样罩风洞口的空气流速	—	√	—
静态采样罩风洞口的空气温度	—	√	—
静态取样罩风洞口的湿度	—	√	—
天气	√	√	√
风向	√	√	√
环境温度	√	√	√
风速	√	√	√
技术员签字	√	√	√

5.4　点源的样品收集

点源通常是指一个已知气体流速的排口，例如屠宰场的排气筒或生产厂房的排风口。通风管道从建筑物内部向外延伸，采样时的安全通道需安装脚手架或利用安全梯。

在采样前，应获得气体流量信息，可通过测量空气速率和横截面面积进行计算。点源的气体排放率易于测量。在所需的取样平面上，通过将特氟龙（Teflon）管探针插入烟囱或管道内取样，通过空气速率和截面面积的乘积获得流量相关数据。

5.4.1　流量的测量

流量是计算臭气排放率的关键参数。空气速率测量的准确性对结果的可靠性存在较大影响。执行过程中，都会着重于臭气浓度测量的质量控制，但需同等程度地重视流量测量的准确性。准确的流速测量需测量横跨烟囱横截面积的一系列点速度网格。实现这一目标的简单方法是将横截面积划分为若干个小的相等的矩形子区域，或按照 ISO9096 的规定，将圆形管道分为若干个环形管道子区域。基于经验法则，矩形区域的最小测量点为 4 个，面积为 0.18 m^2。圆管的测量点为 8 个，直径为 0.25 m。

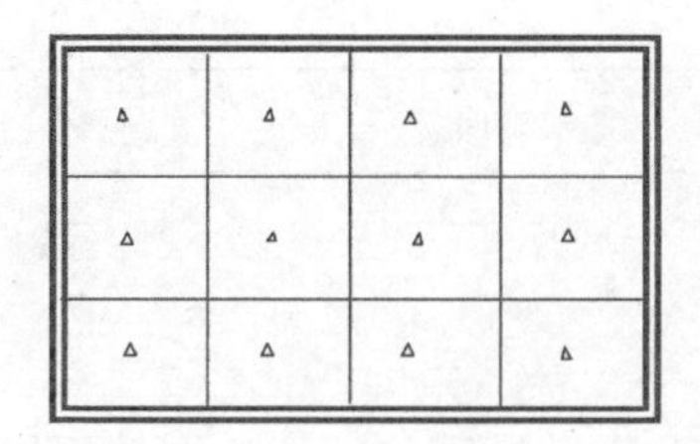
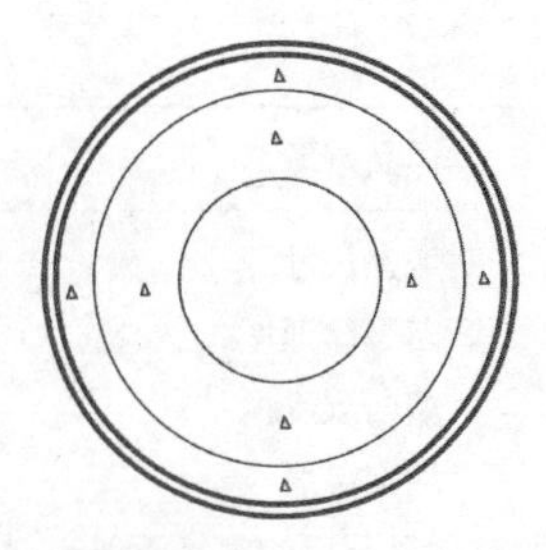

图 5.3 在长方形和圆形管道内的流速测量点

在任何流量扰动下，测量平面应至少为向上游 2 个直径，向下游 8 个直径。若无法要求，则应增加采样点数。

5.4.2 采样点的选择

臭气采样通常无需等速采样流程。但是，等速采样所需的点位数量和具体分布位置与上述管道中平均速度的表征相同。这些被推断为从管道中提取混合样品所需的测量点的数量和位置。

有关排气筒和管道的速度测量和采样点的位置选择更多细节可参考：美国材料实验学会 D34464—75，“管道中平均速度的标准试验方法——热风速计”；澳大利亚标准 AS433.1—1995，ISO10730 和 ISO9096“固定源排放方法 1：取样位置的选择”。

5.4.3 预稀释

若从焚烧过程中采集气体样品，在空气温度超过 50℃，相对湿度超过 90% 时，样品可能被水蒸气饱和或样品的臭气浓度极高，此时应对样品进行预稀释。预稀释防止气体样品在袋中冷凝，并将浓度降低到适合嗅觉测试的程度。预稀释可使用动态的喷射器进行，也可以静态方式进行，方法是在样品收集之前将适量的干净干燥无气味的空气（或瓶装氮气）充入样品袋中。因此，须运用最新技术精确计量预稀释气体和所采集样品气量。

5.5 面源取样

典型的面源是一个液体或固体表面，如污水处理厂的初沉池和储泥池。样品收集配件如一个便携式风洞系统，可用于取样时测定特定恶臭气体的排放速率（SOER）。

5.5.1　风洞系统——无出风源

风洞系统用于污水厂初沉池某区域的臭气取样。早期的风洞系统装置如林德沃洞（Lindvall，1970）和 Lockyer 风洞系统的建立（Lockyer，1984）用来比较不同条件下的面源臭气排放。1991 年以来，澳大利亚新南威尔士大学的研究为空气动力学开启了重要进展（Jiang et al.，1995），促使学者基于边界层理论，对化学挥发速率和气体流速间关联进行了实验探索（Bliss et al.，1995）。

5.5.1.1　其他采样装置

也可用隔离舱代替风洞系统（Klebusch，1985；Klebusch，1986；Gholson et al.，1991）。隔离舱亦被称为“通风罩”。在澳大利亚，隔离舱和风洞系统都在使用，用来收集需要测量面源臭气排放率的样品。

风洞系统和隔离舱系统之间的区别主要在于：用来转移样品表面释放量的吹扫气体的速率（即载气）。隔离舱系统一般采用的吹扫气体速度为 5～24 L/min。内部横流速度通常不做考虑。风洞系统使用更高的载气率，通常每分钟超过 1 800 L/min，产生 0.3～1 L/min 的内部横流速度。

因非充分混合和空气动力学特性，通常隔离舱不适宜用于气体采样。通风罩的使用会导致排放测量的随机分布低偏差。本章详细讨论了静态隔离舱的固有设计和性能特点，并与便携式的风洞系统进行了比较（Jiang and Kaye，1997）。在现场，这两种装置所测的臭气排放率在某些情况下相差 300 倍。（Jiang and Kaye，1997）

面源污染物的排放对污水处理行业至关重要，因为许多污水处理厂的恶臭污染物是由面源所造成的。表 5.3 显示了采用两种不同装置采样后，污水处理厂的总臭气排放率的比较结果。

表 5.3　通风罩和风洞装置总臭气排放率比较

处理单元	通风罩（ou/s）	风洞（ou/s）
初沉池	6 780	76 076
厌氧池	4 690	86 539
缺氧池	1 697	53 428
曝气池	486	40 797
混合液回流管	31	10 365
污泥脱水	487	12 376
储泥池	4 820	100 800

如上所述，通风罩在现场测量臭气排放率时的系统性能因样品差异而不同。因此，不能从表 5.2 中推断出不同污水处理厂相同恶臭来源的“校正系数”。同时，通过隔离通风罩和便携式风洞系统在测量纯挥发性化合物排放时的性能表现（Jiang and Kaye，1997）发现在可控变量的实验条件下，通风罩测量值通常偏低，其程度与所测化合物的亨利常数相关。然而在污水厂现场，同等的预计偏低程度则不会发生。

5.5.1.2 风洞系统描述

风洞系统的设计是为了模拟一个简单的大气条件——无垂直混合的平流。[1] 当恶臭化合物从取样的表面（以已知的速度）挥发到水平气流的过程中就会发生表面的臭气释放。确保采样系统能够从池体表面收集可重复和可再生的样本，一直是风洞采样技术发展的主要考虑因素。新南威尔士大学开发的等距图风洞系统（UNSW）如图 5.4 所示。该系统由延长进气管、扩展部分、主体部分、收缩部分和混合室等部分组成。圆柱形浮体适用于液体表面的臭气源，不适用于固体表面臭气源（如烤肉垃圾）的情况。延长进气管道可从连接管中分离，确保风洞系统的清洗和运输。

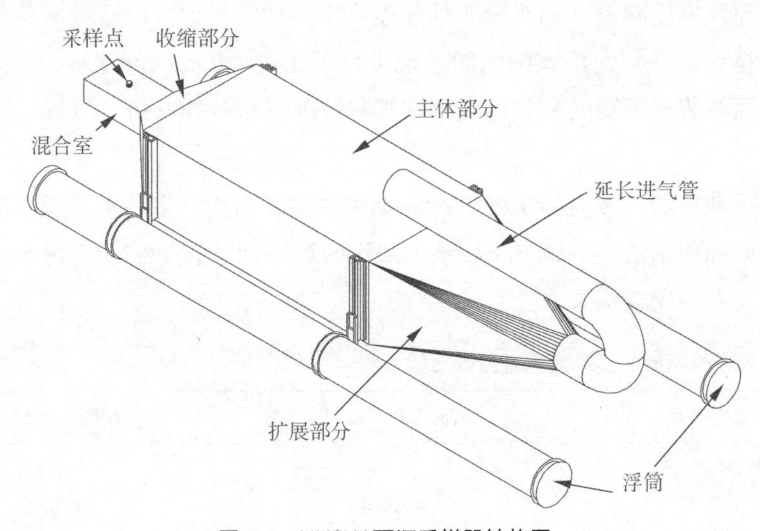

图 5.4 UNSW 面源采样器结构图

[1] 人工模拟一个风洞系统用于测量具体面源恶臭排放，该风洞模拟环境条件中一个表面上的空气流动，让一束受控空气流通过一个放在表面上的、底部开放的通道。边界层迅速形成，且发生对流物质交换。下风向端收缩成一个狭小的排气流，样品通过该气流采集——译者注。

风洞系统的原理是通过风扇将活性炭过滤的气体引入进气道。空气通过扩展部分的平板叶片进行控制，进入主体部分穿孔挡板。进入主体部分截面后，在隧道中形成一致的平行流，形成稳定的液固面。对流转移发生在释放表面上方。随后释放出的一定量的臭气混合到载气中，从系统排出。一定量的混合物通过特氟龙（Teflon）管进入特灵（Tedlar）袋中。

风帽中的空气流速为 0.3 m/s。对空气流速的选择是基于 18 个月以来在悉尼附近的两个污水处理厂和澳大利亚珀斯附近的两个污水处理厂的大量臭气投诉记录（Jiang and Kaye，1997）。研究发现，大多数（近 70%）的臭气投诉发生在风速为 1.5 m/s 或 10 m 以下的高度。相对地面 0.125 m 处风速稳定（半风洞高度）在 0.2～0.65 m/s 之间，验证了在 0.3 m/s 的空气动力特性是风帽主体部分能测到的最低大气流速（Jiang，1996）。

臭气排放帽旨在创造易建立的分界层环境。帽的气体动力学性能是关键性参数。流线流使混合室测量得到的流速与主截面上的平均流速相互关联。该测量可确认风洞中的流速。

风洞系统的设计须便于单人的携带和操作。按照最符合实际的情况，采用不锈钢结构，便于在连续样间隔的清洗。在七年的现场测试中，该设计得到了验证。

5.5.1.3　采样步骤

在实践中，风洞系统可拆卸运输，并可在使用前进行现场组装。活性炭过滤器通过柔性管道连接至风扇和罩上，并用胶带固定。特氟龙（Teflon）取样管通过不锈钢管件安装到罩壳和取样桶上。对固体表面取样时，不需要使用浮体。对多个排放源进行采样，以增加臭气强度。首先检测浓度最低的臭气源，浓度最高的臭气源最后取样。取样配件应在每次取样前用洁净水冲洗。

所需的罩子轻轻放置在所需取样位置的液体或固体表面上。在处理池，风洞的边缘需淹没在水中大约 5 mm。柔性管道和特氟龙（Teflon）取样管事先都要经过检查，以确保无扭结。风洞出口处的空气流速由风速计测定，以确保其符合所需的横向流速。当用仪器测试挥发性化合物时，须在开启风扇 3 min 后再采集臭气样品，因为 3 min 后才能确保平稳的取样条件。

在使用风洞取样时，若观察到特氟龙（Teflon）取样管中存在水滴，可能是因为混合段已经浸没在水下，或者取样管已从装置中脱落。因此，如果在排放罩取样期间观察到水滴，则应立即终止取样，并在重复取样前采取正确的做法。

图 5.5 污水处理厂的臭气取样

5.5.2 静态取样罩——外流臭气源

污水处理厂的曝气池不应被视为只是简单的臭气外泄面源的例子。环境空气的自然流动是导致液体表面臭气释放的一个重要原因。因此，曝气池是一个特殊情况，需要使用风帽系统取样。使用精细气泡扩散器的延时曝气工艺，臭气流出率估计为 1.5 L/m^2/s。因此，新南威尔士大学风洞系统覆盖区域的臭气流出率仅为 0.5 L/s 左右。这与 30 L/s 的扫气速度相比是很小的。气泡从液体表面的释放是由强大的浮力驱动的，不应该受到风洞内较高的环境压力的显著影响。然而，尚不清楚空气泡从边界层排放如何影响释放机制。

通常上述的风洞系统存在于其他有外向气流的区块（如开放式气流）。因此，在使用时会有较大的局限性。在特定情况下，与风洞中使用的扫气量相比，外流速率可能比较显著。此外，风洞的设置可能会产生反压，限制外流气体流入量，导致臭气排放量低于估计值。这种情况就必须使用静态采样罩进行取样（如无扫气引入）。为了平衡内部和外部的环境压力，已经开发了静态采样罩。

在开放式生物过滤器采样时需特别注意，因为当介质接触到侧壁时，会发生空气的收缩。这可能是生物过滤器处理效率低下的一个主要原因。因此，理想的情况是用覆盖材料覆盖生物过滤器的整个表面，以包围侧壁。挡板必须在某一点上打开，以便空气逸出，然后利用点源采样器在这个位置收集空气样本。如果无法做到这一点，并且正在使用静态采样罩，应使用点源采样装置在侧壁周界收集排放样品。侧壁样品应以低抽气率采集，以避免被环境空气意外稀释。根据生物滤池入口处测得的总风量与用静态采样罩测得的总风量之间的差值，合理地估算出侧壁周界向非稳态排放的流量。

5.6 从体源（建筑）中收集样品

对于集约化的农业产业，家禽牧场是臭气排放的重要来源。然而，对于污水处理行业，体源如污泥脱水构筑物与其他面源排放相比显得不那么重要。然而，取样计划中也应包括来自体源的排放，如污泥脱水机房。这些排放物会造成严重的影响，特别是当它们位于住宅附近时。

对于机械通风构筑物，通过测量排风速度和风机直径来计算通风率。理想的情况是，臭气样品应该在风扇处采集。如果臭气样品不能在风扇处采集，则需在构筑物内采集混合气体样品以测量臭气，空气流通率可根据风机的机械规格来预估。

自然通风的构筑物带来了一个问题：可能具有很多开口。这种类型的建筑物是测量通风率最困难的例子。准确的评估只能通过使用已知速率释放的追踪气体和测量构筑物内的浓度来进行。然而，一个更简单的估计通风率的方法是通过测

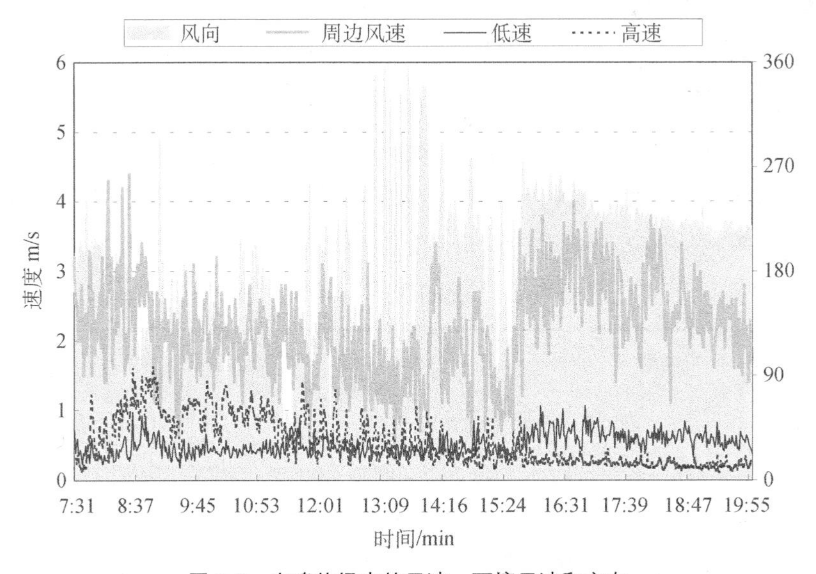

图 5.6 肉鸡牧场内的风速、环境风速和方向

量开口处的空气流速获得。在监测自然通风的构筑物时，必须特别注意周围大气风向。在理想情况下，建议在自然通风的构筑物迎风面连续测量风速 24 h 以上。若无法使用自动连续监测设备，可使用手持风速计。图 5.6 显示了在澳大利亚某养鸡场的一个鸡棚中测得的风速、环境风速和风向的模式。臭气样品可以在开口处被收集。若无法执行，可采取构筑物内的混合气体样品。

5.7 结果计算

要求提供关于排放率的信息，以便进行臭气影响评估。然而，嗅觉测量仪仅仅用来测量臭气浓度。通常排放率必须使用所测臭气浓度以及排放源和取样装置的特性来计算。

5.7.1 点　源

作为点源，臭气排放率（*OER*）是通过嗅觉测量仪测量到的臭气浓度和气体流量来计算的：

$$OER=Q\times OC \tag{5.1}$$

式中：

OER= 臭气排放率；

Q= 气体流量（m^3/s）；

OC= 臭气浓度（ou/m^3）。

5.7.2 无外流面源

特定臭气排放率（SOER）可以被定义为单位表面积每单位时间内排放的臭气量（质量）。可利用风洞对无外泄面源进行采样。所排放的臭气量是根据臭气的浓度（用嗅觉测定）乘以单位时间内通过罩的扫气量计算出来的。单位时间的体积是通过风洞测量的速度乘以已知的风洞截面面积来计算的。SOER 根据以下公式计算：

$$SOER=\frac{Q\times OC}{A} \tag{5.2}$$

式中：

SOER= 特定臭气排放率（*SOERS*）(ou/s)；

Q= 通过风洞的流速（m^3/s）；

OC= 臭气浓度（ou/m^3）；

A= 风帽覆盖的面积（m^2）。

臭气影响评估需要每个气源的总的排放率来决定 SOER 的产物和排放源的总表面积。

在臭气扩散模型计算中，可以将臭气排放率设定为风速和大气稳定度等级的函数。通常点源和面源的外流排放不需要这样计算。在这些情况下，内部过程决定排放率。

同样，污水处理厂构筑物污染源的排放也可被认为是内部过程造成的。虽然自然通风构筑物开口处的风速由大气环境所决定，简单起见，可将排放视为内部过程造成的。因此，来自这些构筑污染源的平均臭气排放率可用臭气扩散模型计算。

然而，正是环境空气在地面边界层上方的移动造成了面源的排放，而没有向外流动（包括上面讨论过的曝气池）。因此，风速和大气稳定等级应包括在这些来源的大气扩散模型计算中。排放率可以根据气象数据相对应的实际地面风速来决定。本文从边界层理论出发，导出了风速和排放率之间的关系［式（5.3）］，并对风洞系统进行了实验验证（Bliss et al.，1995）。

$$SOER_2 = SOER_1 \times \left(\frac{V_2}{V_1}\right)^{0.5} \tag{5.3}$$

式中：

$SOER_1$= 使用风洞系统测量到的特定臭气排放率；

$SOER_2$= 与实际地面风速相对应的特定臭气排放率；

V_1= 收集样品的风洞里的大气流速（在新南威尔士大学风洞系统中为 0.3 m/s）；

V_2= 实际地面风速。

现场气象站的风速传感器通常安装在 10 m 的高杆上。因此地面风速为半风洞高度（0.125 m）时可以使用下面关系式从 10 m 高度的风速中测量得到：

$$U_{0.125} = U_{10} \times \left(\frac{0.125}{10}\right)^n \tag{5.4}$$

式中：

U=0.125 m 高度的风速；

U_{10}=10 m 高度的风速。

［注意：当排放源高于地面高度时，需将实际高度（低于 0.125 m）代入式（5.4）］

风廓指数基于帕斯奎尔稳定等级而确定。澳大利亚最近的研究（Kaye and Jiang，2000）使用了每 6 个 Ausplume 默认风类别和相应稳定等级的指数。例如，对每个地区排放源使用 6 × 6 排放率矩阵（每个地区源产生 36 个值）。稳定类型的城市指数分别为 0.15、0.15、0.2、0.25、0.4 和 0.6 作为代表性的稳定等级 A、B、C、D、E 和 F。

在上述研究中，对默认风速类别模型进行了更改，以提高低风速范围内的模型的分辨率。所选择的新风速设置为可能产生 98.5%、99.5%、99.5% 和 99.9% 的输出值的条件提供了改进的分辨率。这些百分位输出值通常用于臭气影响评估。新的风速类别，相应的中值风速（10 m 高度）和 Irwin 城市指数，以及相应的排放率显示在表 5.4 中。排放率计算例子是基于在 0.3 m/s 的模拟地面风速下测得的 100 ou/s 的假设排放率。

弱排放源的排放不包括在模拟的目的中。通常，弱源包括二沉池和深度处理池。在对这些来源的臭气浓度进行测量时，因为浓度很低，可能会被取样装置发出的固有气味所掩盖。二沉池只有满足以下一个或多个条件时才会排放高浓度臭气：

- 较短泥龄（少于 5 d）；
- 活性污泥法曝气量不足；
- 活性污泥工艺中的氧传递性能不足；
- 沉淀池污泥长期超负荷 / 二沉池跑泥。

表 5.4 新的 Ausplume 风速设置

风速类别	速度范围（m/s）	中速（m/s）	稳定等级					
			A	B	C	D	E	F
			排放率（ou/s）					
1	0~0.6	0.3	72	72	65	58	42	27
2	0.6~1.2	0.9	125	125	112	100	72	47
3	1.2~1.8	1.5	161	161	144	129	93	60
4	1.8~2.4	2.1	190	190	171	153	110	71
5	2.4~3.0	2.7	216	216	194	173	125	81
6	＞3	6.5	335	335	300	269	194	125

单位时间流出的空气体积是通过取样罩排气管的所测速度乘以已知的排气管截面积进行计算的。与其他类型的面源类似，*SOER* 通过以下公式计算：

$$SOER = \frac{Q \times OC}{A} \tag{5.5}$$

式中：

SOER= 特定臭气排放率（SOERs）(ou/s)；

Q= 通过取样罩排气管的流速（m^3/s）；

OC= 臭气浓度（ou/m^3）；

A= 静态取样罩覆盖的面积（m^2）。

对于其他类型的区域污染，臭气影响要求将该气源的排放速率确定为 SOER 的产物和排放源的总面积。

5.7.3　建筑物污染源

对于建筑物污染源，臭气排放率（OER）可以通过嗅觉测量仪测量到的臭气浓度和通过门和窗开口处的气体流量来计算。式（5.6）适用于体源：

$$OER = Q \times OC \tag{5.6}$$

式中：

Q= 气体流通速率（m/s）；

OC= 臭气浓度（ou/m^3）。

对于温度和压力与环境条件有显著差异的气源样品，用式（5.7）计算并将气体流量调节到 NTP（常温和压力为 20℃和 101.3 kPa）条件下：

$$Q = Q_m \frac{(273+20)}{(273+t)} \frac{p}{101.3} \tag{5.7}$$

式中：

Q=NTP 条件下的体积流速（m^3/s）；

Q_m= 通风口内测量到的体积流速（m^3/s）；

t= 排气口内的空气温度（℃）；

p= 排气口的绝对压力（kPa）。

5.8 结 论

嗅觉测量技术已经标准化。校准的嗅觉计和可视化屏幕面板的使用极大地提高了臭气浓度测量的可靠性。虽然采样技术已有大幅度改进，但仍需标准化。不适当的取样仪器选择和对取样条件不够重视会引起很大的误差。取样误差会掩盖后续的嗅觉测试中的潜在误差。

在计算点源的臭气排放率时，流速是至关重要的。风速测量的准确性对结果的可靠性存在较大影响。虽然臭气采样通常无须等速采样流程，但等速采样所需的不同点数和位置与点源平均速度表征的数量和位置相同。

面源的排放率测量对所用装置的特性和采样条件的选择尤其敏感。面源的排放对污水处理行业至关重要。因为很多污水厂恶臭污染物的排放由这些来源决定。

风洞系统用于面源臭气采样，如污水处理厂的初沉池。新南威尔士大学的研究推动了手持风洞系统的设计发展，以及基于分界层理论的化学挥发率与气体流速间的关联的确立。因此，排放率将由气象数据相对应的实际地面水平风速来决定。建立大气扩散计算模型时需考虑到风速和大气稳定等级。通常点源和外流面源排放率无须调整实际地面风速。

5.9 参考文献

Bliss, P. Jiang. J.K. and SchuLz, T. (1995 (The development of a Sampling System for the Determination of Odour Emission Rates from Areal Surfaces：II Mathematical Model. *J. Air Wasie Manage. Assoc*. **45**, 989-994.

Gholson, A. R., Albritton, J. R., Jayanty. R. K. M., Knoll J. E. and Midgeti, M. R. (1991) Evaluation of an enclosure method for measuring emissions of volatile organic compounds from quiescent liquid surfaces. *Environ. Sd. Technol*. **25**, 519-524.

Hangartner. H., Hartung. J. and Voorbury, J. H. (1985) Recommendations of olfactomctric measurements. *Environ. Technol. Lets*. **6**, 415-420.

Jiang, J. (1996) Odor Concentration measurement by dynamic olfactometer. *Water Enviro. Technol*. **8**. 55 -58.

Jiang. J.K., Bliss, P. and Schulz, T. (1995) The development of a sampling system for the determination of odour emission rates from area surfaces: I aerodynamic performance. *J. Air Waste Manage. Assoc*. **45**, 917-922.

Jiang. J. and Kaye, R. (1997). The selection of air velocity inside a portable wind tunnel system using odour complaint databasc. *Proc. Odors/VOC speciality conference*, Houston. April.

Klenbusch, MR (1986) Measurcment of gaseous emission rates from land surfaces using an emission isolation flux chamber user's guide. EPA/600/8-861008; U.S. Environmental Protection Agency, Las Vegas.

Lindvall, T. (1970) On sensory evaluation of odorous air pollutant intensities. *Nord Hyg. Tidsk.r.*, suppl. 2. Stockholm: Karolinska Institute and National Institute of Public Health.

Lockyer, D. R. (1984) A system for the measurement in the field of losses of ammonia through volatilization. *J. Sci.. Food Agric.* **35**, 837-848.

Pau, J. C., Knoll, J. E. and Midgett, M. R. 1991. A tedLar bag sampling system for toxic organic compounds in source emission sampling and analysis. *J. Air Waste Manage. Assoc.* **41**, 1095-1097.

Schuetzle, D., Prater. Ti. and Ruddell S.R. (1975) Sampling and analysis of emissions from stationery sources I Odor and total hydrocarbons. *J. Air PolL Cont. Assoc.* **25**, 9, 925-932.

Wenzel. B. M. (1948) Techniques in olfactometry: a critical rcvicw of the last one hundred years. *Psychological Bulletin*, **45**. 231.247.

第6章

硫化氢检测

彼得·戈斯特洛（Peter Gostelow）
西蒙·帕森斯（Simon A. Parsons）

6.1 引　言

恶臭可以被定义为物质的一种性质，也可以被定义为一种生理感觉。全世界最普及的恶臭测定方法是仪器分析法与官能测定法。仪器分析法主要侧重于恶臭化合物的性质，而官能测定法则体现了臭气污染对于人体感官的直接影响。

官能测定法通过人的嗅觉器官对臭气进行感知，因此，测量结果可能会有较强的个人主观性。这有利于评估恶臭气体所带来的危害，但对研究恶臭来源、排放规律或控制机理则作用有限。针对已产生的恶臭污染物，须应用仪器分析法检测相关化合物信息。

若将两种检测方法分开应用，那它们的作用是十分有限的。这是因为感官测量几乎无法提供恶臭污染物的任何化学成分信息，而分析测量无法提供臭气污染对嗅觉的影响。所以，找出两种测量方法之间的关系是研究恶臭污染的主要挑战之一。

最常见的官能测定法是测定臭气浓度，是指用清洁空气稀释恶臭样品直至样品无味时所需的稀释倍数。除去气体本身的特性之外，还有许多因素可能会影响人对气味的感知。标准的制定在很大程度上解决了这些问题，事实上，官能测定法不可能达到仪器分析法所提供的分析测量精度。

仪器分析法具有客观、重复性强和准确性高等优点。更重要的是，可直接与恶臭来源或扩散规律有关的理论模型相结合。然而，仪器分析法并非没有缺点。在常规环境下，臭气污染包含多种不同组分的恶臭物质。与无味气体相比，产生恶臭的物质浓度可能很小，这可能会反向干扰分析结果。此外，对多种恶臭分子的分析检出限值均低于其嗅觉阈值浓度。

对于个体恶臭分子，可以确定物质浓度和臭气浓度、臭气强度之间的关系，但是混合恶臭气体则较为复杂。混合物之间的多组分恶臭气体相互作用可能导致臭气污染的协同或拮抗效应，很难在仪器分析法和官能测定法之间找到准确关联。

6.2　硫化氢

对样品之中的所有能产生臭气的物质进行定性和定量分析是一项十分艰巨的任务。常规条件下，会存在一种恶臭气体占主导地位，并能够代表整体臭气浓度。某些区域的硫化氢（H_2S）浓度往往会高于组分中其他的恶臭气体，这也是污水处理厂的普遍特征。手持设备能够快速检测出浓度极低（十亿分之一）的硫化氢。在短时间内可多次测定，这消除了采样和实验室检测之间无法同步所带来的延迟。

硫化氢的产生与厌氧条件有关，产生的机理与污水处理厂的多数恶臭污染物类似。硫化氢由污水二级处理上游工序所产生，特别是在污水输送的厌氧条件下，硫化氢是一个良好的象征指标。对于因好氧处理所产生的恶臭气体，硫化氢则不是一个可靠的象征指标。

如图 6.1 所示，硫化氢是一种可以分解的二元弱酸。只有分子硫化氢才会导致恶臭污染，而在中性 pH 值条件下，约 50% 的硫化氢将以分子形式存在。酸性条件会加剧硫化氢的释放浓度，碱性条件则会抑制。在碱性条件下，硫化氢并非一个良好的象征指标。若使用石灰，金属离子的存在会导致金属硫化物的形成，而这些硫化物并不溶于水，因此不会产生恶臭。若采用铁盐，硫化氢也不是较为

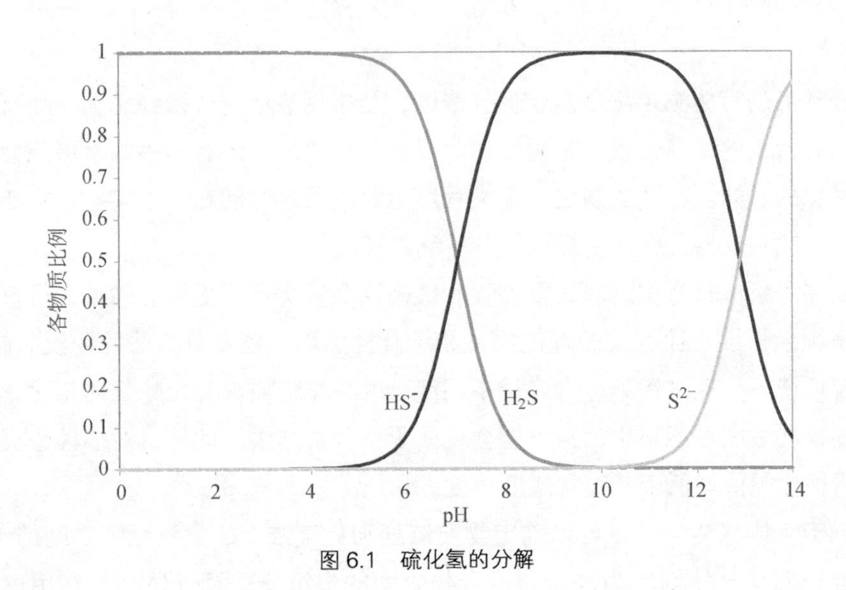

图 6.1 硫化氢的分解

理想的象征指标。

由于硫化氢具有很强的毒性、腐蚀性以及刺激性异味，因此，硫化氢在排水管道内形成的机理一直是研究热点。大量研究的优势在于可运用理论排放模型预测进口处的液相硫化物浓度以及后续排放值。

6.3 硫化氢检测

气相和液相状态下，恶臭污染物浓度检测限值较低，这是仪器分析法的一个主要优点。硫化氢的情况尤其如此，现场便携式仪器的发展增加了硫化氢作为臭气污染象征指标的可操作性。

6.3.1 液相检测

从图 6.1 可以看出，硫化物以如下几种状态存在于液相中：

（1）总硫化物：H_2S+HS^-+S^{2-}+ 悬浮金属硫化物；

（2）溶解硫化物：H_2S +HS^- +S^{2-}；

（3）未离子化的 H_2S：H_2S。

测定总硫化物和溶解性硫化物的三种常见方法是亚甲蓝法、碘量法和离子选择电极法（APHA，1995）。详细信息见表 6.1。

表 6.1　液相硫化物测量（APHA，1995）

方法	描述
亚甲蓝法	利用硫化物、三氯化铁和二甲基对苯二胺反应生成亚甲基蓝的比色方法
碘量法	通过碘氧化硫化溶液的滴定法
离子选择电极	利用硫化银离子选择电极，与硫化物离子活性有关的电位

总硫化物和溶解性硫化物是通过絮凝法去除悬浮固体进行测定，溶解性硫化物的近似物种可从以下方程式确定：

$$\alpha_{H_2S} = \frac{[H^+]^2}{[H^+]^2 + K_{a_1}[H^+] + K_{a_1}K_{a_2}} \quad (6.1)$$

$$\alpha_{HS^-} = \frac{K_{a_1}[H^+]}{[H^+]^2 + K_{a_1}[H^+] + K_{a_1}K_{a_2}} \quad (6.2)$$

$$\alpha_{S^{2-}} = \frac{K_{a_1}K_{a_2}}{[H^+]^2 + K_{a_1}[H^+] + K_{a_1}K_{a_2}} \quad (6.3)$$

式中：

α = 物质比例；

$[H^+] = 10^{-pH}$；

$K_{\alpha 1}=10^{-7.04}$；

$K_{\alpha 2}=10^{-12.89}$。

6.3.2　气相检测

测量硫化氢气体浓度的最常用方法是使用金膜监测仪测量。利用硫化氢分子吸附而引起金膜传感器内的电阻变化，其输出量与硫化氢浓度成正比。Jerome 631-X 硫化氢分析仪（美国亚利桑那仪器公司）是一种常见的金膜监测仪，灵敏度为 3ppb，可测量的硫化氢浓度高达 50ppm。采样时间为 13～30 s，具体取决于硫化氢浓度。Jerome 631−X H_2S 分析仪如图 6.2 所示。

Winegar 和 Schulz 于 1998 年对 Jerome 631-X 进行了广泛的测试。结论是，该分析仪能够在 2 ppb～50ppm 的范围内对硫化氢进行高精度和高准确性的定量检测。通过对同一标的物进行重复分析来检验其精度，其结果如表 6.2 所列。用 Jerome 631-X 和精度为 5% 的气相色谱（GC）法对袋装样品进行平行分析以评

图 6.2 Jerome 631–X H_2S 分析仪（美国亚利桑那仪器公司）

估前者的精度。结果显示，Jerome 631-X 和 GC 的结果的一致性非常高。

表 6.2 Jerome 631–X 精确度结果（Winegar and Schulz，1998）

H_2S 浓度（ppm）	相对标准偏差
0.002	32.2%
0.005	10.8%
0.13	11.6%
0.43	4.3%
0.72	6.0%
0.87	2.1%
33	1.6%

由于 Jerome 631-X 分析仪的检测功能依赖于分子吸附机制，因此其易受到其他还原性硫化物的干扰。由于这些含硫化合物会散发恶臭，因此，具有本底值浓度的环境对于硫化氢浓度检测将是一个不利条件（Vincent and Hobson，1998）。若需单独检测硫化氢浓度，那么，任何干扰都将成为不利因素。Winegar 和 Schulz 于 1998 年就 631-X 的干扰问题进行了讨论。表 6.3 汇总了该仪器对一系列含硫化合物的响应系数，即以硫化氢响应为参比下的百分比。从表中可以看

出，该仪器对较多化合物均有很明显的响应。Winnigar 和 Schulz 于 1998 年发现，这些化合物在废水样品中的浓度比硫化氢要低得多，同时其响应系数较低，因此可以实现对硫化氢的定量检测。

另一种常见的气相硫化氢测量仪器是纸带监测仪。其利用硫化氢和醋酸铅之间的反应在纸带上产生彩色斑点，通过光学方法测量，将不透明度转化成浓度来实现对硫化氢含量的测定。这些仪器可以在与金膜监视器相似的浓度范围内使用，但其缺点是采样时间必须按分钟而不是秒进行。若在短时间内需要检测大量样本，那么，纸带监测仪则不适宜此类应用场景。

表 6.3　Jerome 631–X 对还原硫化合物的响应（Winegar and Schulz，1998）

化合物	响应系数
硫化氢	100%
甲硫醇	45%
二甲基二硫化物	40%
正丙硫醇	40%
羰基硫	36%
叔丁基硫醇	35%
正丁硫醇	33%
二乙硫	25%
二乙基二硫化物	17%
四氢噻吩	10%
甲硫醚	7%
噻吩	0.8%
二硫化碳	0.01%

另一种检测极限与金膜监测仪或纸带监测仪相似的方法是紫外荧光型计量仪。这些仪器实际上测量的是二氧化硫（SO_2）的浓度，通过先从样品中将所有 SO_2 除去，然后再将其中的 H_2S 催化氧化为 SO_2，进而再进行测量。对 H_2S 的特异性取决于催化剂本身的特异性。据文献报告，这些仪器性能非常稳定，可重复使用，并已被应用于对污水恶臭气体的测定（McIntyre，2000）。

表 6.4 列出了硫化氢分析仪的仪器制造商名单。

表 6.4 H_2S 分析仪制造商名单

公司	型号	类型
Arizona Instrument （www.azic.com）	Jerome 631-X	金膜
Trace Technology （www.tracetechnology.com）	050 Series Portable 100 Series	纸带
MDA Scientific （www.zelana.com/mda/mda.asp）	Chemkey TLD SPM	纸带
Enviro Technology （www.et.co.uk）	API M101A	紫外荧光
InterScan Corporation （www. gasdetection. com）	1 000 Series Portable 4 000 Series Portable	电化学

6.4 硫化氢与臭气浓度的关联

仪器分析法有许多优势，若无法与臭气的感官测定相关联，就会在实践中受到限制。将仪器分析法和官能测定法联系起来的主要障碍是恶臭污染混合物。最近关于 2～12 种多组分恶臭混合物的研究表明，臭气具有叠加性——恶臭混合物的臭气浓度将比单独任何一种成分都要高（LASH and Hudson，1991；Patterson et al.，1993；Laing et al.，1994）。叠加程度似乎有所不同。Laing 等人于 1994 年针对包含了 2 种、3 种和 4 种成分且具有恶臭混合物的污水进行的调查发现，污水处理厂（STW）的臭气污染与恶臭分子浓度之间具有非常显著的相关性。结果表明，臭气浓度具有部分可叠加性，即混合物的臭气强度小于单个组分强度的简单求和所得到的臭气强度。混合物的臭气强度接近于主要（最强烈）成分的强度，这意味着若在 H_2S 占主导地位的情况下，能很好地使用象征指标展示整体臭气浓度。

Koe 于 1985 年利用 $C_{(ou)}=mC_{(H_2S)}{}^n$ 方程来表示污水中的臭气浓度与 H_2S 浓度之间的相关性，其中 C(ou) 为以 μm^3 为单位的臭气浓度，C(H_2S) 为以 ppm 为单位的 H_2S 浓度。同时，m 和 n 的值会随恶臭组分的不同而变化。Gostelow 和 Parsons 于 2000 年对总共 17 个污水处理厂的若干工艺处理段进行了类似的相关分析。表 6.5 对由此产生的相关性进行了汇总。图 6.3 展示了未实施除臭措施条件下污泥储存和处理区域臭气浓度与硫化氢浓度之间的相关性。

表 6.5　H_2S/ 臭气相关性概述（Gostelow and Parsons，2000）

	m	N	r^2	P
未实施除臭措施				
预处理	52 555	0.62	0.45	7.7×10^{-5}
曝气池	14 555	−0.12	0.07	0.433
污泥储存和处理	38 902	0.64	0.69	4.13×10^{-12}
实施除臭措施				
预处理	29 704	0.47	0.36	8.01×10^{-4}
曝气池	44 465	0.60	0.35	0.093
污泥储存和处理	48 099	0.38	0.39	2.6×10^{-3}

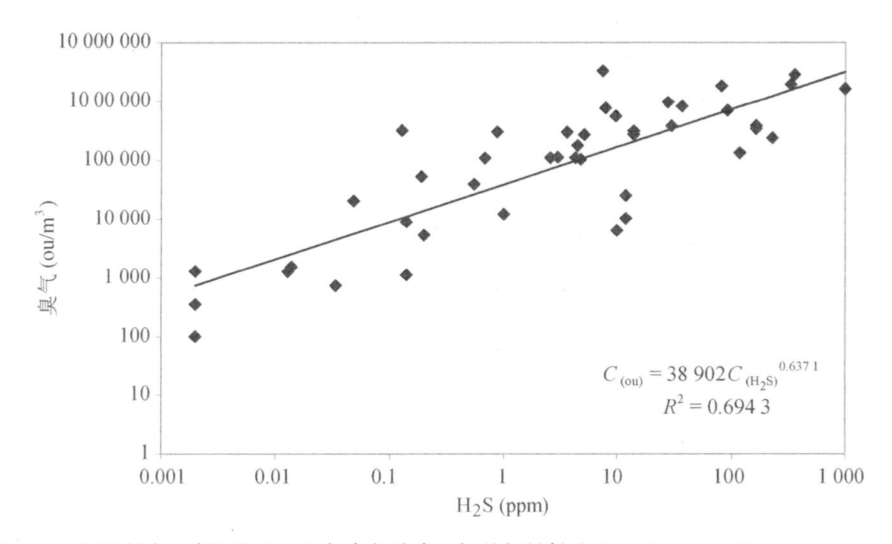

图 6.3　污泥储存 / 处理单元 H_2S 与臭气浓度之间的相关性（Gostelow and Parsons，2000）

Gostelow 和 Parsons 于 2000 年得出的相关系数 R^2 值表明，这些样品臭气浓度 36%～69% 的波动可用 H_2S 浓度来解释。相关性最强的是污泥储存 / 处理区域以及污水预处理区域。在这些样品中，H_2S 将是主要的恶臭物质。在除臭处理后相关性则较差，这可能是优先去除 H_2S 而非其他恶臭气体所致。曝气池 H_2S 与臭气浓度的相关性不显著（$p>0.05$），这并不出乎意料，因为曝气池若不超负荷，其内部恶臭气体均与 H_2S 无关。

6.5 结 论

臭气感知是一个非常复杂的过程。在可靠的嗅觉理论出现之前，进行仪器分析法和官能测定都是必要的。但在具体实践中，详细的仪器分析或官能测定是一个既费时又昂贵的过程，且很难在现场实施。

硫化氢为详细的仪器分析或官能测定提供了一种廉价、快速且简单的替代物。便携式仪器的应用使现场测量过程变得简单快捷，这意味着可在短时间内进行多次测量。

H_2S 与臭气浓度之间的相关性表明，H_2S 可作为臭气污染的象征代理指标，例如在污泥处理区域或污水预处理区域。污水曝气池 H_2S 含量较低则是一种较差的象征指标。利用 $C_{(ou)} = mC_{(H_2S)}{}^n$ 的经验公式可在一定程度上预测臭气浓度与 H_2S 浓度的相关性，随着污染中 H_2S 含量的增加，其预测精度也会提高。

6.6 参考文献

APHA (1995) *Standard Methods for the Examination of Wastewater.* American PublicHealth Association, Washington DC.

Arizona Instrument Corporation (1997). *Jerome 631-X Hydrogen Sulfide Analyser Opeation Manual*. Part number SS-087 Doc #6J21-0002. Rev B.

Gostelow P. and Parsons S.A. (2000) Sewage treatment works odour measurement. *Wat. Sci. Technol.* **41** (6), 33-40.

Koe, L.C.C. (1985) Hydrogen sulphide odor in sewage atmospheres. *J. Water Air Soil Pollution* **24**, 297-306

Laing, D.G., Eddy, A., Best, D.J. (1994) Perceptual characteristics of binary, trinary and quaternary odor mixtures consisting of unpleasant constituents. *Physiology Behavior* **56**, 81-93.

Laska, M. and Hudson, R. (1991) A comparison of the detection thresholds of odour mixtures and their components. *Chemical Senses* **16**, 651-662.

McIntyre, A. (2000). Odour modelling and monitoring：the use of marker compounds such as hydrogen sulphide. Proc. *CIWEM/Southern Water Approaches to Setting Odour Planning Conditions Workshop*.

Patterson, M.Q., Stevens, J.C., Cain, W.S., and Commeto-Muniz, J.E. (1993) Detection thresholds for an olfactory mixture and its three constituent compounds. *Chemical*

Senses **18**, 723-734.

Vincent, A. and Hobson, J. (1998) *Odour Control. CIWEM Monographs on Best Practice*, No. 2, Terence Dalton Publishing, London.

Winegar, E.D. and Schmidt, C.C. (1998). Jerome 631-X portable hydrogen sulphide sensor：laboratory and field evaluation. Report to Arizona Instrument Corporation, 15p.

第 7 章
嗅觉测定法与 CEN 标准 prEN 17325

罗伯特·W. 斯尼斯（Robert W. Sneath）

7.1 引 言

嗅觉测定法是评估人员根据其嗅觉刺激程度对臭气浓度进行判定的方法，旨在对不同来源的恶臭进行比较。为了得到客观且具有可重现性测量的数据，在实施时就须严格遵循 CEN 标准中 prEN 17325 的规定。若能进行客观的测量，所得结果可用来探寻臭气源的排放规律与除臭方案，同时将这些数据输入扩散模型应用于预测臭气对周围环境的影响。所测数据可用于规划制定新型除臭工艺，并作为除臭设备的设计标准。

7.2 嗅觉定量的本质

7.2.1 检测阈值

对气味的感官测量主要包含可检测性、强度、特性和愉悦度 / 厌恶度四个维度。

气味感官测量的第一个维度是可检测性。这个维度不存在意识主观性，测试者直接能闻到某种气味是否存在，但感觉阈值却因人而异，嗅觉阈值在每个人身上都会因所处的客观环境而有所不同。第二个维度是强度，指气味的感知强度。第三个维度是气味的特性，即物质闻起来像什么。第四个维度是人对气味的愉悦度，这是对气味愉悦或厌恶主观感受的一种分类判断。

可检测性是上述这些维度中唯一可简化为客观感知的维度。对于“你能察觉到某种气味的存在吗?”这一问题的唯一答案为“是”或“不是”(尽管答案的价值取决于测评者的诚实度)。每个人的感觉阈值有所不同，可能会受到所在气体背景值浓度、个人对某种气味熟悉程度等因素的影响。因此，阈值不是固定的生理事实或物理常数，而是来自一组个体反应的最佳统计预估值。

气体的感觉阈值可通过以下两种方式之一进行评估，即通过上述的“是/否”响应或通过“强制选择”从两种或两种以上气体流中做出响应来实现。在之前的此类测评中，就“是/否”答案来说，除其他因素外，测试答案还取决于评测者的诚实度和动机。若一定浓度范围内的气体与空白样以足够多的次数交替出现，则可借助信号检测理论来对“是/否”答案进行评估，以消除环境因素的影响。

强制选择过程是一种尝试测量评估人员敏感度的方法，其不受标准变动的影响。在一定的气体浓度范围内，向测评者呈现两种或两种以上的选择，测评者的任务是从中选择一种自己觉得比较难闻的刺激性气味。假设评估人员在对一个或多个气体无反应偏差的情况下，选择出刺激性最大的感知对象。如果“比较刺激(空白)”已经被准确定义和控制，那么正确回答的比例可以用作灵敏度的衡量标准。因为它总是与空白样的比较测量。

7.2.2　将主观测量转化为对气味的客观评测

感觉阈值是对测评者灵敏度的衡量，但需要以一种可靠的方式对相关恶臭污染物和臭气浓度进行测量。

在所有测量中，必须满足准确性和可重复性两个标准。这通常意味着需要制造准确可靠并具有结果可重复性的传感器。在感官测量中，所使用的传感器是人的鼻子(图 7.1)。人的鼻子有较强的主观性，无法进行“制造过程”的特性控制。因此，必须从准确性和可重复性的标准出发选择“生产运行”的传感器。

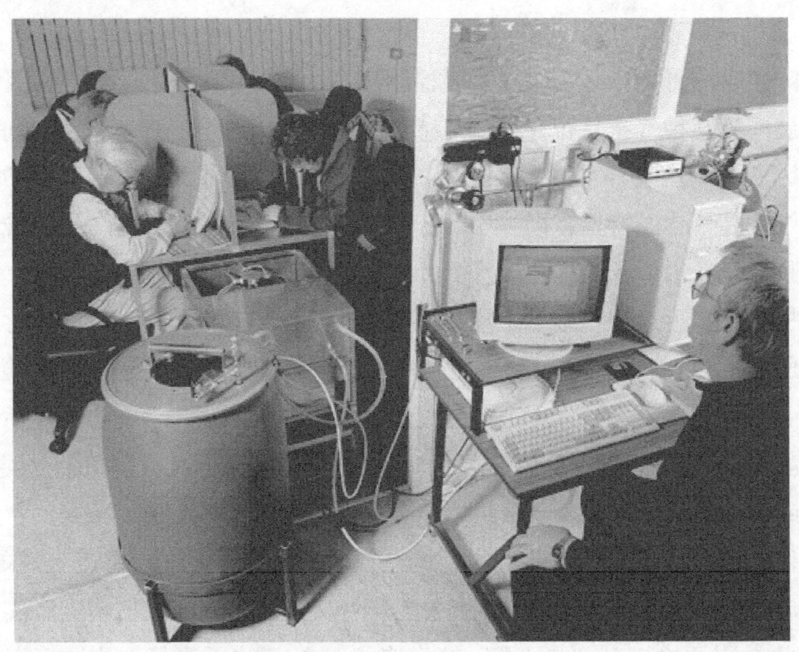

图 7.1 一台位于 Silsoe 研究所气味实验室的六站式强迫选择嗅觉仪（英国）

将气体样本呈现给传感器的配套设备必须同样精准可靠，以达到准确和可重复的标准。表 7.1 列出了一些商业嗅觉仪制造商。

表 7.1 嗅觉仪制造商列表

公司 / 组织及位置	型号
ECOMA GmbH，德国 （www. ecoma.de/english/ecomae. htm）	TO7 嗅觉仪
OdourNET，UK 英国 （www.odoumet.com）	Olfaktomat
St. Croix Sensory Inc，美国 （www.fivesenses.com/the iso.htm）	AC’SCENT
University of New South Wales，澳大利亚 （www.odour.civeng.unsw.edu.au）	WANG
Tecnovir International Inc，加拿大 （www.enviroaccess.ca/fiches 2/F2-02-96a.html）	TECNODOR
McGill University，加拿大 （www.agrenv.mcgill.ca/AGRENG/STAFF/Barrington/Research/olfactometry.htm）	
University of Singapore，新加坡 （www.eng.nus.edu.sg/civil/C ARG/chai（project）.htm）	NUS

7.2.3　测量原则

通过一组经筛选后合格的测评者对气体样本的臭气浓度进行测量。利用中性气体（无味空气）对样本浓度进行稀释来确定其稀释倍数（Z50），在该稀释系数下，气味被检测到的可能性为 50%。在实践中，这意味着需要向评测小组成员提供一系列稀释后分别高于和低于各自阈值的样品。该阈值（ITE Individual Threshold Estimate，个体感觉阈值预估值）是小组成员无法检测到的最低稀释系数和他们可以检测到的下一个稀释系数的几何平均值。ITE 评测小组成员的等比中数值即为臭气浓度。根据定义，小组成员在感觉阈值的臭气浓度为 1 ou_E/m^3。在嗅觉测量的标准条件下，被检测样品的臭气浓度表示为 ou_E/m^3 的倍数形式（等于 Z50 处的稀释系数）。

7.3　CEN 标准的发展

1998 年以前，欧洲及世界各国在制定臭气浓度测量方法或稀释至阈值测定方法时，所采用的方法并不相同。但自 1998 年以后，许多实验室都开始采用 CEN 标准。并且欧盟（COST 681）也一致建议对该方法进行改进（Hangartner et al.，1989）。荷兰首先通过使用经筛选的气味测评小组，对以统计为基础的标准进行了首次尝试。此外，这些标准还引入了不同实验室间测量的可再现性和可重复性概念。

成立于 1992 年的 CEN 工作组（TC264/WG2）利用其嗅觉测量经验、相关理论，同时使用欧洲国家的标准（NVN 2820，1995；AFNOR NF X 43-101，1986；VDI 3881，1987）来对其进行测量。该标准的制定既适用于“是 / 否”方法，也适用于强制选择方法；既适用于单组成员，也适用于多组成员机构。这种标准基于性能而非使用特定设备的指示。其目的是确保无论选择何种分析方法，只要符合质量标准，同一样品的测量结果在任何实验室都会产生具有可比性的结果。

为对该标准草案进行验证，1996 年，TC264/WG2 的成员在不同实验室中组织了一次大规模试验，该试验共有分别来自英国、荷兰、德国和丹麦的 18 个实验室参与（Harrewd and Heere，1997）。这项测试的结果表明通过全面执行统一标准，实验室能够遵守质量标准控制的规定。当局仍根据实验室间测试的结果，对标准拟稿进行了一些修订，直到 1999 年才最终发布标准（PREN）的公众咨询意见稿。由此产生的欧洲标准草案 PREN 17325（CEN, 1999）定义了动态嗅觉客观测定气体样品臭气浓度的方法。

与其他测量方法一样，分析的统计意义取决于实验室分析的精确度和所分析样品的数量。本章将通过一个实际案例对设定问题计算所需的样本数量的重要性进行说明。

以前的标准主要提供了一种用于测量臭气浓度的方法。之前被称为臭阈值（TON Threshold Odour Number）[1]、稀释至阈值、臭气强度、嗅觉阈值或其他类似含义的词。

欧洲国家现在使用的标准为 CEN/TC264/WG2（PREN 13725）标准“空气质量——通过动态嗅觉法测定臭气浓度”。该标准处于验证之中，在 2000 年已有欧洲国家标准组织对其进行审核。

由于这一标准需要得到国际上的认同，因此欧洲工作组为其制定了一份全面的英文术语和定义汇编，并且它们已被用于其他 ISO 或 CEN 标准之中。此处使用的术语和定义直接来自于 PREN 17325，并出现在第 7.11 节之中。本文中使用的缩略语在第 7.12 节中做了解释。

7.3.1 prEN 13725 标准草案的范围

该标准精准地定义了如何使用以及在何处使用。下列声明均直接引用自该标准。

“这项欧洲标准（EN）规定了通过使用包含评估人员的动态嗅觉测量法以及由点源、外流面源和无外流面源排放速率来对气体样品的臭气浓度进行客观测定的方法。其主要用途是为评估欧洲联盟成员国的恶臭污染物排放提供共同的基础。”本标准的范围是使用动态嗅觉测定法测量空气或氮气中单一物质、已定义混合物和未定义气体气味剂混合物的臭气浓度，并由一组人作为测评者对其进行评估。计量单位为欧制臭气浓度单位：ou_E/m^3。臭气浓度是通过确定达到检测阈值所需的稀释因子来测量的。根据定义，检测阈值处的臭气浓度为 1 ou_E/m^3。然后将气味浓度表示为检测阈值的倍数。测量范围一般为 101～107 ou_E/m^3（包括预稀释）。该 EN 的应用领域包括：

（1）测定单一恶臭物质在检测阈值时的质量浓度（g/m^3）；

---

[1] 水中异臭和异味主要源于工业废水和生活污水中的污染物、天然物质的分解或与之有关的微生物活动等。臭和味可用臭阈值法测定。用无臭水稀释水样，当稀释到刚能闻出臭味时的稀释倍数称为“臭阈值”——译者注。

（2）测定多组分恶臭污染物的臭气浓度（ou_E/m^3）；

（3）测量来自点源和面源（有或无外流）的臭气排放速率，其中包括采样期间的预稀释；

（4）从高湿度和高温度（高达 200℃）的排放物中对恶臭物质进行取样；

（5）确定用于末端除臭装置的有效性。

7.3.2　未包含部分

该标准特别不适用于对可能带有臭气的固体颗粒，或排放中具有臭气的流体液滴（即粉尘和冷凝物）的悬浮物所释放出的臭气进行相关测量。假定从某污染源头发出的臭气浓度是恒定的。标准中的方法用来测量检测阈值，而不包括测量恶臭刺激和超阈值上限响应（评估响应高于检测阈值）之间的关系，如识别阈值。愉悦度（或愉悦感 / 不愉悦感）的测量以及对人群造成潜在困扰的评测也被排除在外，同时也不涉及用于确定臭气羽流程度的现场座谈。

7.4　动态稀释嗅觉测量法的类型

7.4.1　选择模式

可以使用三种不同的选择模式来获得个体阈值预估。本节对这些选择模式及其相关要求进行了解释说明。它们均能够产生一个共同的结果：单一恶臭气体的个体阈值预估的预估（ITE）。因此在计算臭气浓度时，不同方法获得到的 ITE 在整个标准中可通用。

7.4.1.1　是 / 否模式

在“是 / 否”嗅觉测量仪器中（图 7.2），中性气体或稀释臭气从单一端口通过，要求测试小组成员对从该端口输入的气体进行评估，并指出是否能够感觉到气味的存在（是 / 否）。

小组成员察觉到，在某些情况下会出现空白（即仅有中性气体）。（可向评测员提供始终呈现中性气体的第二个端口，以提供参考。）样品可以随机提交给评测人员，也可按浓度增加的顺序提交。在使用“是 / 否”模式时，对于一组稀释的气体系列中 20% 的陈述必须为空白，使操作员确信当没有气味存在时，小组成员给出了正确的响应。对于每名小组成员，测量必须包括一个稀释步骤，在该

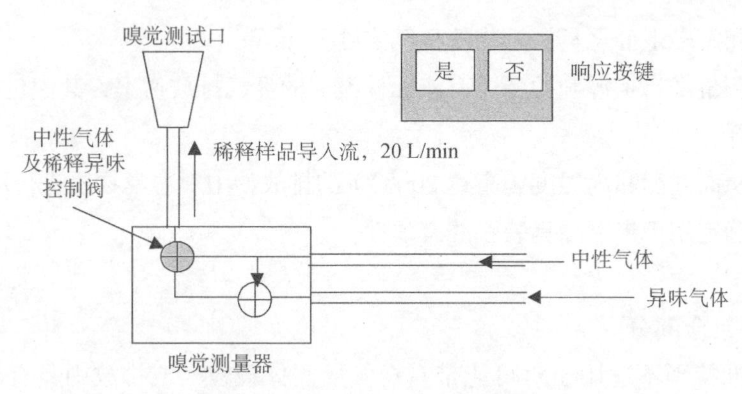

图 7.2 “是 / 否”嗅觉仪示意图

步骤中，他们对稀释气味的响应为“否”，对于两个邻近的稀释物，他们的响应必须为“是”。

当以浓度递增的顺序排序时，最后一个错误表述和至少两个正确表述中的第一个的稀释因子的几何平均值决定了小组成员的 ITE。样本的臭气浓度根据每个小组成员中至少两个 ITE 的平均值进行的计算。

7.4.1.2 强制选择模式

强制选择型嗅觉仪（图 7.3）有两个或三个导出端口，其中一个端口流出稀释后的气体，而另一个（或多个）端口流出干净无味的气体。

采用这种方法，小组成员需要对嗅觉仪的端口进行评估，其中，一个端口流出稀释气体，而另一个（或多个）端口则流出中性气体。每个显示的控制序列随机选择携带有恶臭的端口。评估者须标识稀释气体样品所流出的端口。

测量从被稀释的样品开始，稀释后的臭气浓度超过评估小组成员的嗅觉阈值。浓度在连续测试样本系列中按相等的稀释系数增加：这一系数可能在 1.4~2.4 之间。每个展示样本上的控制序列随机选择通过带有恶臭气体的端口。评估者使用个人键盘来指示稀释恶臭气体样本流出的端口。同时，还涉及他们的选择是否得到暗示，或是否确定选择了正确的端口等信息。只有选择了正确的端口且小组成员确定其选择是正确的，才会将其视为真实的响应。对于每个小组成员，均必须至少获得两个连续的真实响应。最后一个虚假陈述和至少两个真实陈述中的第一个陈述的稀释因子的几何平均值决定了一个小组成员评测的 ITE 值。一个样品的臭气浓度由每小组成员至少两个 ITE 的几何平均值计算得出。

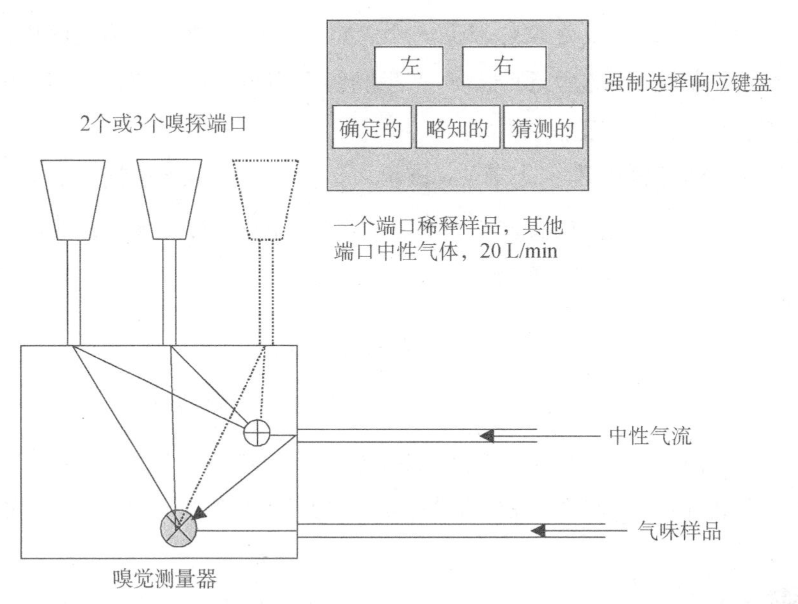

图 7.3　强迫选择嗅觉仪示意图

对于相关恶臭气体的测量，这个值可以转换为单一恶臭气体的个体阈值预估，利用已知的气体浓度除以 ITE 表示质量浓度。

7.4.1.3　强制选择 / 概率模式

在强制选择 / 概率模式中，臭气浓度测量使用的是具有三个或更多端口的嗅觉仪，其结构类似于图 7.3。在强制选择 / 概率模式下，个人确定每个小组成员的个体阈值预估（Z_{ITE}）分三个阶段完成：

（1）对个体感知阈值 Z_d 下稀释因子近似值进行预估。

（2）使用 Z_d 值计算用于确定 Z_{ITE} 的三步陈述级数，三个稀释步骤分别为 $Z_1=Z_d\times3$，$Z_2=Z_1/F_s$ 和 $Z_3=Z_1/F_s^2$，其中 F_s 为稀释步骤因数，其值约为 $2^{0.5}$。

（3）这三种稀释倍数在嗅觉仪的随机位置上各随机呈现至少 10 次。正确选择为“真实”，不正确的选择为“虚假”。

在此模式下，小组成员不需要提供关于“猜测”“暗示”或“确定”的信息。

7.4.1.4　强制选择 / 概率模式下对 ITE 的计算

根据一组响应记录对个体阈值预估 Z_{ITE} 进行计算，上述这些响应是通过将三种稀释倍数 Z_1，Z_2 和 Z_3 中的每一种重复呈现给每个评估者 *n* 次而获得，其中

$n \leqslant 10$。由于小组成员没有被要求提供“猜测、暗示或确定”相关信息，因此必须考虑评估者在他们未检测到气体时产生随机真实结果的可能性，需要使用下面的计算方法对此进行校正。

对于每一种稀释倍数，计算在对该稀释倍数的 n 个陈述中所观察到的真实响应分数 f。然后，根据评估者使用具有 p 个端口的嗅觉测量其随机响应时产生真实结果的概率，对此分数进行校正：

$$f_{\text{corrected}} = \frac{f_{\text{observed}} - 1/p}{1 - 1/p} \tag{7.1}$$

然后，从由三个分数 f 校正得到的线性回归公式和稀释系数 Z_1、Z_2 和 Z_3 的对数中，找出对应于 f 校正 =0.5 的稀释系数，从而计算出个体阈值预估的稀释系数 Z_{ITE}。

对于相关恶臭气体的测量，这个值可以转换为单一恶臭气体的个体阈值预估，利用已知的气体浓度除以 ITE 表示质量浓度。

7.4.1.5 测评者筛选

根据 prEN 17235，进行精确臭气测量的关键是评估员的筛选。以正丁醇（丁烷 -l- 醇）为参考物质，对评估员进行筛选。（虽然人们认识到采用单组分参考气体并不是一个理想的策略，但尚未配制出具有代表性的恶臭混合气体。）只有在中性气体中，正丁醇的平均个人阈值在 20～80 ppb 之间，对数标准偏差小于 2.3（从最后 10～20 ITE 计算），才是可以接受的。这些评估员不断地被监测其检测阈值（至少在每 12 次测评后），并且必须保持在这些范围内才能成为小组成员。

在 Silsoe 研究所实验室使用的该选择标准导致必须拒绝大约 43% 的测试对象，因为他们对臭气不够敏感，而 12% 的测试者被拒绝的原因是他们对正丁醇太过敏感。如图 7.4 所示，到目前为止，在 Silsoe 研究所实验室对全部 142 人的灵敏度进行了测试。丁醇阈值分为 0.3 log 间隔，即小于 1.0，1.0～1.3、1.3～1.6 等。在那些具有合格敏感度的人中，大约三分之二的人的阈值高于公认的参考值 40 ppb（log 1.6）。

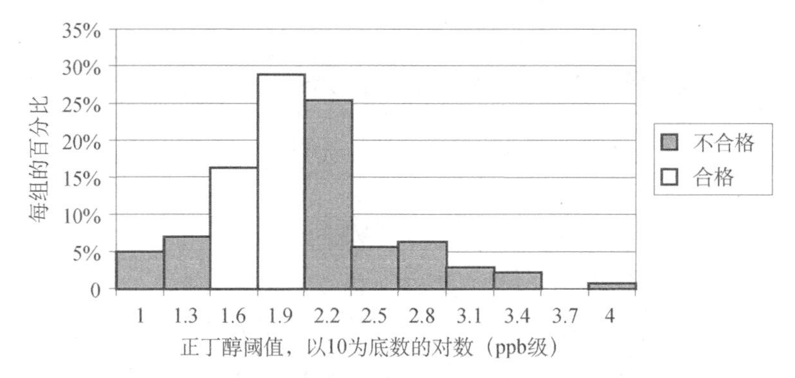

图 7.4　正丁醇敏感性分布（针对 142 名测评者进行的测试）

使用上述方法选择小组成员能够使研究具有可接受的准确性和精确度，并使实验室能够遵守 PREN 中规定的具体标准（第 7.5.1.3 节）。

7.4.1.6　臭气浓度计算

prEN 指出，对每种恶臭气体进行评估的小组成员必须获得至少 2 个 ITE，并且在最终臭气浓度计算中必须使用至少 8 个 ITE。通过计算 ITE 几何平均值，就可以得到相应的结果。众所周知，即使所有评估员均符合相关资格，也会有一些人对环境气味不敏感（无臭），同时也会有一些人对环境气味过度敏感。为了消除这些极端现象，提高测量的可重复性，prEN 采用的是一种能够剔除异常值的系统方法，并将 ITE 与所有 ITE 的几何平均值进行了比较。如果一个 ITE 与平均值相差 5 倍以上或更低，则该小组成员的所有响应的平均值将被排除在计算之外，进而计算出一个新的平均值。这种回顾性筛选是重复进行的，直到所有响应都在 +/– 因子的五倍差异的范围之内为止。根据 EN 的规定，只有用于计算臭气浓度的 ITE 至少为 8 个时，结果才是有效的。

7.5　遵守 CEN 标准

7.5.1　实验室操作

7.5.1.1　实验室条件

为了使实验室符合特定标准，必须保证具备无异味环境。通常需要通过活性炭进行过滤，还必须配备有一种无味的空气源，即中性气体，用来稀释气味样品。嗅觉仪作为一种稀释装置，完全由符合相关规格的材料、玻璃、FEP或不锈钢材料制成。样品需要在采集后30 h内处理完毕。

7.5.1.2 质量标准

本标准基于真实和精确评估过程中所使用的公参考值：

1 ou_E = 1 $_{EROM}$ = 123 μg 正丁醇

当123 μg正丁醇在1m^3中性气体中蒸发时，在标准条件下（20℃）进行嗅觉测定时，其浓度为0.040 μmol/mol（40 ppb或lg值为1.6）。

下面列出了两个分别用标准准确度和精密度来衡量实验室性能的特性标准：

（1）准确度反映的是正确值的真实性或接近真实性，在这种情况下，参考物的真值为40 ppb，精度为随机误差。该标准就如何计算这两个特性标准做了相关规定（CEN，1999）。

（2）精度A_{od}（接近可接受的参考值）的标准为A_{od}≤0.217。除总体精度标准外，以重复性r表示的精度应符合r≤0.477。重复性标准也可以表示为10^r≤3.0。

该重复性要求意味着，在95%的情况下，在实验室中在同一测试材料上执行的两个连续的单个测量之间的差异的因子不会大于3。

7.5.1.3 遵循特性标准

通过检查正丁醇日常测量的准确性和重复性，对实验室性能进行连续监测。图7.5对2000年前三个月在Silsoe研究所实验室的情况进行了说明。可以看出，图上的每个点都是前面20个小组阈值丁醇测量的结果，这表明精度略偏于可接受的参考值1.6的高压侧。可参考图7.4中阈值分布来进行解释。到目前为止，小组成员是从合格评审员名单中随机挑选出来的，因此，小组倾向于更高的正丁醇阈值。通过更严格地选择小组成员，可以在更大程度上得到更合适的“可接受的参考值”。

如图7.6所示，同一时期的精度和重复性标准的记录表明，实验室超过了标准的特性标准要求（精度标准显示为— — –，重复性标准显示为- - - - -）。

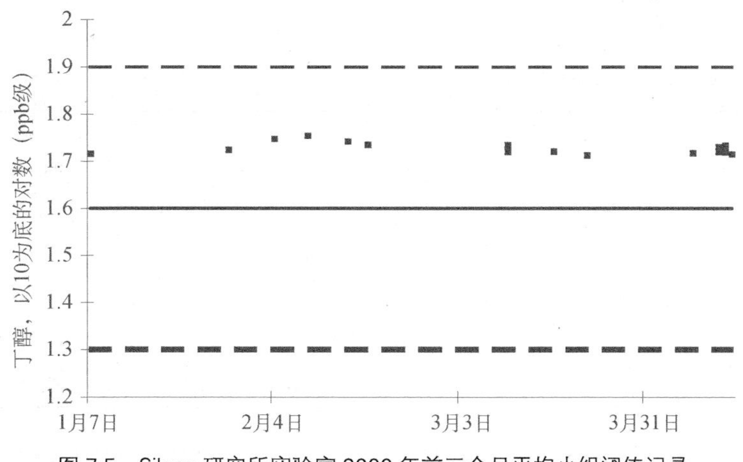

图 7.5　Silsoe 研究所实验室 2000 年前三个月平均小组阈值记录

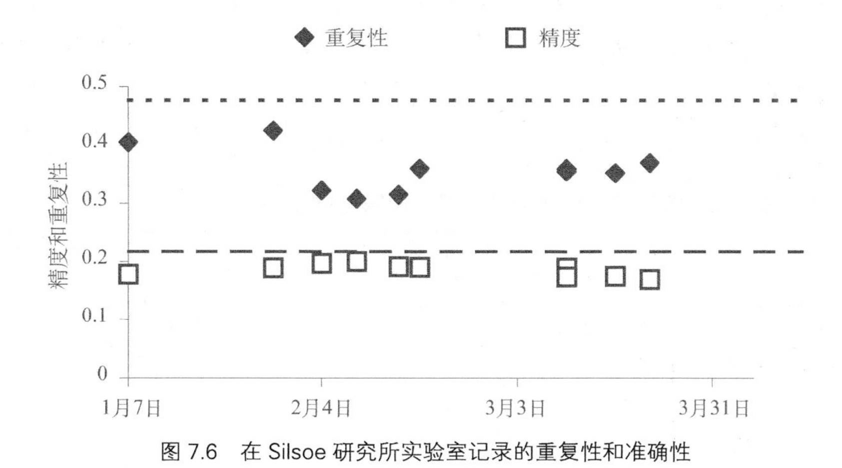

图 7.6　在 Silsoe 研究所实验室记录的重复性和准确性

7.6　采样注意事项

7.6.1　需要采集的样本数量

所需气体样本数量取决于污染源的性质及测量目的。本标准草案中，报告了达到规定精度所需的分析次数。

表 7.2 显示了适用于 n 个臭气浓度 m（=1 000 ou_E/m^3）相同样品的分析的 95% 置信界限，其中实验室精度 r 为 3。

在 1～4 个样本之间的置信区间有较大的提高，而在 3～10 个样本之间的置信区间相对较小。实际上，这通常会产生三倍或四倍的样本，从而在精度和成本之间取得最佳平衡。

表 7.2 重复抽样样品的 95% 置信界限

n	下限（ou_E/m^3）	M	上限（ou_E/m^3）
1	453 ≤	1 000	≤2 209
2	571 ≤	1 000	≤1 752
3	633 ≤	1 000	≤1 580
4	673 ≤	1 000	≤1 486
10	778 ≤	1 000	≤1 285

在评估除臭装置的性能时，测量去除效率所需的配对（进口和出口）样品的数量将取决于既定去除效率及实验室精度。表 7.3 显示了适用于 n 对同时采集的进口和出口样品分析的 95% 置信界限，其中实验室的精密度为 3，计算出的去除效率 η_{od} 为 90%。

如前所述，通常，3 对或 4 对样本能够实现精度和成本之间的最佳平衡。

表 7.3 重复采样样品数量对 95% 置信界限下预估恶臭去除效率的影响

		清除效率	
n	η_{od}	置信界限下限	置信界限上限
1	90	69.3%	96.7%
2	90	77.9%	95.5%
3	90	80.9%	94.8%
4	90	82.5%	94.3%
10	90	85.7%	93.0%

7.7 结合 CEN 标准进行定性评估

7.7.1 对恶臭的感知

prEN 13725 涉及对气味的检测，除中性气体和样品之间存在差异外，不会征求测评者的相关意见。

强度作为恶臭污染物感知的第二个维度，是指感觉阈值的感知强度。其强度会随着浓度的增高而增加。根据 Fechner（1860）的理论推导可知，这种依赖关系可被描述为一个对数函数：

$$S = k_{\mathrm{w}} \cdot \log {I}/{I_{\mathrm{o}}} \tag{7.2}$$

式中：

S = 感觉的感知强度（理论确定）；

I= 物理强度（臭气浓度）；

I_o= 阈值浓度；

k_w=Weber-Fechner 常数。

Stevens 于 1957 年建议应用如下幂函数：

$$S = k \cdot I^{n} \tag{7.3}$$

式中：

S = 感觉的感知强度（理论确定）；

I= 物理强度（臭气浓度）；

k= 史蒂文斯指数；

n= 常数。

应用这两种描述中的哪一种取决于所使用的方法。迄今为止，还没有任何理论能够从关于各种物质的绝对嗅觉阈值的知识中推导出心理-生理关系。

臭气的第三个维度是气味的特性（识别阈值），即物质闻起来像什么。

臭气的第四个维度是愉悦度，这是对气味的相对愉快或不愉快的一种分类判断。气味特性、人的愉悦度以及物质浓度都会对臭气强度及对人群的潜在滋扰程度产生影响。

虽然臭气测量的最终用途是减少臭气污染的危害，但根据这一标准测量的臭气浓度与恶臭带来的人群滋扰存在非常复杂的关联。气象条件决定臭气的扩散，气味的特性即人对气体的愉悦度，以及人暴露在恶臭气体后的感官反应，都涉及臭气污染对人群的滋扰程度。这些特征不仅在个体之间有很大差异，且同一个体在不同时间也存在较大差异。

7.7.2　第二个维度：臭气强度的评估

对于包括嗅觉在内所有人类感官，在感觉的大小和刺激强度之间具有相对密切的相关性。这些关系的形式取决于所使用的定标方法。从 Fechner 定律（Fechner，1860）得出的类别预估可知，当与嗅觉有关时，相同比例的臭气浓度会导致相同比例的臭气强度差异（例如类别尺度上的点），因此，臭气强度 I 是

臭气浓度 C 的对数线性函数：

$$I = k_1(\log_{10}C) + k_2 \tag{7.4}$$

其中，k_1 和 k_2 均为常数。

臭气强度采用这种分类估算进行测量。在确定了样品的臭气浓度后，以随机顺序向小组成员提供一组超阈值稀释范围的测试样品。在每次稀释时，他们必须根据以下标度表明他们对强度的感知：

0 为无异味，1 为非常微弱的气味，2 为微弱的气味，3 为明显气味，4 为强烈的气味，5 为非常强烈的气味，6 为极强的气味。

在超阈值稀释范围的测试样品的每一次陈述（共 12 次）中，从每个小组成员获得强度感知分数，并绘制每次陈述的平均分数。对强度与 lg10（浓度）进行线性回归，并在图表上绘制最佳拟合线。

图 7.7 和图 7.8 显示了两个此类测量的案例。新填埋物在臭气浓度为 3.2 ou/m^3（0.5 lg ou/m^3）时的臭气强度为 2.5（从微弱到明显的异味），而在相同的臭气浓度下，填埋场气体的臭气强度仅为 1.5（从非常微弱到微弱的气味）。这意味着在相同的臭气浓度下，新鲜填埋物臭气拥有更强的恶臭异味。

如果这些数据是从需设计除臭装置的恶臭污染源处获得，则所在地投诉人员所感知的“微弱气味”的强度已达到不可接受的限度。根据投诉人员的臭气感知，除臭设备的出口臭气浓度设计值必须分别小于 2 ou/m^3 或 6 ou/m^3。

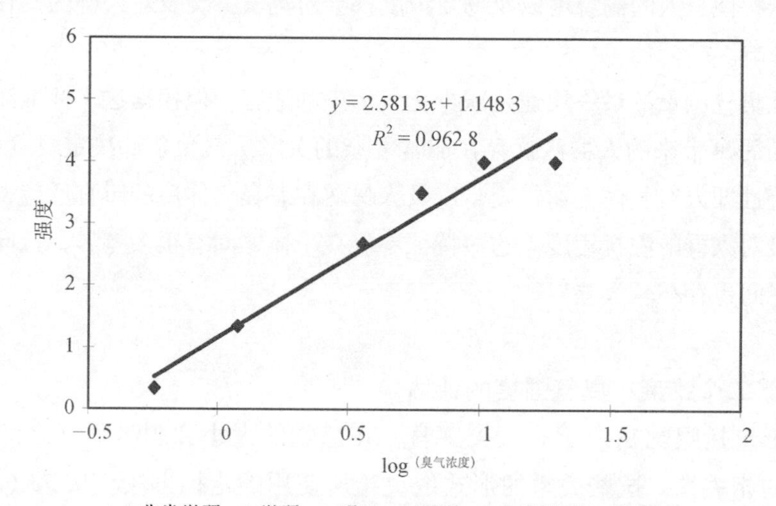

1 非常微弱，2 微弱，3 明显，4 强烈，5 非常强烈，6 极强

图 7.7　新鲜垃圾填埋物的臭气强度和臭气浓度关系图

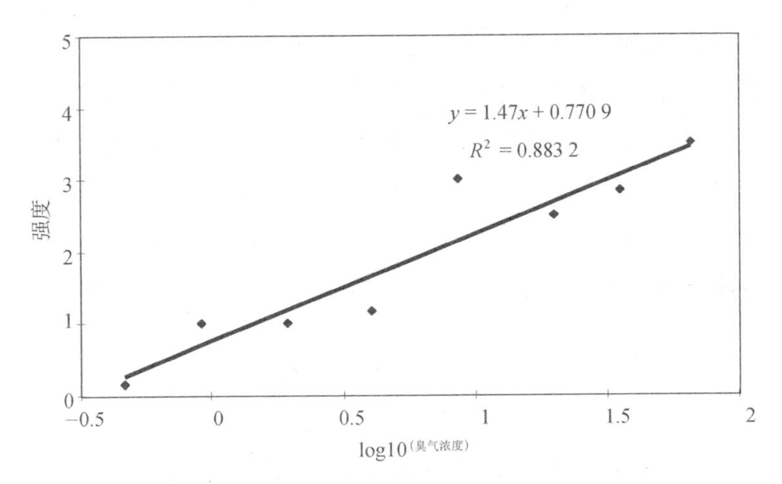

1 非常微弱，2 微弱，3 明显，4 强烈，5 非常强烈，6 极强

图 7.8　垃圾填埋气的臭气强度和臭气浓度关系图

7.7.3　第三个维度：气味特性

如果在接近小组检测阈值的稀释率范围内进行特性评估，则可以从中获得有关气味特征的一些有用信息，尽管这些信息不包括在标准之中。

我们经常为客户进行的一项测评是对气味的描述。小组成员闻稀释率为 12～100 倍的气体并给出指示，根据他们的描述选择出最接近他们所感知出的气味。通常我们会问样本是否具有以下气味：污水臭味、鱼腥味、白菜腐烂味、臭鸡蛋味、漂白剂味、泥土味、堆肥味、焦油味、烟熏味或其他气味。该方法可用于诊断该除臭设备是否改变了气味以及是否降低了臭气浓度。

这种评估的数据通常以小组反应的柱状图表示。

7.7.4　第四个维度：愉悦度 / 厌恶度评价

该评估是对人类面对气味愉悦 / 厌恶的判断。与评估臭气强度的方法类似，小组成员在臭气浓度高于嗅觉阈值的范围内，按 1～5 的等级对所感知气味进行评分。可借鉴上述臭气强度绘制相关图形进行说明。

7.8　结　论

（1）臭气测量不再是随意的评估。CEN 标准草案（PREN 13725）中的嗅觉测量法设立了实验室的测量精度标准，并确保了实验室之间结果的可再现性。

（2）采样作为测量的一部分同样重要，采样的数目会影响结果的可信度。

（3）在评价除臭装置的效率时，必须考虑到实验室的测量精度。

（4）一旦对样品进行了臭气浓度测量，就可以对臭气的其他三个维度进行系统的调查。臭气强度的测量可对除臭措施的效率做出有效指导，特别是当与人类愉悦度的评估相结合时。

（5）气味特性评估是一种有用的诊断工具，可对潜在的恶臭来源提供独立的意见。

7.9 致 谢

本章使用了欧盟标准草案 prEN 17325 中的相关叙述并进行了改写。由衷感谢相关人员对这份文件所做出的贡献。

7.10 参考文献

AFNOR NF X 43-101 (1986) Determination of the dilution factor at the perception threshold.

CEN (1999) Air quality - Determination of odour concentration measurement by dynamic olfactometry. Draft prEN 13725, European Committee for Standardisation, Brussels.

Fechner (1860) Elemente der Psychophysik. Leipsig：Breitkopf and Hartel.

Hangartner, M., Hartung，J., Paduch, M., Pain, B.F. and Voorburg, J.H. (1989) Improved recommendations on olfactometric measurements. *Environ. Technol. Lett.* **10**, 231-236.

Harreveld, A.P. and van Heeres，P. (1997) The validation of the draft European CEN standard for dynamic olfactometry by an interlaboratory comparison on n-butanol, STAUB, Gefahrstoffe Reinh. Der Luft, vol. 57.

Stevens, S.S. (1957) On the psychophysical law. *Psychological Review* **64**, 153-181.

VDI 3881 Blatt 2 (1987) Richtlinien，Olfaktometrie Geruchsschwellenbestimmung, Probenahme.

NVN 2820 (1995) Air Quality. Sensory odour measurement using an olfactometer.

7.11　CEN 标准中的术语和定义

可接受参考值：在科学或工程小组主持下的合作实验工作基础上，作为统一商定的比较参考值作为共识值而得出的值。[ISO 5725 第 1 部分，节略]

准确度：测试结果与可接受参考值之间的一致性程度。[ISO 5725 第 1 部分]（注：“准确度”一词应用于一组观测值时，描述的是随机分量和常见的系统误差或偏差分量的组合。）

（感官）适应：由于持续和（或）反复刺激而使感觉器官的敏感性暂时改变。[ISO 5492：1992]

嗅觉缺失：对嗅觉刺激缺乏敏感性。[ISO 5492：1992]

测评者：参与气味测试的人。

偏差：测试结果的期望值与可接受参考值之间的差。[ISO 5725 第 1 部分]（注：偏差通常被称为“系统误差”。）

认证参考材料，CRM：是一种一项或多项属性值在技术上得到有效程序认证的参考材料，该程序认证附有或可追溯到由认证机构颁发的证书或其他文件 [ISO 5725 第 4 部分]（注：出于嗅觉测量的目的，荷兰代尔夫特测量研究所通过将参考材料与国家标准气体混合物进行比较来对其进行认证。目前尚不存在欧洲气体认证机构。）

延迟嗅觉测量法：气味的测量，在采样和测量之间存在时间延迟。气味样本保存在适当的容器中。[AFNOR X43－104E]

检测极限：参见检测限度。

检测阈值（对于参考物质）：在测试条件下，被检测到的概率为 0.5 的气味浓度。

检测阈值（对于环境样品）：在测试条件下，样品被检测到的概率为 0.5 的稀释系数。

扩散源：具有特定尺寸的源（主要是表面源），这些源是没有定义的废气流，如垃圾场、潟湖、施粪肥后的田地、未曝气的堆肥桩。

稀释系数：稀释系数是指稀释后的流量或体积与异味气体的流量或体积之比。[AFNOR X 43－104E]

稀释系列：将稀系序列呈现给一个小组成员，以获得一个独立估计阈值。

（注：一个稀释系列可包括：

- 系列陈述，以气味浓度的升序或随机顺序排列，其中，当按浓度下降的顺序排序时，对虚假响应的一贯真实响应会发生重大变化。

- 按照强迫选择/概率模式所述程序重复的陈述模式。）

直接嗅觉测量法：在取样（操作）和测量之间没有任何时间差的气味浓度测量；相当于动态采样或在线嗅觉测量法。[AFNOR X 43-104E]

动态嗅觉仪：动态嗅觉仪在一个共同的出口输送具有已知稀释因子混合气味和中性气体。[AFNOR X 43-101E，修订版]

动态嗅觉测量：使用动态嗅觉仪进行的嗅觉测量。

动态采样：直接嗅觉测量中的采样。

欧制气味单位：在标准条件下蒸发成 1 m^3 中性气体时，小组所引起的生理响应（检测阈值），相当于一个欧洲参考气味特性（EROM）引起的生理响应，在标准条件下蒸发成 1 m^3 的中性气体。

欧制参考气味特性（EROM）：欧洲的气味单位的公认参考值，等于经认证的标准物质的规定质量。

一个 EROM 相当于 123 μg 正丁醇（CAS 71−36−3）。在 1 m^3 的中性气体中蒸发，产生的浓度为 0.040 μmol/mol。

期望值：平均值随着测量值的增加而接近的值。

强制选择方法：本标准适用以下定义：一种嗅觉测量法，在这种方法中，测评员被强制从两种或两种以上的空气流动中作出选择，其中一种一定为稀释样品。

无组织源：难以辨认的来源，其能够释放数量未定的气味物质，如阀门和法兰泄漏、被动式通风孔等。

组阈值：适用于一组测评员的检测阈值。

标识阈值：参见识别阈值。

个人阈值：适用于个人的检测阈值。

个体阈值估计（ITE）：根据一个稀释序列对个体进行估计的检测阈值。

不稳定性：一个特征在一定时间内的变化，由一个系统部分（漂移）和一个随机部分（色散）组成。[ISO 9169，6.2.2.]

仪器稀释范围：最小和最大稀释系数之间的范围。

仪器下降时间：在输出信号读数的最后变化中，读数从（约定的）10% 传递到（约定的）90% 所需的时间。[ISO 6879] 对于在接近最终输出信号读数时发生瞬态振荡的仪器，下降时间是指仪器读数从（按约定的）最终变化的 10% 直

到振荡为止所花费的时间。下降到少于仪器读数最终变化的 10%（按照惯例）

仪器延迟时间：达到仪器读数最终变化的 10% 的时间。[ISO 6879]

仪器响应时间：仪器对空气质量特性值的突然变化做出响应所需的时间。

它是滞后时间与上升时间（上升模式）或延迟时间与下降时间（下降模式）之和。[ISO 6879，修订版]

仪器上升时间：在输出信号读数的最后变化中，读数从（约定的）10% 到（约定的）90% 所需的时间。[ISO 6879] 对于在接近最终输出信号读数的方法中发生瞬态振荡的仪器，上升时间是指仪器读数从（按照惯例）仪器读数的最终变化的 10% 直到发生振荡所花费的时间，其跌至小于（按惯例）仪器读数最终变化的 10%。

低检出限（LDL）：空气特性的最低值，即以 95% 的概率可从零样本中区分出来。[ISO 6879]

最大稀释系数：嗅觉仪的最大可设定稀释系数；是一种仪器特性。

计量：向所有小组成员展示产生足够数据以计算一个样品的气味浓度所必需的稀释系列。

测量范围：测量范围包括可用特定的嗅觉仪进行测量的所有气味浓度。它取决于最小稀释系数、最大稀释系数和步长系数。定义测量范围的数值为最小稀释系数与步长系数的立方，三次根号下最大稀释系数除以步长系数。

最小稀释系数：嗅觉仪的最小可设定稀释系数；是一种仪器特性。

中性气体：以尽可能无气味的方式处理的空气或氮，根据小组成员的陈述，这种气体或氮不会干扰正在调查中的气味。安全警告：氮气仅用于预稀释样品本身。对于嗅觉仪而言，用来稀释样品和提供参考的中性气体应为空气。

客观方法：任何将主观因素影响降至最低的方法。[ISO 5492]

气味源：一种刺激人类嗅觉系统以使气味被察觉的物质。（Hangartner et al., 1989）

气味流量：气味流量是指在每个时间单位内通过某一特定区域的气味物质的量。它是气味浓度 cod、出口速度 v 和出口面积 A 的乘积，或者是气味浓度 cod 和相关体积流量 V 的乘积。它的单位是 ou_E/h（或 ou_E/min 或 ou_E/s）。（注：气味（排放）流量是相当于排放量或体积流量的量，例如在分散模型中。）

气味气体：含有气味的气体。

气味：在嗅到某些挥发性物质时嗅觉器官能感觉到的感官特性。[ISO 5492]

气味消减效率：由于消减技术而降低气味浓度或气味流量，表示为未处理气流中气味浓度或气味流量的分数（或百分比）。

气味浓度：在标准条件下，1 m^3 气体中欧制气味单位的数目。（注：气味浓度不是气味强度的线性度量。）Steven定律描述了气味刺激与其感知强度之间的线性关系。当在扩散模型中使用气味浓度时，这个问题由于扩散模型的平均时间的影响而变得复杂，从而使用气味浓度作为直接测量剂量的方法变得更加复杂。要定义一个“无干扰水平”，整个剂量评估方法，包括分散模型，都会产生一个“剂量”。这一“剂量”与其影响（臭味烦扰）之间的关系应在实际情况中进行验证，以作为预测臭味滋扰发生的有用工具。

气味检测：意识到充分刺激嗅觉系统所产生的感觉。

气味小组：请参见小组。

气味单位：一种气味单位是指（在标准条件下）在小组阈值处 1 m^3 的气味气体中存在的气味物质（混合物）的数量。（注：另见“欧制气味单位”。）

气味阈值：请参见小组阈值。

无味气体：请参见中性气体。

嗅觉仪：用中性气体以规定的比例稀释有气味气体的样品并提交给测评员的仪器。

嗅觉测量法：测量测评者对嗅觉刺激的反应。[ISO5492]

嗅觉：与嗅觉有关的一种感觉。[ISO 5492]

嗅觉感受器：嗅觉系统中对气味有反应的特定部分。[在ISO5492之后]。

嗅觉刺激：可以刺激嗅觉感受器的刺激。[ISO5492，修订版]

在线嗅觉测量法：请参阅直接嗅觉测量法。

操作员：直接参与操作嗅觉仪和指示小组进行嗅觉测量的人员。

小组：一组小组成员。

小组成员：有资格在本标准范围内使用动态嗅觉测量法判断气味气体样品的测评员。

小组筛选：确定小组成员的表现是否符合甄选标准的程序。请参见小组筛选。

小组成员的选择：确定哪些评估员符合小组成员资格的程序。

小组阈值：应用于小组之中的检测阈值。

感知：意识到单个或多个感觉刺激。[ISO 5492]

一般（检测）阈值：适用于一般总体的检测阈值（如果未指定此总体）。

精度：在规定的条件下获得的独立试验结果之间的一致性。[ISO 5725 第 1 部分]（注：精度仅取决于随机误差的分布，与真值或可接受的参考值无关。精度的度量通常以不精确来表示，并作为试验结果的标准偏差来计算。）

较大的标准偏差反映了较高的不精确性。"独立测试结果"是指在相同或类似材料上以不受任何先前结果影响的方式获得的结果。

陈述：陈述是指向一位评估员展示一份稀释报告。[NVN 2820]

陈述系列：在一轮中向所有小组成员介绍一次稀释。

显示的气体流量：显示给测评者的气体流量。其可能是：

- 稀释后的气味样本；
- 中性气体（例如作为空白空气或参考空气）。

专业能力测试：由外部机构对实验室结果进行客观测试的系统。

特性：一种产品或服务的全部特征和特性，其影响到它满足明示的或隐含的需求的能力。[ISO 6879]

特性保证：为使产品、过程或服务能够满足给定的特性要求而必须采取的所有有计划的、有系统的行动。[ISO 6879]

随机错误：均值为零的不可预测的错误。[ISO 5492]

识别阈值：在测试条件下有 0.5 的概率被识别的气味浓度（本标准中不适用的定义）。

参考材料：本国际标准中的物质或物质混合物，其成分在规定范围内已知，且其一项或多项性质已充分确定，该类材料可用于仪器的校准、测量方法的评估或对材料的赋值。在本标准中，物质或混合物的组成在规定的范围内是已知的，且其一项或多项特性已充分确定，可用于仪器的校准、测量方法的评估或给材料分配值。[ISO 6879]

参考值：请参见可接受参考值部分。

重复性：重复性条件下的精度。[ISO 5725 第 1 部分]

重复性条件：在相同的条件下，由同一操作员在短时间内使用同一设备在同一实验室中对相同测试材料获得独立测试结果的条件。[ISO 5725 第 1 部分]。

重复性极限：该值小于或等于在重复性条件下获得的两个测试结果之间的绝对差可以预期为 0.95 的值。[ISO 5725 第 1 部分，修订版]（注：在本标准中，测试结果为小组阈值的十进制对数。）

重现性：可重现条件下的精度。[ISO 5725 第 1 部分]

重现性条件：在不同实验室，不同操作人员使用不同设备，以相同方法在相同测试材料上获得测试结果的条件。[ISO 5725 第 1 部分]

重现性极限：该值小于或等于在可重现性条件下获得的两个测试结果之间的绝对差可以预期概率为 0.95。[ISO 5725 第 1 部分，修订版]（注：在此标准中，测试结果为小组阈值的十进制对数。）

负责人：最终在实验室中完成嗅觉测量的人。

一轮：一轮是向所有评估员展示一个稀释系列。

样品：在本标准中，样品是有气味的气体样品。[ISO 6879]

感觉疲劳：发生敏感性下降的一种适应形式。[ISO 5492]

感官参考：将稀释后的样品与所呈现的气体流量进行比较。

单次测量：与测量相同，另请参见测试结果。

嗅：探测或试图探测气味。

嗅觉测定标准条件：条件为室温（293K）下、湿基准上的正常大气压（101.3 kPa）。[ISO 10780]（注：这适用于嗅觉测定和排放物的体积流量。）

静态嗅觉仪：静态嗅觉仪通过分别混合两种已知体积的有味和无味气体来稀释。由体积计算出稀释率。[AFNOR X 43-101E]

静态采样：延迟嗅觉测量中的采样。

步长系数：稀释系列中的每个稀释系数与相邻稀释度不同的系数。

主观方法：考虑个人意见的任何方法。[ISO 5492]

物质：具有特定化学成分的东西。[Hangartner，1989]

测试结果：一次完全执行某一特定测量所获得的特定值。[ISO 5725 第 1 部分]

可追溯性：测量结果的性质，可以通过使用不间断的比较链与适当的参考物质（通常是国家或国际参考材料）来比较，从而使用不断提高的准确性的测量标准进行关联。

真实性：从一系列的测试结果中得到的平均值与可接受的参考值之间的一致性的接近程度。[ISO 5725 第 1 部分]（注：真实性的衡量标准通常是用偏倚度来表示。）

真值：请参见可接受参考值。

是 / 否方法：嗅觉测定法，要求评估员判断是否检测到气味的存在。

7.12　缩略词

AFNOR：法国标准化委员会

CEN：欧洲标准化委员会

EN：欧洲标准

ISO：国际标准化组织

prEN：欧洲初步标准

NVN：荷兰预标准

VDI：德国工程师协会

第8章
气相色谱法臭气分析

菲尔·霍布斯（Phil Hobbs）

8.1 引　言

恶臭是具有时间和空间维度的，这使科学家的研究变得更具挑战。由于生理上的恶臭识别与大脑的情绪中枢有关，因此它们可以触发瞬间记忆或感觉（Hirsch and Trannel，1996）。气相色谱（GC）分析提供了分离恶臭成分的最佳方法。GC 的取样和检测器的选择及其局限性可能会影响色谱结构。这里有两个主要问题：从 GC 分析中获得的数据如何与嗅觉反应相关；低浓度的物质会导致恶臭，这使得检测变得困难。如果我们认为嗅觉阈值是一个能感知臭气的特点，对于许多令人反感的臭气，这个阈值可以低至 1ppb（10^{-9}）。由于臭气具有复杂的倍增和叠加作用，因而在如此低的浓度下进行量化是至关重要的（Patterson et al.，1993）。为了有更完整的描述，我们最好能够将臭气检测的精度达到万亿级范围（ppt; 10^{-12}）。在如此低的浓度下，表面吸收和化学活性成为主要问题，样品从 GC 前的预浓缩阶段到检测器管内，可能会在任何地方有所损失。

恶臭化合物的化学性质通常是极性的，易发生化学反应或吸附在表面。有很多关于恶臭化合物的描述，关于污水臭气描述的摘要如表 1.1 所示。污水中最有害的化合物是硫化物（Brennan et al.，1996），由于硫化物储存在采样袋中易于吸附在表面并氧化，造成了化验检测的困难。硫化物本质上通常是具有恶臭的，但在低浓度下，二甲基硫化物和甲硫醇已被明确地鉴定为在 ppb 浓度范围内具有精选奶酪（Kubickova and Grosch，1998）和啤酒（Scarlata and Ebeler，1999）的有益香味。硫化物主要源于蛋白质衰变（Spoelstra，1980）和硫酸盐，硫在厌氧环境中取代了氧的化学功能，形成氢和甲基取代硫化物。这些已在污水厂、牲畜粪便（Hobbs et al.，1999）和造纸厂（O'Connor et al.，2000）厌氧处理过程中得到确认。

最大的问题是对源头排放率的测量，它决定了一个羽流体积内的总排放量，当然还有它的稀释度。因此，在了解如何减少有害臭气时，确定表面排放率是至关重要的。GC 系统可以连接到一个系统进行连续监测，这就克服了与采样相关的一些主要问题。对污水源排放率的测定很少（Devai and DeLaune，1999），但本章将从其他相关来源，如集约化的养猪厂和造纸厂进行介绍。

8.1.1　取　样

就大多数分析程序而言，取样可以极大地影响定量和定性测量的结果。嗅觉器官很容易闻到臭味，但很难闻到浓度低于 10 ppb 的恶臭物质，这不仅是因为所需的样品量，也因为它们的化学性质。准确了解存在哪些化合物以及我们对其进行取样的材料是鉴别源排放率的重要方面。由于测量系统中挥发性化合物的潜在损失，应采用标准和强化技术进行良好的质量控制，以验证结果。样品需要添加已知数量的化合物来测量，并确定分析过程中是否存在所有添加的化合物。如果在引入峰值后浓度小于此值，则分析程序会给出较低的浓度。通常，在浓度越来越低的情况下，样品损失量占样品初始浓度的比例将更大。

在低浓度时，表面吸附变得很重要，特别是对于硫化物等恶臭污染物，它们可以吸附在金属表面并氧化或发生化学反应。硅胶管本质上是疏水的，会吸附硫化物，不适合用于转移此类物质。

在甲醇聚合的情况下，会产生较高的甲基硫化物，例如二甲基二硫醚（CH_3—S—S—CH_3）。对分析会带来困扰的物质中，硫化物会产生相当大的问题。在低浓度时，表面吸附现象变得很显著。像硫化物这样的化合物会吸附在金属表面和氧化物上，或者在有甲醇的情况下进行化学反应，以聚合并产生更高的甲基硫化物，如二甲基二硫醚（CH_3—S—S—CH_3）。

8.1.2 样品恶臭特征及其与嗅觉描述的关系

虽然 GC 方法可以获得臭气浓度的概况，并提供有用的信息，但在嗅觉反应方面，应考虑更多的信息。然而，在我们能够做到这一点之前，需要一种方法将表示臭气成分的恶臭转化为嗅觉表达反应。这种可能性的发展将减少通过相对昂贵的嗅觉方法进行的臭气测量。恶臭的混合物已被证明会对感知有若干影响。以前人们试图找到有机碳与顶部空间中单个成分的浓度之间的关系，以简化臭气测量（Dorling，1977；Schaefer，1977）。由于臭气测量和排放的变化，在臭气浓度与任何成分之间建立指示性关系都是困难的。Livermore 和 Laing（1998）的研究表明，气味被认为是一个有来源的对象，比如来自污水，食品或花卉，尽管气味是复杂的化学混合物。对臭气成分的一些早期认识已经发展起来。使用 1-丁醇、2-戊酮和醋酸正丁酯的研究表明，通过三种成分的复合材料而不是单一成分，气味的敏感性和稳定性得到了提高（Patterson et al., 1993）。他们还表明，混合物对气味会产生叠加效应，在某些情况下，结果分别高于和低于叠加性阈值水平。在混合物中最多可以识别出四种气味，而且这与气味的类型无关（Livermore and Laing，1998）。

关于含有大量硫化物的污水和污泥中不同恶臭成分影响的报道很少（Leach et al.，1999；Winter and Duckham，2000）。这种异味混合物的模型似乎与香味混合物的功能不同。其中一项研究涉及二甲二硫化物、硫化氢和吡啶的模型，该模型证实恶臭物质的加入给三种物质带来了臭气强度。Laing 和 Glemarec（1992）也确认了最多四个成分混合物的添加模型，没有协同效应。他们发现，在含有 3-甲基吲哚、丁硫醇和 3-甲基戊酸的混合物中，H_2S 的抑制作用最小。

Hobbs 等人（2001）检测了来自腐烂中的猪粪的 4-甲基苯酚、硫化氢、醋酸和氨的浓度，正如预期的那样，硫化氢被认为是主要的恶臭来源。模型显示酸碱平衡对臭气没有影响。令人惊讶的是，随着浓度的增加，4-甲基苯酚对有机碳产生了负面影响。该模型没有遵循添加、几何或平均嗅觉预测。

8.1.3 排放率

尽管臭气可以立即取样，但即使使用适当的 GC 配置，也仅能给出存在成分的相对浓度。因而有必要采取更为严格的测量措施，以确定源的排放率，从而获得用于建模的数据或给出排放率的真实估计。这需要计划，通常使用通风口或通过开放式或封闭式的箱体系统进行试验（Cumby et al.，1995），结果可以表示为单位面积的质量或单位面积的质量除以排放样品的体积，特别是在生物的消化或腐烂过程中。后一种表示方法可以考虑气体的产生和表面积，这将含有限制排放速率的物理因素。生物来源还包括消化物停留时间、物质来源和氧气在储存区的扩散度。待评估表面应具有很好的气流特征，可以是无干扰的层流或湍流。在开放的取样系统中，必须在一端引入清洁空气。然而，如果倾向于采用封闭系统（封闭系统中恶臭成分中挥发性化合物的浓度会增加，这使分析更加容易），考虑到浓度的增加，就需要更复杂的数学运算以抑制进一步排放。根据亨利定律，理想情况下，通常会对挥发性化合物给出一个限制在饱和蒸汽压力（SVP）下的逆指数曲线。曲率与排放过程的动力学有关，对于分子量增加的化合物，达到饱和度的时间可能约为几个月，例如 TNT（MWt 261）。一般来说，恶臭化合物的分子量约为 30～150。

如果需要同时进行感官测量，则需使用大约 50 升的 6 个样品量。对于封闭的系统，需要约 40 m^3 的大型箱体。这样一个大的系统会发生泄漏，因此需要微分方程来计算封闭箱体中相应时间的质量损失和排放质量。

地表的排放率和风速是普遍需要考虑的因素。低风速下存在层流，表面排放会受到扩散限制。在风速较大的情况下，湍流会增加排放率，因为混合会提高排放，但只能达到扩散到表面的程度，从而限制排放率。因此，随着空气速度的增加，会出现更多的湍流，但会出现一个速度，在这个速度下，排放率不会增加，且空气中的挥发性化合物浓度也会降低。

有一些很好的观测结果适用于所有与风速有关的情况，增加了总臭味质量排放的复杂性，并适用于个别恶臭化合物，可能会改变物质的性质。随着风从零增加，会释放出更多的臭气，在某个时刻，臭气最大转移量将从表面释放。从这一刻开始，随着风力的增加，气体将被稀释，臭气性质会发生改变。一份描述美国养猪污水贮留池的出版物中广泛地讨论了这一问题（Zahn et al.，1993）。在风速增大到约 3 m/s 后，臭气浓度会下降。

8.1.4　样品运送

样品可以经浓缩后运输，但这会影响样品的完整性。幸运的是，专业人员找到了一些更好的运输样品的方法。不锈钢罐和聚四氟乙烯制成的聚氟化聚合物袋已被证明可以有效运送挥发性有机化合物。然而，气体化合物通常是具有极性和化学反应性的，因此，在存在水分、光线或反应性表面时，应在分析之前进行一些储存测试。聚四氟乙烯袋已被证明可有效保存臭气长达 24 小时，但实验证明，当硫化物存在时，关于臭气浓度的感官信息将衰减 20%[1]。因此，只有通过实验来确保样品的稳定性，才能保证结果的质量，而这可能取决于一系列因素，如收集袋的材料、收集方法。它们是保存不同类型样本的一般规则。对于疏水气体，应使用具有亲水性的无孔层或袋膜，亲水恶臭气体则应使用疏水性的无孔层或袋膜。

8.2　样品预浓缩

恶臭化合物在 ppt 量级内或低于恶臭嗅觉阈值时，臭气之间会存在乘数效应或叠加效应。这种浓度低于大多数仪器的检测范围。因此，如果想要获得化学成分的真实评估，就需要使用浓缩技术。挥发性化合物通常被浓缩到惰性的表面上以防止化学反应。样品在进入 GC 系统之前，主要有两种预浓缩方法：一种冷却惰性表面和 / 或使用一种吸附挥发性化合物的表面。无论是使用热解吸还是液体解吸，都可以用来置换样品，使其进入 GC 系统中。

8.2.1　低温捕捉

通过将温度降到低于其沸点（BP），可以将挥发性化合物捕获在惰性表面上，例如玻璃。温度应该是 20～50℃（低于 BP），以降低蒸气压来定量保留样品。一些吸附剂被用于捕获不易挥发的化合物，例如 Tenax TA^{R}。它们可以放置在低温捕集器中以延长碳链分子长度的范围来捕获 C_{15}—C_6 到 C_{15}—C_2。然而，这里有两个问题：首先，如果冷却温度变得太低，例如使用液氮进行低温捕获，那么空气中的氧气也将被捕获为液氧。液氧很容易氧化有机化合物。许多带有 Peltier 冷却装置的仪器可以通过电子控制在所需的温度范围内工作，以便进行一次和二次样品浓缩。由于部分柱或表面被冷却，因此所有吸附剂都收集在小表面上并经常用柱温箱加热，因而峰更为集中。其次，如果收集的样品体积过大，水分将冷凝形成冰，并可能对样品中捕获的化合物分布造成阻塞、流动限制或扩散。

[1]　未发布的 IGER 数据。

8.2.2　吸附

许多吸附剂具有收集 VOCs 的一系列特性，它们对某些化学基团的选择性以及它们能吸附的质量取决于其孔径和表面吸附性质。吸附剂具有一系列不同的表面积（单位质量）和不同的颗粒尺寸，适用于使用相同源材料的不同气流条件。通常，具有较大表面积的吸附剂将具有更大的吸附较小分子的能力。如果过多的 VOC 通过吸附剂，则会达到吸附剂上的质量和样品中浓度之间的一种稳定状态。为了确保不发生这种情况，已经确定了大多数 VOCs 对每种吸附剂的突破性体积，并将推荐在没有挥发性有机化合物损失的情况下进行最大体积的取样。这些值通常在环境温度下，有些是在突破性体积较小的较高温度下给出的。这些已确定的数值，可以从制造商、科学文献和互联网上获得。网站上（www.sisweb.com/index/referenc/tenaxtam.htm）提供的内容包括一系列显示出依赖温度的极性化合物的突破性体积（www.tu-harburg.de/etl/private/gk/break/break.htm）。由于可用的吸附剂种类众多，我们将考虑更常用的吸附剂，以了解它们的一般性质。这些吸附剂的信息和供应可以从主要化学品供应商处获得，但是更详细的信息可以从科学文献中查阅。尽管已经证明吸附剂是捕获挥发性化合物的成功方法，但仍存在一些问题。首先，水分抑制并损害 VOC 的吸附。其次，通常没有一种吸附剂可以捕获现存的全部化合物，因此不同的吸附剂在管中彼此相邻放置。将吸附剂按顺序放置，通过增加吸附剂强度使得样品迁移。最大的分子将首先被捕获，更多的挥发性物质将被进一步捕获到管内。当载气流与吸附模式方向相反时，应进行多床管的解吸。这是因为如果较不易挥发的化合物通过较强的吸附剂，将可能产生更宽的色谱峰。在这种情况下，检测限将降低，这是在如此低浓度下采样分析方法存在的主要问题。

无论是使用液体解吸或热解吸将样品从吸附剂转移到 GC 系统，吸附材料已被公认为是 VOC 分析的方法。文献中摘录了用于臭味捕获的公认的吸附剂。它们的使用和选择可在以下网站上获得（表 8.1）。大多数是法律认可的方法，其被指定用于具有相似化学活性的化合物组。有些网站需要首先填写调查问卷，但提供方法的标准化已经在国家官方手册方法和 OSHA 中建立了一系列方法，OSHA 公布的方法较少。

表 8.1 大气中 VOCs 分析方法的应用说明清单

公司及位置	网址
Marks Intemational，UK	www.markes.com
OI Corporation，USA	www.oico.com/apppvsv
US Geological Survey，USA	water.wr.usgs.gov/pnsp/pest.rep/voc.html
Restek Corporation，USA	www.restekcorp.com/voa/voa.htm
National lnstitute for Occuptional Safety and Health，USA	www.cdc.gov/niosh/homepage.html
J &W Scientific，USA	www.jandw.com/GCAppnotes.htm
Scientific Instrument Services，USA	www.sisweb.com/index/references/apnoted.htm
Battelle，USA	www.battelle.org/environment/ASAT/canister.htrnl
Gerstel，Germany	www.gerstel.com/solutions/index.htm
SKI Inc ，USA	www.skcinc.com/guides.html

8.2.2.1 多孔聚合物

Tenax TA^R 是基于 2,6-二亚苯基氧化聚合物树脂的多孔聚合物树脂。它专门用于捕集气态样品中挥发性较低的组分。Tenax TA^R 对水的亲和力低，用于捕获高水分样品中的挥发性化合物。因此，Tenax TA^R 适用于捕获较大的有机分子，例如信息素和大型烃类（如萜类化合物）。与许多吸附剂一样，Tenax TA^R 应在高温下用不含氧的高纯度气体进行热处理，以去除一切残留成分。Tenax TA^R 的温度限制为 350℃，并且在较低温度下用于二级低温捕集器。二级低温捕集器被用在多个自动热解吸系统中，使 VOCs 在进入 GC 系统前聚集成较小的载气体积，以改善对小质量样品的检测。

8.2.2.2 碳基吸附剂

碳基吸附剂包括活性炭、石墨化碳和碳分子筛等。炭是第一种在商业上用于吸附异味的吸附剂，现在仍然以不同的形式用于分析科学。早期的分析材料是由加热材料制成的，例如椰子壳，它是一种活性炭是由在超热、高氧环境中燃烧材料制成的，在整个木炭中形成直径约 $0.1\sim0.8\times10^{-9}$ m 的孔。1 克活性炭的表面面积约 1 000 m^2。活性椰子炭可有效吸附选定的臭气，如二硫化碳（NIOSH 1600）和硫化氢（NIOSH 6013），也可吸附烷基卤化物。这些方法的解吸需要使用一种溶剂。由于解吸过程中的记忆效应和 / 或样品的展宽问题，活性炭被认为是无效的。

在该族中存在一系列吸附剂，就表面吸附特性而言，它们被认为是化学非特异性的。这是通过利用伦敦力吸附来实现的。它们是石墨化的黑碳材料，可捕获 C_4—C_8 这些较低质量的化合物。它们通常被认为是 Carbotrap 或 Carbopack 材料，具有从大链长度分子到 C_2 链长度分子的一系列吸附能力。它们被认为比大多数吸附剂更具疏水性，并能最大限度地减少样品中水分的影响，这可能会损害 VOCs 吸附。它们可在高达 400℃的温度下运行，并且在 GC 系统中具有低损耗。

碳分子筛具有最高的吸附能力，并且具有疏水性，因此它们可以在高达 90% 的湿度下工作，并且可在高于 400℃的温度下解吸。它们可用于有机溶剂和挥发性低分子量卤化物如 CFCs。

8.2.2.3　其他吸附剂

还有一些吸附剂可用于臭味分析。活性二氧化硅用于捕获胺和氨基化合物（NIOSH 2002 和 2010）及极性化合物，极性化合物涵盖了大多数恶臭化合物。不幸的是，它非常擅长吸附水（并用作干燥剂），这会给结果增加一些不确定性。醋酸汞涂层玻璃纤维可用于收集硫醇或烷基硫醇（NIOSH 2542 和 OSHA 26）。

8.2.3　解　吸

一旦被捕获，必须除去没有热衰变或产生化学相互作用的挥发性化合物，否则可能会产生假峰或增加另一种挥发性组分。溶剂解吸已被广泛使用，但即使在溶剂中的浓度非常低，也会产生来自杂质的假峰。由于这个原因，热解吸比溶剂解吸更受欢迎，热解吸速度更快且易于解吸。每种吸附剂对于选择的捕获化合物具有解吸的优选温度范围。通常，对于非常低浓度的 VOC，在 20～30℃下的解吸时间应该比样品采集前分析方法中使用的解吸时间长几个小时。应通过监测那些不能离开吸附剂物质的色谱图来验证是否存在杂质。

8.3　气相色谱法

气相色谱法非常适用于快速分离导致臭气形成的复杂的挥发性成分，特别是在毛细管柱发展后提供了更高的峰分辨率。该技术主要利用通过固定相载气时，其中挥发性组分的不同亲和力来影响分离情况。通过色谱柱的精确温度控制和载气的恒定流动，提高了色谱的效率。通常，一系列检测器可以连接到色谱柱的末端，质谱仪可以有效地识别臭气的未知成分（图 8.1）。使用火焰离子化检测器也是较常见的做法，可以通过将保留时间与色谱柱上的已知化合物相匹配来识别挥发性组分。通常流向检测器的气流可以被分离，臭气识别端口可用于识别给定组分的恶臭特征，通过进样口将恶臭成分引入色谱柱。但是，随着毛细管柱的引入，必须引入少量的气体并需要预先浓缩臭气。良好的分析取决于GC进样口、色谱柱和检测器的配置，但在我们完全描述每个阶段之前，必须了解色谱原理。

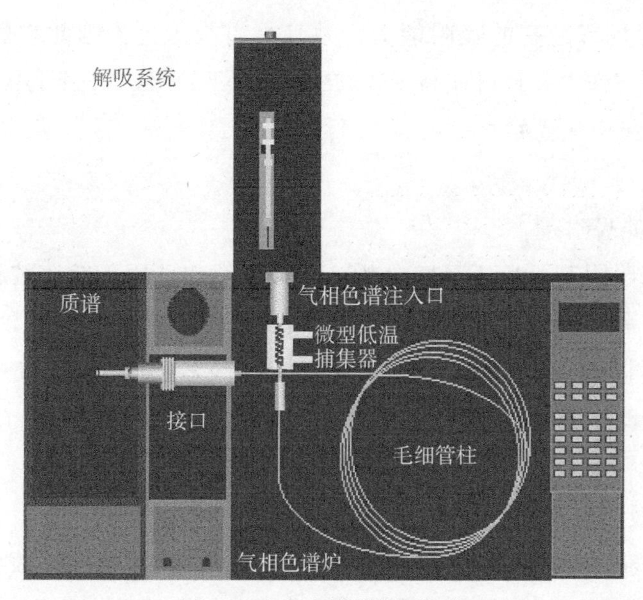

图 8.1 气相色谱的主要组成

8.3.1 色谱法原理

这些原理已经在许多地方清楚地阐明了，在这里仅对适合分离的主要原则进行简要概述。填充柱主要由约 0.100～0.10 mm 范围的较窄孔柱和一系列多孔层开口管（PLOT）柱取代。制造工艺确保了在尺寸公差方面的良好质量控制，这些尺寸在精度方面看起来非常惊人。因此，可以再现改进的分离，其以理论塔板N为单位测量：

$$N=16\left(\mathrm{RT}/W_{b}\right)^{2} \tag{8.1}$$

式中：

RT= 保留时间，

W_b= 基线上的峰宽。

高度等效理论塔板（H）的测量使用柱的长度和N的简单比例：

$$H=L/N \tag{8.2}$$

这些参数对于具有相似物理和化学行为的组分非常重要。对于具有非特异性检测器的 GC 系统，只能通过比较保留时间来识别组分。如果采用指数系统，利用化合物相对于已知化合物的相对保留时间（RRT），则可以获得更好的峰识别。要分离更易挥发的化合物，通常需要较厚薄膜的毛细管柱。然而，为了提高色谱柱分离度，使峰之间的分离更大，我们需要计算薄膜与内部流动相或气体之间的相位比，表示为式（8.3）。

$$\text{相位比} = \text{柱半径} / 2 \times \text{薄膜厚度} \tag{8.3}$$

随着相位比的降低，保留率增加并且分辨率增加。实际上，这意味着我们可以改变色谱柱尺寸并调整薄膜厚度以达到相同的保留时间。载气的类型会影响分辨率，根据 Van Deemter 曲线，氢不仅会提供比氮更好的分辨率，而且随着气流的变化可以保持更稳定的分离能力。氢气会存在安全问题，但由于氧气被还原为水，因此敏感色谱柱不需要氧气捕集器。

8.3.2　柱结构

柱通常由玻璃、不锈钢或熔融石英制成的管组成。柱通常具有固定相，为分离不同组的化合物提供附加的特异性。玻璃和硅胶柱可以在管壁上涂上保护性聚酰亚胺涂层，以减少物理损坏。可以用各种涂层处理内表面以辅助色谱法。

大多数涂层与柱体是化学结合的，可以减少色谱柱的渗色和检测器的背景值，从而提高对洗脱化合物的灵敏度或检测限。涂层通常包含苯基或甲基取代聚硅氧烷或两者的混合物。非结合相如聚乙二醇（PEG）可用于分离脂肪酸，但它不太稳定且易于氧化，并且具有较低的温度上限约（200～250℃）。PEG 可以进行化学改性以减少酸和碱峰拖尾。较大的孔柱可以有颗粒，这些颗粒使用自身的尺寸来分离附着在管道内表面颗粒孔隙的气体。PLOT 色谱柱非常适合分离硫化物以及碳氢化合物和大气气体。色谱柱价格昂贵，养护可延长其使用寿命。在分别使用分子筛和金属表面进入色谱柱之前，可使用氧气和水捕集器来降低浓度。碳捕集器可用于减少碳氢化合物，这对臭气测量非常重要，尤其是低浓度情况下。

8.4　色谱柱的选择

各种不同的制造商提供多种色谱柱类型。表 8.2 列出了主要色谱柱制造商的清单。这些公司还提供技术建议和专业信息，但是色谱柱的选择可能很困难，因为为了获得最佳的恶臭成分信息，可能有多种选择或组合。色谱柱的选择会影响臭气的检测。通常可以使用两个柱，尤其是在方法开发期间并且可能使用不同的检测器以获得所需的灵敏度时。通常，一些色谱柱能够分析硫化物但可能无法分离挥发性脂肪酸，并且样品分离器应与双柱系统一起使用。选择色谱柱需要考虑检测器的流量，也会受到待分析气体体积的限制。总的来说，必须进行平衡操作，这样才能确保样品的引入，确保气相色谱分离和检测器规格兼容。

表 8.2 制造商列表

公司及位置	网址
Company and location	Intemet address
Alltech Associates Inc.，USA	www.alltechweb.com
Anglia lnstruments，UK.	www.angliainst.co.uk
Environmental Services Associates，USA	www.esamc.com
Enviro Technology Services，UK	www.ssd.rl.ac.uk/news/cassini/huy.html
J & W Scientific，USA	www.jandw.com/gc3.html
Jones Chromatography，UK	www.jones-chrom.co.uk
Labquip，lreland	kol.ie/I8324e
Perkin-Elmer Analytical lnstrument，USA	instruments.perkinelmer.com/index.asp
Scientific Instrument Services，USA	www.sisweb.com/home.html
Shimadzu	www.shimadzu.com/index.html
Supelco Inc.，USA	www.slgmaaldrich.com/saws.nsf/supproducts?openfr ameset
ThermoQuest，UK	www.thermoquest.com
Unicam Chromatography，UK	www.unicam.co.uk/Pages/gchome.html
Varian Chromatography，USA	www.varianinc.com/chrompack/index.html

毛细管柱的内径尺寸为 0.05～1 mm，气体流量低于 1 mL/min，因此需要少量样品进行分析。填充柱在确定低浓度臭气方面优于毛细管柱，这主要是因为 FID 响应是检测器中电离分析质量的函数。然而，填充柱的峰分离对于复杂混合物是一个问题，并且对于材料的使用也存在困难。含硫化合物很容易消失在二氧化硅、金属或多孔聚合物表面。

8.4.1 样品的组成和色谱柱的选择

从分析角度来看，重要的因素是臭气样品或其成分没有因吸附而在仪器表面分解或损失。这个主要由色谱柱、配件和取样方法的选择所决定。由于硫化物相对不稳定，且经常存在于恶臭中，因此应考虑尽量减少其氧化以及吸附和色谱柱的选择。低浓度的臭气意味着高样品体积和色谱柱尺寸，除非可以将样品预先浓缩到吸附剂上并充分回收用于分析。很显然，样品必须是易挥发的，而挥发性的增加意味着它们更容易从色谱柱中快速洗脱，但这是否对 PLOT 色谱柱也适用尚不明确。其他色谱柱类型可用于硫化物分析，但对于标识为 1 或 5 的极性较低的色谱柱，必须进行低温冷却。

8.5　检测器的选择

大多数 GC 检测系统限制在纳克（ng）范围，且每个检测器都有自己的特性。这里仅讨论对臭气敏感的选定检测器。通常恶臭化合物主要是极性的且易燃，因此火焰离子检测器是一个不错的选择。然而，臭气端口，特别是来自分离出口的选择，可以提供最佳的实际操作方法，优选使用质谱仪来确定臭气。

8.5.1　臭气端口

嗅觉是最智能和敏感的探测器，但对每种样品的化学成分仍有很多需要了解的地方。检测只是通过接收来自 GC 系统的废气的倒锥的气味作出反应。在某些情况下，与惰性气体或清洁空气混合可以增加有效信息。该信息可以是半定量的，并且可以通过将柱流出物分成与另一个检测器和臭气端口同等尺寸的惰性管来改进识别，从而可以通过 RRT 识别获得定量数据。

8.5.2　火焰离子检测器（FID）

这也许是最常用的检测器，也是臭味检测最常用的。FID 可以简单地测量燃烧后分析物的电离电流。灵敏度在低纳克范围内（对于大多数化合物来说，比 MS 系统低 2 或 3 倍），动态范围为 106。FlD 是一个很好的选择，因为臭气主要由氢和碳组成，但由于同样的原因，FID 对硫化物的敏感性会低一些。对于 FID，可以通过 RRT 识别臭气，因此对于复杂的恶臭混合物可能需要通过注射合成混合物来确认。

8.5.3　质谱分析（MS）

质谱分析应该成为检测器的一种选择，它虽然价格昂贵，但具有识别未知化合物的附加能力。气流的限制通常高达 1 mL/min，但与毛细管柱非填充柱相容。通常 MS 系统在扫描 10 至 600 质量单位的完整质量等级时在纳克范围内操作，但这可以通过单离子监测来改善。使用调制解调器四极 MS 系统进行单离子监测意味着我们可以针对洗脱的每个峰跳转到不同的质量。通常可以鉴定共洗脱峰，因为每种化合物存在相互排斥的离子，因此可以对它们进行定量。其中一个限制是灵敏度随着进入 MS 的气流量的减少而增加，因为有较少的气体分子阻碍离子进入检测器。另外的问题包括氧气从样品体积流入离子源，特别在需要在空气中进行臭气取样后从固体吸附剂中解吸时。氧气会与离子透镜的热表面发生反应，通过在这些氧化表面上积聚静电电荷来降低灵敏度。可以使用化学电离而不是电子电离来增加灵敏度，从而发生更少的碎裂。

8.5.4 其他检测器

硫化学发光检测器（SCD）依赖于二氧化硫的氧化和暗背景下光的产生，以提供 pg 范围内的灵敏度，这是臭味检测的理想选择。

8.6 臭气气相色谱法的综述

GC 的普及推动了与臭气分析相关的工业和研究工作方法的快速发展。因此，对废水行业中发现的有关恶臭成分的最新技术进行回顾是有必要的。

臭气端口检测可能是评估恶臭组分最容易的方法之一，并且可以将臭气与未识别的组分相关联。然而，气味可能有不同的嗅觉反应，即使它具有并非太大不同的组成，正如在评估来自饮用水的气味时，GC 气味端口和感官组响应之间的情况。采样用己烷进行微量萃取，然后进行 GC 离子捕集分析，该分析鉴定了土臭素 2-甲基异冰片和各种醛和酮（Bao et al.，1997）。发现了一种排除水的闭环捕集系统在捕获 VOCs 方面是有效的。使用离子捕集系统可鉴定出口腔臭味中超过 80 种化合物（Claus et al.，1997）。离子捕集质谱仪能够在更长的时间内整合信号，从而为每种 VOC 产生低至约 1 ng / L 的非常好的灵敏度。

使用具有平行臭气端口的 GC 系统和 FID 检测器来研究费城供水中的两起味觉和臭气事件（Khiari et al.，1992）。GC 分析用于检测可能对感官鉴定产生影响的组分。味觉鉴别并不总是与 GC 的感官分析相关。这可能是由于其中的化学物质的拮抗和协同作用引起的。这些案例研究介绍了使用感官 GC 和 GC-MS 分析来了解现存臭气的化学性质。

通过使用不同的分析方法对切碎的洋葱和大蒜的排放物进行研究，揭示了硫化物分析的困难（Ferary and Auger，1996）。他们比较了液体萃取，吸附捕获和冷捕获、高效液相色谱（HPLC）和 GC 以及一系列检测系统的结果。他们得出的结论是，并没有文献中所说的那么多化合物存在，而且没有二硫化物。这些信息表明，应该比较不同的技术，以确保新的化合物不是由这些不稳定的气味产生的，也不是由溶剂或不洁的仪器表面增加的。气味来源也可能造成问题，比如从甜瓜中鉴定出的化合物在离开果肉后会出现衰减（Wyllie et al.，1994）。其他不稳定的硫化物包括已经从大蒜臭味中鉴定出的烯丙基甲基硫化物、二烯丙基硫化物、二烯丙基二硫化物、对异丙基苯甲烷和 d- 柠檬烯（Ruiz 等，1994）。

使用 GC 对不同的食物进行取样，采用检测器与臭气端口平行检测；从煮熟的土豆（Petersen et al.，1998b），荞麦（Mazza et al.，1999）到乳制品（Friedrich and Acree，1998），干辣椒（Van Ruth and Roozen，1994），甚至在口腔条件下来评估不同的食物（Van Ruth and Roozen，2000）。如果要将啤酒气味的样品复制到感官面板中，则需要进行严格的程序。在通过 GC 臭气端口取样分析之前，使用不同的吸附剂进行不同的感官测试。XAD 树脂可以成功地将啤酒顶部空间中的气味的真实表现转移到面板上（Bao et al.，1997），并且能够区分密封环对啤酒气味的污染（Linssen et al.，1998）。使用 XAD 树脂二氯甲烷和乙醇可以从香槟酒中将气味转移到 GC 臭味端口分析（Priser et al.，1997）。利用丁酸乙酯测定气味强度，是一种确定气味端口感官反应的新方法（Etievant et al.，1999）。

利用 GC 系统臭味端口和 GC−MS 系统对生物过滤器控制动物产生臭气的效果进行了评估，并与来自臭气测评组的强制选择嗅觉响应进行比较。鉴定了约 300 种化合物，40 种被认为是有臭味的。一些化合物来自生物过滤器（Luo and van Oostrom，1997）。在堆肥过程中，尤其是达到高温时，会检测到一种不寻常的化合物即：3− 羟基 −4，5− 二甲基 −2（5H）− 呋喃（Krauss et al.，1992）。

8.6.1　技术比较

现有的一些研究表明，臭气分析的分析方法之间存在着差异。气相色谱−质谱（GC-MS）分析证明了猪和鸡的臭气中化学成分的差异（Hobbs et al.，1995）。通过溶剂从浆料中提取含臭气的化合物并用空气吹扫会产生不同的化学特征。一些主要的恶臭化合物在化学性质上是不稳定的，因此用于臭气测量的快速便携式装置具有相当大的优点。由于聚吡咯传感器的光电离检测器和电子鼻不像嗅觉测量那样灵敏，分别在空气中会产生低至 1 000 和 60 000 ou / m^3 的响应。电子鼻能够通过模式识别区分不同浓度的两种臭味。将电子鼻测量结果与 GC−MS 分析进行比较，可以确定大麦样品是否受到污染（Olsson et al.，2000）。用电子鼻和

GC−MS 分析含酮和醛的 40 个样本，分别有 3 个和 6 个样本被错误分类。

8.6.2 来自污水源的恶臭

污水处理厂不同处理工艺会产生差异化的臭气污染。Bonnin 等人（1990）发现，恶臭的主要来源是污泥浓缩（硫化氢，甲硫醇和氨）、污泥干化（硫化氢和乙醛）、污泥脱水（硫化氢和氨）和污泥储存（氨）。Gostelow 和 Parsons（2000）研究了从 17 个不同废水处理场所案例的臭气调查中收集的数据，提出了硫化氢和臭气浓度之间的幂律关系。在这些案例中，同时通过 GC 和嗅觉测量装置分析污水臭气，能够为控制臭气测评组的减少使用起指导作用，从而能够较好地防止或减少臭气问题。此外，还可以利用这些信息来更好地规范污水处理中产生臭气的过程。人们注意到污泥饼会引起臭味问题，这些被归因于硫化物组，特别是甲基硫化物以及二甲基三硫化物（Winter and Duckham，2000）。在消化污泥和相应的污泥饼中发现了一些恶臭化合物，其中含有大量硫化物，这些硫化物对恶臭的贡献最大。通过对液化样品进行吹扫和捕集取样然后进行 GC-MS 分析发现，大多数恶臭污泥饼的硫化物含量高于臭气较小的污泥饼。最丰富的化合物是二甲基硫化物，二甲基二硫化物和二甲基三硫化物。二甲基三硫化物对嗅觉反应的影响比任何其他化合物都要大（Winter and Duckham，2000）。

胺也被认为会导致污水源臭气的产生（Hwang et al.，1995）。使用吹扫和冷捕集方法可检测到浓度在 ng / L 范围的化合物。在废水样品中检测到吲哚、3- 甲基吲哚、三甲胺、二甲胺和正丙胺，但不是通过 GC 分析得出的。GC 可检测到溶解态的低级脂族胺和吲哚的浓度约为 10μg/g（Abalos et al.，1999）。与含硫化合物相比，二级处理后大量含氮化合物仍然存在。但是，它们存在于废水，一级和二级污水以及污水污染的河流样品中，而不是在上部空间（Abalos et al.，1999）。使用量身定制的 PoraPLOT® 毛细管气相色谱柱，则不需要低温捕集。

8.7 排放率

臭气源表面的排放率是主要的测量手段之一，因为与监测臭气羽流相比，其变化的可能性更小。有几种基本方法，但它们都涉及覆盖或包含样品并使用已知的表面流速。这里将讨论和比较各种方法，并研究测量液体或污泥表面通量的不同方法。臭气成分的排放率并没有像源于人类的有机化合物那样受到如此多的关注，而这些有机化合物是环境和人类健康关注的焦点。然而，恶臭化合物

如 H_2S 和甲硫醇，当其浓度在 mg / L 范围时，对人和牲畜是致命的（Dam et al.，1982）。

有一些来自污水处理厂的数据示例。Devai 和 DeLaune（1999）确定了硫化氢、甲硫醇、二甲基硫醚、二硫化碳和羰基硫化物在顶部空间中的浓度，但是没有确定排放率，更多关于废物排放的信息可从农业方面获得。这些污染主要集中在牲畜的氨气排放（Hartung，1992），储存设施的氨气排放（Petersen et al.，1998b）以及周边土地开发（Pain et al.，1990），并且总排放率已用于为英国编制氨排放清单（Pain et al.，1998）。然而，污水处理厂的氨排放相对较少（Sutton et al.，1995），大多数关于污水处理厂的研究不包括 VOCs 排放率，仅限于大气中的浓度。一些 VOCs 已经存在于生活垃圾中，Zahn 等人（1997）已经确定了 27 种 VOCs，这些 VOCs 降低了设施附近的空气质量。VFAs 的 C_2—C_9 表现出降低空气质量的最大潜力，因为这些化合物表现出最高的传输系数和最高的空气浓度。通量测量表明，深盆猪粪储存系统的 VOC 排放总量是天然来源的 VOC 排放总量的 500～5700 倍。排放速率与 0.2 和 9.4 m/s 之间的风速正相关，并且当风速为 3.6 m/s 时，空气中存在的 VOC 达到最大浓度。Zahn 等人（1997）也确认了一些溴化物和邻苯二甲酸酯，它们在 GC-MS 痕量中普遍存在，特别是在使用软塑料容器时（这些容器经常被用于取样时）。该研究确定了风速和传输系数的相关影响。风能在排放方面发挥着重要作用，不仅在提高排放率方面，而且在某些风力条件下会产生更高浓度的臭气，更具攻击性。这些研究虽然并未考虑不同天气条件下的混合程度，但也有助于模拟臭气羽流。

8.8　案例展示

尽管可以使用估算和模型来评估废物表面 VOCs 的质量转移，但由于表面成分的不同影响，最好对其进行测量。为了能够理解测量的复杂性，对含有一系列硫化物、酚类、吲哚和脂肪酸的猪粪排放率进行了研究（Hobbs et al.，1998）。然而，考虑到其他排放率测量方法存在的困难和问题，研究还确定臭气浓度以及产生臭气的特征，从而试图将其与泥浆和顶部空间中的臭气成分相关联。为了获得这些组分的浓度，研究使用了包含 40 m^3 空气的封闭室系统（Cumby et al.，1995），在恒定的温度和气流条件增加的臭气浓度。泥浆来自板条地板清管器外壳，搅拌后形成新的表面，而不是结皮表面。泥浆和空气的温度分别控制在 15℃和 20℃，以最大限度地减少由不锈钢 U 形管道构成的内腔表面上的冷凝，其末端连接成一个大的 Tedlar 袋。腔室在微压力下操作，以防止外部空气通过小泄漏吸入，从而防止样品体积被稀释。可以通过估算饱和蒸气压点并使用亨利定律估算传质最终计算排放速率。然而，我们确定的排放速率是实验的起始瞬间值，因为上部空间中存在的质量对排放的任何抑制都将被最小化，并且应该减少与其他臭气发生的任何物理和化学相互作用。排放的总质量等于泄漏的和腔室中存在的质量的总和，其最好以二次形式表示。排放率表示为每单位面积或面积排放的质量除以质量来获得样品的深度（表 8.3）。通过使用肺取样原理从突出到流动中心的突刺取样，从而不需要样品通过空气泵。通过吸附于二氧化硅（Orbo 52，Supelco Inc.USA）、碳（Orbo 32，Supelco Inc.USA）上，从高于清管器泥浆的 600 mL 顶空体积的样品中预浓缩挥发性化合物，以便样品必须首先通过二氧化硅。然后将浓缩的臭气热解吸到 GC-MS 系统中进行分析。使用 HP-5890 II 系列气相色谱仪（Hewlett Packard，USA）和 5972A 质量选择检测器（MSD Ⅱ）分析所有样品。使用内径为 0.2 mm 的 25 m 熔融石英 HP-1 柱和含 1.00 μm 薄膜的 1 m 失活熔融石英保护柱（内径为 0.25 mm）分析来自 OEC 的样品，以测定其硫化物组分。增加的 0.34 μm 膜厚度用于分析上部空间的其他臭味。柱流速为 0.75 mL/min。使用光学温度编程注射器（Ai Cambridge 等，UK）在 250℃下热解吸上部空间样品 1 分钟。GC 炉温最初为 27℃，并以 15℃ / min 的速度升至 220℃并保持 1 分钟。GC-MS 界面温度为 280℃。质谱仪每 0.2 s 扫描 32 至 250 个质量单位，使灵敏度低至 50 pg。通过停留时间和质谱匹配来确定臭气的特性。

表 8.3 农业废物的排放率

	排放率（$mg/m^2/min$）	标准偏差	最大值	最小值
臭气浓度（$ou/m^2/min$）	1.36e6	1.01e6	3.23e6	2.65e6
二氧化碳	1056	352	548	1660
甲烷	9.22	4.80	4.8	17.9
硫化氢	214.7	83.9	105	337
氨	2.15	1.75	0.35	5.85
苯酚	0.21	0.247	0.0068	0.58
4-甲基苯酚	0.44	0.397	0.0125	1.06
4-乙基苯酚	0.07	0.069	0.0001	0.182
吲哚	0.20	0.199	0.00001	0.475

有几个因素会影响泥浆的排放率：风速（Liu et al.，1995）、搅拌、温度和产生臭气的细菌生物。随着温度升高会产生更多的二氧化碳和甲烷（Husted，1993），从而从污染物中去除恶臭物质，因此可能增加了臭气的间接排放。排放速率还取决于气体或臭味的化学性质，例如，单位体积的储存空间越大，甲烷的生物合成越多，因为更大的体积与面积比可以产生更稳定和必要的厌氧环境。甲烷也具有低溶解度，应在生物反应发生后快速排出。与氨相比，硫化氢的排放率很高。硫化氢在水中不易溶解，并且搅拌可能会导致该气体快速发生生物反应。通过测量泥浆中的浓度，我们可以得到上部空间中的大致浓度。酚类组分的泥浆浓度之间的相关性仅在上部空间和猪粪中得到了良好的体现。

8.9　参考文献

Abalos, M., Bayona, J.M. and Ventura, F. (1999) Development of a solid-phase microextraction GC-NPD procedure for the determination of free volatile amines in wastewater and sewage-polluted waters. *Analyl. Chem.* **71**, 3531-3537.

Bao, M.L., Barbieri, K., Burrini. D., Griffini, O and Pantani, F. (1997) Determination of trace levels of taste and odor compounds in water by microextraction and gas chromatography ion trap detection mass spectrometry. *Water Res.* **31**, 1719-1727.

Bonnin, C., Laborie, A. and Paillard, H. (1990) Odor nuisance created by sludge treatment: problems and solutions. *Water Sci. Technol.* **22**, 65-74.

Brennan, B.M., Donlon, M. and Bo1ton, E. (1996) Peat biofiltration as an odour control technology for sulphur-based odours. *J. Chart. Instit. Water Environ. Manag.* **10**, 190-198.

Claus, D. Geypens, B.Ghoos, Y., Rutgeerts, P.Ghyselen, J., Hoshi, K. and Delanghe G. (1997) Oral malodor, assessed by closed-loop, gas chromatography, and ion-trap technology. *Hrc-J. High Resolution Chromatography* **20**, 94-98.

Cumby T R, Moses B, and Nigro I. (1995) Gases from livestock slurries；Emission kinetics. *Proc. 7th International Conference on Agricultural and Food Wastes.*

Devai, I.and DeLaune. R.D. (1999) Emission of reduced malodorous sulfur gases from wastewater treatment plants. *Water Environ. Res.* **71**, 203-208.

Devos, M., Patte, F. Rouault, J., Lafort, P. and Van Gemert, L.J. (1990) *Standardised Human Olfactory Thresholds*. Oxford University Press, New York.

Donham K L, Knapp L W, Monson R, and Gustafson K. (1982) Acute toxicity exposure to gases from liquid manure. *J. Occupational Medicine* **24**, 142-145.

Dorling, T.A. (1977) Measurement of odour intensity in farming situations. *Agric. Environ.* **3**, 109-120.

Etievant, P.X. Callement, G., Langlois, D.Issanchou, S. and CoquibusN. (1999) Odor intensity evaluation in gas chromatography olfactometry by finger span method. *J. Agric.Food Chem.* **47**, 1673-1680.

Ferary, S. and Auger. J. (1996) What is the true odour of cut Allium? Complementarity of various hyphenated methods: Gas chromatography mass spectrometry and highperformance liquid chromatography mass spectrometry with particle beam and atrnospheric pressure ionization interfaces in sulphuric acids rearrangement components discrimination. *J. Chromatography A* **750**, 63-74

Friedrich, J.E. and Acree. T.E. (1998) Gas chromatography olfactometry (GC/O) of dairy products. *International Dairy Journal* **8**, 235-241 .

Gostelow, P. and Parsons. S.A. (2000) Sewage treatment works odour measurement. *Water Sci. Technol.* **41** (6), 33-40.

Hartung, J. (1992) Emission and control of gases and odorous substances from animal housing and manure stores. *Zentralblatt Fur Hygiene Und Umweltmedizin* **192**, 389-418.

Hirsch, A.R. and Trannel.T.J. (1996) Chemosensory disorders and psychiatric diagnoses. *J. Neurological Orthopaedic Medicine And Surgery* **17**, 25-30.

Hobbs, P.J., Misselbrook, T.H. and Cumby. T.R. (1999) Production and emission of odours and gases from ageing pig waste. *J.Agric. Engin. Res.* **72**, 291-298.

Hobbs, P.J., Misselbrook, T.H. and Pain, B.P. (1995) Assessment of odors from livestock wastes by a photoionization detector, an electronic nose, olfactometry and gas-chromatography mass-spectrometry. *J. Agric. Engin. Res.* **60**, 137-144.

Hobbs, P.J., Misselbrook, T.H. and Pain, P.B. (1998) Emission rates of odorous compounds from pig slurries. *J. Sci. Food Agric.* **77**, 341-348.

Hobbs, P.J., Misselbrook, T.H., Dhanoa, M.S. and Persaud, K.C. (2001) Relationship between the chemical composition and olfaction of decay odours. *Proc. JSOEN2000*, Brighton, pp. 13-14.

Husted, S. (1993) An open chamber technique for determination of methane emission from stored livestock manure. *Atmos. Environ. Part A- General Topics* **27**, 1635-1642.

Hwang, Y., Matsuo, Y Hanaki, K., and Suzuki, N. (1995) Identication and quantification ofsulphur and nitrogen odorour compoiunds in wastewater. *Water Res.* **29**, 711-718.

Khiari, D. Brenner, L, Burlingame, G.A., Suffet, I.H. (1992) Sensory gaschromatography for evaluation of taste and odor events in drinking water. *Water Sci. Technol.* **25**, 97-104.

Krauss, P., Krauss, T., Mayer, J., and Wallenhorst, T. (1992) Examination of odorformation and odor reduction in composting plants. *Staud Reinhaltung Der Luft* **52**, 245-250.

Kubickova, J. and Grosch., W. (1998) Quantification of potent odorants in Camembert cheese and calculation of their odour activity values. *Internalional Dairy Journal* **8**, 17-23.

Laing, D.G and Glemarec, A. (1992) Se1ective attention and perceptual analysis of odor mixtures. *Physiology Behavior* **52**, 1047-1053.

Linssen, J.P.H., Rijnen, L., Legger-Huiysman, A., and Roozen, A.P. (1998) CombinedGC and sniffing port analysis of volatile compounds in rubber rings mounted onbeer bottles. *Food Additives Contaminants* **15**, 79-83.

Liu, Q., Bundy, D.B. and Hoff, S.H. (1995) A study on the air flow and odor emissionrate from a simplified open manure storage tank. *Trans. ASAE* **38**, 1881 -1886.

Livermore, A. and Laing, D.G. (1998) The influence of chemical complexity on theperception of multicomponent odor mixtures. *Perception Psychophysics* **60**, 650-661.

Luo, J.F. and van Oostrom, A. (1997) Biofilters for controlling animal rendering odoura pilot- scale study. *Pure Appl. Chem.* **69**, 2403-2410.

Mazza, G., Cottrell, T., Malcolmson, L., Girard, B., Oomah, B.D. and Eskins, M.A.M. (1999) Headspace gas chromatography and sensory analyses of buckwheat stored under controlled atmosphere. *J.Food Quality* **22**, 341-352.

O'Connor, B.I., Buchanan, B.E and Kovacs, T.G. (2000) Compounds contributing toodors from pulp and paper mill biosolids - Anaerobic biological activity acontributing cause.

Pulp Paper-Canada **101**, 57-61.

Olsson, J., Borjesson, T., Lundstedt, T. and Schnurer, J. (2000) Volatiles for mycological quality grading of barley grains: detenninations using gas chromatography-mass spectrometry and electronic nose. *Internal. J.Food Microbiol.* **59**, 167-178.

Pain, B.F., van der Weerden, T.J., Chambers B.J, Phillips, V.R. and Jarvis, C. (1998) Anew inventory of ammonia emission from UK agriculture. *Atmos. Chem.* **32**, 309-313.

Pain, B.P., Misselbrook, T.H., Clarkson, R. and Rees, Y.J. (1990) Odor and ammonia emissions following the spreading of anaerobically - digested pig slurry on grassland. *Biological Wastes* **34**, 259-267.

Patterson, M.Q, Stevens, J.C., Cain, W.S. andComettomuniz, J.E.. (1993) Detectionthresholds for an olfactory mixture and its 3 constituent compounds. *Chem. Senses* **18**, 723-734.

Petersen, M.A., PolI, L.and Larsen, L.M. (1998a) Comparison of volatiles in raw andboiled potatoes using a mild extraction technique combined with GC odour profilingand GC-MS. *Food Chem.* **61**, 461-466.

Petersen, S.O.A.M. Lind, and SommerS.G. (1998b) . Nitrogen and organic matterlosses during storage of cattle and pig manure. *J. Agric. Sci.* **130**, 69-79.

Priser, C., Etievant, P.X., Nicklaus, S. and Brun, O. (1997) Representative champagnewine extracts for gas chromatography olfactometry analysis. *J.Agric. Food Chem.* **45**, 3511-3514.

Ruiz, R., Hartman, T.G.Karmas, K., Lech, J. and Rosen, R.T. (1994) Breath analysis ofgarlic phytochemical in human subjects - combined adsorbents trapping and shortpath-thermal desorption gas chromatography-mass spectrometry. *Food Phytochemicals For Cancer Prevention I* **546**, 102-119.

Scarlata, C.J.and Ebeler, S.E. (1999) Headspace solid-phase microextraction for the analysis of dimethyl sulfide in beer. *J.Agric. Food Chem.* **47**, 2505-2508.

Schaefer, D.G. (1977) Sampling, characterisation and analysis of malodours. *Agric. Environ.* **3**, 121-127.

Sutton, M.A., Place, C.J.Eager, M., Fowler, D. and Smith, R.l. (1995) Assessment ofthe magnitude of ammonia emissions in the United Kingdom. *Atmospheric Environ.*

29, 1393-1411.

Van Ruth, S.M. and Roozen, J.P. (1994) Gas-chromatography sniffing port analysis and sensory evaluation of commercial dried bell peppers (Capsicium annuum). *Food Chem.* **51**, 165-170.

Van Ruth, S.M. and Roozen, J.P. (2000) Gas chromatography/sniffing port analysis ofaroma compounds released under mouth conditions. *Talanta* **52**, 253-259.

Winter, P. and Duckham, S.C. (2000) Analysis ofvolatile odour compounds in digestedsewage sludge and aged sewage sludge cake. *Water Sci. Technol.* **41** (6) 73-80.

Wyllie, S.G., Leach, DN., Wang, Y.M. and Shewfelt, R.L. (1994) Sulfur volatiles incucumis-melo cv makdimon (Muskmelon) Aroma - sensory evaluation by gas-chromatography olfactometry. *Proc. ACS Symposium Series* **564**, 36-48.

Zahn, J.A., Hatfield, J.L., Do, Y.S., DiSpirito, A.A., Laird, D.A. and Pfeiffer, R.L. (1997) Characterization of volatile organic emissions and wastes from a swine production facility. *J. Environ. Quality* **26**, 1687-1696.

第9章

阵列传感器用于臭气测量

理查德·M. 斯图茨（Richard M. Stuetz）

理查德·芬纳（Richard A. Fenner）

9.1 引 言

公众越来越担忧污水和污泥处理过程中所释放的臭气。臭气评价在控制和阻止臭气排放方面已经变得非常重要，而且在规划应用方面也至关重要。臭气的测量并不简单，主要有两大类测量技术。

分析测量诸如 GC-MS 分析和 H_2S 测量可根据它们的化学组分来表征臭气物质或充当臭气强度的替代物。这些方法可以提供恶臭混合物中每种化合物的准确描述，适用于分析形成，排放和扩散模型，但遗憾的是，我们对臭气的感知效果知之甚少。嗅觉测定法是由人类作为评估员，根据其感知效果来表征臭气，这是测量臭气浓度的常用方法。虽然这种方法给出了正确的人类感官评价，并且以欧洲恶臭标准草案（prEN 17325）为依据，但它会受到强烈的主观性影响（Bliss et al.，1996），此外还有耗时、劳动密集且昂贵的缺点。嗅觉测量实验室通常远离恶臭来源，并且随着对现场臭气评估和提供连续操作的需求的增加，可能不适合于未来实时恶臭的评估。

阵列传感器技术的发展为臭气分类提供了一种客观、在线的环境恶臭评价仪器，称为“电子鼻”。以前的商用阵列传感器系统主要是为了实验室的应用而制造的，用于环境监测的便携式和在线仪器应运而生。

本章回顾阵列传感器技术、数据处理技术、电子鼻子仪器，并讨论利用阵列传感器进行臭气评估的现状及其在客观测量恶臭滋扰的潜在应用。

9.2　阵列传感器技术

阵列传感器系统是分析仪器，它可在不参考其化学成分的情况下表征臭气。典型系统基于图 9.1 所示配置。它包括一个阵列传感器，具有适当的信号调节，连接到用于数据分析的模式识别系统。在现今的商业仪器中使用了几种不同的系统设计。然而，无论怎样设计，样品顶部空间必须以可再现的方式呈现给阵列传感器。这可以通过在传感器室和样品环境中使用样品处理、气体流量和温度的自动控制系统来实现。

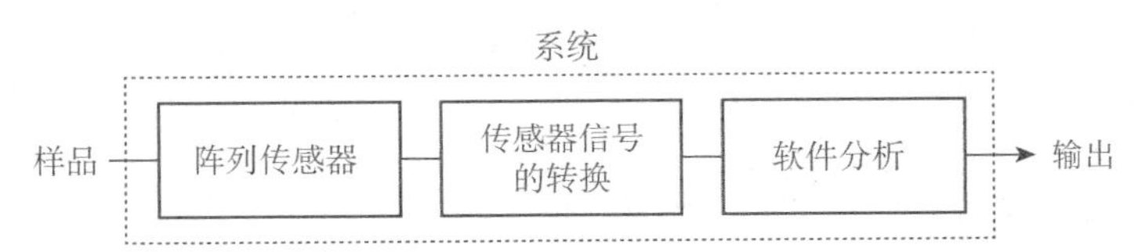

图 9.1　阵列传感器的主要组成部分（Hodgins and Simmonds，1995）

9.2.1　传感器类型

阵列传感器系统使用了各种不同的传感器技术（Persaud and Travers，1997）。最常见的有金属氧化物传感器（MOS）、导电聚合物（CP）、表面声波传感器（SAW）和石英晶体微量天平（QCM），它们的测量原理总结在表 9.1 中。由于不同传感器表面的广泛选择性，一系列非特异性传感器的使用允许来自数千种化学物质的响应（Persaud et al.，1996a）。传感器之间的相对响应可用于产生类似于人类嗅觉系统的独特特征（Gardner and Bartlett，1994）。图 9.2 为使用 12−传感器导电聚合物阵列的污水臭气分布的示例。使用模式识别技术可以进一步分析所得的臭气−特定响应模式或指纹（第 9.2.2 节）。

表 9.1 最常见的传感器类型和测量原理（Fenner and Stuetz，1999）

传感器类型	作用方式	评论
导电聚合物	在存在气体物质的情况下，可以测量聚合物如聚苯胺、聚吡咯和聚噻吩之间的电压变化	通过控制表面官能团或改变生长期间的阴离子化学来实现选择性。再现性好。能在短时间内恢复基线阻力
金属氧化物	金属氧化物传感器通过电流，从气体到金属氧化物的电子转移引起气体分子的氧化，导致电阻变化	选择性低于其他传感器类型。受到溶剂的影响，可能会发生中毒反应
石英晶体微量天平	当气态物质被吸附时，测量石英晶体的振荡频率变化	传感器商业生产中有在再现性问题
表面声波传感器	与石英晶体微量天平类似，但工作频率更高	可以达到很好的灵敏度。传感器生产中存在再现性问题
光纤传感器	使用光沉积聚合物 / 荧光染料在光纤束上的荧光测量	提供大量数据。不适用于商业仪器

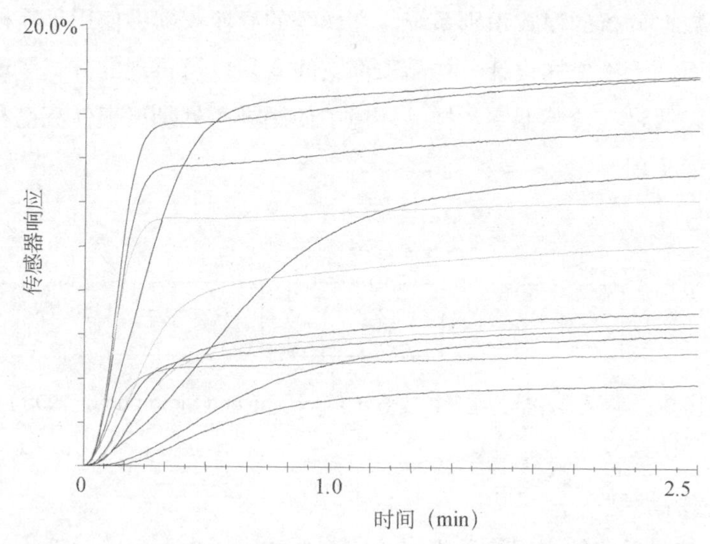

图 9.2 12–传感器聚吡咯阵列对污水臭气的响应模式，在 2.5 min 的采集中显示出臭气特征（Stuetz and Fenner，1998）

9.2.2 数据处理技术

从阵列传感器获得的数据的解释通常依赖于使用复杂的分析程序。可以使用各种图形格式显示输出，这样可以在多个分析仪上对样本或平均数据进行比较（Hodgins，1995）。然而，为了处理大量样本和多个变量（即传感器的数量），通常采用模式识别技术来处理传感器阵列数据。这些技术允许确定一组独立变量（即来自 n 个传感器阵列的输出）和另一组变量（即臭味类别或组分浓度）之间的潜在关系，并且可以分为两种基本方法：无监督和监督（Gardner and Bartlett，1999）。在无监督技术中，人们试图通过增强相关输入向量之间的差异来区分未知臭味，而在监督技术中，使用在早期校准程序以及学习或训练阶段学到的关系来分析未知恶臭（Gardner and Bartlett，1999）。分析技术的选择取决于可用信息的数量和性质以及分析所需的信息类型（即定量或定性）。

9.2.2.1　传感器响应的统计分析

采用多变量统计技术来降低阵列传感器数据的维数，从而可以使用一维或二维探索观测之间的关系（Persaud et al.，1996b）。最常见的技术包括主成分分析（PCA）、聚类分析（CA）、多重判别分析（MDA）和典型相关分析（CCA），可用于多变量问题的定性分析（Gardner and Bartlett，1999）。表 9.2 总结了用于分析阵列传感器数据的这些定性统计方法。在许多关于多变量分析的教科书中可以找到对这些统计主题更广泛的处理，例如 Manly（1986）和 Rencher（1998）。描述它们在阵列传感器数据分析中应用的更具体的讨论有 Gardner 和 Bartlett（1991；1992）以及 Gardner 和 Hines（1996）。

表 9.2　用于分析阵列传感器数据的常用统计技术

技术	监督	线性	评论
主成分分析	否	是	用于将大量变量减少到更少的组分，同时提取数据中的最大差异
聚类分析	否	是	用于在数据集中查找自然分组或单个观察的集群
多重判别分析	是	是	用于了解现有组合并基于已知属性创建新分组和分类
典型相关分析	是	是	通过最大化数据中的相关性，探索从属变量集和独立变量集之间的线性关系

9.2.2.2　人工神经网络（ANNs）

人工神经网络是一种学习架构，由称为神经元的并行互连处理元素组成，这些元素基于生物神经系统的物理模型。每个处理元素在数学上加权——这些权重通过培训或学习过程确定（Gardner and Bartlett，1999）。因此，神经网络的结构和学习阶段被用于定义 ANNs。到目前为止，用于分析阵列传感器数据的最常用的 ANNs 是被称为多层感知器的多层网络。多层感知器由三种类型的单元层组成：输入层、多个隐藏层和输出层。典型的多层感知器如图 9.3 所示。可以使用各种算法来训练多层网络，依赖于两个阶段的反向传播技术是最容易理

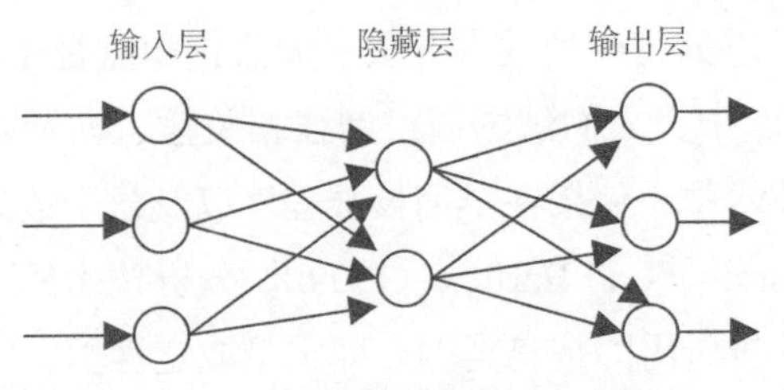

图 9.3　典型的多层感知器的体系结构

解的（Gardner and Bartlett，1992）。这包括用于训练网络的学习阶段，然后是召回阶段或预测阶段，在此期间训练的数据集被用于对未知输入数据进行分类（Gardner and Hines，1996）。

9.2.3　电子鼻仪器

9.2.3.1　设计和测量计算

阵列传感器仪器的基本元件是样品输送系统，其设计用于将上层空间的样品材料传递到传感器室和阵列传感器系统（图 9.1）。有两种主要方式可以将臭气样品输送到阵列传感器室：一种是将上层空间的样品从样品容器泵送或注入传感器阵列“动态采样”；另一种是在样品上方生成一个顶部空间，然后在这个顶部空间引入传感器进行“静态采样”。臭味输送系统的不同设计导致了不同的性能特征，这些特性适用于不同的应用领域（Gardner and Bartle，1999）。

最简单的样品传递系统是手动顶空取样。即样品材料在恒温下储存并达到平衡（Mielle and Marquis，1999），之后，使用玻璃注射器从样品容器中取出少量顶空的臭气样本并注入传感器室（Gardner 和 Bartlett，1999）。由于该技术设备简单、成本低廉，为许多研究人员采用，但由于需要手动操作注射器，该方法存在劳动强度大、耗时长、重复性差的缺点。为了提高这种静态气味传递系统的可重复性，可以在样品容器上方安装一个传感器阵列，该阵列有可以将传感器头升高和降低到样品容器中的设施，从而将系统测量误差降至最低（Hodgins and Simmonds，1995）。这种静态取样系统如图 9.4 所示。还可以使用自动顶空注射器将顶空样品从样品容器自动转移到传感器室，这样可以减少样品温度、注射速率和样品顶空浓度的变化（Gardner and Bartlett，1999）。这些输送系统可以对传感器室和样品容器进行自动清洗，但在样品平衡过程中，总体取样速率仍然取决于缓慢的反应动力学。

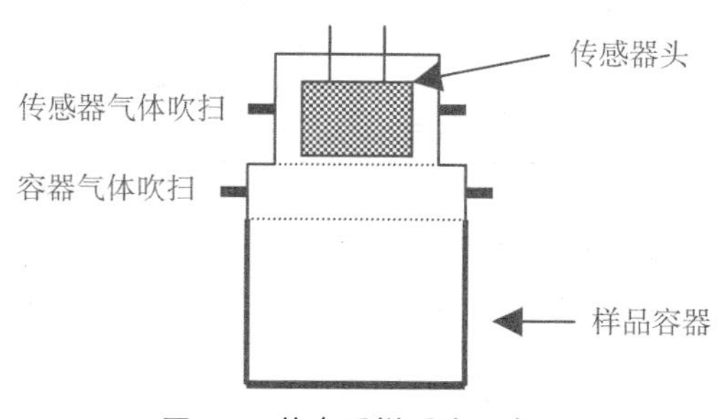

图 9.4　静态采样系统示意图

第二种类型的臭气输送系统基于将样品顶部空间泵送或吹扫到传感器室中（Mielle and Marquis，1999）。使用一种或多种载气（即零级空气或 N_2）从样品材料中剥离挥发物，然后将其转移到传感器室中，通常涉及一个清洁清洗和传感器采集阶段。应该注意的是，由于顶空产生机制，动态顶空的成分和浓度可能与静态顶空不同（Gardner and Bartlett，1999）。与静态采样系统相比，动态采样系统具有许多优点：没有稀释效应，可以在不同的湿度和温度下，以高精度将顶空样品送到传感器室（Gardner and Bartlett，1999）。然而，这增加了系统运行的复杂性，导致了更高的资本成本。

9.2.3.2　商用仪器

制造商提供了一系列台式阵列传感器仪器（表 9.3）。这些仪器包括顶部空间气体通过的不同传感器阵列。阵列通常是模块化插入式设备，这使得仪器非常灵活（Mills et al.，1996）。几个系统还能够合并同一设备中的不同传感器类型（即 MOS 和 CP）（Gardner and Bartlett，1999）。

表 9.3　传感器阵列制造商列表（Gibson et al. 2000）

公司和网址	型号
Alpha MOS，France（www.alpha-mos.com）	Fox2000，3000，4000，5000，AlphaKronos，AlphaPrometheus，AlphaCent
Bloodhound Sensors，UK（www.bloodhound.co.uk/bloodhound）	Bloodhound BH114
Cyrano Sciences，USA（www.cyranosciences.com）	Cyranose 320
Etherdata，Iceland（www.etherdata.is）	FreshSense

续表

公司和网址	型号
HKR Sensorsysteme，Germany （www.home.t-online.de）	QMB6/HS40XL
Hewlett Packard，USA （www.hp.com）	HP4440A
Lennartz Eectronic，Germany （www.lennartz -electronic.de）	MOSES II
Marconi Applied Technologies，UK （www.marconitech.com）	eNOSE 5000，ProSAT
MoTech Sensoric，Germany （www.motech.de）	VOCmeter，VOCcheck
Nordic Sensor Technologies，Sweden （www.nordicsensor.se）	NST 3210，NST 3220，NST 3220A
Osmetech，UK （www.osmetech.co.uk）	MultiSampler-SP
RST Rostock，Germany （www.rst-rostock.de）	Sam
Smart Nose，Switzerland （www.smartnose. m）	Smart NOSE-300
WMA Airsense，Germany （www.airsense.com）	PEN

大多数商业系统对样品输送系统和传感器室具有精确的温度控制，因为这些变量会影响传感器的响应。待分析的样品通常在封闭的容器或小瓶中加热或混合，并直接在其顶空取样（Mills et al.，1996）。顶空样品分析通常需要大约 2 分钟，并且传感器需要额外的 4～10 分钟才能恢复到其基线（在传感器清洁和传感器预吹扫期间）。大多数商业阵列传感器系统需要一台主机来控制仪器，数据分析和制造商提供用于数据采集和显示的特定软件，并与电子表格包（例如 Microsoft Excel）和统计软件包（例如 Unistat 或 Statistica）直接链接，以确保进行更详细的数据分析。商用阵列传感器系统如图 9.5 所示。

9.2.3.3 未来前景

作为商业设备的阵列传感器尚未充分发挥其潜力。目前销售的绝大多数仪器都用于研究和开发应用（Gibson et al.，2000）。未来产品可能分为三个应用组：①基于实验室的复杂仪器；②在线系统；③用于现场测量的便携式设备。迄今为

图 9.5 BH 114 阵列传感器系统（Courtesy of Bloodhound Sensors Ltd，UK）

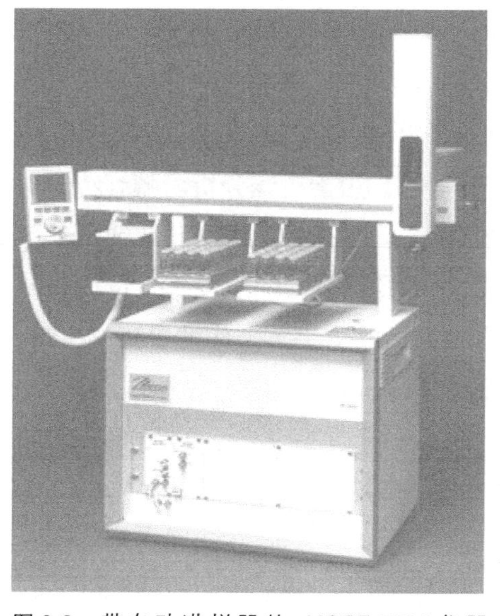

图 9.6 带自动进样器的 eNOSE 5000 仪器（Courtesy of Marconi Applied Technologies，UK）

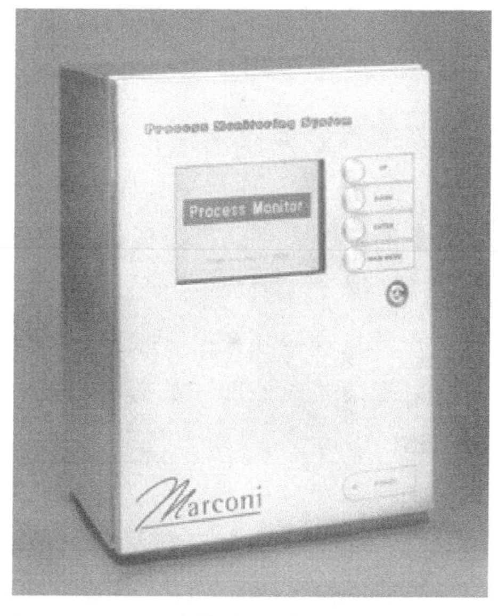

图 9.7 ProSAT 在线过程监控系统的（Courtesy of Marconi Applied Technologies，UK）

止，只有基于实验室的仪器已经商业化。这些系统大多是第二代仪器，在广泛的 QC/QA 应用中提供灵敏度和可靠性，随着技术的进一步发展，可以通过快速、准确地评估生产线样品，在有效的产品开发中发挥作用（Gibson et al.，2000）。图 9.6 是将自动进样器集成到仪器设计系统的示例。用于过程监控的在线传感器

图 9.8　Cyranose 320 便携式阵列传感器监测器的（Courtesy of Cyrano Sciences，USA）

阵列系统（图 9.7）和用于环境监测的便携式设备（图 9.8）的最新发展，减少了对系统设计灵活性的需求，并且可以提供更方便的用户操作。这些专用设备可用于各种任务，包括臭气减排单元的连续在线监测和现场臭气强度测量。

除了特定应用设备的开发之外，新的传感器技术也被整合到阵列传感器系统中。这包括质谱（与模式识别相结合）和固态光谱的使用，涉及绕过传统的样品制备阶段并将整个样品引入质谱仪或固态传感器以产生质量光谱测定指纹或光谱迹线（Gibson et al.，2000）。另外，正在开发的新的传感器类型对水蒸气的响应非常低，或者是被描述为对水不敏感的化学电阻器的传感器（Gibson et al.，2000）。

阵列传感器数据的传统处理（第 9.2.2 节）使用了经典算法（如 PCA、MDA），这些算法通常被合成到商业阵列传感器中，用于离线分析。随着特定应用设备的发展，对动态数据处理的需求正在增加。我们专门开发设计的自适应 ANN 和模糊逻辑算法用于在线应用。然而，在更具挑战性的应用中，例如检测亚 ppm 浓度和必须在没有参考气体或已知臭气特征的情况下工作的手持式系统，需要更复杂的预处理和数据分析规程来预测未知恶臭物质的分类（Gardner and Bartlett，1999）。

9.3　阵列传感器在臭气检测中的应用

阵列传感器技术的应用从食品和饮料行业发展而来（Hodgins and Simmonds，1995）。然而，最近的研究已经探讨了它在医学、工业和环境问题上的应用。例如，它们已用于预测不同的细菌类型和培养物的生长阶段（Gibsone et al.，1997；Gardner et al.，1998；Holmberg et al.，1998），监测生物过程以检测微生物污染（Namdev et al.，1998），检测供水中的化学污染物（Stuetz et al.，1998a）和监测废水排放（Stuetz et al.，1999a，b）。研究还报告了使用阵列传感器评估臭气污染。然而，这种环境应用是受到限制的（Romain et al.，2000）。

9.3.1　臭气检测

阵列传感器系统对环境臭气的评估直到最近才建立在使用原型或商业实验室仪器的基础上。这包括从收集袋（由 Teflon 或 Tedlar 制成）中收集有臭气样品（来自农业和废水源），直接从环境中取样或通过用无味空气吹扫浆液或废水样品。这些样本随后用于评估使用阵列传感器系统测量臭气的应用，方法有：①比较不同样品类型的传感器响应；②将传感器响应与已知参数 [例如阈值臭气浓度（使用嗅觉测定法）]，特定分析组分（使用 GC-MS）或臭气强度的替代物（使用 H_2S 和 NH_3 测量）相关联。

阵列传感器已被用于评估各种环境样品，包括污水，农业和垃圾填埋恶臭。Hobbs 等人的研究（1995）最初表明，电子鼻（由 20 个导电聚合物传感器组成）可以区分牲畜废物（猪和鸡粪）的不同臭气；然而，据报道，与嗅觉测量法相比，这种早期仪器的灵敏度较低。Persaud 等人的研究（1996a）表明，随着传感器的进一步发展，导电聚合物能够区分猪粪中各个挥发性成分，并且信号响应强度与传感器中挥发物的浓度成正比（图 9.9）。另外，相同的阵列传感器的系统还表明，从人造碱性猪粪中检测到的恶臭成分似乎与从吲哚、粪臭素和氨中获得的方式有关（图 9.10），这表明浆料中的吲哚、粪臭素和氨含量可能主导导电聚合物表现出更高灵敏度的化学物质种类，因此可作为无恶臭标记物（Persaud et al., 1996a）。Persaud 等人（1996b）也报告了单个导电聚合物传感器可能与臭气强度相关（使用嗅觉测量法）并且可以区分不同饮食下猪粪的臭气释放。

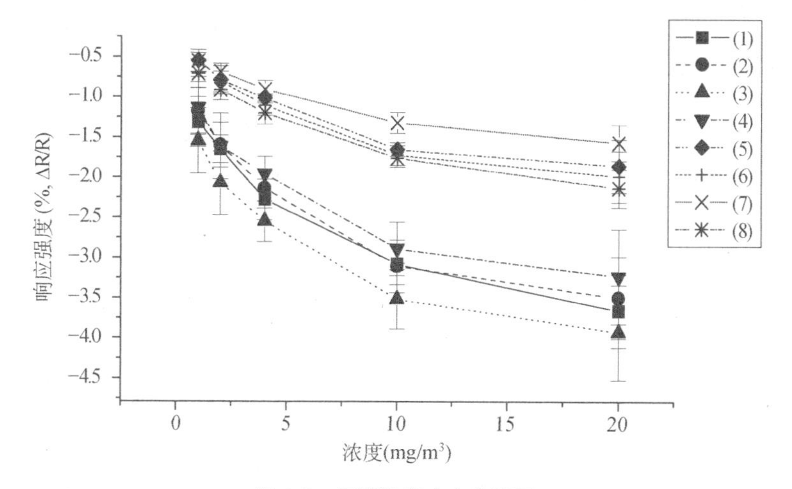

图 9.9　乙酸浓度响应曲线图

注：该图显示了来自 20 个导电聚合物传感器阵列的 8 个传感器（persaud et al., 1996b）

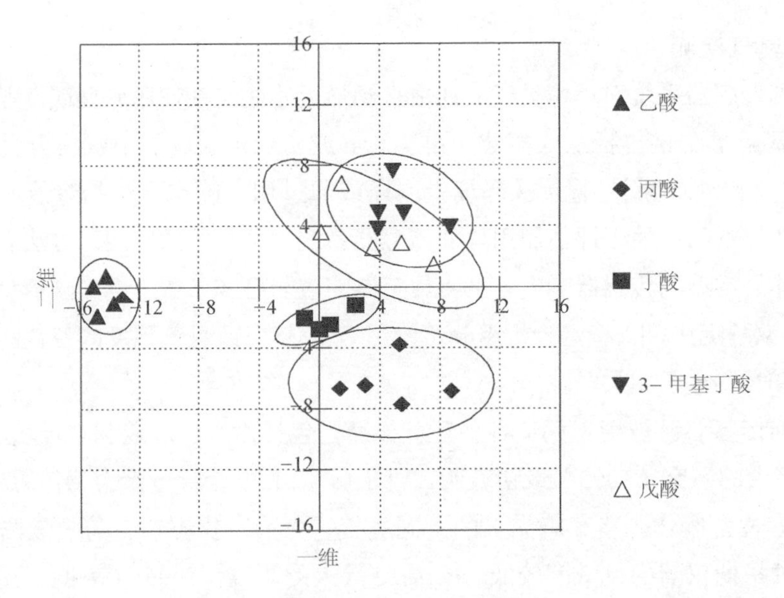

图 9.10 Sammon 映射

注：Sammon 映射显示了由 20 种吡咯聚合物组成的阵列传感器中 4-甲基苯酚、乙酸、氨、丁酸、碱性猪粪浆、酸性猪粪浆、吲哚、3-甲基丁酸、对甲酚、苯酚、丙酚、粪臭素和戊酸的浓度分布（Persaud et al.，1996a）

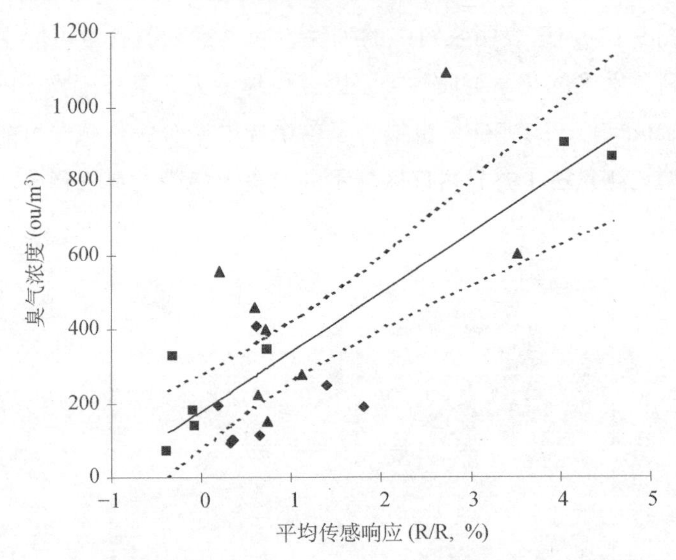

图 9.11 由 32 个聚吡咯传感器组成 Aromoscan 电子鼻对臭气浓度平均传感响应

注：样品来自 3 个实验，具有 95% 上下置信区间的拟合线（Misselbrook，1997）。

Misselbrook 等人的（1997）表明，当将 32 阵列传感器的平均输出与臭气浓度（使用嗅觉测量法）进行比较时，使用牛粪浆可以获得合理的拟合（图 9.11）。这项研究的另一个重要特征是考虑了臭气浓度（100～1 000 ou/m^3），这比之前报道的要低得多。然而，在 3 个现场实验之间比较传感器测量值时，对背景样本的响应差异（在实验 2 和 3 中）完全由相对湿度的差异来决定；其他实验室研究表明，导电聚合物对相对湿度变化具有敏感性（Gardner and Bartlert，1999）。

先前的研究（使用阵列传感器）使用的气体样本不是来自同一来源或臭气强度相对较低。Stuetz 等人（1998b）报道了来自 10 个污水处理厂臭气样品的阵列

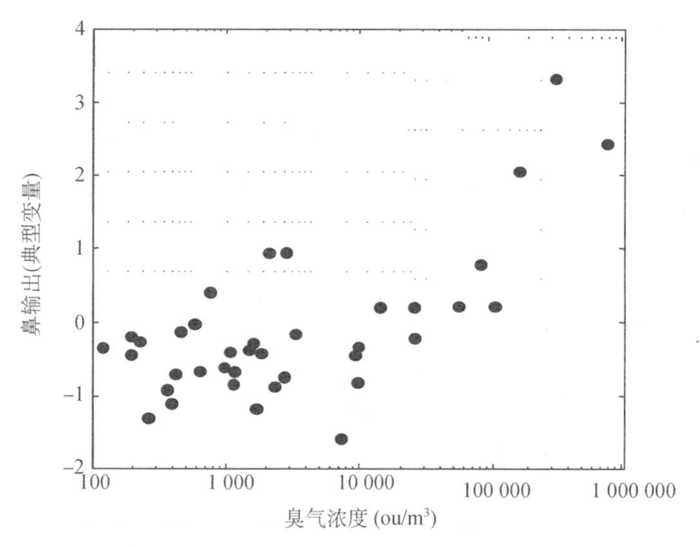

（a）来自 10 个污水处理厂的 46 个重复臭气样品

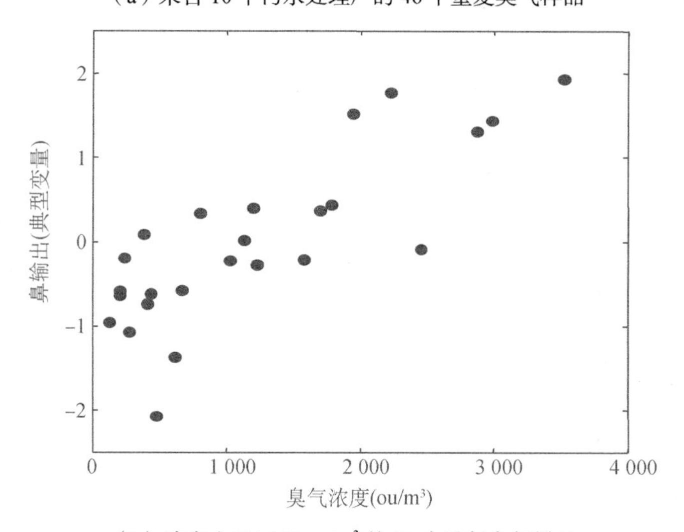

（b）浓度小于4 000 ou/m^3 的 25 个重复臭气样品

图 9.12　传感器响应（典型变量）和臭气浓度的典型相关分析

注：该分析使用了由 12 个聚吡咯传感器组成的 Neotronics eNOSE（D 型）阵列传感器。

传感分析，臭气样品袋在现场收集，有一系列浓度（125～781 066 ou/m^3）的臭气。12 种传感器响应与臭气浓度的典型相关分析表明，当分析所有臭气样品时，没有发现相关性，但是当样品臭气浓度小于 4 000 ou/m^3 时，相关性得到改善（图 9.12）。来自单个污水处理厂的臭气样本被认为具有明显线性相关性（Stuetz et al.，1999c）。当将污水中臭气（Hobson，1995）与传感器响应进行比较时，也发现了类似的关系（Stuetz et al.，1999c）。这些观察结果表明，污水臭气排放特征与污水处理厂现场环境有关，这很可能取决于污水的成分（Stuetz et al.，1999c）。Romain 等人（2000）的一项研究使用来自五种不同恶臭源（涂料车间、堆肥设施、污水处理厂、提炼厂和印刷厂）的样品也表明，不同的恶臭源产生的传感器响应曲线不同（图 9.13）。这些研究表明，可以使用阵列传感器来区分不同类型的臭气。

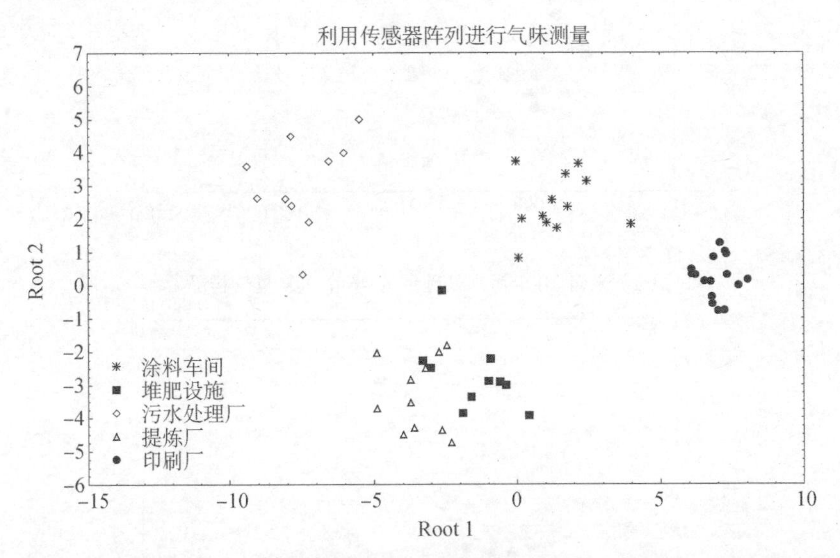

图 9.13 使用由 12 个 MOS 传感器组成的阵列传感器对来自 5 种臭气源的 59 个环境样品进行判别分析（Figaro Engineering）

注：样品从 5 个来源收集，在 7 个月内使用至少两个臭味袋收集四次（Romain et al.，2000）。

9.3.2 臭气评估的潜在应用

使用基于实验室的阵列传感器系统测量环境臭味已经表明，污水、农业和垃圾填埋场产生的臭味可以与受控环境中的臭气评估（使用嗅觉测量法）相关联。然而，为了理解局部臭气污染的影响，有必要将这些基于实验室的结果转化为可应用在不同条件下进行测量的格式（Flint et al.，2000a）。

研究（Nicolas et al.，1999；2000a）表明，便携式仪器能够预测环境中的未知臭气，并能够在之前校准的分类模型基础上进行连续监测（图 9.14）。这些结果还表明，尽管环境参数（如气候、源特征，采样位置，采样时间和操作人员）对样品湿度和温度有影响，简单的阵列传感器系统和适当的数据处理方式可以检测和识别典型的臭气（Romain et al.，2000）。Nicolas 等人（2000a）的研究表明，空气湿度不会显著影响臭气识别，只要给定臭气研究过程中包括这些湿度条件。

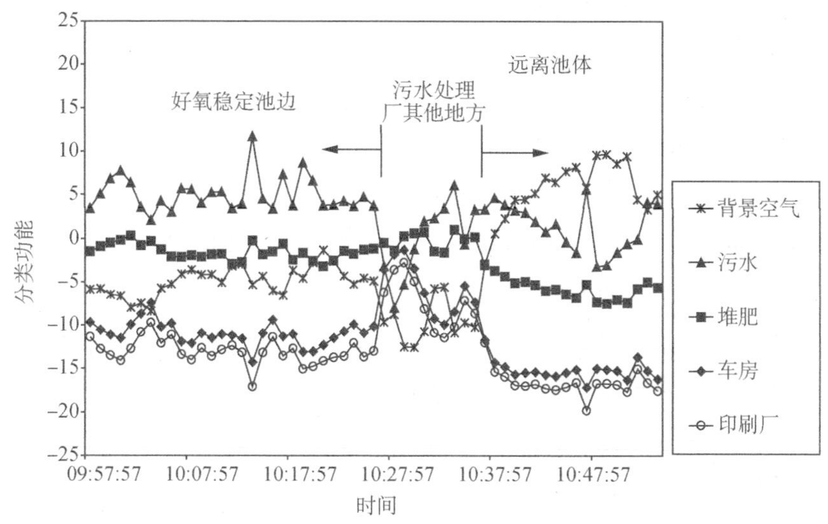

图 9.14　使用 12 个 MOS 传感器（Figaro Engineering）的便携式阵列传感器在污水处理厂周围移动时的分类功能

注：判别分析基于对 5 种臭气源的研究（Nicolas et al.，2000a）。

在使用阵列传感器直接测量现场的臭气或对除臭系统的持续监测成为现实之前，仍然存在一些障碍。需要进一步的研究（Stuetz et al.，1999c；Nicolas et al.，2000b；Flint et al.，2000b）：

（1）理解和控制环境参数（如温度和湿度）对传感器响应基线的影响；

（2）开发针对参考气体嗅觉测量的阵列传感器校准程序；

（3）改善传感器灵敏度和降噪，以便能够测量分辨率对浓度的局部变化，从而进行有意义的测量并反映现场实际情况。

然而，迄今为止的结果表明，虽然在现场持续监测环境臭气看起来是一个挑战，但在该领域的实际发现是充满希望的，并且应用的潜力是巨大的（Nicolas et al.，2000b）。

9.4 参考文献

Bliss, P. J., Schulz, T. J., Senger, T. and Kaye, R. B. (1996) Odour measurement - factors affecting olfactometry panel perforrnance. *Water Sci. Technol.* **34**(3-4), 549-556.

Fenner, R.A. and Stuetz, R.M. (1999) The application of electronic nose technology to environmental monitoring in the water industry. *Water Enviro. Res.* **31**(3), 282-289.

Flint, T.A., Persuad K.C. and Sneath R.W. (2000a) Automated indirect method of ammonia flux measurement for agriculture: effect of incident wind angle on airflow measurements. *Sensors and Actuators B* **69**, 389-396.

Flint, T.A., Persuad K.C. and Sneath R.W. (2000b) Development of a practical distributed ammonia flux measurement system for the outdoor environment. *Proc. ISOEN2000*, Brigton, pp. 155-156.

Gardner, J.W and Bartlett, P.N. (1991) Pattern recognition in gas sensing. In: *Techniques and mechanisms in gas sensing* (P. Moselt, J. Norris and D. Williams, ed.) Chapter 14, Adam-Hilger, Bristol.

Gardner, J.W and Bartlett, P.N. (1992) Pattern recognition in odour sensing. In: *Sensors and sensory systems for an electronic nose* (J.W. Gardner and P.N. Bartlett, eds.), pp. 161-180, Kluwer, Dordrecht.

Gardner, J.W. and Barlett, P. N. (1994) A brief history of electronic noses. *Sensors and Actuators B* **18**, 211-220.

Gardner, J. W. and Barlett, P. N. (1999) Electronic nose: principles and applications. Oxford University Press, New York.

Gardner, J.W. and Hines, E.L. (1996) Pattern analysis techniques. In: *Handbook of Biosensors and Electronic Noses.* (E. Kress-Rogers, ed.), pp. 633-652, CRC Press, Boca Raton.

Gardner, J.W., Graven, M., Dow, C. and Hines, E.L. (1998) The prediction of bacterial type and culture growth phase by an electronic nose with a multi-layer perception network. Meas. *Sci. Tech.* **9**, 120-127.

Gibson, T. D., Prosser, O., Hulbert, J. N., Marshall, R. W., Corcoran, P., Lowery, P., Ruck-Keene, E. A. and Heron, S. (1997) Detection and simultaneous identification of microorganisms from headspace samples using an electronic nose. *Sensors and Actuators B* **44**, 413-422.

Gibson, T., Prosser, O. and Hulbert, J. (2000) Electronic noses: an inspired idea? *Chemistry and Industry* (April), pp. 287-289.

Hobbs, P. J., Misselbrock, T. M. and Pain, B. F. (1995) Assessment of odours from livestock wastes by a photoionization detector, an electronic nose, olfactometry and gas chromatography-mass spectrometry. *J.Agric. Engng. Res.* **60**, 137-144.

Hobson, J. (1995) The odour potential: a new tool for odour management. *J.Chart. lnst. Wat. Enviro. Manag.*, **9**: 458-463.

Hodgins, D. (1995) The development of an electronic nose for industrial and environmental applications. *Sensors and Actuators B* **26-27**, 255-258.

Hodgins, D. and Simmonds, D. (1995) The electronic nose and its application to the manufacture of food products. *J.Auto. Chem.*, **17** (5), 179-185.

Holmberg, M., Gustafsson, F., Hornsten, E. G., Winquist, F., Nilsson, L.E., Ljung, L and Lundstrom. I. (1998) Bacteria classification based on feature extraction from sensor data. *Biotech. Tech.* **12**, 319-324.

Manly, B.F.J. (1986) *Multivariate statistical analysis*. Chapman and Hall, London.

Mills G.Walsh F and Whyte I. (1996) A sense of (electronic) smell. *Chem. Technol. Europe* (July/ August), pp. 26-30.

Mielle, P. and Marquis, F. (1999) An alternative way to improve sensitivity of electronic olfactometers. *Sensors and Actuators B* **58**, 526-535.

Misselbrook, T. M.Hobbs, P. J.and Persaud, K. C. (1997) Use of an electronic nose to measure odour concentration following application of cattle slurry to glassland. *J. Agric. Engng. Res.* **66**, 213-220.

Namdev, P.K., Alroy, Y and Singh, V. (1998) Sniffing out trouble: use of an electronic nose in bioprocesses. *Biotech. Prog.* **14**, 75-78.

Nicolas, J. Romain, A.C., Wiertz, V., Matemova, J.and Andre, Ph. (1999) First trends towards a field odour detector for environmental applications. *Proc. ISOEN99*, Tubingen, pp. 368-371.

Nicolas, J., Romain, A.C., Wiertz, V., Matemova, J. and Andre, Ph. (2000a) Using a classification model of an electronic nose to assign unknown malodours to envi ronmental sources and to monitor them continuously. *Sensors and Actuators B* **69**, 366-371.

Nicolas, J., Romain, A.C. Monticelli, D.Maternova, J.and Andre, Ph. (2000b) Choice of a suitable E-nose output variable for the continuous monitoring of odours in the environment. *Proc. ISOEN2000*, Brighton, pp.127-128.

Persaud, K. C., Khaffaf, S. M., Hobbs, P. J. and Sneath, R. W. (l996a) Assessment of conducting polymer odour sensors for agricul tural malodours measurements. *Chem. Senses* **21**, 495-505.

Persaud, K. C., Khaffaf, S. M. Hobbs, P. J. Misselbrook, T.M. and Sneath, R. W. (1996b) Application of conducting polymer odour sensing arrays to agricultural malodour monitoring. *Proc. Air Pollution from Agricultural Operations*, Ames, pp.249-253.

Persaud, K.C. and Travers, P. J. (1997) Arrays of broad specificity films for sensing volatile chemicals. In: *Handbook of Biosensors and Electronic Noses.* (E. Kress-Rogers, ed.), pp. 563-592, CRC Press, Boca Raton.

Rencher, A.C. (1998) *Multivariate statistical inference and applications*. John Wiley and Sons, New York.

Romain, A.C. Nicolas, J., Wiertz, V., Maternova, J. and Andre, Ph. (2000) Use of a simple tin oxide sensor array to identify five malodours collected in the field. *Sensors and Actuators B* **62**, 73-79.

Stuetz, R. M. and Fenner, R. A. (1998) Electronic nose technology: a new tool for odour management. *Water Quality lnternat.* (July/August), pp. 15-17.

Stuetz, R.M., White, M. and FennerR.A. (1998a) Use of an electronic nose to detect tainting compounds in raw and treated potable water. *J. Water Supply Res. Tech. - Aqua*. 47 (5) 223-228.

Stuetz, R. M.Engin, G. and Fenner, R.A. (1998b) Sewage odour measurements using a sensory panel and an electronic nose. *Water. Sci. Technol.* **38** (3), 330-335.

Stuetz, R. M., Fenner, R.A. and EnginG. (1999a) Characterisation of wastewater using an electronic nose. *Water Res.* **33**, 442-452.

Stuetz, R.M.George, S. Fenner, R.A. and Hall, S.J. (1999b) Monitoring wastewater BOD using a sensor array. *J. Chem. Tech. Biotech.* **74**, 1069-1074.

Stuetz, R. M., Fenner, R. A. and Engin, G. (1999c) Assessment of odoursfrom sewage treatment works by an electronic nose, H_2S analysis and olfactometry. *Water Res.* **33**, 452-461.

第四部分

臭气评估与模型预测

第 10 章
臭气排放预测

弗朗茨－伯纳德·弗雷兴（Franz-Bernd Frechen）

10.1 引言

为什么要对恶臭气体的排放规律进行预测？只有一个原因，即在新建或扩建现有污水处理厂区之前，需收集恶臭气体排放造成的潜在影响以及其对周边敏感地区产生的潜在危害这两方面信息。这些信息至关重要，甚至是必不可少的。因为污水厂的无公害运营与业主、厂区的管理者以及周边社区居民的切身利益密切相关。

对于恶臭气体，预测其潜在影响程度是重要内容之一。然而，各类设施本身并不产生危害，但是这些设施排放的恶臭气体，会扩散到大气中然后传播至附近敏感区域，对社区居民产生有害影响。需要通过技术手段将臭气实际排放量和所造成的实际影响建立关联，从感官、心理方面来解释恶臭污染物排放所造成的影响。

因此，有必要找到恶臭气体的排放与其潜在危害之间的联系，以评估这种影响（危害）是否可以承受。这并不仅仅是一个简单的关联而是一种链式关系，具体描述如下：

（1）必须把臭气污染的危害分为可忍受和不可忍受两种。任何政府不可能要求对恶臭气体零容忍并把排放限值设置为零。此外，这个限值必须能够通过测量获取，这由三部分组成：持续时间、滋扰程度和影响区域。最常见的方法是根据受影响地区（住宅区、工业区等）的类型，限制超过规定臭气浓度的持续时间百分比，设置最大臭气浓度排放限值，在任何时间都不允许超过这个限值。限值泛指受到臭气污染影响的人群百分比，必须通过技术手段将恶臭污染物浓度转换到这个限值中，以便因地制宜实施有效的除臭措施。管理人员或者环境执法人员从技术层面在排放浓度和滋扰程度之间建立关联，以此对臭气污染进行判断，或使用百分比表示臭气浓度超过规定范围的持续时间与受滋扰人群所占比例。此类研究工作已在德国某些行业中展开，通过对当地居民进行的调查结论，建立新的“恶臭影响法令”（1998）以及相关技术限值。臭气污染对周边社区的滋扰程度与当地社区居民对危害的反映相关[1]，通过问卷调查得出对臭气污染可接受限度，并结合“仪器分析法”的物质浓度和“官能测定法”的人体感官体验进行综合评价。

（2）通过设定一个臭气浓度的固定滋扰限值[2]，在影响区域内规定不得超过此限值的持续时间比例，同时通过建立大气扩散建模预测滋扰程度与恶臭源排放规律之间的关联。正如第 2 章提到的，没有专门针对臭气的扩散模型，因为臭气的排放特征和普通气体一样。然而有些大气扩散计算模型特别适用于臭气，包括多种影响的评估，这实际是上述第一种关联所涉及的部分内容。

（3）最后需讨论是污水厂恶臭污染源的排放规律（当然还包括周边已经存在的其他恶臭染污源的排放问题，因其会对特定地点产生潜在影响），对于新建设施，需针对恶臭污染物的排放规律进行预测，本章将对此进行论述。

预测臭气的排放规律时，常言道：“每一种预测都是困难的，尤其是在预测未来的时候”。造成这一现象的原因是多方面的，污水厂的设施运行和工艺条件是不断变化的，同时测量精度较低、未完全理解恶臭气体对人体刺激的生理过程，导致难以预测人心理变化的过程，上述问题均给恶臭气体排放规律的预测增加了困难。[3]

[1] 通常使用投诉次数和投诉频率作为代理指标——译者注。

[2] 恶臭刺激所带来的感官不悦主要通过四个指标衡量，分别是：恶臭阈值、臭气浓度、臭气强度以及阈稀释倍数——译者注。

[3] 恶臭污染物通过刺激人的嗅觉神经进而引起人心理和生理的不适，人的年龄、性别、健康状况以及化合物组分、浓度等诸多因素都会对嗅觉刺激的敏感程度产生影响。其不适程度主要取决于受滋扰人群的主观反应即人的感觉——译者注。

需针对新建工程对环境产生的各种潜在影响进行考察，同时尽可能准确地预测污水厂恶臭气体的排放情况，相比噪声等其他环境影响因素，臭气（排放规律以及危害程度）的预测在精确度方面仍不够理想。

由于整个过程都是由链式关联组成，任何一个环节都不能脱离其他环节进行单独调查。因此预测恶臭气体的排放规律，就须提供大气扩散建模计算所需的数据。确定扩散模型具体所需数据类型，所有相关模型的排放数据以单位时间排放量表示。用 ou/h（或 ou/s、ou/min 或 Mou/h）表示总的臭气排放流量，它等于恶臭气体的浓度 C_{od} 和对应的体积流量 V 的乘积，这两个参数可直接测量获取。若无法直接测量，则需要考虑以下两个特殊条件：

- 是否需要特殊取样方式，如第五章所述，这并非主要问题。
- 无法获知污染源排放的真实恶臭气体浓度。这可能会产生问题，后续会对此进行解释。

10.2　我们能预测什么

10.2.1　危害

臭气滋扰可能是由臭气对人的刺激导致的，可以从多个维度表征。最常见是用臭气浓度或臭气强度来表示所感知的臭气。

臭气强度是恶臭气体在未经稀释条件下对人体嗅觉器官的刺激程度，普遍使用六级强度测试法表示。数字为 0 到 5，其中 0 为无臭味，数字越大代表臭气强度越高。臭气强度（I）与臭气浓度（C）的对数成正比，如韦伯-费希纳公式：

$$\{\Delta I = K\frac{\Delta C}{C},\ K\text{ 为常数}\}$$

“应予以考虑”的其他方面包括：

（1）恶臭气体的种类；

（2）人对气体的愉悦度；

时间相关特性如下：

（1）总持续影响的时间；

（2）周期性的影响；

（3）频率的影响；

（4）受影响的时段（日 / 周 / 年）。

然而，目前仍无法给出具体方程式对上文提到的大多数“应予以考虑”的各方面进行精确的计量，甚至对许多方面都连明确的“计量描述”都做不到。针对“周期性”“一周内受影响时段”“臭气种类”或者“频率”，如何通过数据进行量化，以便进行相互比较或进行计算又或者得出限值？就某些方面而言，只能通过假设表达，比如“这种现象比那种更具危害性”。

必须探索更坚实的层面。

10.2.2 扩散计算有用吗

必须在各自研究的基础上进行必要的简化，才能得出一个基于预测目的相互关联的实用性系统。

基于上述罗列的第二个链接——扩散计算，需将所涉及的排放流量信息输入扩散计算程序（气象数据和地理信息在此不做讨论），然后输出一个时间（持续时间）与浓度的二维分布曲线图，从图上可以得出不同恶臭气体的排放浓度是否超标。

如前所述，恶臭气体排放流速是必要数据。需对气体浓度和相关的体积流量，或总排放气量进行预测。最后，以总排放流量的形式对所有恶臭污染源进行预测，单位为 ou/h，这就是本章所论述的主要内容。然而，仅根据排放的质量流量来预测排放浓度的普通模型，可能得出低于或高于“真实的”（滋扰程度）影响效果。

有一个案例：在下风向某污染源，排放流量为 1 M ou/h，扩散模型计算得出在特定气象条件下的影响浓度为 30 ou/m^3。此结果可能是小体积流量为 2 000 m^3/h，臭气浓度为 500 ou/m^3，也可能是更大的体积流量为 50 000 m^3/h，臭气浓度为 20 ou/m^3，从影响面来讲这两个排放结果是相同的。但很显然第二个排放源数值结果不正确，因为恶臭气体在扩散过程中，空气会对其进行稀释，臭气的影响浓度会递减。

这个案例表明，大多数扩散模型通过简化计算可能会导致荒谬的结果，现实中不可能发生。换句话说，若臭气来源是“低浓度、高流量”类型，例如一个很大的曝气池，其影响常常被高估。若恶臭来源是“高浓度、低流量”类型，例如敞开式的污泥浓缩池，则其影响往往被低估。

这就是恶臭气体排放预测的作用，用来修正上述谬误。

10.3　我们如何预测

10.3.1　新建厂区

新建厂区需进行预测，若无法现场实地测量，则只能由专家根据自身经验以及参考异地同类型工程实践情况进行预测。

当然，必须基于新建污水厂的设计进行预测。因此，第一步就是尽可能地获取设计方案中所包含的信息。在此，对设计工作的认真校核是两个最重要的工作内容之一。还有一个重要的工作内容是预测所有可识别的恶臭污染源的气体排放流速。

这两个步骤是专家工作的重要组成部分。此类工作体现了专家的价值，但更重要的是专家在臭气排放方面的经验以及在污水处理技术方面的理论水平，专家需将臭气治理和污水处理这两个方面的不同技能相结合。

专家的工作成果是针对恶臭气体的排放进行预测，这是扩散计算的两个决定性变量之一，计算的结果可以帮助判断潜在影响及其排放结果是否达标。

10.3.2　扩建现有厂区

10.3.2.1　测量方案的起因

若对现有厂区进行升级或扩建，则更加需要预测。德国地方政府规定需针对现有厂区执行相关测量方案，除了上述提及内容外，还应包括来自不同地区的相似厂区的相关经验和测量结果，需增加关于具体地区的特殊要求（存在这种情况的条件下），通常不同地区拥有差异化的恶臭来源和排放规律。

此外，制定测量方案的目标之一是收集数据。如果没有测量就直接进行预测，预测结果不包含任何信息和经验数据将导致预测的准确性下降。

对现有厂区进行测量的另一个原因是，预测排放必须包括厂区现有的排放量，同时考虑设计变更、运行和工艺的革新。

测量结果最大的价值在于揭示厂区内现有设施及工艺运行的薄弱点以及正在排放臭气的污染源或过量排放的工艺段，为此，可设计专门的解决措施。

执行测量方案并因地制宜实施对策之后，本章有线索暗示了这一做法的重要性。对臭气排放的控制是否成功，可通过对当地居民进行问卷调查得知，例如 VDI 准则 3883（1993，1997）所述。通过实地观察影响，例如 VDI 准则 3940

（1993）。成功的控制还包含连续进行大气扩散计算监测潜在排放量的测量方案。前文所述的两种线索有其各自的优缺点，若考虑排放实际影响时，都无法具体体现排放装置的缺陷。

10.3.2.2 利用臭气释放能力（OEC）检测重要的液体流

在执行测量方案时，需优先应用最新技术来保证采样和嗅觉测量的准确性，如前文所述。所有这些技术都涉及气体的采样和检测，来分析气体的特征。

此外，使用 Frechen 和 Koster 在 1998 年所提出的臭气释放能力（OEC）概念，该方法具有很高的价值与优势，尤其是在对现有厂区系统弱点进行检测时。OEC 概念已在相关论文中有详细的介绍，在此只做一个简单的说明。

OEC 检测是基于嗅觉的感官测量，每种液体通过无臭气体曝气处理使恶臭气体剥离，然后用仪器分析法和官能测定法对溢出的废气进行定期测量。若曝气处理的液体体积（30L），用于曝气的气体体积和各浓度（臭气浓度和任何经仪器测量的化合物浓度），可将已知的单位臭气值或者化合物的测量值进行积分，得出该液体或化合物的排放（排放能力）结果。在 OEC 的概念下以“ou/m^3_{Liquid}”为单位表示，或以“H_2S/m^3_{Liquid}”为单位表示硫化氢的排放能力，以此类推。

这种方法有两个主要优点，非常值得推广使用。首先，可检测出流量小但恶臭味含量高的液体，这至少提供了一种针对性极强的均衡方法。典型的案例如下：对德国某污泥脱水设施未经处理的滤液测量结果表明，滤液虽然只占进水总量的 5% 左右，但就臭气排放量而言，却占了 90% 以上。小规模滤液所排放的大量臭气贯穿了整个好氧废水处理过程，即使在二沉池中也能检测到污泥滤液散发的臭气。

其次，通过该方法可揭露潜问题的本质。下文的实际案例将对此进行说明。

图 10.1 展示了生活污水厌氧后的模拟运算结果，臭气浓度和硫化氢浓度在污水中呈现出完全相同的递减特征。这涉及厌氧过程中硫化氢的腐败问题。

图 10.2 展示了某类厌氧输送废水（存在硫化氢的问题）的测试结果，经对比发现，从污水中溢出的非厌氧而产生的其他恶臭气体表现出了与硫化氢不同的特性。

这些恶臭气体是由一家大型食品厂排放至排水管道的，其样品中的主要恶臭物质种类通过尾气测试得以确定。

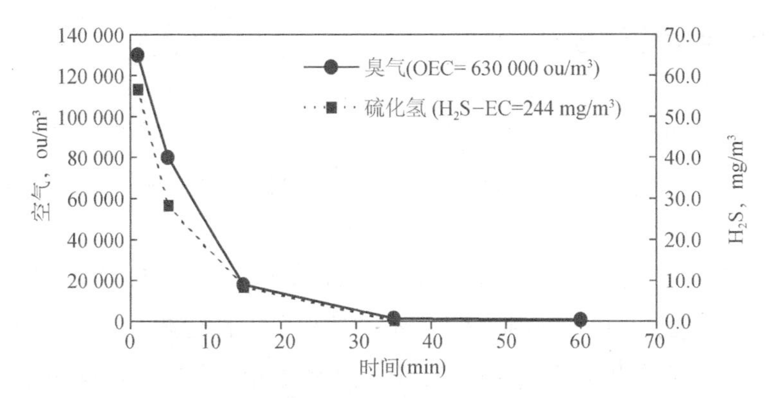

图 10.1　厌氧的生活污水 OEC 和硫化氢 -EC 变化曲线

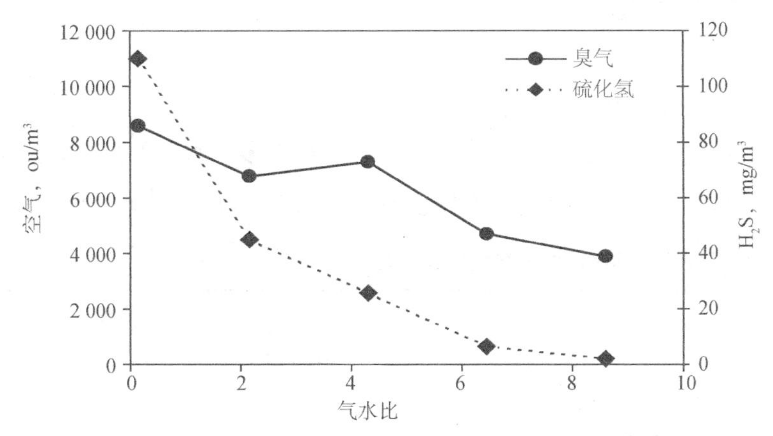

图 10.2　生活污水和工业污水混合后的 OEC 和 H_2S-EC 变化曲线

因此，OEC 法可以探测敏感区域，并有助于在污水处理系统和污水处理厂本身设计中采取适当的措施。

10.3.2.3　现有工艺改造

当原厂区扩建时，新建部分需确定合适的臭气排放流量。若一个污水厂需重新设计和扩建，需要对新建设施和现有设施分别采用不同的除臭措施。

例如，当扩建污水处理厂时，生物处理部分的负荷（例如好氧池负荷）会降低。众所周知，低负荷的池体产生较少的恶臭气体，因为低负荷生物处理过程比高负荷的反应更加完整，所以恶臭气体的排放量会降低。

10.4 我们要预测什么

10.4.1 初步评价

我们已经注意到，需利用数据预测厂内不同臭气来源所释放的恶臭气体排放量。

这些数据在表 10.1 内，数据在使用前需仔细研究各自环境条件下相关排放规律。至少，对于现有厂区和扩建厂区都需进行必要的检测。

此外，专家必须将自身的工程经验运用于预测中，包括对过低和过高臭气排放浓度的影响进行评估（见上文，仔细判别不同种类恶臭的来源及人对不同恶臭气体的反应的不愉悦度。

10.4.2 测量结果论述

结合上文提到的相关内容，我们把近年来对许多污水厂的测量结果进行了汇总。表 10.1 展示了不同污水厂内不同区域的恶臭气体测定结果（Frechen，2000）。

表 10.1 污水处理厂不同区域中恶臭气体流速表

厂内区域	恶臭气体的流量	
	从 ou/（m^2h）	至 ou/（m^2h）
污水进水渠表面	200	1 200
曝气沉砂池	500	20 000
隔油池	2 000	40 000
格栅	1 000	5 000
从隔油池分离出的油脂	1 000	15 000
从曝气沉砂池去除的砂粒	1 000	6 500
初沉池表面	500	4 000
初沉池堰口	500	5 000
曝气池厌氧区	850	3 000
曝气池缺氧区	600	2 000
曝气池好氧区	300	1 700
二沉池	150	500
滤池	100	200
初沉污泥浓缩区	12 000	35 000
浓缩后污泥	500	5 000
脱水后污泥	600	16 000

需补充说明的是，表 10.1 所给出的数据范围，是一个运行稳定且没有工业污水合流，同时无其他特殊情况处在“正常范围”污水厂的。在特殊情况下，数据会超出表 10.1 罗列的统计范围，在某些地点的测量值可能低于表内下限值或者高于表内上限值。

以下是关于表 10.1 中所涉及的不同区域及未涵盖区域恶臭污染源的重要说明：

● 影响区域（包括泵站、格栅、曝气沉砂池和隔油池），恶臭气体的排放量取决于厂内实际情况和工艺设计，即是否有滤液、污泥液、化粪池上清液和其他排入厂内上述区域中——臭气浓度测量值高达 75 000 ou/（m^2h）。

● 隔油池和油脂储存设施：厂内的运行和维护情况直接决定了臭气浓度值是否存会更高。

● 格栅和进水泵房内部：在自然通风条件下无法大幅减少臭气排放总量，测量结果范围从 50 ou/m^3 至 400 ou/m^3。注：臭气浓度测量值高达 6 700 ou/m^3。

● 雨水池：在常规条件下，在丰水期时，臭气排放量可能略低于初沉池。一年当中其余时间根据实际设施安装和运行情况，臭气浓度波动较大，可能低于零也可能超过 1 000 ou/m^2h。

● 厌氧除磷生物池：测定值约在 15 000～50 000 ou/（m^2h）。

● 初沉池：良好的运行管理可避免污水表面高浓度恶臭气体的排放，详见第 4 章。

● 二沉池：除非在极端情况下否则不会安装除臭措施，二沉池的臭气排放属于“高流量、低浓度”的类型。通常情况下，将其设定为零排放或最高排放浓度的 50% 范围内都是合适的，二沉池后续的深度处理单元也可以参考二沉池。

● 除臭装置：根据德国在 1998 年颁布的《除臭法令》中的建议，如果生物过滤器“正常运行”，并同时满足小部分限制条件，此类生物过滤器可当作零排放过滤器，“指令”未提及其他除臭技术。除臭装置作为“高流量、低浓度”的排放源，正常运行与否直接关系到恶臭气体的减排情况。

污泥处理装置的恶臭气体排放都与所使用的工艺和运行情况密切相关。污泥处理的多个步骤中加热处理会产生强烈的恶臭气体（污泥液具有较强的恶臭排放能力）。化粪池中的污泥也存在同样问题。此外，一些污泥调理剂的使用，如添加石灰，可能带来一些特殊问题。初沉污泥的处理对于恶臭气体排放至关重要。

污泥脱水设施内部，在自然通风条件下，检测结果在 20～400 ou/m^3 范围内。脱水机房附近，测定值快速上升，达到 1 000 ou/m^3（污泥稳定之后）或高达 16 000 ou/m^3（污泥热处理之后）。因此，排风系统必须考虑到这种情况（构筑物内部释放源）。

对于初沉污泥的调理，若添加石灰后污泥没有得到充分稳定，臭气排放浓度可达到 74 000 ou/（m^{2}h），测出的氨氮排放浓度也高达 9 000 mg 氨 /（m^{2}h），然后随着污泥慢慢沉淀矿化，浓度逐渐降低。但污泥层被机械设备搅拌后，排放量会再次增加。污泥储存池的污泥被机械搅拌一周以后，排放量分别高达 280 000 ou/（m^{2}h）和 1 200 mg 氮 /（m^{2}h）。

若打开污泥消化装置的顶部仓盖，污泥消化液或者消化污泥所释放的臭气排放量会在较大的范围内波动。但由于排放位置较高，一般不会被运行人员察觉。

10.5 质量控制

必须对预测结果的现实准确性和相应的成功减排措施进行质量控制。

除臭工程的成功取决于专家对实际情况的调研和预测结果，以及相应的工程建议。

如前文所述，质量控制可以通过对当地居民进行问卷调查的形式来实现，如 VDI 准则 3883（1993，1997）中所述；也可通过实地走访来检验，亦如 VDI 准则 3940（1993）中所述，这都是必要手段。除臭工程的高效可持续运行还包括后续定期使用大气扩散模型，追踪臭气排放的影响。这些不同的方式有各自的优势。

实地走访或调查问卷的优点在于可将复杂地形和地理扩散条件等无法体现在扩散模型计算中的特殊情况都囊括其中。但这可能存在一个缺陷，即实地走访期间（通常是半年或一年）或调查问卷期间受到当地的实际气象条件影响。

在投运后，需执行监测方案来定期检测除臭设施的有效性。可能存在某些未被发现的短板或者专家预测所忽略的漏洞。

最后，质量控制需由独立工作组完成，即不能由执行预测的专家来完成。

10.6 参考文献

Determination and Assessment of Odour Impact-Directive on Odour (1998). *The States Commission on Environmental Impact Control, Germany*.

Frechen, F.-B. and W.Köster (1998) Odour emission capacity of wastewaters-standardization of measurement method and application. *Water Sci. Technol.* **38** (3)

61-69.

Frechen, F.-B. (2000) Overview over olfactometric emission measurements at wastewater treatment plants. *IWA Specialist group on Odours and Volatile Emissions, Newsletter No. 3, September 2000.*

VDI-guideline 3883 part 1 (1997) Effects and assessment of odours - Psychometric assessment of odour annoyance - questionnaires, *VDI-handbook 011 Air Pollution Prevention*, Vol. I.

VDI-guideline 3883 part 2 (1993) Effects and assessment of odours - Determination of annoyance parameters by questioning-repeated brief questioning of neighbour panellists, *VDI-handbook on Air Pollution Prevention*, Vol. I.

VDI-guideline 3940 (1993) Determination of odorants in ambient air by field inspections, *VDI-handbook on Air Pollution Prevention*, Vol. I.

第11章 使用硫化氢测量值制作的臭气分布图

约翰·霍布森（John Hobson）
龚杨（Gong Yang，音译）

11.1 引 言

最简单的硫化氢（H_2S）测绘是在污水处理厂内和周边区域进行大量 H_2S 测量并使用表面轮廓技术（面等高线法）生成不同浓度值的 H_2S 分布图。

该技术由英国水研究中心（WRc）在 20 世纪 80 年代后期开发并首次使用。同时，便携式 H_2S 测定仪的测量精度从使用基于电化学电池方法的 1 ppm（百万分之一）快速提升到使用镀金膜传感器技术的 1 ppb（十亿分之一）。虽然前者无法满足污水处理厂内部和周围开放环境中的 H_2S 浓度测量的精度要求，但后者的高精度优势明显能满足相关需求。

分布图的作用只是辅助解释数据，利用 H_2S 浓度制作分布图是污水处理厂臭气排放问题的第一个可视化案例，不仅在探究恶臭造成的不良影响方面非常有帮助，还可帮助查找其本质原因。对于研究污水处理相关的恶臭气体的排放规律，这些等高线图具有很高的价值和较强的客观性。

后来在此基础上，又开发了其他技术量化恶臭气体的排放——最主要的是官能测定法，这凸显了臭气污染源排放量的重要性，同时应用扩散模型可在大范围内展示恶臭气体排放的可视化影响。目前，污水处理领域，对于是仅通过测量 H_2S 浓度还是基于官能测定法对臭气的排放进行量化，存在相当大的争论，在本章中，我们将证明 H_2S 浓度等高线图是一种有价值的工具，其在量化臭气污染影响和排放源头治理中起着重要作用。

11.1.1　为什么选择硫化氢

H_2S 是在厌氧条件下由有机物降解产生的一种恶臭气体，通常由水中的含硫有机物质和无机硫酸盐还原形成，产生硫化氢时也会生成一系列恶臭化合物（见表 1.1）。最常见的是含硫类有机物是甲硫醇、二甲基二硫醚，同时还有胺类、挥发性脂肪酸和蛋白质分解产物如吲哚和粪臭素等。因此，H_2S 是造成难闻的恶臭气味的主因，同时充当了一系列衍生恶臭化合物的底物。

上述一系列恶臭化合物中最合适绘制臭气分布图的是可使用便携式测量装置测量，且检测浓度与检测限值又最高的恶臭气体。H_2S 的极限浓度在 0.5 ppb 范围内，使用便携式 H_2S 分析仪可测得接近 1 ppb 的测量精度，大气中 H_2S 的背景浓度值水平通常在 1～2 ppb 的范围内，其浓度经常伴随污水处理衍生恶臭污染物同时升高。

11.1.2　绘制硫化氢分布图的目的

分布图是一种非常有价值的数据可视化方法。在臭气和硫化氢存在的情况下，还具有额外价值，仅测量 H_2S 的浓度无法判断是否与臭气相关。这是因为受到背景浓度值和来自道路交通所排放的 H_2S 影响，只有当 H_2S 浓度升高至可清晰地追溯到污水处理相关的来源时，才能显示其作为污水恶臭气体标记物的全部价值，这才需要绘制分布图。

11.2　制作硫化氢分布图的准备工作和细节

绘制 H_2S 分布图的准备工作包括：

（1）计划；

（2）数据采集；

（3）使用表面轮廓技术软件包；

（4）解释说明。

11.2.1 计划

理想情况下，H_2S 分布图将尽可能快速并详细描述污水处理厂内和周边区域的 H_2S 浓度。但使用便携式 H_2S 测定仪进行测量需要花费一些时间，通常每次读数需要 20～30 s，必须在完成调查所花费的时间与可以进行的测量次数之间进行权衡。

制作 H_2S 分布图，需求如下：

（1）1 台对 1 ppb 或尽可能低的浓度具有敏感性的 H_2S 监测仪；

（2）风速计；

（3）温度计；

（4）高质量现场地图或区域平面图；

（5）适当初步现场调查；

（6）规划采样点的选择；

（7）表面轮廓技术软件包，地理信息系统（GIS）或具有相似功能。

在工作计划内准备矩形网格的采样点，网格应沿着污水处理流程的主轴定向，通常是呈直线的，网格每侧具有 6 到 10 个点，理论上最好均匀布置。但实际数量可根据实地情况灵活布局，在水面附近尽量少布置采样点，可在附近区域增加采样点进行补充。总体来说，所规划的采样点在 50 至 80 个范围内。

在准备绘制 H_2S 分布图时，需注意导致 H_2S 浓度升高的厂外气流与背景浓度值。在完全融合前应置于下风向和横风向，在规划采样点时，应给出一些厂外测量的措施。通常在污水处理厂周围做到 100% 的预测并不容易，同时对于风向的预测也颇为困难。因此，事先准备预测场外气流显得十分必要。

11.2.2 数据收集

在监测开始和结束时，应注意风向同时监测风速与空气温度。如果存在现场气象站，可直接获得这些数据，或者使用基于风向标或热线风速仪的专有检测装置。记录到最大风速，并参照场地平面图记录方向（可以使用指南针）。此外，根据扩散模型的输出结果，同时估算大气稳定性等级以及云量百分比，这是一种较好的做法。

为了进行调查，应记录每个采样点至少两次的检测数据，最好是三次 H_2S 测量读数。采样应尽快进行、完成并记录，采样期间可采用多个读数，这主要有以下两个原因：

（1）对该区域硫化氢浓度升高的水平给予更好的观测解释；

（2）增加测量次数可以发现污水中不同的恶臭气体种类。

采样调查中可能会包含某些主观因素，但事先制作好地形图和正确科学地解释就能克服主观性干扰。同时，某些客观因素可能会影响调查时获得的数据质量。在某些时段，污水厂所产生的硫化氢浓度会非常低（在英国尤其如此）。若完全遵守网格采样，可能错过这些硫化氢浓度小幅上升的区域。由于季节等因素变迁，在某些区域硫化氢浓度会时高时低，展现较大的波动，识别它们是非常有价值的。

需要额外的检测读数的另一个原因在于，表面轮廓技术软件包（第 11.2.3 节）会在实际测量值之间进行插值。通常软件包会以对称的方式进行插值，因此会出现恶臭气体从排放源上风向处扩散的情况，浓度变化包含不同的影响因素，在上风口采取额外的读数来观测浓度从高值到背景值的变化具有特别价值。

若遵循监测规范，则应在所有过程的逆风处设置采样点进行读数。这将需要检测有代表性的背景值浓度，背景值浓度在不同采样点之间会发生变化，即使在同一地点也会随时间变化。若无法获得具有代表性的背景值浓度，则应在采样点的上风处进行额外读数。

应尽量避免在污染源内部或附近区域记录非常高的浓度值。例如在半封闭污泥井周边，可能不具有显著的 H_2S 排放量。但在污泥井内，高浓度的硫化氢可以逐渐积累（方框 11.1）并导致入口 1 或 2 m 范围内的读数极高，解释与羽流无关的极个别的高值无意义。

安全注意事项

H_2S 是一种剧毒气体，在浓度超过 600 ppm 时致命，在浓度超过 1 000 ppm 后迅速致死（Irving，1984）。在臭气浓度非常高的区域，职业接触限值（OEL）为 10 ppm（Health and Safety Executive，2000），即使在有异味的污水处理厂中，浓度超过 1 ppm 也极为罕见，排水主干管的进水或某处理工段的污泥或污泥上清液通过某些构筑物引起湍流导致 H_2S 释放出来，露天浓度可短暂地接近 OEL，但不太可能造成危害。同时，有限空间中的 H_2S 浓度可升至几百 ppm 或迅速达到致死浓度。任何进行 H_2S 检测的人员都应该了解密闭空间中 H_2S 的危害，进行 H_2S 测量时，若没有适当的培训和设备，切勿进入密闭空间。

11.2.3 表面等高线

许多商业软件包可用于生成 H_2S 浓度的等高线图（表 11.1），具体细节取决于所使用的软件包。

表 11.1 商业化软件包列表

软件包列表和获取地址	备注
NAG 库 Fortran 程序	第一种方法用于连接到 Fortran 程序的等高线程序
ARCINFO™（www.esri.com/software/arcinfo/index.html）	在 PC 电脑占据主导地位之前，最初用于工作站的 GIS 软件包
MAPINFO™（www.mapinfo.com）	用于 PC 电脑的 GIS 软件包
SURFER™（www.goldensoftware.com）	包含 GIS 功能的一些软件包

ARCINFO ™、MAPINFO ™和 SURFER ™的巨大价值在于可处理各种数据格式，并接受多种格式的现场平面图或地图。若选择高质量的平面图或地图，H_2S 等高线图的质量会大大提高。使用地图时，应先确定从版权所有者处获得许可。

近年来，研究人员在个人计算机上使用 SURFER ™软件包，与大多数其他软件包类似，这个软件包可以使用三维坐标——x-距离，y-距离和 z-H_2S 浓度形式的数据。但比较繁琐的是必须要测量所有点的 x 和 y 值，然后输入。大多数软件包也接受网格形式的数据，比如 z 值（H_2S 浓度）的数据矩阵，但这种特定格式的矩形网格，由于上述原因，并不是常态。

若使用电子版的现场平面图，SURFER ™软件包和大多数 GTS 软件包将允许以下列方式输入数据，打开现场平面图后使用鼠标定位数据点，输入 H_2S 浓度，具体步骤取决于所使用的软件包。通过这种方式，可以自动创建可保存的三元文件。如果进行重复测量，使用基本相同的采样点，并建议使用标准编辑或文字处理包编辑保存的数据文件，就可以快速地输入新的 H_2S 浓度。

使用此方法可获得单个 H_2S 浓度等高线图，通常需要调整轮廓的数量和间距以产生最丰富的信息，建议最低轮廓应比背景浓度高 1 ppb。背景浓度中包含了等高线的基值可能会产生极其混乱的结果，一组合适的基值（ppb）可能是 2、3、4、6、8、10、15、20、30、40 等，但这可能需要根据检测到的浓度值进行调整。

SURFER™ 包含一个设置不对称或方向偏差的选项，来确定从数据起点开始的衰减水平。可使用此项功能来限制污染源上风向 H_2S 浓度明显扩散的趋势，从而减少对排放源的上风向额外读数的要求，然而作者尚未在实践中应用这个选项。

11.3　硫化氢监测和干扰

H_2S 分布图的绘制通常使用便携式 H_2S 检测器制备，例如 Jerome 631-X H_2S 分析仪（Arizona Instruments，USA），使用镀金膜阻力监测技术。有关 H_2S 测量的详细信息和 H_2S 仪器的商业制造商列表，请参阅第 6 章。

便携式镀金膜检测器通过在镀金膜上读取待空气样品（通常是环境空气），引起其电阻增加来工作，因此，便携式镀金膜监测仪可以检测出烷基硫醇（硫醇）和二烷基二硫化物和多硫化物，灵敏度约为 H_2S 和其他含硫有机分子的三分之一（见表 6.3）。在某些方面，这不是缺点，反而被视为一种优势，制作 H_2S 图的主要目的是对恶臭气体从污水处理厂产生和扩散进行直观表示，这些硫化合物也是在腐败条件下从污水和污泥中产生的，具有极高恶臭气味，即使其他含硫有机物质可能导致 H_2S 响应存在不确定性，H_2S 图仍能提供良好的恶臭气体分布情况。

通常 H_2S 是从腐臭污水和污泥中排放的主要物质，添加铁盐或提高 pH 值等方法，可用于降低溶液中未电离的 H_2S 浓度，导致有机硫化物浓度超过 H_2S，这种现象也存在于生物和化学除臭设施中。

目前，一些国家的监管机构和政策制定者正在考虑制定污水处理厂的硫化氢标准。若 H_2S 测量值需承担法律责任，在与其他恶臭物质反应后所衍生的不确定性则不利于相关标准的制定。

基于化学性质，H_2S 总有一个背景值。农村地区的这一数字可能低于 1 ppb（亚利桑那仪器公司曾经生产过符合 WRc 标准的灵敏度为 0.1 ppb 的仪器，但未大规模应用），一般在 1～2 ppb 范围内。这种背景数值大部分是由于道路交通的排放。如在某年 1 月 1 日的罗马，经过长时间的高压和微风条件，H_2S 的背景值水平为 6 ppb。有趣的是，此背景浓度值与 H_2S 没有关系。这与作者的经验形成了鲜明的对比，即使 H_2S 浓度仅比本底值提高约 1 ppb，且与污水处理的来源明显相关时，污水厂所引起的臭气就已被感知。H_2S 的主要价值是作为恶臭气体的象征指标，并非作为恶臭来源的主要成分。只有 H_2S 分布图可以清楚地证明 H_2S 浓度与污水处理相关来源之间的关联。

图 11.1 展示了在污水处理厂附近一采样点进行连续 H_2S 监测的昼夜变化结果。可能反映了道路交通活动的总体水平。同时记录了风向，由于风向的原因，极少数的短暂的 H_2S 峰值的产生不是污水处理设施造成，这些峰值可能是附近道路上公路车辆的尾气造成的。分析表明，臭气的检测可能与从厂区吹来的风有关，但 H_2S 浓度与气味的检测无关，也与风向无关。类似的结果使人们对连续监测硫化氢的价值产生怀疑，当时英国和其他国家正准备推出新污水处理臭气检测方案，H_2S 分布图可以更好地预估污水处理厂臭气对周边环境所产生的影响，争论根本原因在于污水腐化产生的恶臭是会变化的，由于 H_2S 分布图是在几个小时内采集数据，因此很容易错过污水处理厂中恶臭排放较高的时期，解决这一难题的唯一方法是使用大量现场监视器，这些监视器将生成频繁的 H_2S 分布图，这在当时是不切实际的。

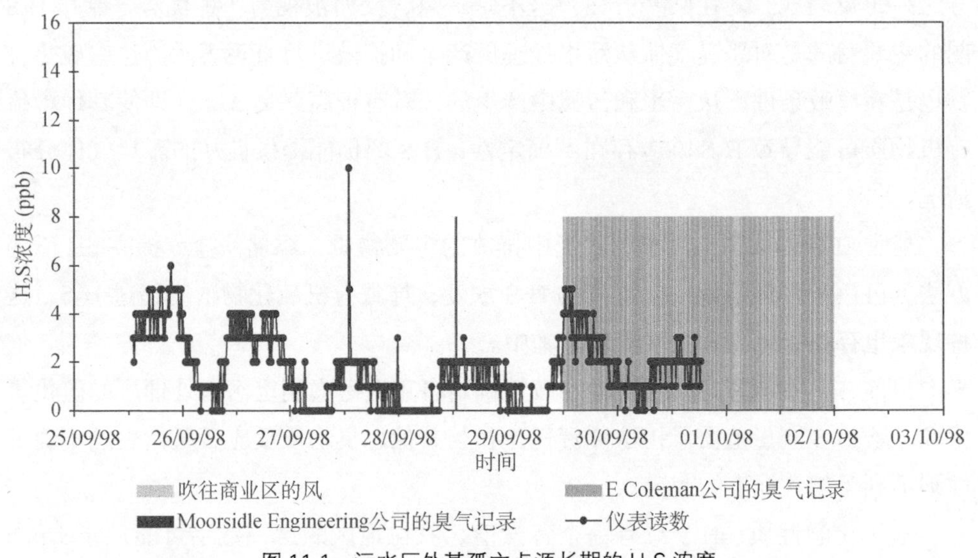

图 11.1　污水厂外某孤立点源长期的 H_2S 浓度

这个难题强调了排放源量化的价值（无论是以 mg/s 为单位的 H_2S 排放还是以 ou/s 为单位的恶臭气体的排放计），以及使用扩散模型来估算各种条件下的影响。即便如此，H_2S 分布图仍然是评估恶臭影响的最佳形式。

11.4　硫化氢分布图说明

简单来说，H_2S 分布图几乎不需要解释。在绘制期间，要首先确认 H_2S 的本底值，因此，该图显示了所有硫化氢浓度升高的区域，通常，这些硫化氢浓度升高的区域都可以追溯到其特定来源，偶尔厂界外孤立的点源突然升高可能与具体的污水处理厂无明显关联，不应该断定此类情况的升高是污水处理厂造成的。

H_2S 分布图实际上是一个高效的快速照片。虽然长时间暴露，但对一个地点的长期臭气影响很小，由于调查期间的风向通常会保持恒定，而大多数厂外区域不在厂区的下风向所以不会受到任何影响，恶臭分布图所示的影响仅仅起到指示作用，可以合理地假设当风吹向另一个方向时，这个方向上恶臭气体对其影响是相似的。

对于污水处理厂的管理人员，可使用 H_2S 分布图对污水厂的恶臭来源的重要程度进行排序，通常，H_2S 分布图将显示出来自不同区域的一系列羽流分布情况如下：

（1）进水区；

（2）初沉池；

（3）储泥池；

（4）污泥处理区。

二级处理区域的臭气相对较少，但以活性污泥法为主的污水厂的进水区域，当中的污水已经厌氧腐败，其臭气浓度非常高。

在评估恶臭来源的重要程度时，首先就绘制 H_2S 羽流排放源处的峰值是错误的。峰值取决于许多因素，排放源的大小、大气扩散程度及距源头的距离，对于通风条件较差的区域需特别注意（见第 11.1 节）。羽流排放源头的浓度是一个次要的因素，与排放源浓度相关性最高的是羽流的面积而不是 H_2S 高于本底值的程度。

图 11.2 展示了现场 H_2S 分布图的案例，二级处理区域没有 H_2S 产生源，曝气池下风口的浓度明显升高是由于模拟软件包允许逆风扩散。初沉池 H_2S 浓度明显上升，进水区域的浓度进一步小幅增加，污泥池的又有较大增幅。在热电联产构筑物内仍然继续增大，可能是消化产生的气体泄漏造成的，即使这样也不像初沉池那么大，当风从东边或西边吹过时，在此展开 H_2S 调查效果会更好。这可以更好地分辨臭气的来源，在图 11.2 的下风向，厂界区域仍然存在明显的硫化氢浓度梯度。

图 11.3 显示了相同采样时间段内所制作的厂外分布图，虽然 H_2S 羽流并没有从这个图的直线得到完美的延伸。但很明显，H_2S 的大量羽状流延伸至厂界南

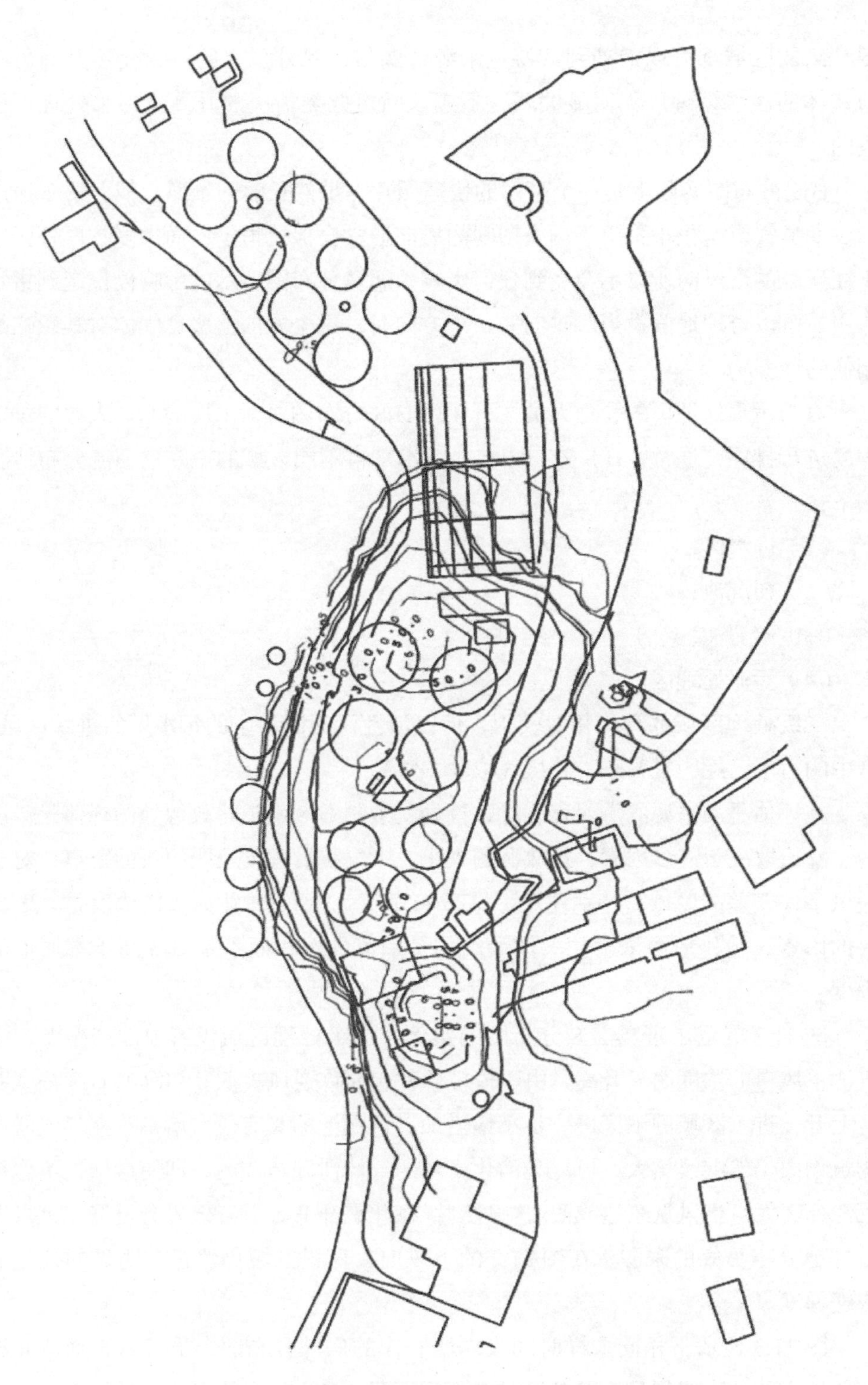

图 11.2　利用现场测定的 H_2S 数据绘制的 H_2S 分布图

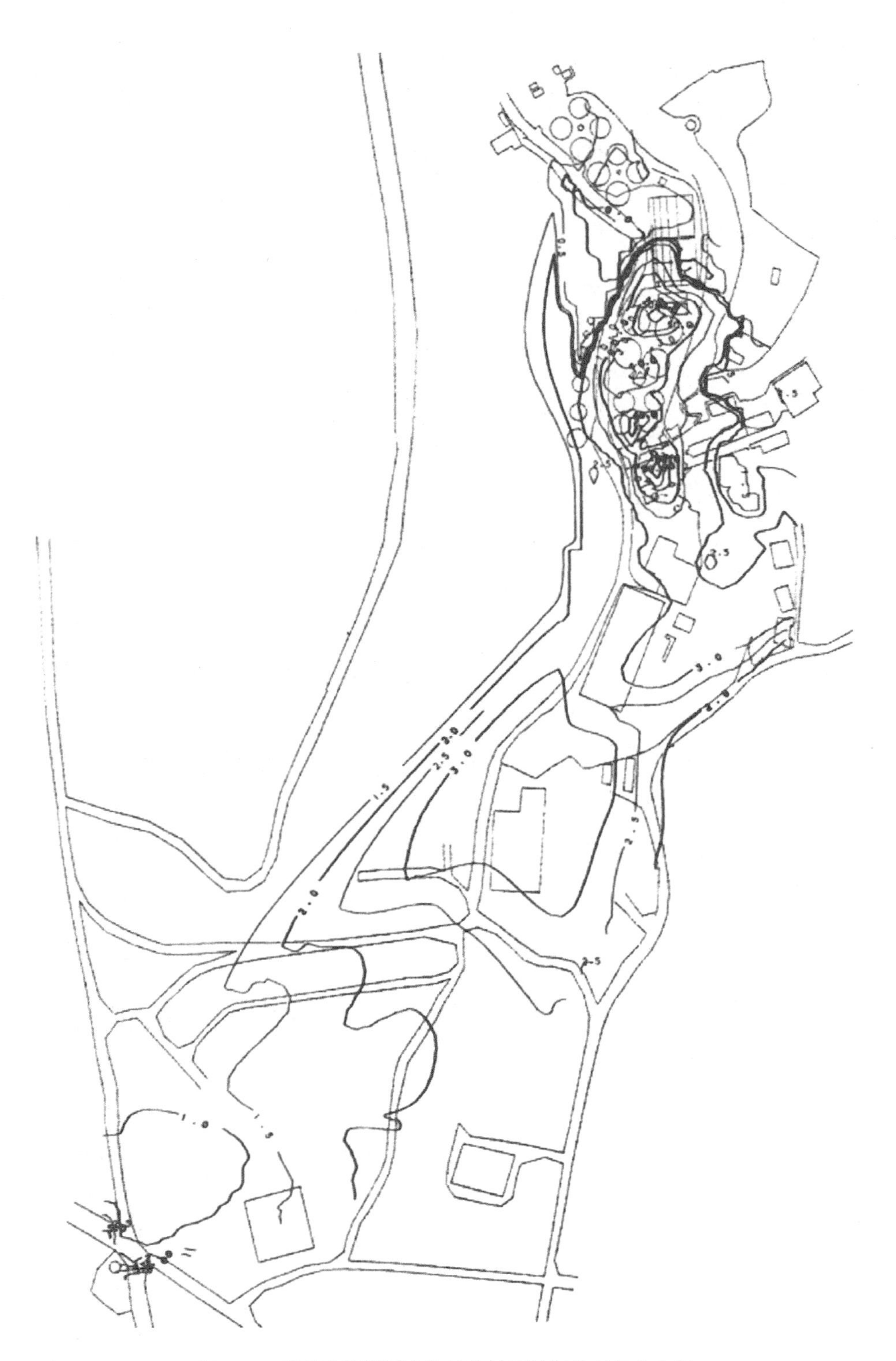

图 11.3　利用非现场测定的 H_2S 浓度绘制的 H_2S 分布图

部500米处，与厂内排放直接相关，如果H_2S浓度值高于背景值1～2 ppb以上，则会产生不利影响，西南角是H_2S浓度小幅升高的区域，这似乎与厂内排放无关，很可能与西南角十字路口的道路交通有关。

图11.2和图11.3举例说明了恶臭气体可能对厂界产生重要影响的问题，同时推断出厂区周围人群会受到的潜在影响。通过恶臭气体一系列的潜在影响（参见第11.5节）以及H_2S浓度水平可以判断初沉池排放的硫化氢的产生原因：

（1）进水厌氧腐化；

（2）回流上清液厌氧腐化；

（3）污泥在初沉池内停留时间过长厌氧腐化。

11.5 硫化氢分布图的其他用途

H_2S分布图可以用来校准扩散模型，这样的做法相当罕见，特别是在结果并不令人满意时，低于预期的主要原因如下：

（1）虽然可能需要一两个小时才能完成H_2S分布图的解读，但个别的解读几秒钟内就能完成，这些短期测量值相比扩散模型输出的时平均值存在更多变数，H_2S分布图通常比扩散模型计算结果更精细。

（2）H_2S分布图中羽流通常要比扩散模型中消失得快得多，扩散模型可以允许因为存在特定的大型建筑物导致的其他湍流和混合，但城市构型与小型建筑物以及污水处理厂本身的原因引起的一般湍流、混合和衰减则无法在建模中体现。

（3）对于污水处理过程而言，很难确定以mg/s H_2S为单位计量的准确性或真实反应恶臭源强度，但这些强度值却可作为任何扩散模型的基本输入数据，其输出值与排放源的直接预估相比并不可靠。

图11.4显示了H_2S分布图和扩散模型的输出图的差别，使用WRc STOP模型估算H_2S的排放速率，通过风洞建立了物质的传质关系（Yang and Hobson，1998）。该H_2S图显示，来自初沉池的H_2S羽流两者具有相同的强度但比扩散模型模拟的结果递减更快，同时在二级处理区域也观察到了H_2S痕迹。这在扩散模型中是没有的，同时在H_2S分布图中发现了该厂区西南方H_2S羽流，分布图底部未标记的区域浓度为5 ppb，该羽流由封闭点源产生，其排放率通过直接测量获得。

H_2S分布图可用来校准扩散模型，同时可以用于评估排放源的强度，图11.5显示，在点源的下风处测得的一系列H_2S数据，分布图上通过采集大量数据使其

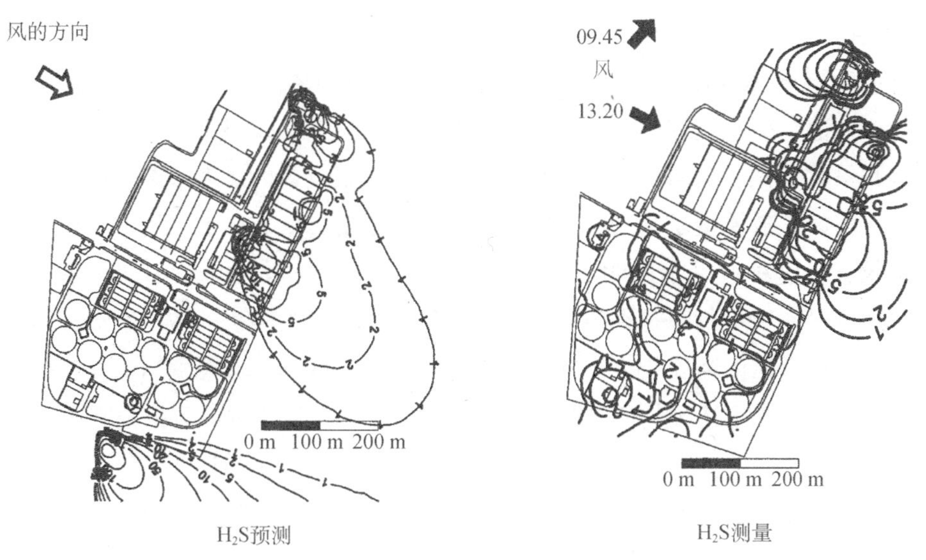

图 11.4　H_2S 分布图和扩散模型计算导出的图形

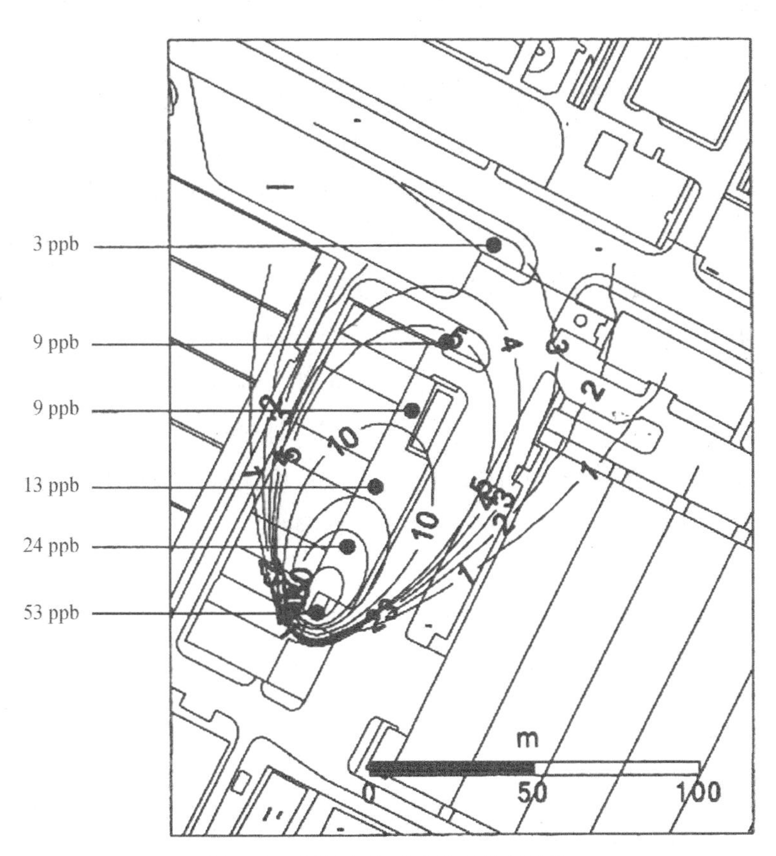

图 11.5　通过 H_2S 分布图量化污染源

范围更广，利用扩散计算以对该排放源进行建模，通过反复测试和修正，直到获得排放源强度最佳拟合结果。最佳拟合结果如图 11.4 所示，最后此拟合值作为最佳评估值，拟合过程中存在的问题是实际的羽流中心线很少是完美的直线，在进行测量时，允许横向移动测量来获得距离下风某位置的最大浓度并标记在中心线上，多数扩散模型是基于一段时间内的平均浓度，但实际上大气浓度在短期内波动较大，这种波动幅度明显大于羽流中心线的横向移动导致的变化幅度，在进行测量时，很难判断是否随羽流中心线移动还是仅为随机的短期波动，图 11.5 中计算所得预估值为 59 mg/s，而直接测量值为 95 mg/s，考虑到当前臭气排放区域的量化状态，上述预估值与测量值的差别较小，在模型内的可控范围内。

还有一个提高 H_2S 分布图价值的方法，是通过测量来描述恶臭气体的潜在污染排放源（Hobson，1995）。即通过给水样曝气后检测空气当中的臭气强度，用 ou/ m^3（CEN，1999）来表示。在对污水处理厂的恶臭问题进行诊断调查时，很有必要测量恶臭潜在排放量。Yang 和 Hobson（1998）描述了使用传质关系和臭气排放潜能来直接估算污水处理过程中的恶臭排放速率，测量任何废水的臭气排放潜能时都要测量空气中 H_2S 浓度，类似的传质关系允许将其转化为该废水的特定工艺单元的 H_2S 排放速率。得到臭气排放潜力（ou/m^3）及其相关的 H_2S 值（ppb）两种测量结果后，比率将适用于与该特定废水相关的所有臭气的排放情况，该比率可用于估算与特定来源密切相关的任何 H_2S 浓度的臭气强度，将 H_2S 分布图以这种方式转换成臭气浓度图。在实践中不建议转换，因为臭气排放潜能与臭气浓度和 H_2S 浓度之间的比率将随着污水流过不同的处理工艺构筑物而改变，来自不同来源的 H_2S 羽流，在存在不确定性、难以确定合适的比值时才应进行必要的转换。尽管如此，H_2S 分布图还是可用来预估大气中的臭气水平。（理论上用于估算空气随机样本中 H_2S 浓度与臭气浓度比例，但利用嗅觉测量法所得的臭气浓度很少高于背景值，这使得解释非常困难。）

该技术可用于解释除臭设施直排大气时的 H_2S 分布图，在这种情况下，臭气浓度与 H_2S 浓度比值可直接在空气测得，同样可用于（在研究厌氧消化排放的臭气）测量 H_2S 与甲烷比率和臭气浓度与甲烷比率。

11.6 结 论

在将污水处理相关的恶臭问题进行可视化和量化时，首先是要制作 H_2S 分布图，其在恶臭问题定量化和溯源方面极其实用。H_2S 分布图的优势在于其具有简洁性，特别是近期开发的兼有绘制等高线图和可视化功能的软件。H_2S 分布图主要缺点在于不能反映出污水处理产生的所有恶臭气体，特别是来自二级生物处理的恶臭问题。当恶臭问题在 20 世纪 80 年代开始成为公众投诉的主要问题时，大多数臭气危害事件的产生都与进水厌氧（包括初沉池中的厌氧反应）和污泥处理有关。

H_2S 是臭气的较理想代表物质，如果腐败问题和污泥臭气可以控制和处理，则污水厂内中最大的恶臭源是二级处理过程，生物处理工艺依据物质传递的原理设计，除臭标准要求二级处理过程需要加盖。此时，H_2S 分布图的价值不大，部分人认为本质上生物二级处理散发的恶臭并不严重，不应采用相同于控制污泥臭气的措施，政策制定者和执法者若能够理解这些限制，H_2S 分布图便可更好地发挥重要作用。

11.7　参考文献

CEN (1999) Air quality-Determination of odour concentration measurement by dynamic olfactometry. Draft prEN 13725, European Committee for Standardisation, Brussels.

Health and Safety Executive (2000) *Occupational Expos1lre Limits* EH40.

Hobson, J. (1995) The odour potential：a new tool for odour management. *J. Chart. Inst.Wat. Enviro. Manag.* **9** (5), 458-463.

Yang, G., and Hobson, J. (1998) Validation of the wastewater treatment odour production (STOP) model. *Proc. 2nd CIWEM National Conference 011 Odour Control in Wastewater Treatment*, London.

Irving Sax N. (1984) *Dangerous properties of Industrial Materials*. Van Nostrand Reinhold Company.

第12章
扩散建模

彼得·戈斯特洛（Peter Gostelow）
西蒙·A. 帕森斯（Simon A. Parsonsa）
阿伦·麦金太尔（Alun McIntyre）

12.1 引　言

到目前为止，本书已涉及恶臭化合物所引起的危害和这些化合物由液态到气态的变化。这就需要一个最终的参数来确定臭气危害的程度，即对恶臭气体从源头到受体传播的路径描述。受体是指离恶臭污染源有一定距离的接收点，通常是指地面或者接近地面，大概距离地面 1.5 m 的高度，对大多数成年人来说是接近鼻子的高度。

当恶臭气体排放到大气之后，有两个重要因素决定随后的扩散路径：风速和风向及大气稳定度。首先，风向决定了传播的方向，风速和大气稳定度都会影响气体的湍流程度，湍流程度增加使得气体更好地混合，并使气体扩散范围随之增大。湍流程度会随着风速同步增加。因此常规条件下，当风速较高时，臭气浓度会比较低。

12.1.1　大气稳定度

大气稳定度（Atmospheric stability）是指叠加在大气背景场上的扰动能否随时间增强的量度，受到周围空气和绝热递减率的影响。[1]

环境递减率是大气温度的垂直分布，通常每升高 100 米，空气温度下降 0.65℃。

然而，经常会出现与平均值存在偏差的情况。图 12.1 展示了逆温现象的梯度案例。[2] 在此，存在一个“逆温”层，由于地面温度低，空气的温度随着高度的增加而升高，随后再随高度增加而下降。这是冬季常见的情况，通常与空气质量有关，是由于地面释放的污染物被困在逆温层内。

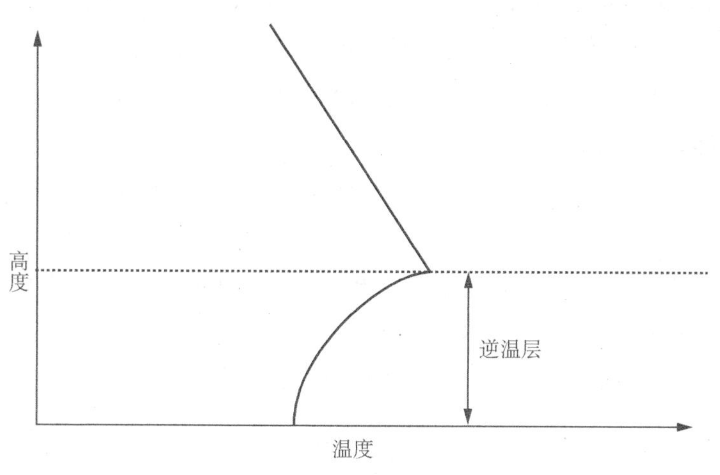

图 12.1　逆温梯度

由于空气中的热交换条件较差，上升的“空气团”以不同于其周围大气的速度冷却（环境递减率）。上升的“空气团”的冷却速度称为绝热递减率。绝热过程是一个绝热体系的变化过程，即体系与环境之间无热量交换的过程。该过程不受外界热量上升或下降的空气的状态（温度、压力、密度）的改变。若空气团被

[1] 空中某大气团由于与周围空气存在密度、温度和流速等的强度差而产生的浮力使其产生加速度而上升或下降的程度。大气抑制空气垂直运动的能力，称为大气稳定度——译者注。

[2] 逆温并不一定是随高度增加，温度递增的。只要随高度增加，没有像正常情况一样递减，都算是逆温现象——译者注。

压缩，则温度就会升高。相反，若膨胀，温度就会下降。大气压力会随着高度增加而降低。因此，若空气团高度上升，就会因为压力的降低而膨胀，导致温度下降。对于干燥空气，绝热冷却速率约为每上升 100 米，温度下降 1℃。

绝热递减速率受大气湿度影响。水蒸气凝聚释放热量，延缓了温度的下降，因此湿空气的绝热递减速率小于干空气。

空气团的上升与否取决于它的密度。如果一团空气的密度小于周围空气的密度，那么这团空气就会上升。当它上升时就会膨胀和降温。只要它的温度高于周围空气，它就会继续上升。这是基于绝热递减率必须大于环境温度递减率。正是这两种递减率之间的差异决定了大气的稳定性。

12.1.2 P-G 稳定性等级

大气稳定度可通过 Pasquill-Gifford 稳定性等级（表 12.1）进行描述。稳定等级为六项（A–F），体现了大气的扩散程度。通常污染物在大气中扩散是由 A 减少到 F。Pasquill-Gifford 稳定等级可通过使用表 12.2 和表 12.3 来确定。适当等级的日照可以由表 12.3 确定。

Pasquill-Gifford 稳定等级是对大气稳定性简单且粗糙的描述方法。现今的色散理论已从离散的稳定等级进化为更基础的稳定等级描述。莫宁–奥布霍夫长度（Monin-Obukhov length）是大气边界层内、近地面层的一个长度参数，用以表征湍流切应力和浮力对湍动能贡献的相对大小。莫宁–奥布霍夫长度由摩擦速度和热通量获得。

表 12.1 P-G 稳定性等级

稳定性等级	条件	一天中的时间
A	非常不稳定	白天
B	中度不稳定	白天
C	轻度不稳定	白天
D	中性	白天或黑夜
E	稳定	黑夜
F	非常稳定	黑夜

表 12.2　通过实地观察估算稳定性等级（USEPA 1992）[a]

风速 10 m/s	日间太阳辐射（日照）			夜间[b] 云量	
	强度	中度	轻微的	稀薄或≥4/8 低云量	≤3/8 云量
<2	A	A—B	B	F	F
2～3	A—B	B	C	E	F
3～5	B	B—C	C	D	E
5～6	C	C—D	D	D	D
>6	C	D	D	D	D

a：在白天或夜晚的所有阴天条件下，应假定为中性等级。

b：夜晚被定义为日落前 1 小时到日出后 1 小时。

表 12.3　日照类别（USEPA 1992）

天空（浑浊的或完全不透明的）	太阳仰角>60°	35°<太阳仰角≤60°	15°<太阳仰角≤35°
4/8 或更少或任何数量的高薄云	强烈	中度	轻微
5/8 至 7/8 中层云（7 000 至 16 000 英尺）	中度	轻微	轻微
5/8 至 7/8 低层云（低于 7 000 英尺）	轻微	轻微	轻微

12.1.3　高斯扩散模型

预测恶臭污染源的下风口浓度，需建立包含风向、风速和大气稳定度等级的模型。最常用的是高斯扩散模型。[1] 预测 y 轴（侧风）和 z 轴（高度）方向上的高斯浓度图。最新理论表示，对于对流（不稳定）条件，偏态高斯分布在 z 轴方向上更适用，这已在某些现代扩散模型中体现。在 x 轴（顺风）方向，质量传递主导了气体扩散的混合，因而造成对 x 轴方向扩散项的忽略。图 12.2 显示了高斯扩散模型中使用的坐标系。

[1] 高斯扩散模型适用于稳定的大气条件，以及地面开阔平坦的地区，点源的扩散模式。排放大量污染物的烟囱、通风口等，虽然其大小不一，但只要涉及讨论烟囱底部近距离的污染问题，均可视其为点源——译者注。

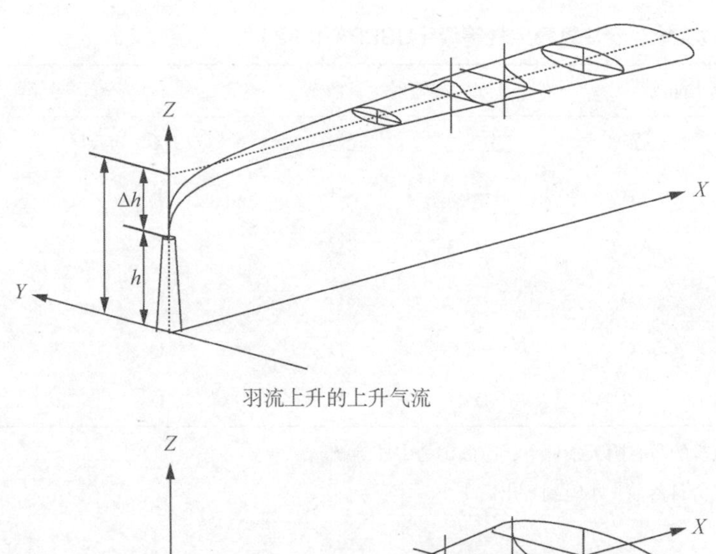

羽流上升的上升气流

Z
X
Y

无羽流上升的上升气流

图 12.2 高斯扩散模型中使用的坐标系

高斯扩散方程为

$$C_{(x,y,z)}=\frac{E}{2\pi\sigma_y\sigma_z u}\exp\left[-\frac{1}{2}\left(\frac{y}{\sigma_y}\right)^2\right]\left\{\exp\left[-\frac{1}{2}\left(\frac{z-H}{\sigma_z}\right)^2\right]+\exp\left[-\frac{1}{2}\left(\frac{z+H}{\sigma_z}\right)^2\right]\right\} \quad (12.1)$$

式中：

$C_{(x,y,z)}$ = 坐标 x，y，z 处的点浓度；

E= 排放率；

σ_y = 水平扩散参数；

σ_z = 垂直扩散参数；

H= 排放高度。

σ_y，σ_z 参数代表水平和垂直扩散的标准差，扩散参数跟随源距离同步增大，且通常是稳定度等级和表面粗度所推导出的经验公式。

高斯扩散方程中的 H 项是排放高度，通常排放高度大于排气烟囱高度。因动能因素，烟气经排放后会继续上升，若烟气密度小于周围空气的密度，则浮力因素也是原因之一。排放高度是烟囱高度与烟流抬升高度之和。风速是排放高度处的风速。对于高烟囱的烟气排放，这个风速可能明显高于接近地面的风速。通常情况下，风速廓线方程为：

$$\frac{u_s}{u_{ref}}=\left[\frac{h_s}{h_{ref}}\right]^P \quad (12.2)$$

式中：

u_s = 排放高度的风速（h_s）；

u_{ref} = 参考（测量）高度（h_{ref}）时的风速；

P = 幂律指数，取决于大气稳度和表面粗度。

y 轴方向的扩散可以发生在离中心线任意一侧无限远处。对于垂直方向（z 轴），却并非如此。在排放高度之下的地面形成一个边界，在排放高度之上的大气层也形成了一个边界。烟气到达这些边界，则会形成向上或向下的"反射"，反射的烟气通常被模拟为"假想源"。

发生扩散的垂直空间被称为混合高度。取决于大气稳定性。对于强稳定或逆温条件，混合高度实际并无上层区域，因此扩散性较好。

以前使用的扩散模型采用 Pasquill-Gifford 稳度等级表示大气的稳定性。现代模型采用了更为扎实的理论，包括 Mohin-Obukhov 长度参数的使用。升级后的扩散模型精度大幅提升，尽管是以增加所需的气象数据为代价。

12.1.4　面源扩散

上述高斯方程的前提假设是点源排放，但现实中污水厂的排放源大多以面为单位。面源的排放可以通过高斯扩散模型进行模拟，方法是将其分成 n 条垂直于风向的线条。这些线条被称作线源，下风向的排放浓度是将这些线条数值积分后的结果。

值得注意的是，排放率相同的点源或面源，其地面浓度差异随扩散路径的增大而减小。图 12.4 显示了相等排放率下，面源与点源预估地面浓度与传播距离的特征。在距污染源 55 米以上的距离，浓度差异小于 5%，扩散至 100 m 后，则差异小于 1.5%。

在考虑面源排放时，通常忽略上升的气流速度和较小的浮力作用。实际结果无有效上升羽流。

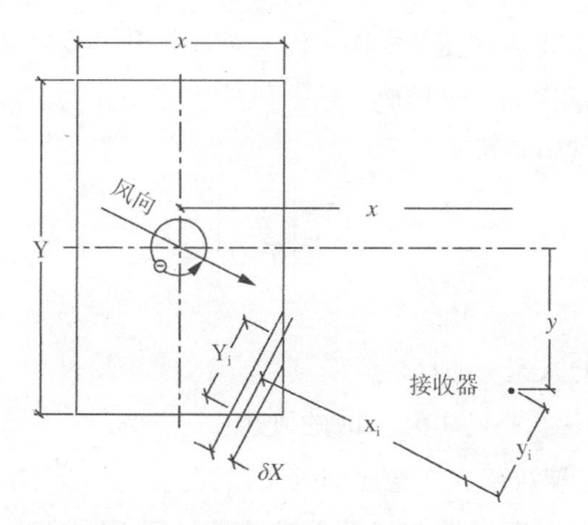

图 12.3　面源定义草图（Smith，1995）

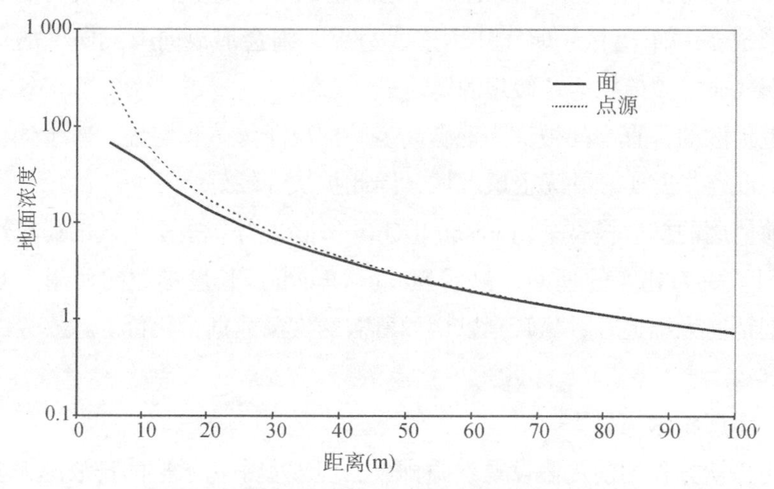

图 12.4　相同排放率下的面和点源地面扩散浓度

12.2　臭气扩散模型的实际应用

基本的高斯扩散方程已被纳入很多计算机模拟软件包，使其能对多种恶臭污染源和受体进行建模。较复杂的模型将考虑点源和面源，并增加地形变化和地面上构筑物所引起的湍流效应等因素。

基于 Windows 的建模包将用户设置为“友好”模式，将用户对模型数据进行输入和输出的界面图形化。输入通常通过绘图板，方便地输入恶臭污染源的位置、大小和排放参数。模型输出通常包括臭气等高线图，覆盖的场地或周围区域的平面图。图 12.5 显示了一个典型的臭气等高线图。

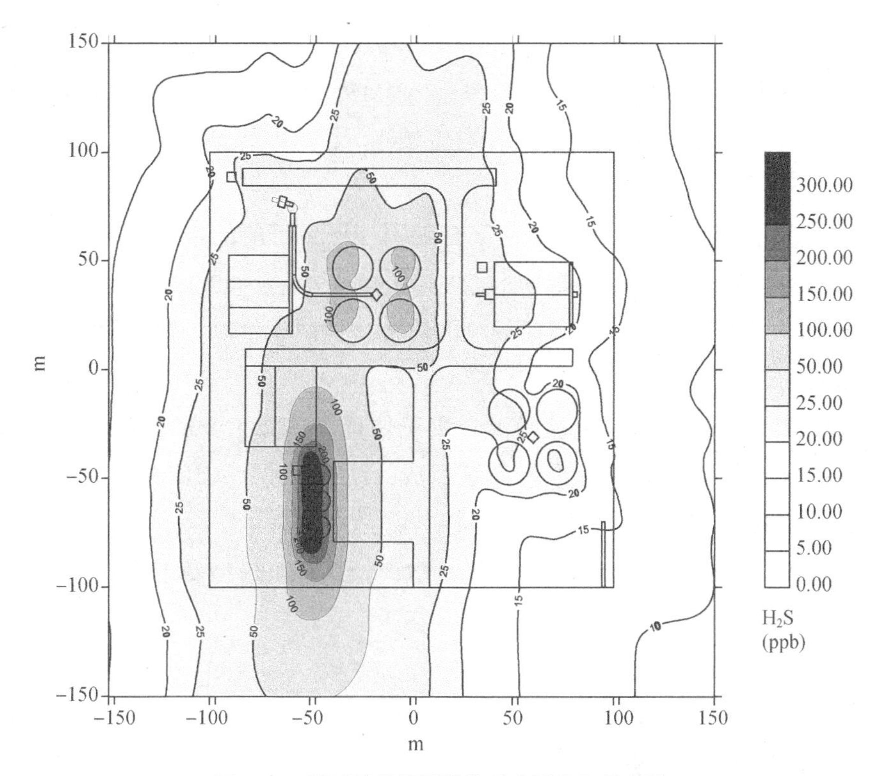

图 12.5　通过扩散模型模拟的典型臭气等高线

现有许多商业模型可用于模拟计算，广泛用于监管和规划领域。网站（www.epa.gov/scram00l/）上对可用于扩散模型的范围和类型进行了详细描述。表 12.4 总结了四种最常用的污水处理中臭气扩散模型的详细信息。Hobbs 等人（1997）及 Petts 和 Eduljee（1999）等很多人均写过 AERMOD、ADMS 和 ISCST3 等模型工具。

表 12.4　用于模拟污水处理臭气的四种最常见的扩散模型列表

模型	开发者	类型
ISC	EPA	高斯羽流模型
AERMOD	美国气象学会和美国联邦环保署	稳态高斯羽流模型
SCREEN	EPA	稳态高斯羽流模型
ADMS	剑桥环境研究咨询	高级高斯模型

这些模型的基本形式随着 AERMOD 和 ADMS 模型的发展而改变，这两个模型都使用物理的边界层概念，并且 ADMS、ISCST 和 AERMOD（USEPA，1996）之间的一些比较研究表明，在对流条件下，这些模型的模拟结果有了显著的改善。

复杂短期工业源（ISCST3）模型是美国环保署目前的监管模型，但应该将 AERMOD 作为简单和复杂地形中监管应用的改进模型。ISCST3 模型是在 20 世纪 70 年代开发的，基于稳态高斯羽流的算法，适用于估算点源、面源和体源到约 50 km 距离的环境影响。

AERMOD 是一个稳态羽流模型，用于估算大多数工业源的近（50 km）浓度。AERMOD 模型系统由三个子系统组成：模型本身（AERMOD）、气象预处理器（AERMET）和地形处理（AERMAP）。

与 AERMOD 相似，ADMS（大气扩散模拟系统）模型基于行星边界层湍流结构、缩放比和概念。

12.2.1　臭气建模所需数据

需要以下数据作为臭气扩散模型的输入（表 12.5）。

表 12.5　扩散建模的数据要求

点源	面源	点源或面源
排放率	具体排放率	大气稳定性等级或相关参数
气体流速	面积尺寸	风速和风向
气体出口速度	释放高度	受体位置
堆叠高度	区域风向	区域类型（城市或农村）或表面粗度
气体温度		地面高度
气温		相邻建筑物的位置可能会影响扩散

排放率的数据有较多问题。点源数据可能相对容易收集和推导，但污水厂的臭气大多是面源排放。预估的排放率在第 4、5、10 章中做了详细介绍。

最低限度的气象数据包括风速、风向、边界层高度和大气稳度等级。现代模型还需与热通量有关的附加参数。这些数据通常以小时平均数的形式从机场或气象机构获得。

模型输出通常是预测每个受体的最高浓度或者气象数据文件中所含条件范围

的某个预测值的百分位数，结果通常以等高线图的形式表示。

12.2.2　实例探究

本节对两个案例进行了评估研究，其中扩散模型成功在具体问题分析、投诉比较和解决方案上得到应用。

12.2.2.1　案例一

第一个案例涉及某大型污水处理厂，处理生活和工业污水的总流量约为 9 万 m^3/d。当地居民大量投诉，其中一些人居住在距离厂界 1.5 km 的地方。当地环保部门进行了详细的臭气排放测量研究，以确定主要的恶臭来源并为建模研究提供输入数据。鉴于场地规模和现有基础设施的数量，任何减排解决方案都可能较为昂贵。因此，必须对臭气的产生机制和恶臭污染源进行调查。

H_2S 浓度和风向的监测已证实，在处理工程时产生的臭气水平有所升高，但初步的模拟研究无法实现 5 ou/m^3 98% 臭气轮廓和投诉轮廓之间的匹配（图 12.6）。监测还证实，处理厂的臭气排放量在夏季的傍晚时分似乎有所增加。通过测量、建模夜间低混合高度的风向气候，最终发现了问题所在：污水被处理后通过过滤器进入 4.5 公顷的化粪池处理，前提是这些污水要先经过 11 km 长的污水管道。

研究发现，臭气排放的最严重阶段出现在炎热的傍晚时分，日落后，当大气温度迅速降低时，滴滤装置的石类介质开始释放吸收的热量，这一现象因低风速和轻微逆温而进一步恶化，导致散发出的臭气扩散性差。图 12.7 给出了典型的夜间风速和大气混合高度图。

12.2.2.2　案例二

第二个案例展示了一个模型比较研究的结果，该模型比较研究的对象是一个靠近大型建筑物的点污染源，大型建筑干扰了从烟囱排放的气体扩散。ISCST3 和 AERMOD 采用了相同的模型输入数据，之后利用 RAMMET 和 AERMET 分别对 ISCST3 和 AERMOD 模型同一地点 1988 年全年分时的气象资料进行处理。然后使用 PERCENTVIEW 软件包对 441 个受体（387 万个值）中每个受体每小时的平均臭气浓度的输出文件进行后期处理，用来生成每个受体的 98% 的臭气浓度。

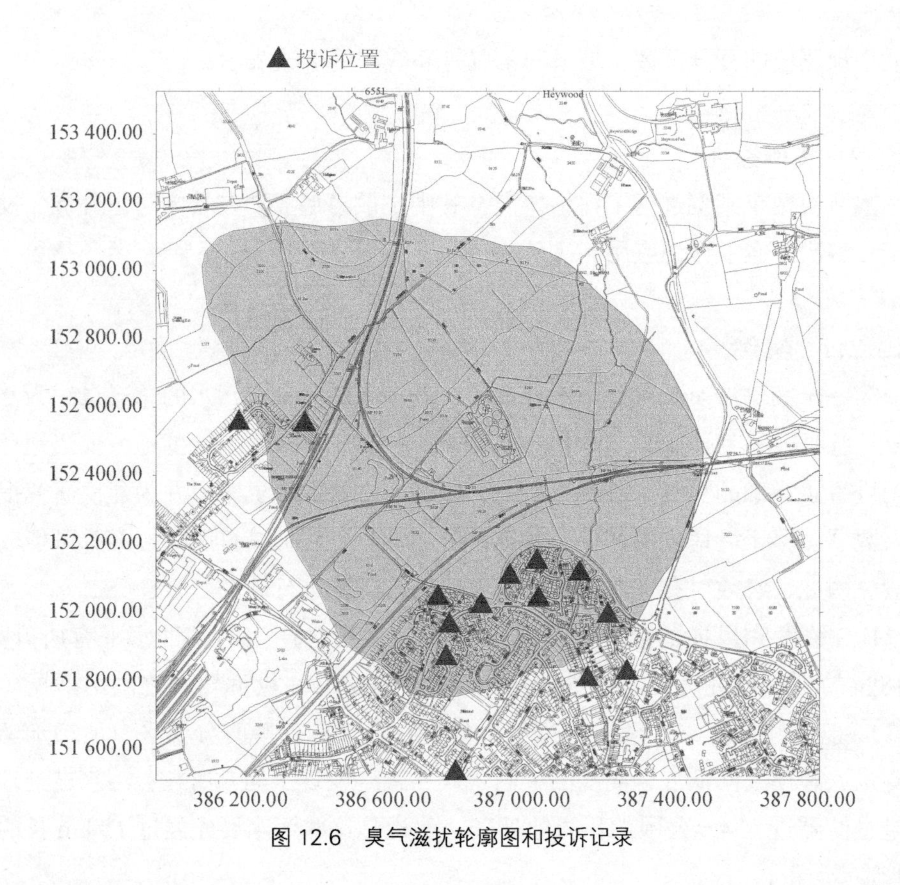

图 12.6 臭气滋扰轮廓图和投诉记录

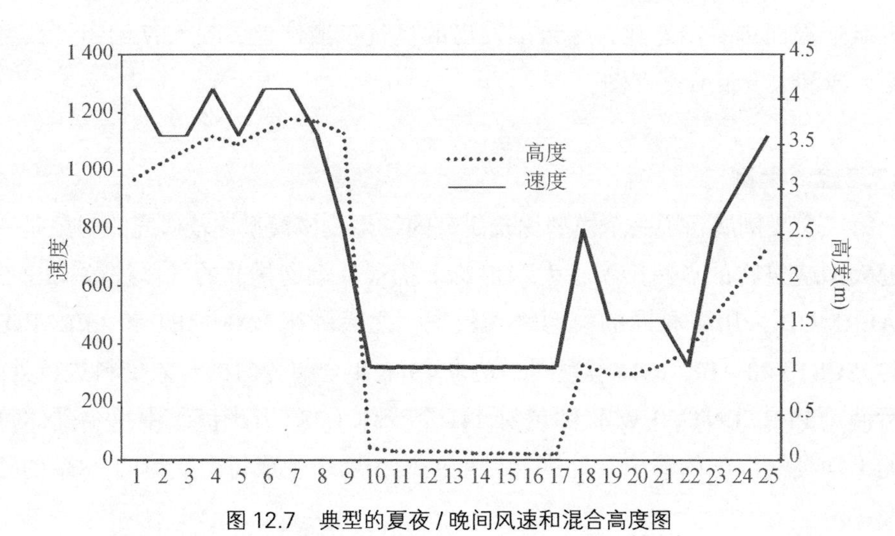

图 12.7 典型的夏夜 / 晚间风速和混合高度图

建模的输出结果是使用SURFER软件包构建的等高线图，确保网格（Kriging）和等高线算法在不同情况下都是相同的。图 12.8 显示了 AERMOD 运行的结果，而图 12.9 显示了 ISCST3 运行的结果。

这两种输出结果之间的主要差异在于：ISCST3 预测源区有一个更大的区域（即 1 ou/m^3 等值线）和更接近源区的更高浓度（AERMOD 预测的峰值浓度为 6.5 ou/m^3，而 ISC 预测的峰值为 13 ou/m^3）。这些结果显然对今后臭气评估的方式以及不同模型的推广都有明显的影响。在这一点上，或许足以说明“预防原则”很可能将被从业者和监管者采用。简单地说，这意味着将产生结果数值最高的模型作为基准评估案例。在获得其他研究和实验数据（模型比较和测量研究）之前，这种立场可能会一直保持下去。

12.3　扩散建模的局限性

任何建模工作都是臭气在环境中真实行为的近似体现，不可能表现出大气条件中的每一个细微变化，也不可能将模型保持在真实的范围内，此外，还存在确定排放率的问题。特别是来自面源的排放率，这可能是最不确定的因素。

通常情况下，进行臭气建模的人声称模型预测的准确性高于实际情况。有一种趋势：模型预测被纳入臭气危害标准，即使用扩散模型来确定可向空气中排出的最高臭气浓度限值。然后通过测量烟囱排放的浓度而不是现场边界的浓度来证明合理性。这种方法有利于污水处理厂的运营商，因为这意味着可以在浓度更高的点进行相对简单的测量，从而增加浓度测量的准确性，但遗憾的是，这种方法过于简单，原因如下：

（1）大量的臭气源无法控制除臭效果（如初沉池）。

（2）臭气浓度并不是决定远程传感器的唯一参数，气流和排气筒出口的风速同样很重要。

（3）在运行阶段，过分依赖模型的预测和假设。

这种方法可能适用于所有或大部分恶臭污染源都包含在除臭控制系统范围内的地点，大部分恶臭气体经除臭装置处理后通过排气筒释放排出。例如，有一个完全封闭的工程。对于符合条件的烟囱，必须指定气流和烟囱出口的速度和允许排放的最大浓度。为了证明适用性，在推导最大允许浓度时需要考虑相当大的安全裕度。此外，在除臭工程完成后，希望能够进行后续校准，将模型预测浓度与现场浓度测量值进行比较。

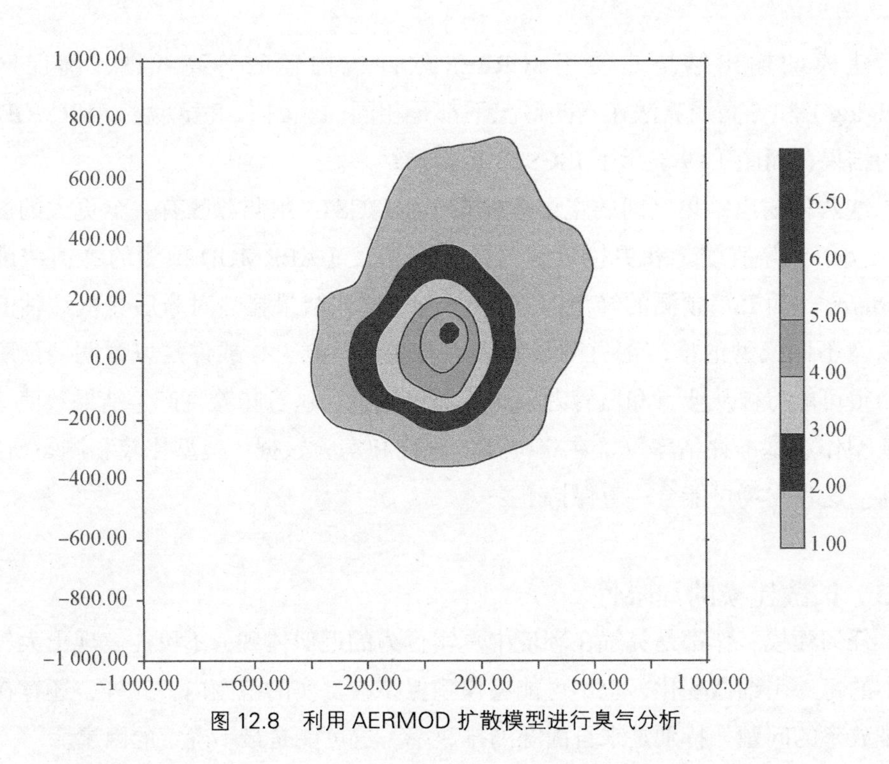

图 12.8　利用 AERMOD 扩散模型进行臭气分析

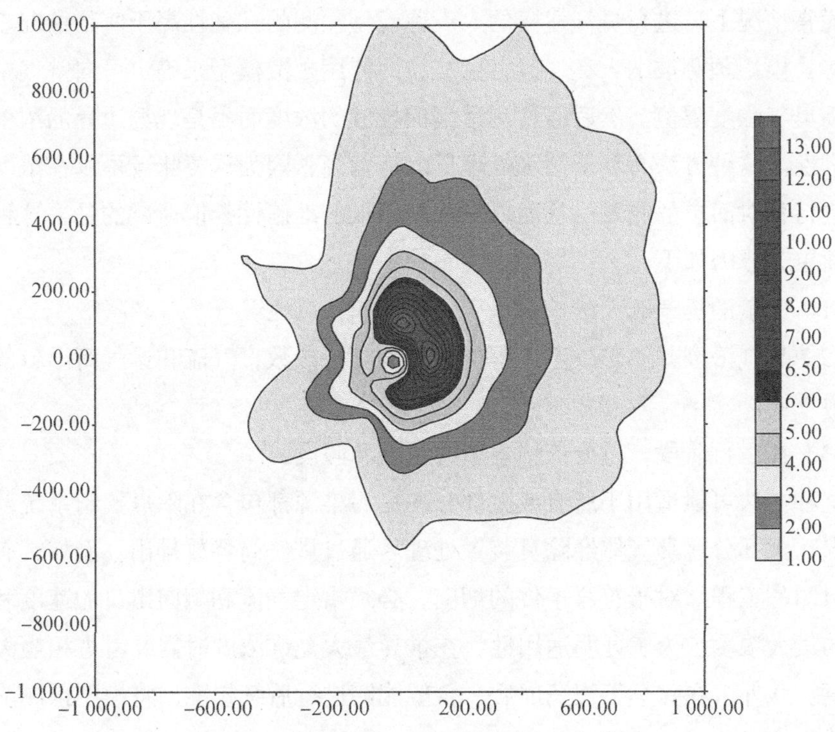

图 12.9　使用 ISCST3 扩散模型进行臭气分析

恶臭污染标准被引用为百分数的趋势越来越大：例如，5 ou/m^3 被认定为 98%。因此，需要将模型输出引用为百分数。在这种情况下，模型通常使用一年或一年以上的每小时气象数据，在引用的气象条件范围内，以每个接收点预测值的 98% 来运行。对模型预测的百分位值必须提出质疑，原因有两个：

（1）所考虑的唯一变化是在气象条件下——建模时使用固定的排放率。排放率是可变的，然而，由于污水进水水量和浓度以及诸多运行参数的变化，排放率可能有所不同。此外，排放率将受气象条件的影响，特别是风速。但是这种变化被忽略了。

（2）模型不适用于所有可能遇到的气象条件。高斯扩散模型假设的扩散仅仅是湍流条件的函数，它受风速和稳度等级控制。许多模型将具有最小适用风速，通常为 1 m/s。

遗憾的是，对于大多数恶臭污染源，在风速低且扩散性较差的条件下，可能出现最高浓度。因此，当风速小于 1 m/s 且超出模型适用范围时，可能出现较高浓度。在超过 2% 的时间内，平均风速小于 1 m/s 的位置会多次出现。

引用模型输出作为百分数，意味着模型预测的可信度远远超出合理范围。更诚实的做法是，根据所使用的气象数据的范围，来汇报该模型每个接收器的最高浓度。

认识到所使用的气象数据的局限性是十分重要的，虽然英国气象站大量覆盖，可提供每小时平均气象数据。但是最近的气象站往往离模拟点还有一定的距离，导致气象站记录数据和实际模拟点的气象数据存在不同，特别是丘陵地带。

风向数据的解析度通常较低。这可能会导致“星爆”，此处可看到来自恶臭污染源的不同的“辐条”辐射路径。

对于风速的数据处理需特别注意。为特定模型所准备的气象数据文件可能将最小风速设置为对模型有效的最小风速。例如，为 ISCST3 模型准备的数据将记录的所有低于 1 m/s 的风速都记录为 1 m/s。

表 12.6 总结了对扩散模型准确性的评估。这里引用的数值是指烟囱排放的数值，仅适用于扩散模型本身的精度。但排放率的不确定性增加了存在误差的可能性，因此，有必要将模型预测视为对浓度预测的参考，而不是对实际情况的绝对预测。

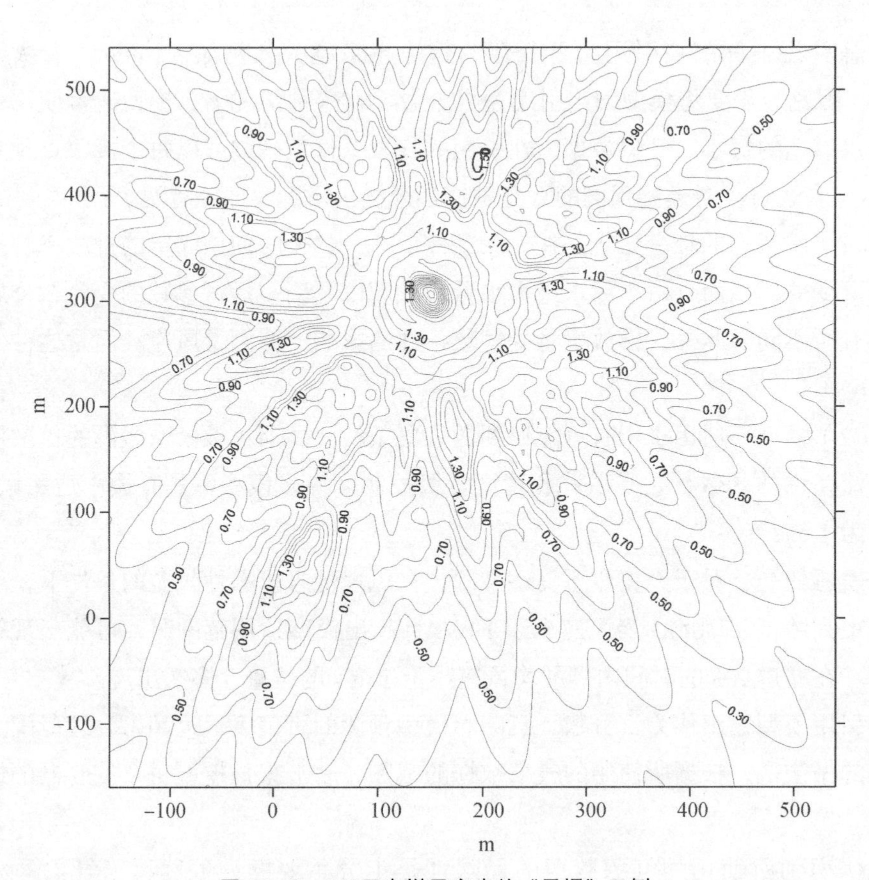

图 12.10 10°风向增量产生的“星爆”示例

表 12.6 模型预测的准确性（Petts and Eduljee，1994）

应用	预测浓度与观察浓度之比	
峰值浓度，而不是其位置，释放约 1 小时。地形平坦，大气条件稳定	0.75～1.25	大多数场合
具体时间和受体点，地形平坦	0.2～2.0	50% 的场合
	0.1～10	大多数场合
来自连续源，短距离，平坦地形的最大每小时浓度	0.5～2.0	
特定点，短程，平坦地形的年平均浓度	0.5～2.0	大多数场合
平均浓度超过 1	简单型号 0.12～8	
一天，平坦的地形，100 公里内	一个标准差改进模型 0.2～5 一个标准差	
年平均浓度在 100 公里以内	0.25～4.0	大多数场合

12.4 参考文献

Hobbs, S.E., Longhurst, P., Sarkar, U. and Sneath, R. W. (1997) Comparison of dispersion models for assessing odour from municipal solid wastes. 4th International Conference on Characterisation and Control of Emission of Odours and VOCS, Hotel Reine Elizabeth, Montreal . Canada . 20-22 Oct 1997.

Petts, J. and Eduljee, G (1994) *Environmental Impact Assessment for Waste Treatment and Disposal Facilities*. pp 202-210, John Wiley Sons, Chichester.

Smith. R.J. (1995). A Gaussian model for estimating odour emissions from area sources *Mathematica Computer Modelling* **21** (9), 23-29.

USEPA (1992). Screening Procedures for Estimating the Air Quality Impact of Stationary Sources, Revised . EPA-454 / R-92-019, U.S. Environmental Protection Agency, Research Triangle Park, North Carolina.

第13章
臭气监测与建模

菲利普·朗赫斯特（Philip Longhurst）

13.1 引 言

个人的自由必须受到限制，他不能给别人制造麻烦。

——（英）约翰·斯图尔特·米尔，1806—1873

值得注意的是，人类的鼻子不仅对臭气非常敏感，对某些特定化学物质和混合物也具有高度灵敏性。嗅觉灵敏度的临界值经常可达到百万分之一浓度，有时甚至达到十亿分之一。可以用“反应指征”来说明人们对嗅觉的敏感性、人群反应和对气味暴露的不同复杂反应。如何判断和控制建设过程中所产生的气味，使其处于一个可以接受的程度，有赖于理解或解读人们对这些气味的反应。随着市政工程建设标准的发展，恶臭监测和预测的手段也开始变得多样。

与经校准的探测仪器不同，报告显示，人类对同一种气味的识别检出、浓度判断、愉悦度感受和特征判断并不一致。Nicell（1994）将其总结为感觉阈值

(odour sensation)(临界检出阈值)、识别阈值 (discrimination)(分辨来源类型)、投诉阈值 (unmistakable perception)(引起人们抱怨的浓度)，最后是滋扰程度 (degree of annoyance) 的判断。

环境投诉中很大一部分是由于臭气污染引起的。在很多投诉中，特别是要求进行司法补偿的情况下，需要对滋扰程度进行判断。因此，需对特定气体的排放规律进行定性、定量并确定排放限值的方法或技术。但是，和使人愉悦但奇怪的气味相比，恶臭气体更令人难以接受。臭气评估方法不仅需要检测出臭气浓度，还需要对气味滋扰程度进行判断。

人们对气味千差万别的反应导致我们需要制定干扰指标来代表不同的滋扰概率。但必须明确的是，在需要现场操作人员暴露于气体中来判断气体可接受限值情况下，无法对其施以过于严格的控制 (保护)。任何一种方法都不能保证现场所有人员避免恶臭滋扰。

对于新建项目，采用合适的操作守则来保证公众对建设过程中产生气味的接受程度是很重要的。在项目建设前，这一点也具有战略重要性。如果长期对恶臭气体疏于控制，可能会激发厂群矛盾，反而会影响建设计划。若引发诉讼、产生罚款或需要修改行政许可，则无法实现发展或取得预期成效。

13.1.1　模拟臭气排放，评估影响

会产生臭气的项目通常具有生物活性和快速变化的处理工艺。对于这类项目，要保证运行的可靠性是一项非常艰巨的管理挑战。

同样，从理解民众可接受范围来控制臭气影响的举措是工程可靠性的一部分，也是另一种对环境影响来源的控制措施 (Longhurst and Seaton，1999)。工程运行收益和除臭措施代价的概念模型如图 13.1 所示。运行管理人员必须在以下两者之间取得一个平衡：投入财力物力以加强运行管理中的控制手段，同时顾及周边社区民众的可接受范围，否则长期来看可能会导致公众的抵制。

产生臭气的工程设施和民众可接受的社会认知涉及了不同的学科领域。工艺运行过程中恶臭气体的产生涉及学科包括生物、化学和土木工程。着眼于研究人类对气味接受程度的学科包括生理学、心理学和文化传统。上述理论已被应用于大量环境事件的研究 (Lemon and Seaton，1999)。在许多环境敏感场合，“传输和转化” 的复杂组合完全区别了上述两者。(生产过程中所产生的) 恶臭气体在空气中扩散传播的速率取决于当地的微气象条件。这些气体或具有挥发性，或与

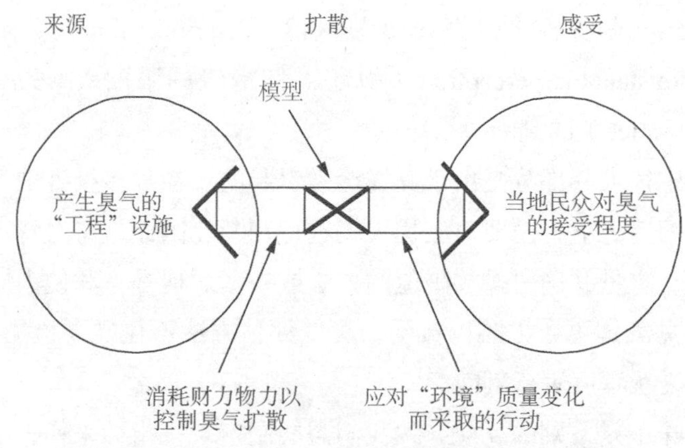

图 13.1 产生臭气的“工程”设施和社会交互的影响

其他污染源相结合，或与大气和阳光相结合。周围人群最终闻到些什么将完全取决于这些交互作用。图 13.1 中的箭头和交叉方框表示了臭气影响监测和模拟代表的评估功能。

在关于臭气造成滋扰的临界水平研究中，一般采用以下两种数据作为来源来建立臭气影响模型以开展评估。包括来自某地投诉报告中的数据或社会调查数据（通常来自问卷调查）（Miedema，2000；Seffelaar et al.，1992）。

13.2 确定滋扰限值

13.2.1 剂量效应关联

原应用于空气污染中毒性临界阈值研究的方法已应用于臭气滋扰研究。与有毒化合物类似，臭气滋扰可能产生生理损害，毒性临界阈值研究中的采样和模拟计算的方法已应用于其剂量效应关联的研究。毒性研究所记录的浓度，可用于推断慢性接触何种浓度的毒性物质会对人体造成伤害。在这种情况下，臭气滋扰产生影响的临界阈值可以从已知的生理影响事件得知（DOE，1996）。对人体健康造成生理影响的急性接触临界阈值，可用单位时间接触频率和浓度的形式来表征。在毒性研究中，以浓度和百分位数定义慢性毒性剂量临界阈值，其中百分位数是指浓度未超标的总小时数。比如，5 ug/m^3 的化合物 X 在 98 的百分位数，是指化合物 X 超过特定浓度的总小时数占比仅为 2%，即 8 760 × 2%=175.2 小时 / 年。

然而，与流行病学研究不同的是，臭气滋扰限值代表受测试人员已无法接受暴露于该气体浓度下，且可能已感受到了生理或心理的不适。与此同时，确定臭气滋扰限值的方法在持续改进中，可以在给定的频率下预测臭气浓度，确定气味滋扰影响。这些浓度（在欧洲的单位为 ou_E/m^3）通常定义为总小时数（每年）占比。虽然越来越多的测评员被要求考虑 99 或 99.5 百分位数，但是通常仍采用 98 百分位数这个标准。这些单位表征了气味排放、弥散和暴露期间的预期剂量效应关系。

13.2.2　嗅觉评估扩散模型

欧洲嗅觉测定标准（CEN，1997）为污染源臭气浓度评估制定了可靠的对比样本。然而，来自污染源头的恶臭气体，尽管已对民众造成了严重滋扰，但对于动态稀释嗅觉测量法，浓度还是过低以至无法定量。此外，将背景气体从样品中剥离出来也是不可能的。可在一次取样中采集并可进行分析的样本通常数量有限。此外，浓度通常最好在 500～1 000 ou_E/m^3 之间，以实现 95% 置信界限的重复性。气体本底值通常可以达到 50 ou_E/m^3 的浓度，因此，在远离恶臭污染源处所采样品不能作为场外测量的可靠依据。为了应对这种情况，现场取样和嗅觉分析通常用于为臭气扩散评估提供排放数据。然后，利用计算机模型并参考当地天气数据来预测恶臭气体扩散过程。模拟结果可以用于计算潜在人群受到臭气滋扰的频率和浓度。

当接到投诉但臭气来源未知时，可利用反向建模来确定臭气污染来源。通过输入一定数量的当地排放数据，模型不断进行重复计算直至受体位置与恶臭气体所检测地点相匹配。

扩散模型是在特定浓度和频率标准下评估合规性的唯一有效方法。在单个化合物或“标记物”被释放的场合，例如硫化氢或同位素标记，是该方法唯一的例外。

13.2.3　臭气参数和滋扰等级

在每一次评估中，必须确定一个浓度或频率作为判断基准，超出这个标准就可能对民众造成滋扰。

扩散限值和运行措施的使用意味着可以预期受体的共同反应。然而，这个方法在个体阈值敏感度差异较大的情况下并不适用。除此之外，在确定设施下风向受体暴露极限的情况下，使用浓度或频率衡量的方法都是非常有效的。这个方法的难度在于确定不同设施和地点的浓度和频率限值。

在英国，规划诉求与公众查询系统为标准的规范化提供了途径。这方面一个早期的案例是关于反对在诺森伯兰郡建设污水处理厂的规划许可的质询（DOE 1993）。在这个质询中，臭气每小时平均浓度在 5 ou_E/m^3、处于 98% 这一百分位数的情况下是可以被接受的。这一标准是基于在荷兰进行的投诉调查取得的证据而制定的。

尽管规划质询已经产生结果，关于制定合适的频率和浓度临界阈值的争论仍在继续，主要是由于：①臭气的小时平均浓度波动情况取决于当时的具体情况；②人对臭气愉悦度不同。

扩散模型中关于臭气浓度波动的模拟比较薄弱，一般使用小时平均气象数据来计算污染物浓度的变化和迁移情况。如模型已提供了较为“苛刻”的结果，而人类的鼻子所感受到的扩散“峰值”并未体现在模拟结果中。这种情况下，就促进了更严格标准的制定。可以通过对所模拟的扩散数值进行校准，使其与鼻子的感官臭气浓度更加吻合。通常校准参数取 5～20 之间的数值。或者采用更加严格的暴露 / 频率临界阈值。

需要注意的是，这些用于确定滋扰等级的标准原则上只使用一个臭气参数，即临界阈值浓度。

以下 4 个参数用来描述恶臭气体：

（1）感觉阈值——检测小组成员可以检测到某种气味的最低浓度；

（2）臭气强度——恶臭气体在未经稀释条件下对人体嗅觉器官的刺激程度，由测评员评估得出；

（3）气味的性质或特性——气体可供辨认的特征，即“闻起来像什么”；

（4）人的愉悦度——气味是令人愉悦的还是令人感到难受的。

恶臭气体的感觉阈值浓度是指嗅觉感觉到有某种气味存在的最小臭气物质浓度。[1]

这个浓度比气体的识别阈值浓度要低，这个限值也是确认滋扰程度的基础。此限值是气体最客观的嗅觉衡量尺度，在 CEN 标准（1997）中已明确，标准中将其描述为某种气体的“可被察觉临界值”。

[1] 这个阈值浓度是通过专家的平均嗅觉阈值统计而来，不同的化合物具有不同的感觉阈值——译者注。

13.2.3.1　臭气强度

臭气强度是指人类主体感知到的某种气体的浓烈程度，臭气强度通常随着物质浓度同步升高。人类（对光线、热量、噪声、接触和气味）的感官反应可以在一个很大的强度范围内进行调节。这个广泛的响应率可通过对数级别的强度测试法进行感官影响评价，例如分贝。与其他强度不同，臭气强度与感知到的臭气浓度有关。臭气强度可以通过以下两种方式进行评估：主观范畴法（如微弱、中等、浓烈），比较强度法（如样品 A 气味比样品 B 强两倍）。这些主观或强度评价结果以对数结果表征臭气浓度。通过调节参考气体感知浓度至与样品强度相同，也可以进行臭气强度评价。以下两项定律反映了臭气浓度与官能感知之间的关系：史蒂芬定律（Steves，1957；1960）和韦伯−费希纳定律（Wagenaar，1975）。

史蒂芬定律：

$$I = kC^n \tag{13.1}$$

韦伯−费希纳定律：

$$I = a\log C + b \tag{13.2}$$

式中：

I——臭气强度；

C——臭气浓度；

a，b，k，n——常数。

在使用数字等级或参考比例的情况下，史蒂芬定律是最有效的方法，可以得出强度对数与浓度对数的关系。主观范畴法通常会使用非常微弱至非常浓烈的6～7 个标量，应用韦伯−费希纳定律得出强度与浓度对数的线性回归关系。上述两条定律在臭气浓度过低或过高而导致评估结果不可靠或感官反应消失的情况下存在限制，比如在硫化氢的评估案例中，在毒性浓度达到 150～250 ppm 的时候就无法对其进行评估。

在进行有关浓度变化评估时，需将一种气体的感知程度从浓烈降低至微弱，在这种情况下，臭气强度评估才是非常有价值的。[1]

---

[1] 当臭气浓度成倍增加时，给人的感觉量并不会同样成倍增加；即使臭气浓度减少 97%，人的嗅觉感也只减少 50%——译者注。

13.2.3.2 气体的性质或特性

对某种气味的性质或“特性”进行评价是非常主观的。用于描述一种气味的方式通常是基于个人理解和公众常识的，比如：水果味的、鱼腥味的、鸡蛋味的、薄荷味的，等等。这一原则在影响我们对气味的反应方面意义重大。辨析不同气味的能力可以利用预先准备的“划破-嗅闻”标准卡片（Doty，1996）来进行测试，这种方法只提供了对嗅觉功能的测试，对人类反应进行归类，而并不是一种归类样品的方式。

13.2.3.3 人的愉悦度

对于评价人在臭气环境中受到滋扰等级，即气味是令人愉悦、或令人感到受到滋扰的特性是非常重要的。然而目前为止，在工业生产过程中的气味评估，大部分已建立的标准并不将此作为一个直接考虑因素。来自工业部门的臭气排放一直会造成严重滋扰，Miedema（2000）利用实地调查数据揭示了上述现象。该理论为评估两个同等排放强度的来源之间，工业排放可能产生更大的影响提供了一个坚实的基础。

13.2.4 调查与社会问卷

现场调查数据分析显示 98 百分位数和臭气浓度之间的关系可大致确定恶臭气体是否会对民众产生滋扰。正如之前所述，在规划领域中已形成“不成文的”业绩守则的情况下，这个方法为司法案例中一系列的规划决策提供了依据。

虽然使用百分位数对臭气环境进行评估已成为确定臭气滋扰的方法，但其局限性在于无法评估令人不愉悦的程度。现有剂量效应方法中的隐含假设是所有气体的令人愉悦或令人恶心的程度相同。这引发了关于使用同一个准则来评判不同生产过程中恶臭产生情况适当性的争论。

最近，Miedema（2000）在以往研究的基础上研发了一种方法来评判特定行业恶臭气体特性数据，由此建立了一种评判愉悦程度的方法。来自实地调查数据的综合分析显示，“受到高度滋扰”的人群占比（%HA）和 98% 百分位数气味暴露浓度的对数之间（logC98）存在简单的相关性。

Miedema 通过实验室研究获得气味的“愉悦度”等级发现，如果将气味的愉悦度考虑在内，“受到高度滋扰”的人群占比（%HA）的预测就会提高。在一定水平的 logC98 下，当气味不那么令人愉快时，%HA 会更高。这表明，如果将气味的愉悦度考虑在内，那么气味标准可能会有所提高。

这项研究有助于克服预测臭气浓度和频率的场外干扰因素，指示了臭气排放浓度的可接受程度。此外，因为在臭气浓度和不愉悦程度的综合测评中，关于预测臭气排放的可接受程度的争论越来越多，所以这项研究还需要在规划案例中进行测试。通过将不同类型工程的影响纳入考虑范围，这一方法在民众可能受到的臭气滋扰方面提高评估方法的相关性上具有潜力。

在某些情况下，臭气的排放是不可避免的。多种因素均可导致臭气排放，因此评估所有潜在的恶臭来源是非常复杂的。运行管理人员可处理好大多数导致恶臭排放的因素，但是偶然发生的恶臭泄漏可能提高工作人员对于臭气的感知程度，提高民众对于工程的敏感程度，以及提高这些影响的重要性。因此，场外人员对恶臭气体的认知，或者居民对于臭气影响的经历，对于现场运行管理人员而言都是具有价值的。

13.3　滋扰和投诉

在评估恶臭产生、确定排放源、计算臭气排放面积、使用平均气象数据来评估潜在滋扰情况时，需要采取多个步骤，这些都可能引入误差。基于此，需尽可能在臭气滋扰程度的评估中，使用多种不同的信息来源来判定臭气影响程度并作为参照，否则臭气滋扰程度评估很可能沦为一个理论练习。

13.3.1　记录当地信息

在臭气滋扰性评估中，以下两类信息通常可以从当地社区取得：向厂部管理人员的投诉信息，社区员工及志愿者制作的当地臭气监测报告。通过整理这些记录，其结果可用于与更早的记录进行比较。不同来源的数据之间也可横向比较，虽然在通常情况下可取得的数据只有当地的投诉记录。

投诉系统的设计不仅会影响投诉数量，也会对投诉信息的价值产生重大影响。投诉数量的减少通常被视为一种理想的绩效衡量标准。这意味着在报告方式不变的情况下，现场运行人员操作规范性的提高会降低投诉数量。但是并非总是如此，结构不良的投诉系统可能会阻碍信息检索，存在现场运行人员无法及时发现的问题，可能导致恶臭气体在社区达到较高滋扰水平的风险。

13.3.1.1 投诉系统

投诉系统的有效性取决于其如何帮助民众解决不满。

有效的投诉系统包含：

（1）为人们提供直接投诉的方法；

（2）提供调查程序；

（3）提供投诉人了解进展情况的方法；

（4）对实质内容的申诉进行处理；

（5）提供防止投诉再次发生的方法；

（6）提供反馈以指导资源分配，确定优先事项、计划并保证实施质量的方法。

好的投诉系统是：

（1）易于访问的；

（2）便于操作的；

（3）快速的，（在时间期限内）提供快速行动以及快速解决方案；

（4）客观的，允许开展独立调查；

（5）可以保护投诉者的个人隐私；

（6）综合性强，覆盖可能对当地产生影响的各个方面。

（改编自：CLA，1992）

13.3.1.2 向现场运行人员和监管机构投诉

通常来说，投诉运行人员有几个途径：直接向厂部投诉；向传媒机构、当地政府、负责环境卫生的官员或环境部门等相关部门投诉。上述所有机构都需要对统一的投诉报告格式达成一致，且同意向运行人员和当地政府通报所有投诉。在投诉由工作人员记录的情况下，需要设计一个报告标准程序。投诉报告中应包括：地点、投诉者姓名（如果提供的话）、投诉人员数量、问题的本质、报告的时间、调查的结果以及天气情况（可能由现场自动气象站记录得到）。这些报告的数据可以用于评估运行不善所引起的异味排放，以及当地民众受到的滋扰程度。

注意投诉产生的情境是非常重要的。与例行现场监测记录不同，投诉是个人向企业发起“直接行动”的结果。当臭气滋扰的等级无法清晰地从投诉数据中获取时，当地对臭气滋扰事件的意识和投诉人所准备的证据就很重要。与这些数据相关的是，从趋势来判断是会让更多或更少的人受到偶然事件或者“投诉事件”

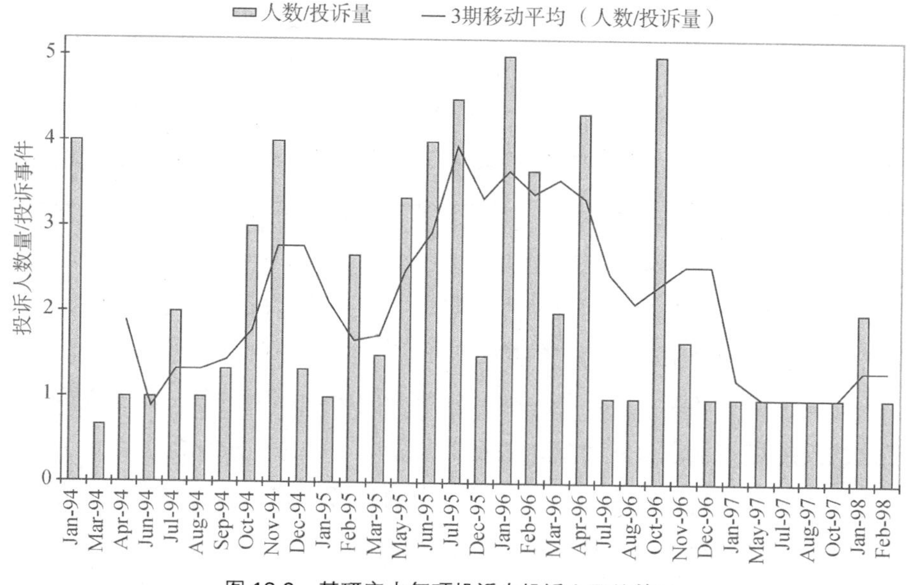

图 13.2　某研究中每项投诉中投诉人员的数量

的影响。图 13.2 展示了“臭气滋扰事件”中滋扰强度与投诉人员（投诉者）数量之间的关系。假设在任何时间段内，当地民众对类似事件的投诉情况完全一致，“每项投诉中投诉人员的数量”的增加表示臭气滋扰的强度提高，投诉人数的减少表示臭气滋扰的强度降低。若投诉的准备随时间的推移而改变，此方法可作为一个不太准确的指标来使用。如果居民认为投诉没有价值——“什么都不会改变”，在这种不再投诉的社区可能产生一种“投诉疲劳”现象。审查具有显著波动的数据也可能存在此类问题，特别是在考虑潜在趋势的情况下。

间歇性过程问题的发现可能严重依赖于投诉报告，因为它是可以“回溯”过程变化的唯一手段。在这里，如果投诉数据增加，这些数据将成为对现场管理人员有利的有效信息来源。现场调查或检查报告还可以提供记录，以便与现场可疑原因或变化的投诉数据进行比较。投诉数量减少并不一定是好事，投诉数据的下降将导致比较数据的缺失。因此，合理的投诉次数与总投诉次数比率才是更适当的指标。

13.3.2　管理滋扰以应对投诉

当政策制定者和规划人员着手制定可接受的臭气浓度标准时，制定过程需要参考一系列假设。这些通常就构成了投诉和起诉调查期间辩论的基础。这些问题涉及标准的确定和现有证据，一般只能通过近似和假设来解决。对普遍存在的问题做如下讨论。

在规划阶段，许多地区都设定了较高的、可接受的臭气浓度指标。一旦执行，只能通过源头采样的方法来进行确定。这存在问题，并且将证明合规性的采样成本负担转嫁到操作人员身上。因此，对于控制恶臭污染，“挖掘”污染排放源是比提出排放合规性更有效的手段。

人们对不同气味的反应信息非常有限，除非是非常成熟的气味特征，否则建设新工艺不能直接套用现有工艺的数据。

人暴露于臭气环境中会经历一个非常复杂的嗅觉刺激过程，尽管人们对于恶臭气体的反应相当主观，除臭运行人员需要警惕“敏感人群”的存在。关于人们对恶臭气体的反应数据较少，除正丁醇之类的参考气体，但这并不代表受臭气滋扰的程度。文化差异也会导致完全不同的主观反应。

背景气体的存在可能难以处理。在此无法假设高本底值地区的居民可能并不关注潜在臭气污染。人类区分许多不同气味的能力意味着在一个已经暴露的地方添加新的气味没有直接的脱敏反应。

13.4 臭气滋扰与公众感知

对臭气滋扰的关注会在环境质量、不确定性和风险等更广范围中体现。然而政府、企业和公众都认识到保护和改善环境的重要性，关于环境事件的决策并不容易确定。这是因为政策选项和污染风险都是不确定的。已经明确的是不确定性会从根本上影响决策的制定。经济与社会科学研究理事会总结了在环境变化中吸取到的教训（ESRC, 2000）。理事会提出：

“标准决策制定工具依赖于可量化和客观的现实，在不确定性的情况下易失败：环境问题与它们的解决方式通常较为复杂、成本较高，也较为主观，并不适合制定评估标准。”

“硬工具”与不确定性之间的差距可能导致“软灾难”——环境和政策危机，产生得非常缓慢却会给社会带来巨大的代价，尤其会对公众信心和政策合法性造成伤害。

风险评估和投资-收益分析可以为决策制定提供信息，但应通过更多定性技术来补充，包括更广泛地听取公众意见和关注不同的诉求。

研究人员和政策制定者们需要了解存在高度不确定性的领域：“缺乏证据”

和“证据缺席”两者之间的风险并不相同。

“取得公众信任不仅是新机构或进一步研究所面临的问题。在风险和合法性的公示方面，政策制定的公开透明至关重要。”

这些观察结果是基于全球环境变化的案例得出的（然而，这些观察结果与具体的地点和操作方法有关，也包括暴露在臭气环境下的担忧）。科学证据本身并不能作为一种获取公众信任的方法，缺少科学证据也不能成为不关注这些问题的理由。

在研究机构和政府部门致力于提高公众认知的同时，公众仍对未知领域或知之甚少的过程（被视为“科学”）带来的风险产生复杂且日益增长的担忧。这种现象被称为“风险的社会放大”，已经成为工程项目开发时的主要反对因素，甚至在已经提出科学性的定性评估的情况下也是如此。这种反应被定义为“NIMBY 主义”（NIMBYism），这非常常见，但是并不有助于揭示这些问题的原因以及解决问题的方法。

Furuseth（1990）开展的一项研究表明，在接受采访时，居民们关注的空间分布与建设项目预测的空间效应并不相符。这项研究表明，仅依赖于臭气、噪声和粉尘扩散的预测不足以覆盖工地所产生的多重影响。

在很多案例中，在可以从路边看到工地的情况下，或者可以看到车辆进入工地的情况下，预测工地将造成的影响都是较大的。对此，对建设工地进行遮蔽是一个显而易见的解决方法，更重要的是，该方法未能将空间影响的假设列入考量，Furuseth 将其称为对周边社区的“非空间效应”。公众以“视觉”空间这一理念，反对住宅位置和分布计算机模型所给出的空间分配结果，这种情况未能列入考量。

在 Furuseth 的例子中，在看得到工地的情况下，民众所感知到的影响比较大。类似的是，虽然民众看不到，现场人员感知到的风险也同样大。在其他关于废弃物处理厂的研究中（Furuseth，1990；Miedema and Ham，1988），在工地经营性质未知且信息渠道较为有限的情况下，民众在废物处理过程中所感知到的影响和给予的关注反而更多。因此，必须克服对垃圾处理厂的恐惧和以讹传讹带来的影响，从而取得当地社区的信任。

在这些地方，现场已知可能产生臭气的例子较多。在这些例子中，提前预警臭气的产生不仅可以预防投诉，也减轻了对现场操作控制的担忧。比较明确的是，能够看到的工地、暴露在外的工地，都会加强民众受到影响的程度。在社区中，在对施工信息有了更多了解的情况下，受到的影响可能会有所减少。

基于上述原因，理解造成投诉的原因，了解潜在的投诉人群数量，比如那些受到滋扰但还未发起投诉的人，是非常重要的。如前所述，一种常见的观点是假设投诉的总人数代表了运行绩效的优劣。在所有案例中，“总投诉人数”是投诉系统的可访问性和个人投诉意愿的反映。不论投诉与否，绩效指标是居民满意和不满意之间的关系。

13.5 臭气建模以及对运营和规划的影响

在规划应用、场地管理、发展和控制中，使用剂量效应模型评估气味是最合理且科学的。这个方法为滋扰潜在性的理解提供了一个合适的起点和一个基础方法。这个方法不能保证克服异议，但是可以为在规划阶段评估臭气关注水平提供基础。然而，这与现场工程人员必须克服过去的影响、在当地的艰难历史、或者对现有工程的扩建而引起的反对情况完全不同。

在这种情况下，模拟过程必须对方法的有效性、位置的合适性进行评估，最重要的是，揭露场地薄弱环节和敏感范围。考虑最大暴露浓度和百分位值的模型评估可以为短期暴露和最坏情况下场地薄弱地点的确定提供依据。

大气条件和逆温现象都应被列为考虑因素，虽然这些因素在短距离扩散（50m 以内）时无法列入扩散模型。这些信息都与运行人员确定“最差条件”，进而明确日常操作和特殊操作中的薄弱环节有相关性。

在使用模型计算时，对模拟结果的敏感性应优先进行测试和理解，而不是将其直接写入规划文件或对产生的滋扰进行争论。大家都认识到，在模型模拟过程中各种考虑因素的增加，将会对每项评估结果造成巨大影响。

对于确定臭气影响，考虑现场排放气味的愉悦性模型（Miedama，2000）可能会让人更有信心。

环境管理标准中信息使用的增加，表明现场人员在准备“臭气控制计划”的时候，详细列入了臭气来源、数据、敏感性操作，以及为了保持现场操作秩序而提供的详细信息和员工培训。

在规划申请或环境管理系统（EMAS）提交中，很多地方都开始采用该方法对气味影响进行评估。基于持续改进所建立的文档，有助于保证管理方式的持续性，也可以在整个地区分享问题本质信息。由于大部分案例中，“场地管理失策”都导致了有关臭气影响的投诉，以下为系统性能所制定的计划有助于减少这些失误现象，措施包括：

（1）臭气控制系统；

（2）员工指导和培训；

（3）投诉报告和调查；

（4）投诉报告程序管理 / “投诉热线”；

（5）过程监督和控制；

（6）维护期间的特殊事故和异味控制；

（7）场地臭气监测报告。

随着投诉报告形式的确定，这些信息不仅可以用于通知现场改进，也可以用于指导未来场地发展和评估。

总之，应用模型进行规划评估和现场指导，可以提供关于臭气扩散程度的信息。这些评估也能为新建工程的规划和法律判决提供依据。然而，这些方法的应用不能确保此类问题不再发生。除臭工程和恶臭评价问题仍然是尖锐的，但是对于现场运行人员来说，这些信息将有助于实现改善源头和过程控制的目标。

13.6　参考文献

CEN (1997) TC264/WG2, Odour concentration measuremnts by dynamic olfactometry. Committé Europeén de Normalisation, Brussels.

CLA, (1992) The local Government Ombydsman. *Devising a complaints system*, The Commission for Local Adminstration in England, February, 21 Queen Anne's Gate, London SW1H 9BU.

DOE, (1993) Wansbeck District Council - Appeal by Northumbrian Water Ltd.: Additional sewage treatment facilities on land adjacent to Spital Burn, Newbiggin-by-the-Sea, Inspector: Rosser P., File No. APP/F2930/A/92/206240), Inquiry 4-5 & 9-12 March.

DOE, (1996) *Expert Panels on Air Quality Standards, Particles*. Department of the Environment, HMSO, London.

Doty, (1996) *The Smell Identification on Test*™, Administration Manual, Sensonics Inc., Haddon Heights, New Jersey,

ESRC Global Environmental Change Programme (2000), *Risky Choices, Soft Disasters: Environmental decision-making under uncertainty*, University of Sussex,

Brighton, ISBN 0-903622-91-2.

Furuseth, O. (1990) Impacts of Sanitary Landfill：Spatial and Non-spatial Effects on the Surrounding Community. *J. Environmental Management* **31**, 269-277.

Hobbs, S.E., Longhurst, P.J., Sarkar, U. and Sneath, R.W. (2000) Comparisons of dispersion models for assessing odour from municipal solid wates. *Waste Management and Research* **18** (5), 420-428.

Lemon M. and Seaton R.A.F. (1999) Policy relevant research: The nature of the problem In: *Exploring environmental change using an integrative method* (M. Lemon ed.) Gordon & Breach Science Publishers, The Netherlands.

Longhurst, P.J. and Seaton，R.S. (1999) Employing data on public perception for the strategic management of landfill odour. *Proc. Sardinia 99, Seventh International Waste management of landfill Symposium*, S. Margherita di Pila, Cagliari, Italy, 4-8 October.

Miedema, H.M.E. (2000) Exposure-annoyance relationships for odour from insustrial sources. *Atomspheric Environment* **34** (18), 2927-2936.

Miedema, H. and Ham (1988) Odour Annoyance in Residential Areas *Atomspheric Environment* **22**, 2501-2507.

Nicell, J.A. (1994) Development of the odour impact model as a regulatory strategy, *International Journal Of Environment and Pollution* **4**, 124-138.

Seffelaar, A.M., van der Zalm, C.J.A., Daamen, D.D.L., Dijksterhuis, G.B. and Punter, P.H. (1992) A comparison of odour annoyance survey results Staub - Reinhaltung der luft **52**, 209-213.

Stevens, S.S. (1957) On The Psychological Law, *Psychological Review* **64** (3), 153-181.

Stevens, S.S. (1960) The Psychophysics of Sensory Funciton. *American Scientists* **48**, 226-253.

Wagenaar, W.A. (1975) Stevens VS Fechner：A Plea For Dismissal Of The Case. *Acta Psychologica*, **39**, 225-235.

第五部分

臭气控制与处理

第14章
使用化学物质预防排水管网的腐败和臭气

龚杨（Gong Yang，音译）
约翰·霍布森（John Hobson）

14.1 引　言

近年来，使用污水压力管输送污水的比例逐步增加。由于厌氧条件下腐臭的污水容易引起恶臭滋扰、下游腐蚀和处理问题，压力污水管提供了一个理想的输送条件。随之而来的是，用于预防恶臭气体的化学药品数量急剧增加。

有关使用化学药品预防恶臭气体的信息主要由供应商提供。此类技术与商业的混合信息通常证明某类化学药剂在控制废水中溶解性硫化物浓度方面的有效性。有观点认为，通过降低溶解性硫化物含量可有效降低恶臭物质含量。然而，支持这一观点的数据不足。

诸多化学物质被用于预防腐败性臭气。使用氧气和少量空气对管网曝气已用于预防腐败性臭气。氧气可以促进有氧代谢，防止厌氧代谢，预防硫化物和臭气的形成。虽然氧气可以氧化硫化氢和其他恶臭化学物质，但在无催化剂促进下，其反应是非常缓慢的（Kotronarou and Hoffmann，1991）。因此对硫化物氧化来说，催化是非常重要的。

硝酸盐可作为多种好氧微生物的替代电子受体，可防止氧化还原电位过度下降，从而预防在厌氧条件下形成更多的化学还原产物。最常用的产品是液态三价铁和硝酸钙。一些硝酸盐产品已获得商业名称，如 Nutriox®（硝酸钙）或 Anaerite263®（硝酸铁）。

氧和硝酸盐都促进了替代厌氧代谢的微生物活动。为此，必须保持污水或污泥中的微生物处于有氧或缺氧状态。在反应过程中，污水中易于生物降解的 BOD 遭到破坏或转化为生物质。

常用的铁盐一般是氯化铁或硝酸铁，用来沉淀溶解性硫化物。该反应阻止了硫化氢的挥发，硫化氢是臭气滋扰和设备腐蚀问题产生的主要原因之一。铁盐去除硫化物的效率受限于污水中的 pH 值。除硫化氢外，铁盐除去臭气的效率还受到其他恶臭物质的影响。虽然铁盐是氧化剂，但是相关反应机理，如亚铁盐如何阻止水中硫化物或其他恶臭化合物的形成，目前还不明确。

更强的氧化剂例如过氧化氢、次氯酸钠、二氧化氯和高锰酸钾都可用于预防恶臭气体的产生。这些化学物质能够快速氧化硫化物和还原性恶臭化合物（如硫醇）。由于可能产生氯化副产物，因此一些氯基试剂在英国并不受业界的欢迎。它们通常用于处理臭气浓度较高的液体，例如污泥上清液或回流污泥混合液。

在常见的用于控制腐败性恶臭气体的化学药剂中，铁盐和硝酸盐在英国的应用最为广泛。这些化学药剂以液体形式供应，这有利于试剂的存储和配置，且对现有的处理工艺流程的改造更为便捷。这种方法的缺点是成本高。对于大水量，使用这种方法会产生较高的运营成本，进而影响总成本。

本章介绍了硝酸盐和铁盐在压力管中预防恶臭气体的应用。描述了每种化学试剂的操作原理。同时展示了嗅觉感官测量数据与硫化氢浓度数据，客观反映了药剂添加的总体有效性。本章还讨论了实践中化学试剂的需求用量，剂量控制和应用成本等方面。

14.2　污水中臭气的产生

下文简要描述了腐败性臭气的形成机制，这有助于理解使用化学试剂的预防原理。

微生物遍布于污水中，通过氧化有机物质获得能量。这种生物反应涉及电子从电子供体化合物（有机物质）转移到电子受体化合物（例如氧、硝酸盐和硫酸盐）。电子受体的类型决定了发生何种类型的反应，也决定了反应的最终产物。当氧被用作电子受体时，有机物质通过有氧代谢被氧化成二氧化碳和水。在缺氧条件下，硝酸盐成为替代的电子受体。微生物通过缺氧代谢产生氮气、二氧化碳并提高碱度。在厌氧和无硝酸盐的情况下，硫酸盐和二氧化碳成为电子受体。在这些反应过程中会产生硫化氢、硫醇、挥发性脂肪酸和其他具有强烈刺激性的恶臭有机物化合物。污水中代谢产物的减少是腐败性恶臭产生的标志。

污水中通常含有较高浓度的有机物质（以 BOD 表征）、少量溶解氧和硝酸盐。因此，有氧或缺氧代谢可迅速消耗所有可用的氧和硝酸盐进而形成厌氧条件。氧消耗的实际速率是有氧呼吸速率和复氧率的函数。对于生活污水，在环境温度下有氧呼吸速率为 2～20 mg/L O_2/h（Pomeroy，1990）。这意味着若在合适的温度下无法重新复氧，生活污水可能仅在短时间内保持有氧状态，随后将立即进入厌氧条件。

在生活污水中根本不需要建立厌氧条件，因为随之而来的是腐败性臭气的产生。例如，在排水管道之外的污水中，腐败性气体产生的速度在其处于厌氧状态后的很长时间内保持相对缓慢。图 14.1 显示了 20℃以下典型生活污水中 H_2S 浓度随时间的变化情况。在最初的 24 小时内硫化物的生成相对较少。

由于大多数污水输送和处理系统的总水力停留时间少于 24 小时，因此腐败性臭气以这种缓慢的产生速率而引起的关注相对较少。

Pomeroy（1990）公式可用于预测压力管中的硫化物浓度。

$$\Phi_{se}=M_b \times \mathrm{COD} \times 1.07^{(T-20)} \tag{14.1}$$

式中：

Φ_{se}= 从黏液层进入污水的硫化物通量（$g/m^2/h$）；

M_b= 在有利于 H_2S 积聚的条件下为 0.228×10^{-3}；

COD= 污水的化学需氧量（mg/L），T= 温度℃。

Pomeroy 公式或用于预测污水中硫化物浓度：

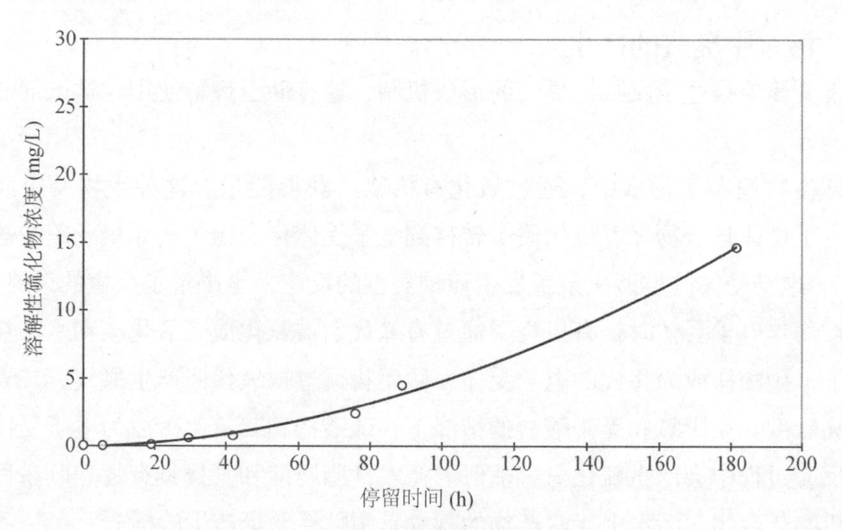

图 14.1 污水压力管外原污水硫化物的产生

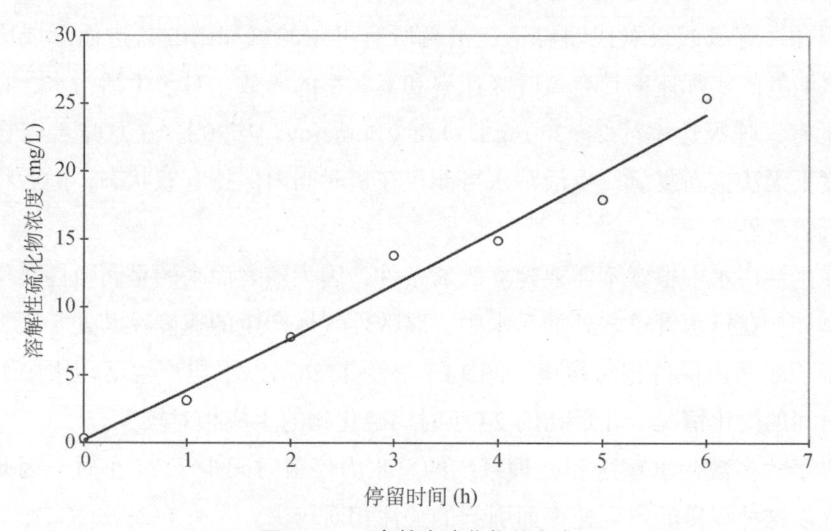

图 14.2 压力管内硫化物的产生

$$C_t = \Phi_{se} \frac{A}{Q} = \Phi_{se} \frac{2 * L}{u * r} \tag{14.2}$$

式中：

C_t= 污水中硫化物浓度（g/m^3）；

A= 压力管内墙面积（m^2）；

Q= 污水流速（m^3/h）；

L= 压力管长度（m）；

r= 压力管半径（m）；

u= 流速（m/h）。

两个实验中使用的生活污水具有相似成分。两种情况之间的差异在于，压力管中附着的生物膜存在生长良好的硫代谢微生物群，但是在生活污水中此类微生物存量较少。

这说明了需要满足两个条件才能快速生成腐败性环境。首先，必须建立严格的厌氧环境。其次，必须存在大量的促进发酵和硫代谢的微生物。如果缺少任何一项，腐败性恶臭气体就无法快速产生。从大量的实践经验中也可推导出上述结论。

一方面，在自重力排水管道中，发酵性微生物和硫代谢菌群在沉积物中普遍存在。自然通风为污水持续提供的氧气足以满足污水有氧呼吸的需求，使其处于有氧环境。在大部分液相中若不存在厌氧环境，则不会产生腐败性恶臭气体。当出现物理堵塞或海水入侵阻碍通风并导致溶解氧耗尽时，由于满足了腐败性臭气产生的两个条件，腐败性臭气会快速产生。这就是为什么恶臭问题往往可能是更严重的输送管道问题（例如部分堵塞和盐水侵入管道）的早期警示。

另一方面，在新建的压力管中通常不会立即观察到腐败性臭气的产生。在缺乏氧气补充的情况下才可能形成厌氧条件，在新建压力管中没有促进发酵菌群和硫代谢微生物群体来催化产生腐败性气体所必需的厌氧反应。由于厌氧微生物生长缓慢，可能需要几个月的时间才能在新建压力管中观察到显著的硫化物产生。压力管中硫化物的产生需要一年才能达到峰值。

综上所述，短时间内生活污水排水管道中腐败性恶臭气体的生成取决于硫代谢微生物群体与严苛的厌氧环境，因此必须破坏一个生成条件以预防排水管道中腐败性臭气的产生。

14.3　使用硝酸盐控制腐败

14.3.1　操作原则

向污水中添加硝酸盐可预防厌氧条件的产生。该过程涉及将液态硝酸盐添加到泵站上游的污水中。该过程的关键因素是剂量控制，在污水中剩余含量应不超过相应的残余硝酸盐含量。这保证了提供足够的硝酸盐以防止污水中产生厌氧条件同时避免过量给药，这既浪费又可能对后续处理过程造成伤害。

图 14.3 显示了一组对照实验，证明了该方法的有效性。在实验开始时，压力管中充满了新排放的生活污水，并加入了不同浓度的硝酸钙。然后污水在压力管中循环，并监测污水中溶解的硫化物和硝酸盐浓度。正如预期，只要在污水中存在残留的硝酸盐，就监测不到硫化物的产生，但是硝酸盐一旦耗尽，硫化物浓度就开始迅速上升。

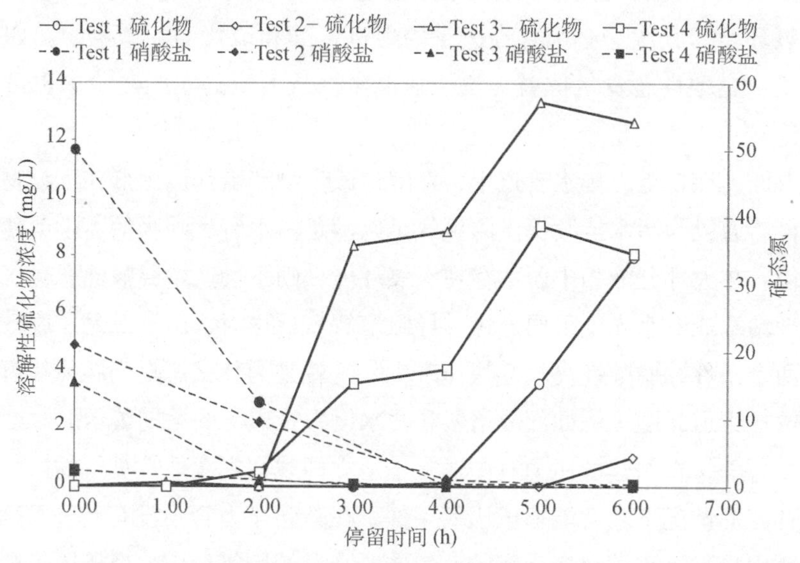

图 14.3　压力管中硝酸盐对硫化物形成的影响

在未添加足量的硝酸盐时，硝酸盐耗尽后硫化物的生成迅速加快。在不添加硝酸盐的情况下，污水中腐败性臭气的浓度可以达到 16 mg/L。与预期不同，不充分的硝酸盐添加无法实现对腐败性气体产生量的削减。预期的硫化物浓度与所需的硝酸盐浓度之间没有固定的比例。

过量的硝酸盐用量会增加不必要的化学药剂成本。高残留硝酸盐浓度可能会影响某些处理过程的性能，例如当与二沉池污泥混合处理时，会导致初沉污泥漂浮。

14.3.2　硝酸盐需求量

为了在污水中保持硝酸盐痕量残留，添加的硝酸盐量必须与厌氧代谢物的硝酸盐需求量相匹配。污水处理系统中生活污水和生物膜的典型呼吸速率分别为 2 mg/L/h 和 700 $mg/m^2/h$（Pomeroy，1990）。假设相同的异养菌能够在无氧的情况下进行缺氧呼吸，生活污水和生物膜的典型呼吸速率可以转换为硝酸盐消耗速率。对于相同数量的电子受体，1 mg/L 的硝酸盐氮可代替约 2.86 mg/L 的溶解氧。因此，污水和生物膜的等效硝酸盐消耗率分别为 0.7 mg NO_3−N/L/h 和 250 mg NO_3−N/m^2/h。使用这些参数，可以计算压力管中硝酸盐需求量：

$$M_{VSS}=\pi\frac{D^2}{4}LR_{VSS} \tag{14.3}$$

$$M_{VSA}=\pi DLR_{VSA} \tag{14.4}$$

$$M_{Total}=M_{VSS}+M_{VSA}=0.00025\pi DL(0.7D+1) \tag{14.5}$$

式中：

M_{VSS}= 污水中硝酸盐需求量（kg NO_3−N/h）；

M_{VSA}= 生物膜硝酸盐需求量（kg NO_3−N/h）；

M_{total}= 总硝酸盐需求量（kg NO_3−N/h）；

R_{VSA}= 污水中硝酸盐呼吸速率（kg NO_3−N/m^3/h）；

R_{VSS}= 生物膜硝酸盐呼吸速率（kg NO_3−N/m^3/h）；

D= 压力管内直径（m）；

L= 压力管长度（m）。

异养菌的活性可以通过特定的反应速率表示，等于总反应速率除以挥发性固体的浓度。对于生活污水，假设总悬浮固体为 300 mg/L，挥发性固体含量为 80%。因此，比反应速率约为 0.003mg NO_3−N/mg VSS/h。

可以对生物膜进行类似的计算。假设生物膜的平均厚度为 0.5 mm，湿密度为 1.0 g/cm^3，则每平方米的生物膜表面含有 0.5 kg 湿生物膜。污水系统中生物膜的典型固体含量为约 5%，含有 80% 的挥发性固体（Atkinson et al.，1981；Walker and Austin，1981；Characklis and Marshall，1989）。因此每平方米的生物膜表面含有 20 000 mg 挥发性固体。比反应速率为约为 0.013 mg NO_3−N/mg VS/h。

上述数值是基于污水处理系统的呼吸速率所得，与污水处理系统中的比反应速率相同。在设计活性污泥工艺的反硝化阶段时，建议使用 0.003～0.012 g NO_3−N/mg VS/h 之间的比反应速率（Wheeldon and Bayley，1981）。在反硝化流化床反应器中发现了 0.014g NO_3−N/ mg VS/h 的比反应速率（Cooper and Wheeldon，1981）。良好生长的生物膜具有比污水中挥发性固体更高的比反应速率。但随着排水管道系统污水的“老化”，这种情况可能会发生变化。“老化”污水的呼吸率可达到 20 mg O_2/L/h（Pomeroy，1990）。

在直径小于 300 mm 的压力管中，生物膜的生物质比悬浮挥发性固体更多。硝酸盐需求受生物膜影响。对于直径较大的压力管，生物膜和悬浮挥发性固体都会显著影响硝酸盐需求。图 14.4 和图 14.5 对此进行了说明。例如对于直径 400 mm、长 3 km 的压力管，在 15℃时，总硝酸盐需求为 29 kg/d。其中包括 6.4 kg 污水和 22.6 kg 生物膜。对于含有 150 g NO_3−N/l 的产品来说，这相当于每天约 200 L 的化学品消耗量。

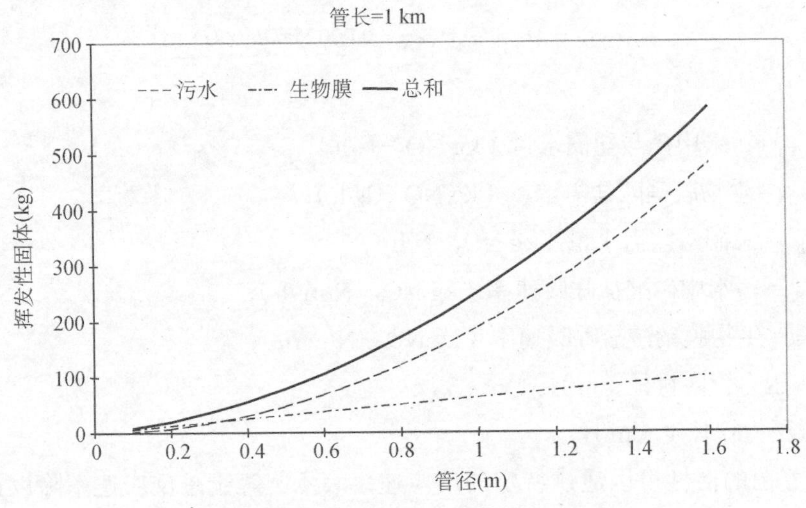

图 14.4 1km 压力管中挥发性固体总量

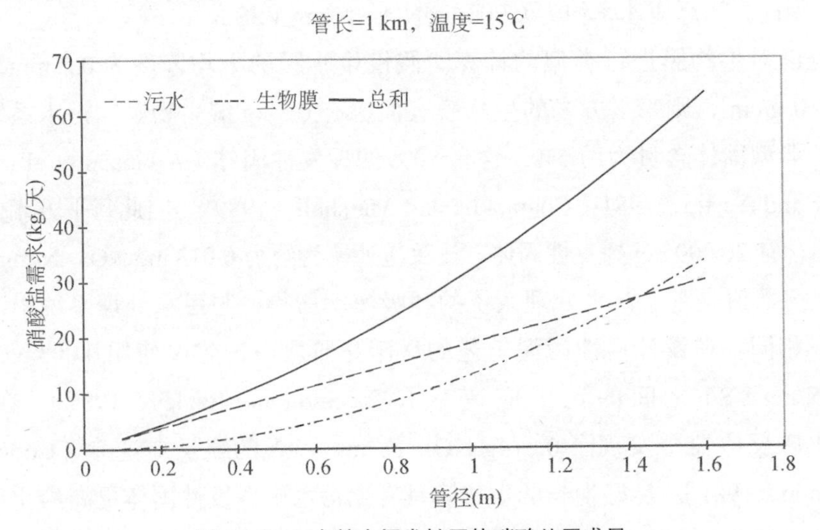

图 14.5 压力管中挥发性固体硝酸盐需求量

14.3.3　控制要求

在污水处理系统的实际运行中，温度和污水成分等条件会动态变化。因此特定系统的瞬时硝酸盐需求量不一定等于预测的平均需求量。这意味着需要一些控制方法来响应这些变化。可编程逻辑控制器（PLC）通常用于此目的。使用 PLC，可以调整药剂剂量以匹配由计时器触发的经验给药模式。可以根据污水流量、污水成分、温度[1]以及其他当地条件的日变化情况来设计和测试这种剂量模式。

由于压力管中生物质的数量和活性不随污水流量快速变化，因此对硝酸盐需求量相对恒定。理论上可以保持一个相对固定的硝酸盐投加率，以预防在污水流动产生波动时腐败性气体的产生。在实践中，由于污水流量的变化可能与其他参数的变化相关，因此可能需要对污水流量进行一些硝酸盐投加率的调整。在污水停留时间较长的压力管中，溶解性 BOD 的含量可能是硝酸盐消耗的限制因素。在溶解性 BOD 耗尽后，反应速率受内源性衰变或颗粒水解主导。具体反应速率可能比正常速率降低 50%～80%（USEPA，1991）。如果在这种压力管中污水流量增加，则可用于正常反硝化作用的溶解性 BOD 会更多，这会产生更大量的硝酸盐需求。在停留时间较短的压力管中，腐败性气体产生的滞后现象较为明显。污水流量减少导致进入压力管的溶解氧减少，这是导致滞后期的部分原因。造成的结果是，可能需要更多的硝酸盐来防止腐败性气体的产生。

创建全自动控制系统，可通过连续监测来匹配瞬时硝酸盐需求。系统可以使用小型反应器和传感器来测量在加药点上游污水的实际硝酸盐反应速率。这些测量值可用于驱动控制化学计量泵的前馈系统。第二传感器可用于监测压力管下游的残余硝酸盐浓度，可为前馈系统提供反馈校准。

无论是自动控制还是固定模式控制，都很难满足间歇流动状态下的污水系统中的硝酸盐需求。硝酸盐通过污水流输送。当流动停止时，硝酸盐的供应亦停止。与此同时，反应在压力管中持续进行，直至硝酸盐被耗尽。

---

[1] 以下因素通常用于温度调节：

$$K_T=\theta^{(20-T)} \tag{14.6}$$

式中：

K_T 为温度因素；

T 为污水温度（℃）；

θ 为温度系数（1.07）。

14.3.4 除臭效果

硝酸盐通过阻止建立厌氧环境来预防腐败性恶臭气体产生。因此，应预防所有还原性恶臭化合物的产生。以下案例揭示了此目标的实现。

在没有添加硝酸盐的情况下，在压力管中停留 6 h 后，污水中会产生 14～17 mg/L 的硫化物。污水的潜在臭气浓度也从大约 5 000 ou/m^3 上升到 3 000 000 ou/m^3 以上。硝酸盐投加后，产生的硫化物少于 0.1 mg/L，潜在恶臭浓度仅上升至约 20 000 ou/m^3。这代表了硝酸盐对硫化物和臭气的抑制率超过 99%。

14.3.5 成本

硝酸盐投加设备包括化学进料泵、控制柜和化学品储罐。根据 1999 年供应商的具体报价，容量为 10～20 m^3 的中型应用安装此类设备的资本成本为 30 000～50 000 英镑。

硝酸盐投加的运营成本主要是化学品的成本。例如一个直径为 0.4 m、长度为 3 km 的压力管，每天平均需要 29 kg NO_3-N 形式的硝酸盐。这相当于每天需要 200 L NO_3-N 浓度为 150 g/L 的液体试剂。年试剂需求量为 73 000 升。如果该产品的价格是 0.30 英镑 / 升（根据 1999 年案例中的报价），每年的费用为 22 000 英镑。

14.4 使用铁盐控制腐败

14.4.1 操作原则

污水中腐败性气体的产生与硫化物的形成密切相关。后者以游离硫化氢（H_2S）、解离硫化物（HS^- 和 S^{2-}）和金属硫化物（MS）的形式存在。腐败性气体的最大的毒副作用与游离硫化氢相关。如果游离硫化氢转化为其他形式，特别是金属硫化物，则可以消除这些毒副作用。

大多数含有重金属的硫化物溶解性较差。尤其是硫化铁的溶解度比氢氧化铁和碳酸铁低得多。因此，铁盐用于选择性地沉淀废水中的硫化物。在该反应中，溶解的硫化物的平衡浓度由硫化铁的溶解度产物决定：

$$K_{\mathrm{FeS_{so}}} = [\mathrm{Fe}^{2+}][\mathrm{S}^{2-}] \tag{14.7}$$

铁盐可用于以两种方式抑制腐败性气体的产生。可以将其加入具有挥发性臭气的污水中以使溶解的硫化物沉淀为硫化铁。或可在恶臭气体产生之前将就其添加到废水中，随之溶解的硫化物将发生沉淀。

如果在形成硫化物之前就将铁盐加入污水，在最初阶段就会产生不溶的氢氧化物和碳酸盐。液体 pH 值和溶解二氧化碳浓度都会对两种反应的平衡产生影响：

$$K_{Fe(OH)_2\,so} = \frac{[Fe^{2+}]}{[H]^2[Fe(OH)_2(s)]} \tag{14.8}$$

$$K_{FeCO_3\,so} = \frac{[Fe^{2+}][CO_3^-]}{[FeCO_3(s)]} = \frac{[Fe^{2+}]}{[FeCO_3(s)]}C_T\left(\frac{[H^+]^2}{K_1K_2} + \frac{[H^+]}{K_1} + 1\right)^{-1} \tag{14.9}$$

式中：

K_{FeSso}= 硫化铁的溶解性产物；

$K_{Fe(OH)2so}$= 氢氧化铁的溶解性产物；

$K_{FeCO3so}$= 碳酸铁的溶解性产物；

K_1，K_2= 二氧化碳的解离常数；

C_T= 溶解性 CO_2 的总浓度。

通常在 pH 值小于 11 时，碳酸铁比氢氧化铁更稳定。在 pH 值大于 11 时，氢氧化铁更稳定，如图 14.6 所示。

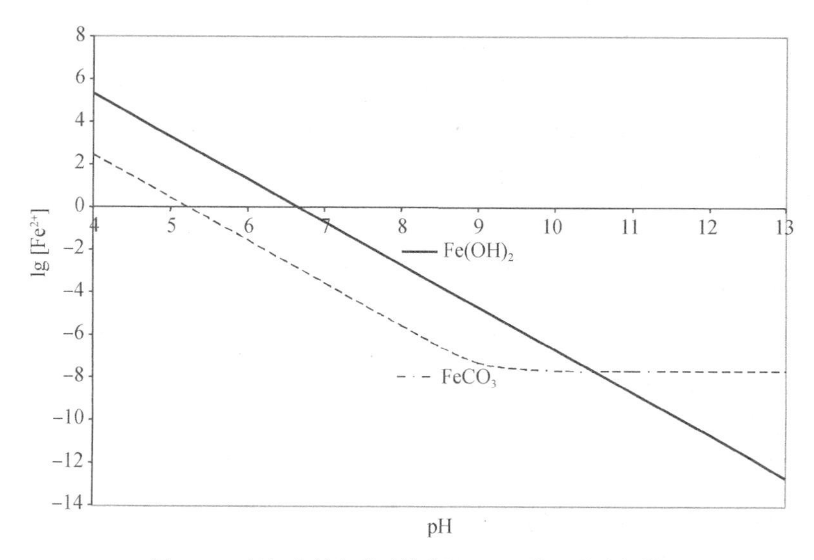

图 14.6　氢氧化铁和碳酸铁在不同 pH 值下的溶解性

在实践中，溶解性铁盐的总浓度和溶解性硫化物的总浓度与特定离子物质的浓度有关。为了对此进行测试，可以使用硫化铁的条件溶解度积（P_s）：

$$P_S = Fe_T S_T = \frac{K_{FeSso}}{\alpha_{Fe}\alpha_S} \tag{14.10}$$

式中：

P_s=FeS 的条件溶解性产物；

Fe_T= 溶解性铁的总浓度；

S_T= 溶解性硫化物的总浓度。

α_{Fe} 和 α_S 可以按以下公式计算：

$$\alpha_{Fe} = \left(1 + \frac{K_{Fe1}}{[H^+]^2}\right)^{-1} \tag{14.11}$$

$$\alpha_S = \left(1 + \frac{[H^+]}{K_{S2}} + \frac{[H^+]^2}{K_{S1}K_{S2}}\right)^{-1} \tag{14.12}$$

式中：

K_{Fe1}= 氢氧化亚铁的溶解度积；

K_{S1}，K_{S2}= 硫化物的解离常数；

对于不同的总溶解性铁浓度，将总溶解性硫化物浓度相对于 pH 值作图，如图 14.7 所示。这表明通过保持小的溶解铁浓度，可以将溶解性硫化物浓度降低到逼近于 0。在 pH 值在 7～8 时最容易达到这个效果。

上述分析与现实相比是简单的，因为没有考虑氢氧化铁和硫化铁复杂的形成过程。需要少量的额外铁来使溶解性硫化物完全沉淀这一事实与分析的结果一致。该分析还证实，沉淀的有效性对 pH 值的敏感度较高。

14.4.2 三价铁需求

以下实验证明，三价铁盐可以促进溶解性硫化物化学计量的沉淀。在实验中使用含有 9.2 mg/L 溶解性硫化物的污水。将 0.5～2 倍化学当量的亚氯酸铁加入到 10 L 污水子样品中，30 分钟后测量污水中溶解性硫酸盐浓度。结果如图 14.8 所示。该实验证实铁盐选择性地与硫化物反应。

当向不含溶解性硫化物的废水中加入铁盐时，最初会形成碳酸铁、氢氧化铁或其他络合物。其中部分铁盐可能无法可逆回收，不能与随后形成的硫化物发

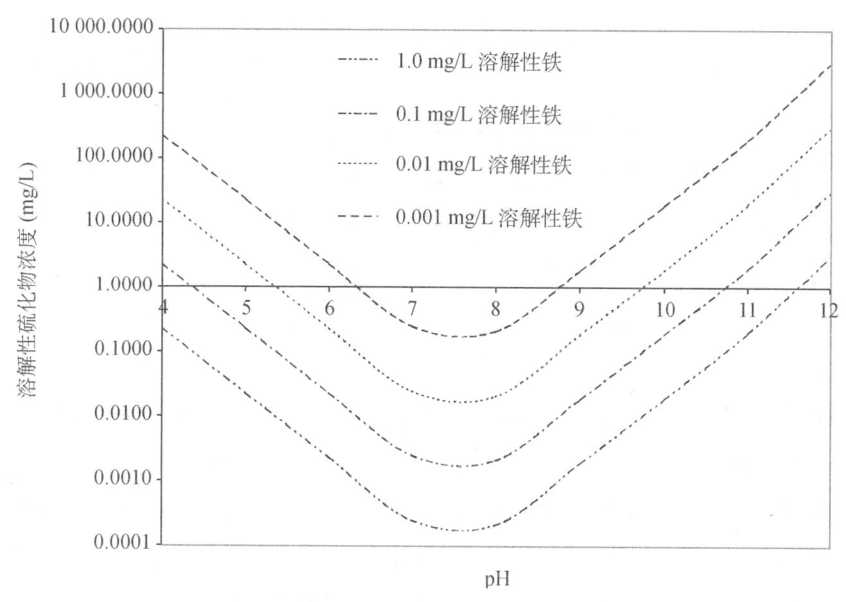

图 14.7　pH 和铁浓度对残留硫化物的影响

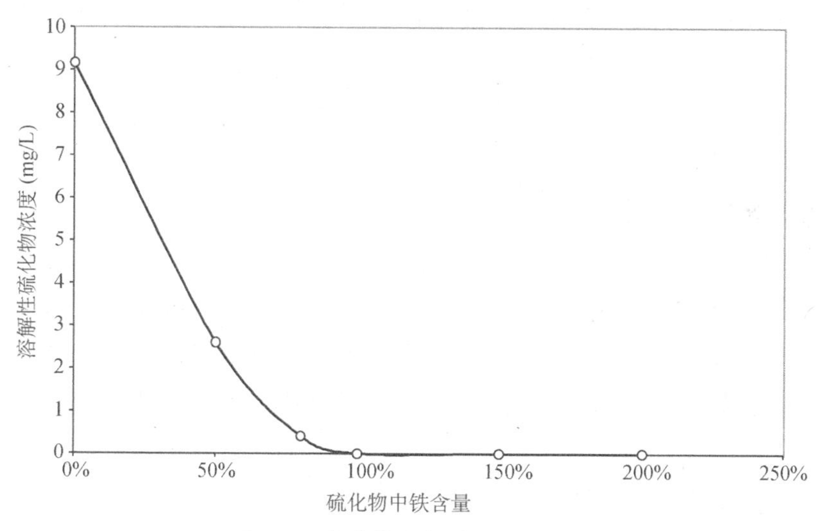

图 14.8　氯化铁对硫化物的沉淀作用

生反应。当向压力管新鲜污水中连续加入亚氯酸铁时，需要 120% 化学当量的铁盐，以完全与压力管中预期产生的硫化物发生反应。

为了估算铁盐需求量，第一步是确定已形成或预计会形成多少硫化物。一旦得出实际或预期的硫化物浓度，可以通过以下公式预测铁盐需求：

$$C_{Fe} = \alpha \times \beta \times C_{H_2S}，C_{Fe} < \alpha * \beta < C_s \quad (14.13)$$

式中：

C_{Fe}= 以 Fe 离子形式需要的铁盐浓度（g/m³）；

α= 常数，等于铁的分子量（56）/ 硫化物分子量（34）；

β= 如果在硫化物形成后加入铁盐则等于 1，如果在硫化物形成之前加入铁盐，则等于 1.5；

C_s= 废水中的总有效硫，生活污水的典型值为 15～20 mg/L；

C_{H_2S}= 硫化物浓度（mg/L）。

当添加到已包含中等硫化物浓度的废水中时，可最有效地利用铁盐。废水立即产生强饱和溶液，促使硫化铁沉淀物迅速形成。其特征在于废水颜色即时变为深灰色和黑色。如果将铁盐添加到不含硫化物的废水中，则在生成硫化物时会逐渐形成饱和溶液。在达到一定程度的过饱和之前，可能不会产生硫化物沉淀。每种废水的过饱和度可能不同，因为这取决于悬浮固体的浓度和表面性质，悬浮固体在沉淀的初始阶段可能会异相成核。在形成低浓度硫化物的系统中，可能需要额外的铁盐来消除沉淀延迟影响。铁盐的实际需求量最好通过实验室测试或反复试验来确定。

14.4.3 控制需求

与硝酸盐给药方式类似，铁盐的给药也是通过固定模式的定时器触发的进料泵来控制的。每种应用的给药模式由经验或反复试验决定。

计量系统通常包括化学品储存装置和给料泵，铁盐通过该系统实际输送到应用点。液态氯化铁储备溶液通常不需要稀释，因此进料泵可以直接从储罐中抽取药剂。储罐的尺寸根据进料速率要求和输送限制而定。还需要保护系统免受腐蚀。

铁盐实际具有的腐蚀性质意味着在控制系统上需要格外小心。铁盐的加入会导致废水的 pH 值略有下降，但通常仍然可保持中性。但是在未均匀混合或意外情况下，局部的 pH 值低是可能的。例如，当污水输送泵意外停止，而铁盐进料泵仍在运行时，浓缩的铁溶液可能在输送点附近积聚，通常积聚在主污水泵的上游。这可能会导致管道部分和污水泵的损坏，除非这些部件是耐腐蚀的。可以使用流量故障开关来避免这种情况的发生，防止化学物质进料泵在没有污水流动的情况下继续运行。

14.4.4　除臭效果

铁盐防止硫化物或其他气味的化合物形成的机理尚不明确。铁盐是否会与有机硫化合物发生反应尚未可知。因此，预计铁盐的加入并不能完全抑制臭气。然而，在压力管中使用铁盐的实验显示出一些意想不到的抑制效果。

图 14.9 显示了在将不同量的铁添加到具有腐败性恶臭气体的污水中之后 H_2S 和臭气抑制之间的关系。抑制程度几乎与对 H_2S 浓度的抑制成正比。当将铁盐实际添加到新鲜污水中，防止腐败性气体产生时，也获得了类似的效果。

图 14.9 的试验表明潜在臭气浓度与硫化氢浓度之间存在线性关系，斜率为 9 800 ou/m^3/ppm。每去除 1 ppb 的 H_2S，就去除了 9.8 ou/m^3 的潜在臭气。如图 14.10 和图 14.11 所示，在未经处理的情况下，在压力管中还发现了消化沼气和腐败性污水中臭气和 H_2S 之间更为分散的关系。当气体不具有腐败性时（例如来自二级处理的污水）或 H_2S 浓度非常低时，这种关系通常并不存在。

图 14.9—图 14.11 所示相关性的一个简单解释是 H_2S 的臭气感觉阈值浓度为 0.1～0.25 ppb。因此，H_2S 浓度经处理下降后，也会消除等量的臭气浓度。然而，这种解释与被广泛认可的 H_2S 阈值浓度为 0.5 ppb 相矛盾（Vincent and Hobson，1999）。

其他恶臭化合物可能对 H_2S 具有协同作用。相比 H_2S 单独存在而言，同时存在可能使人的嗅觉阈值降低，感知到更低浓度的 H_2S 的存在。当 H_2S 占主导地位时，其他恶臭气体的协同效应可能比它们对臭气浓度的贡献更显著。因此，

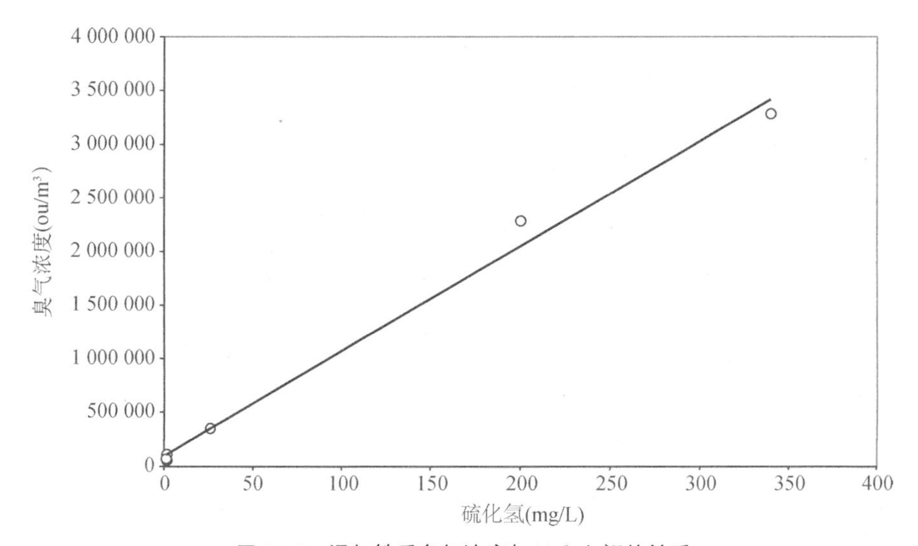

图 14.9　添加铁后臭气浓度与 H_2S 之间的关系

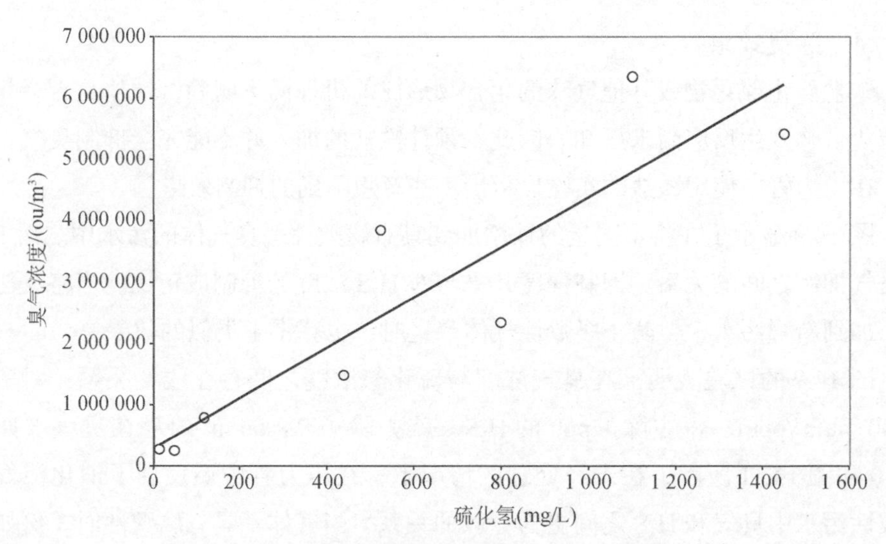

图 14.10　消化沼气内臭气浓度与 H_2S 之间的关系

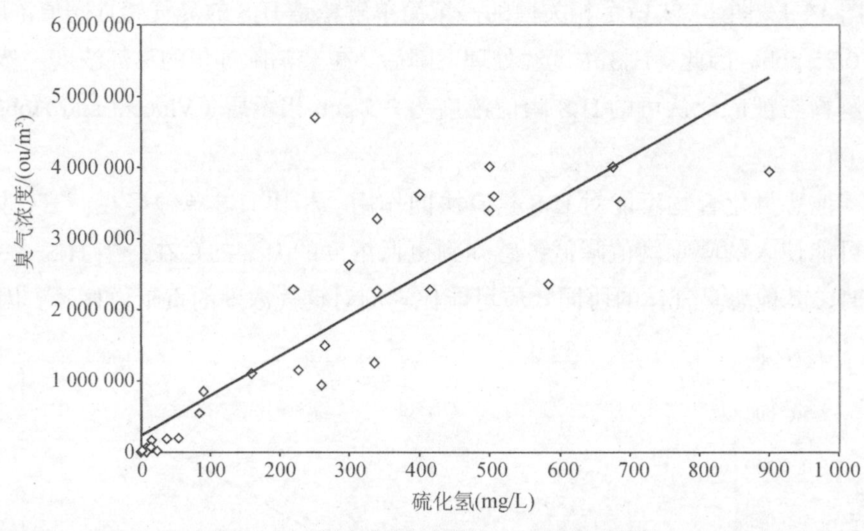

图 14.11　污水中臭气浓度与 H_2S 之间的关系

随着 H_2S 的减少，臭气将按比例减少，直到几乎所有的硫化氢被除去。随后，其他恶臭气体成为感知臭气浓度的主导。这个假设可以很好地解释观察结果，但需要更直接的测量来证实。

14.4.5　成　本

用于铁盐给料的设备包括化学品进料泵、控制面板和铁溶液储存设备。由于铁盐耐腐蚀性要求较高，为容量为 10～20 m^3 的中型应用安装此类设备的投资成本与使用硝酸盐的成本类似或稍高一些。

利用铁盐试剂控制腐败性气体的操作成本可以通过药剂成本来估算。例如，一个直径为 0.4 m、长 3 km 的压力管中，平均每天可能需要 200 kg 的铁盐（以氯化铁的形式），年度药剂消耗为 73 000 kg。铁盐价格约 200 英镑 / 吨，则每年的药剂成本为 15 000 英镑（按 1991 年物价）。

14.5　使用硝酸铁除臭

硝酸盐和铁盐通过不同的机制抑制腐败性气体的产生并依次起作用。因此，当它们作为一种化学试剂提供时，可能有额外的效果。故而可以考虑选择硝酸铁对腐败性气体进行控制，而不是硝酸钙或氯化铁。

从理论上讲，如果压力管中硝酸盐需求量的 55% 来自硝酸铁，则也同时提供了 45% 的铁盐。基于该计算，预期可以由 55% 剂量的硝酸铁提供 100% 的腐败性气味抑制效果。但是实际与理论计算并不一致。当压力管中硝酸盐含量不足硝酸盐耗尽后，硫化物可能会以加速的速度产生，因此因硝酸盐加入所取得的腐败性气体抑制效果也就不存在了。如前所述，并如图 14.12 所示，硝酸盐耗尽后铁盐也可能会延迟作用。这可能导致臭气的快速产生。因此，将硝酸钙更换为硝酸铁并不能取得理论上的成本节约效果。适度节省 5%～15% 的药剂投加是可能的。当投加硝酸铁以满足硝酸盐 100% 的需求时，对腐败性臭气的抑制比硝酸钙

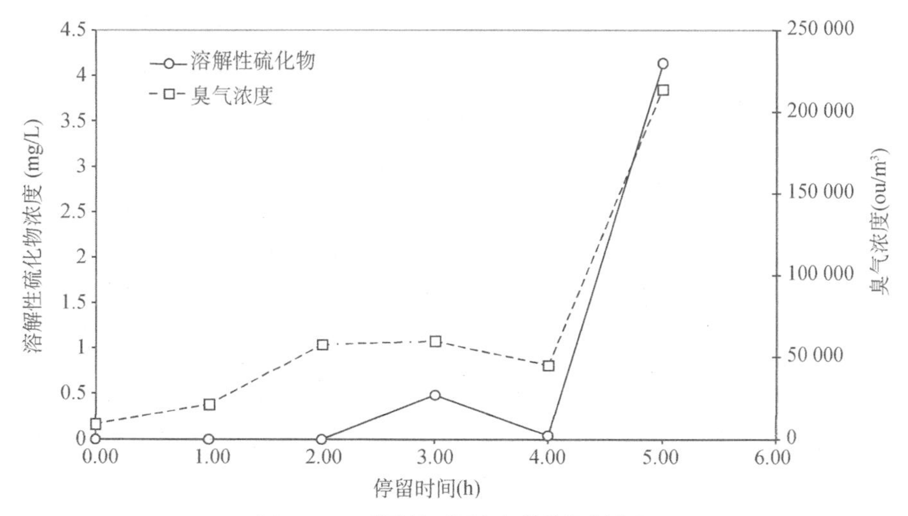

图 14.12　硝酸铁对恶臭气体的抑制作用

或氯化铁更为有效。

14.6 调节 pH 值控制臭气的产生

因为溶液中游离的硫化氢浓度随着 pH 值的升高而降低，所以用于调节 pH 值的化学品（例如石灰和氢氧化钠）可用于控制臭气。溶液中游离的溶解性硫的比例由以下反应决定，可以表示为 pH 值的函数。

$$H_2SS^-+H^+ \ \{K_1=7.94\times10^{-8}\} \tag{14.14}$$

$$S^-S^{2-}+H^+ \ \{K_2=1\times10^{-12}\} \tag{14.15}$$

$$H_2S(\%)=\frac{100}{1+\dfrac{K_1}{10^{-pH}}+\dfrac{K_1K_2}{10^{-2pH}}} \tag{14.17}$$

上述反应表明，溶液中游离硫化氢浓度对 pH 值高度敏感。例如，如果 pH 值从 6.5 升高到 8.5，则溶液中的游离硫化氢浓度将降低 20 倍以上。

图 14.13 显示了不同 pH 值 H_2S 的浓度（Hobson，1995）。在取样之前，将污水的 pH 值调整至 6.4～8.8 之间。假设在最高 pH 值下，硫化氢浓度的测量值和计算值具有共同基线，使用式（14.14）计算可能产生的硫化氢浓度。

实测的硫化氢浓度随 pH 值的变化不如预期的那么显著。进一步的测量结果表明，这种差异在水力紊流较少的系统中更为突出。

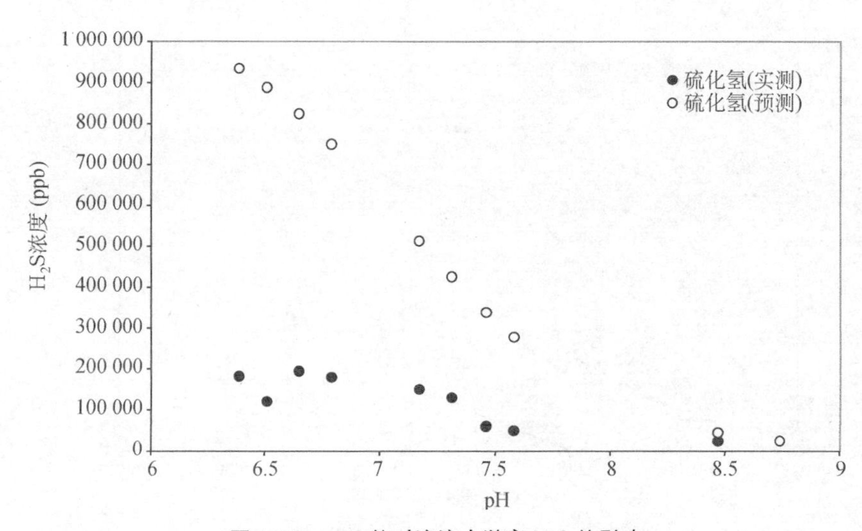

图 14.13　pH 值对溶液中游离 H_2S 的影响

以下假设用于解释观察结果。如果由于 CO_2 逸出而导致的液体边界层 CO_2 没有得到相同速率的补充，则可以建立一个动态平衡。这种动态平衡将允许边界层中的 pH 值高于大部分液体中的 pH 值。反之，这将导致边界层中的游离硫化物浓度低于大部分液体中的游离硫化物浓度。因此，在低 pH 值时，实际排放的硫化氢浓度相较于根据大量游离硫化物浓度预测排放的硫化氢浓度要小。实践中，为了减少一定比例的硫化氢排放，相比理论值而言，需要更多地关注 pH 值的调节。

pH 值对臭气的影响取决于恶臭气体的性质。如果硫化氢是臭气的主要成分，那么可以预期存在类似的关系。图 14.14 显示了当 pH 值在 6.5～8.5 之间变化时，硫化氢浓度与臭气浓度之间的关系。在这种情况下，测量到的臭气浓度和硫化氢浓度之间存在粗略的线性关系。

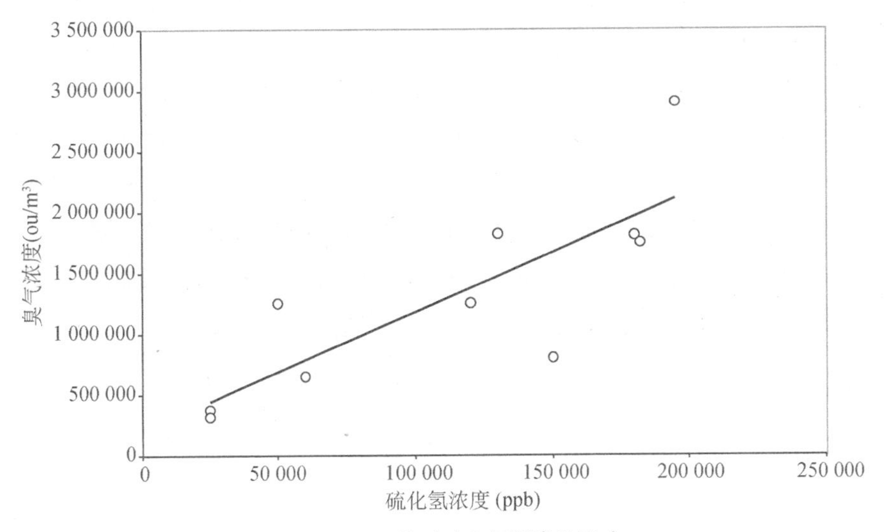

图 14.14　pH 值对硫化氢溢出的影响

14.7　参考文献

Atkinson, B., Black, G.M. and Pinches, A. (1981) The characteristics of solids supports and biomass support particles when used in fluidised beds. In: *Biological Fluidised Bed Treatment of Water and Wastewater*, (P.F. Cooper and B Atkinson, eds) Ellis Horwood Ltd, London.

Characklis, W.G. and Marshall, K.G. (1989) *Biofilms*. John Wiley & Sons, London.

Cooper, P.F. and Wheeldon, D.H.V. (1981) Complete treatment of sewage in a two-fluidised bed system. In: *Biological Fluidised Bed Treatment of Water and Wastewater*, (P.F. Cooper and B Atkinson, eds) Ellis Horwood Ltd, London.

Hobson, J. (1995) The odour potential - a new tool for odour management. *J. Chart. Inst. Water Enviro. Manag.* **9**, 458-463.

Kotronarou, A. and Hoffmann, M.R. (1991) Catalytic autoxidation of hydrogen sulphide in wastewater. *Enviro. Sci. Techno.* **25**, 1153-1160.

Pomeroy, R.D. (1990) The problem of hydrogen sulphide in sewers. The Clay Pipe Development Association (A. Boon ed.) 2nd edition.

Tchobanoglous, G. and Burton, F.L. (1991) *Wastewater Engineering: Treatment, Disposal and Reuse*, Metcalf and Eddy Inc., McGraw-Hill Inc., New York.

US EPA. (1991) *Nitrogen Control*. Technomic Publishing Company Inc., Lancaster.

Vincent, A. and Hobson, J. (1999) Odour Control. *CIWEM Monographs on Best Practice* No 2, Terence Dalton Publishing, London.

Walker, I. and Austin, E.P. (1981) Use of Porous biomass supports in a pseudo-fluidised bed for effluent treatment. In: *Biological Fluidised Bed Treatment of Water and Wastewater*, (P.F. Cooper and B Atkinson, eds) Ellis Horwood Ltd, London.

Wheeldon, D.H.V. and Bayley, R.W. (1981) Economic studies of biological fluidised beds for waterwater treatment. In: *Biological Fluidised Bed Treatment of Water and Wastewater*, (P.F. Cooper and B Atkinson, eds) Ellis Horwood Ltd, London.

第 15 章
加盖抑制臭气

劳伦斯·科伊（Lawrence Koe）

15.1 引　言

世界各地的污水处理设施都是通过沟渠、管道将各级处理单元、反应池和构筑物连接组合。为了控制这些处理设施散发的臭气污染，必须先将臭气密封在构筑物内，再进行有效收集并输送至臭气处理设施，经处理达标后才可排放至周边环境。

目前，不同类型的盖板形式和构造已广泛使用。许多盖板经过美观设计，与周围的建筑很好地融合在一起。在最终确认池体加盖前，需要仔细考虑盖板的材料、耐久性、耐腐蚀性、形状和尺寸以及成本等各种因素。

15.2 加盖材料

15.2.1 属性

考虑到污水处理厂需加盖的处理设施会散发具有腐蚀性的气体，加盖材料应具有耐腐蚀性，并且能在恶劣环境下具有耐久性。大量加盖材料可供工艺设计人员选择。最常见的材料包括混凝土、木材、织物、铝和玻璃钢（FRP）。工艺盖板生产厂家一览见表 15.1。

表 15.1 工艺盖板厂家一览表

公司及地点	说明
Temcor，USA（www.temcor.com）	生产的铝制盖板，适用于池体、消化罐、调蓄池
Conservatek Industries，Inc.（www.conservatek.com）	是一家通过 ISO 9001 认证的公司，设计、制造和安装铝制圆顶、盖板
Geomembrane Technologies，Inc.（www.gti.ca）	设计、安装和维护市政污水处理厂的构筑物及浮动盖板系统
ILC Dover，Inc.（www.ilcdover.com）	制造容器盖板以抑制污水处理过程中散发的臭气及 VOCs
Thermacon Enviro Systems，Inc.（www.thermacon.com）	为给水、污水处理行业设计和制造专业产品
American Grating，USA Cwww.amgrating.com）	制造玻璃纤维材料及盖板

15.2.1.1 混凝土

混凝土通常以预制预应力混凝土板的形式作为低层次盖板。混凝土盖板通常浇筑成一个永久性整体，适用于不会产生腐蚀性气体的出水沟渠、出水井等区域。较重混凝土板质量，形成了不可拆卸式的设计。此外，混凝土构件的强度经腐蚀后大幅下降，因此必须在混凝土盖板的底面加装防腐层，使用高密度聚乙烯或耐腐蚀塑料等防腐材料。

15.2.1.2 木材

木材一直是低层次加盖的首选材料，特别是在传统污水处理厂。由于质量较轻、易成型的特点，可涵盖多种池体形状和沟渠槽形。由于风化作用使木材使用期限较短。虽然可通过塑料涂层与喷漆措施延长使用时间，木质盖板在恶劣的污水环境中仍然快速腐化。木材使用期限短，故难以作为永久性的盖板材料。

15.2.1.3　织物

织物通常用作高级加盖的材料，但基于安全性考量及无法在盖板上设置通道等原因，织物只是作为低层次加盖材料。

聚氯乙烯涂层聚酯内衬聚氟乙烯可有效防腐，是一种很受欢迎的织物保护层。织物可以进行各种灵活设计，从美观角度配合周围建筑。虽然织物使用期限较木材更长，但仍需定期（每隔 10～15 年）更换。因此供应商会对织物使用期限提供相应年数的质保。

在实践中，织物可被固定在由钢铝耐腐蚀材料搭建的框架上。图 15.1 是为织物加盖层提供支撑的穹顶空间框架。

织物加盖层最大优势在于可选择颜色。通常选择白色，因为白色的织物加盖层具有半透明属性，白天具有极好的透光性，夜间则需要室内照明。

图 15.1　测地线框架

15.2.1.4　铝

铝是污水处理过程中一种非常受欢迎的加盖材料。具有高强度低质量和延展性较好的特点，易配置在各种形状的反应池体和沟渠。众所周知，通过与合适的合金材料加工后，铝也具有高耐腐蚀性。低铜铝合金用于避免应力腐蚀和裂纹。铝的耐腐蚀性源于铝表面形成的氧化层。实例表明，在铝表面受到污水飞溅区域也存在腐蚀现象。因此，建议将铝制材料用于不易被污水飞溅的区域。

通过规模化、标准化生产铝制组件，配合良好的质量管控，顶盖采用模块化的框架设计可以适应各种尺寸。在安装或巡检等情况下，可方便使用预留窗口进入通道。铝制盖板已在全世界广泛使用，世界各地普遍存在污水处理设施使用铝制盖板的案例，即使在使用 25～50 年后，铝制盖板也未见明显的腐蚀迹象。

15.2.1.5 玻璃钢

玻璃钢也是污水处理厂广泛使用的加盖材料。玻璃钢具有高强度、轻质量的特性，适用于不同高度的加盖要求。玻璃钢学名为纤维增强复合塑料，俗称 FRP（Fiber Reinforced Plastics）。根据采用的纤维不同，FRP 分为玻璃纤维增强复合塑料（GFRP）、碳纤维增强复合塑料（CFRP）、硼纤维增强复合塑料等。该材料非常经济，可以被加工成各种形状和大小的盖板。

世界上有许多玻璃钢制造企业，规模化制造的玻璃钢质量可靠。在工程实践中存在玻璃钢老化的案例，主要源于玻璃钢盖板设计不合理或未选用抗紫外线的树脂。现有技术措施能确保玻璃钢盖板在设计过程中十分精确，且耐化学腐蚀。现已有直径超过 50 m 的玻璃钢顶盖在污水处理厂使用。

玻璃钢由相对较低强度的树脂与高强度、高模量玻璃纤维制作而成。玻璃纤维的抗拉强度约为 2 400 MPa，几乎是钢材质的 10 倍。制造商提供了不同数量、各处设置不同强度、弹性的玻璃纤维。不同厚度的玻璃纤维具有的强度和弹性也不同，厚度决定了玻璃纤维的强度。

单向受力，例如粗纱、布层压板，在某处提供了非常高的强度和模量，在另一处的强度和模量则较低，按重量计玻璃含量为 60%～80%。双向受力的，例如粗纱编织布在两处提供相同的强度，玻璃含量约占重量的 40%～60%。在随机的情况下，例如短切毡在各方向提供同相同的强度，玻璃含量占重量的 25%～40%。

间苯二聚酯、乙烯基酯等树脂适用于具有防腐蚀性能的玻璃钢。在恶劣环境下，应使用具有良好耐蚀性及内在韧性的乙烯基酯树脂，尽管其价格比间苯二聚酯树脂高。较便宜的间苯二聚酯树脂适用于轻度腐蚀环境。树脂还需要添加紫外线吸收剂和光稳定剂以避免受紫外线照射引起的老化。若没有合适的防紫外线添加剂保护，玻璃钢盖板在长时间使用后，需要进行结构性改造翻修。合适的防紫外线玻璃钢盖板的使用期限约为 20～25 年。

玻璃钢盖最常见的结构形式是穹顶盖，部分扇形盖板跨越至中央按压环。图 15.2 为部分玻璃钢顶盖的实例，图 15.3 为单个池体的玻璃钢顶盖。

图 15.2　分段式玻璃钢顶盖

图 15.3　单独池体上的玻璃钢覆盖

不同形状、结构的玻璃钢已用于对不同高度的池体进行加盖。对于曝气池，通常可见玻璃钢支撑梁上部分跨越的平面盖板。理论上平面盖板应略微弯曲以提高刚度，平面盖板底面也需强化防腐蚀。玻璃钢盖板常以条形设置，这样每段盖板都可以从池子中心跨越到池壁边缘。

15.2.2 成 本

盖板应在使用期限的基础上考虑经济性。盖板的总成本受到以下因素影响：

（1）原材料成本；

（2）本地物料供应情况；

（3）交通便利性；

（4）安装简易度；

（5）安装过程中的损耗。

需要定期更换防腐涂层的材料还会产生相关维护费用。表 15.2 总结了各种材质盖板的相对成本。

表 15.2 不同材料的成本比较

材料	木材	混凝土	织物	铝	玻璃钢
相对成本	低	低	中	高	高

15.2.3 外 观

由于城镇化和高层建筑的发展，污水处理厂更接近周围社区的边界，未来污水处理厂的盖板将会备受关注，因此盖板是否融入周围环境，对现有设施和未来任何扩建工程都是很重要的。外观受以下因素影响：

（1）加盖系统的大小和形状影响外观风格和形式；

（2）盖板材质对视觉感观的影响和反射性；

（3）盖板的颜色与周围自然颜色及其他建筑物的颜色关联。

15.3 加盖结构

15.3.1 类 型

有多种加盖结构可供选择，范围可从低层加盖如液体表面（最小的顶部空间）到高层加盖，高层加盖通常在低层加盖上再叠加另一层，也有双高 / 低层加盖的结构。

15.3.1.1　低层加盖

低层加盖通常指盖板横跨池壁之间，紧贴水面以减少水面和盖板之间的臭气体积。可通过检修窗或移动部分盖板进行维护检修。臭气在相同散发速率下，顶部空间的臭气排放浓度会比较高，但是能减少需要处理的臭气量使得此类盖板很受欢迎。低层加盖确实存在一些缺点，例如对处理设施的巡查不方便，以及常规检测样品的采集困难。对于一些污水处理设施如曝气单元，通过观察污泥外观、泡沫的存在等可供运行人员调整工艺，而观察窗无法提供与直接观察水面相同程度的感官体验。且反应池加盖后，维修和清洗困难，进入封闭水池的安全防范也十分必要。当进入池体的程序过于繁琐时，池体的维护工作易被忽视。图 15.4 为一个低层覆盖的示例。

图 15.4　低层加盖水池

15.3.1.2　高层加盖

高层加盖通常设计成横跨水面以上，这样有足够的顶部空间允许人员或维修设备进入。有些案例中，顶盖由独立于现有水池结构的固定圆顶及跨越低矮池壁的盖板组成。不需要改变沉淀池中现有的移动桥梁和机械设备，即可安装在沉淀池结构内。图 15.5 为现有初沉池的高层加盖。

污水厂运行人员可通过安装在加盖水池侧壁上的门进入高层加盖水池进行正常巡检或维护，亦可通过拆卸部分盖板进出大型设备（需特定设计）。

为防止开门时臭气冒溢，加盖池体均设计成微负压，使气流向盖板内部空间流动。

图 15.5　高层加盖水池

15.3.1.3　双层低-高层加盖

常规情况下，污水处理设施的主要恶臭来源如预处理区域或初沉池被设计成双层低-高层加盖。低层盖板安装在水面以上作为主要盖板，而高层加盖进行了二次密封，以控制维护期间检修窗被打开后从主盖板泄漏的恶臭气体。这样的双重体系成本较高，但可更好地防范瞬间泄漏的恶臭气体。低层加盖内部换气来源于两层盖板之间的空间，新鲜空气从周边可控的空气阀进入。新风流量需确保充足的通风及新鲜空气的净流入。图 15.6 为典型的双层低-高层加盖。

低层加盖可设计为与移动桥梁一起旋转或固定式。如果加盖是旋转的，则框架需要支撑在池体侧壁顶部的轮子上。固定盖板在加盖处理单元和管道系统具有

图 15.6　双层低–高层加盖

更好的灵活性。

15.3.2　应　用

污水处理厂由多个处理水池、沟渠、存储箱体和构筑物组成，需对臭气进行收集和输送。下文主要从以下四个方面进行探讨。

15.3.2.1　围护结构

为控制臭气散逸，构筑物必须全密封，内部空间在保持充分通风的基础上保持微负压。密封构筑物除臭工程所选材料应综合美观、可操作性强及融于周边环境等因素。

15.3.2.2　处理池、沟渠、箱体

低层加盖通常用来覆盖泵房入口处的楼梯井。因步行通道需具有稳固性，铝是首选加盖材料。

15.3.2.3　圆形池体

高层加盖采用从新建矮墙跨越至固定圆顶的形式，独立于现有水池结构。这

是池体加盖中最简单的形式，无需改变现有移动桥梁和驱动装置。低层加盖可以跨越现有的水池池壁和水池中心，或支撑在框架节点上。该系统成本最低，适用于不需要经常维修及臭气排放速率较低的设施，因此臭气逸散风险最低。

双层低-高层加盖是在高层顶盖基础上在液面上方增加低层加盖，该系统的成本最高，但能确保无泄漏。织物、铝和玻璃钢适用于高层加盖，铝和玻璃钢适用于低层加盖。

15.3.2.4 矩形曝气池

高层与低层加盖都适用于曝气池体加盖。根据除臭工程的投资和运营成本，底层加盖比高层加盖更经济。铝是最坚固的材料，但铝制盖板在进水或污水冒溢处易腐蚀。玻璃钢盖板比铝制盖板更安全、更易定制外形生产。

15.4 参考基准

15.4.1 评估标准

盖板材料的选择通常需要考虑以下因素：

（1）强度和硬度；

（2）耐用性；

（3）重量；

（4）成本；

（5）外观；

（6）质量控制；

（7）操作要求。

15.4.1.1 强度和硬度

盖板必须具有足够的强度跨越池体。例如，初沉池和二沉池盖板应在无中间支撑下跨越池体。池体上的支撑点是潜在的腐蚀点，且可能阻碍加盖水池内的空气和液体流动。盖板必须具有足够的刚度，弯曲后的挠度在可接受的范围内。

15.4.1.2 耐久性

考虑到加盖后水池内存在腐蚀性气体，盖板应在物理和化学性能方面具有耐久性。在加盖建造及使用期限内，必须承受物理冲击、通行荷载、风力荷载以及自重和维护荷载。盖板必须抗外部风化和紫外线辐射，以及内部污水产生恶臭污染物的腐蚀。

污水产生的臭气含有硫化氢、硫醇和挥发性有机物，这些气体在密闭空间内易发生反应，生成硫酸、有机酸等腐蚀性物质，盖板材料必须能抵抗这些化学物质的腐蚀。

在污水处理厂的主要处理设施如进水泵房、沉砂池和初沉池中，硫化氢会生成腐蚀性的硫酸，在后续污泥处理设施中，则会产生挥发性脂肪酸。因此，选择合适的盖板材料必须考虑不同处理构筑物产生腐蚀气体的类型。

15.4.1.3　重量

可选材料需具有高强度重量比。轻质加盖材料无需支撑结构，对现有结构加盖时，确保加盖材料重量不会导致现有结构变形或引起现有支撑系统崩溃是至关重要的。

15.4.1.4　成本

加盖设计的使用期限须符合成本效益。设计人员须注意某些本地可生产的盖板类型及总加盖成本。

15.4.1.5　外观

盖板高度是可见的，因此设计及选材应与周围的建筑较好地融合。高层顶盖对污水处理池体具有明显的视觉冲击，需确保其外形和颜色符合审美。图 15.7—图15.9 为各种符合审美的外观设计。

15.4.1.6　质量控制

制造过程中需进行良好的质量控制，确保盖板的形状及尺寸满足实际要求。因此对制造商的跟踪记录也至关重要。此外，现场易于安装的盖板能更好地控制施工质量，从而更好地安装盖板。

15.4.1.7　操作要求

加盖区域必须能够容纳下方污水散发的臭气。通常封闭的顶部空间为微负

图 15.7　曝气池上的弧形加盖

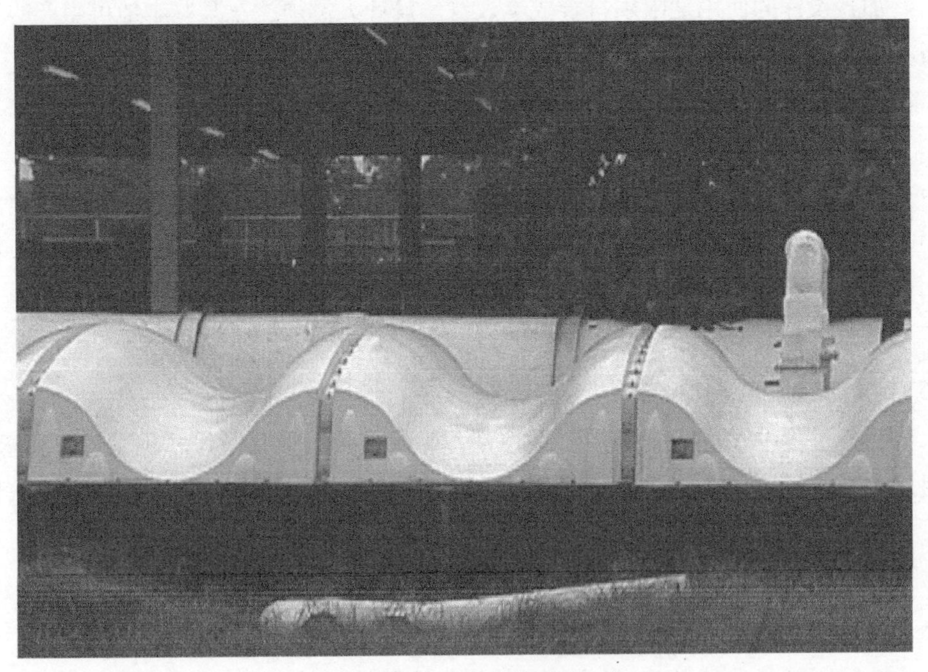

图 15.8　沟渠上的弧形加盖

图 15.9　沉淀池上的铝盖

压，气流从盖板外部进入加盖区域。设计时通常允许相邻的盖板段或盖板和池壁之间有轻微的差距以利于空气流动。

盖板也必须具有易于检查和维护时观察和通行的检修窗，或盖板采用可拆卸式，以方便维修和维护保养。

15.4.2　适用性

一些污水处理设施如污泥脱水单元（板框机、离心机等）和气浮装置，通常在构筑物内，加盖选材时须考虑美观及操作要求。围护结构必须与周围环境融为一体，如果操作时有采光需要可以使用玻璃材质。有时，用混凝土浇筑的低墙，屋顶部分可使用轻质或玻璃材质以密封臭气产生区域。

15.5　参考文献

Kissell, J.R., and Ferry, R.L. (1995) *Aluminium structures: A Guide toTheir Specifications and Designs*. John Wiley & Sons, Inc., New York.

Sharp, M.L. (1993) *Behavior and Design or Aluminium structures*. McGraw-Hill, Inc., New York.

American Society of Testing Materials. (1987) Degradation of Metals in the Atmosphere. PCN 04-965000-27, American Society for Testing and Materials, Pennsylvania.

United States Environmental Protection Agency. *Odor ad Corrosion Control in Sanitary Sewerage System and Treatment Plant*, EPA/623/1-85/018.

Barret A.E. (1989) Geodesic-dome tank roof cuts water contamination, Vapor losses. *Oil and Gas J.* (July).

Bray, W.H. (1999) Putting the lid on odors and VOCS. *Environment Protection* (July).

第 16 章
化学洗涤除臭

汤姆·卡德（Tom Card）

16.1 引　言

本章介绍化学洗涤技术，用来控制污水处理过程和污水厂内不同来源的恶臭气体。

16.1.1 系统概述

化学洗涤法的原理是通过与气相发生接触，使气相中的污染物成分转移到液相中，再与化学药剂发生反应去除恶臭成分。目前较为主流的两项技术分别是填料塔系统和喷雾系统。

16.1.1.2 填料塔系统

填料塔通过液相吸附恶臭化合物，控制污水处理厂产生的臭气污染。常规条件下，吸收作用是填料塔的主要去除机制。然而，液相氧化能大幅度增强吸附效果从而提高去除率。因此在某些情况下，气相氧化也是重要的去除机制。

填料塔最常见的构造是一个垂直的壳体，气体通过填料向上流动，洗涤液穿过填料向下流动。气体和液体穿过填料以实现更大的反应界面面积。洗涤液通常通过水泵从塔底集水池提升至填料上方实现循环。化学药剂可投加到洗涤液中，也可加入集水池或投加在循环水管道中。为了达到最佳处理效果，部分排出洗涤液以去除洗涤液中累积的污染物。图 16.1 为典型的垂直逆流填料塔。

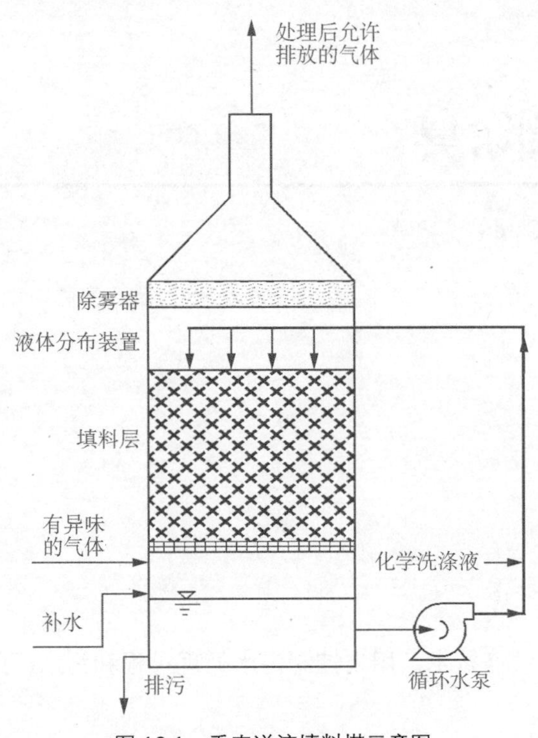

图 16.1 垂直逆流填料塔示意图

另一种常见的配置是横向流系统。该系统中气体横向水平流过填料床，洗涤液被喷淋在填料媒介上。图 16.2 为典型的横向流填料塔。

填料塔能对硫化氢有较高的去除率，但对于一些非水溶性有机化合物，去除效果则非常有限。通常来说，对于空气流量超过 14 m^3/s（30 000 ft^3/min）的系统，填料塔是总体成本最低的化学洗涤技术。除此之外，该技术也是最易运行维护的液体洗涤除臭系统。虽然可用的化学洗涤药剂选择很多，但最常用的是氢氧化钠和次氯酸钠。对于使用含氯洗涤液的大型系统，氯的排放存在一些安全隐患。填料塔可通过整装组件的形式从供应商处采购，也可单独采购零部件。整装组件通常是成本最低的系统。去除 1 kg 硫化物的平均运行成本在 2～8 美元之间。图 16.3 为污水处理设施大型填料塔结构示意。

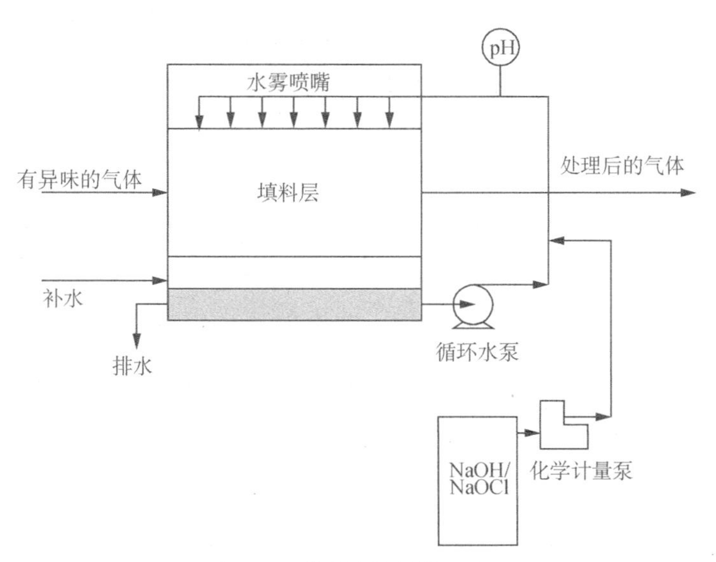

图 16.2　横向流填料塔原理图

图 16.3　污水处理设施大型填料塔安装案例

专用的填料塔采用空气催化氧化系统。这些填料塔含有专用液体催化剂，这些催化剂可以将硫化物氧化成硫单质。硫单质作为副产物必须加以去除和适当处理。去除 1 kg 硫化物成本约 1.32 美元（每磅 0.60 美元），但具有较高的资金成本。硫化物浓度超过 100 ppmv 时（ppm 体积分数或摩尔分数）就开始拥有成本效应。此类系统只去除硫化氢。若有其他恶臭污染物存在，必须采用其他洗涤技术进行去除。

16.1.1.2 喷雾系统

化学洗涤法除臭的另一种主要技术是喷雾系统。过去这些都是在玻璃纤维或塑料箱体中，使用喷雾的低成本系统。大约在 1975 年，这些系统通过使用高性能喷雾喷嘴进行升级改造，高性能喷雾喷嘴使用压缩空气产生直径约 10 μm 的水滴。图 16.4 为经典喷雾系统的气流示意。

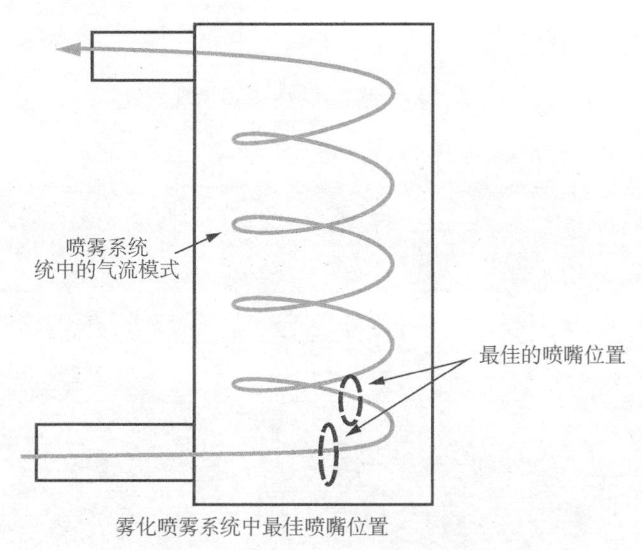

图 16.4 最佳喷嘴位置的喷雾系统空气流动示意图

相比于填料塔的界面面积，喷雾系统的界面更大，相比之下更少的液体就能去除吸附的污染物。当空气流量为 14 m^3/s（30 000 ft^3/min）时，硫化氢浓度为 25 ppmv 时，喷雾系统的安装成本和填料塔成本一样。若高于此范围，填料塔通常具有成本优势。喷雾系统已被证明不仅可以去除恶臭污染物，还能去除一些空气中的有毒物质和碳氢化合物。然而大多数情况下，只能使用氯基溶液，这里需关注大型系统中的氯排放问题。喷雾系统比填料塔更复杂，因此需要更多的维护。且喷雾系统的供应商较少。喷雾系统的设计缺乏实用理论方法，通常是基于过去的工程经验确定规模和配置。喷雾系统占用的空间通常比填料塔更多。去除 1 kg 硫化物的运行成本在 5～8 美元之间。图 16.5 为常用喷雾系统接触塔。

图 16.5　典型的喷雾洗涤系统

16.2　污水处理排放臭气的化学性质

本节讨论污水处理及输送过程中可能产生的恶臭污染物类型以及其化学成分对化学洗涤系统设计产生的影响。

16.2.1　硫化氢

硫化氢是一种普遍的恶臭污染物，但绝不是污水处理过程中所产生的唯一值得关注的恶臭化合物。通常与未经处理的污水、进水区、初沉池和沼气所排放的臭气相关。

16.2.1.1　挥发性

硫化氢在低气相浓度下遵循亨利定律。

$$X_G = X_L H_C \qquad (16.1)$$

式中：

X_G= 硫化氢气相浓度；

X_L= 硫化氢液相浓度；

H_C= 亨利定律系数。

表 16.1 罗列了不同温度下硫化氢和氨的亨利系数。亨利系数的使用需注意硫化氢和氨，因为 X_L 值只代表未电离的部分，且是溶液 pH 值的函数。

表 16.1 硫化氢（Tchobanoglous and Burton，1991）和氨（Kohl and Riesenfeld，1979）的亨利系数（atm / 液相摩尔分数）

温度（℃）	硫化氢	氨
10	367	
20	483	0.738
30	609	
40	745	1.851
60	1030	4.30

16.2.1.2 1 电离

硫化氢溶于水时会发生电离。其反应是：

$$H_2S \rightarrow H^+ + HS^- \tag{16.2}$$

$$HS^- \rightarrow H^+ + S^{2-} \tag{16.3}$$

图 16.6 显示了不同离子随溶液 pH 值的分布。当 pH 值低于 7 时，溶液中的大部分硫化物呈非电离态，可以从溶液中挥发。当 pH 值大于 7 时，大部分硫化物呈非挥发性的离子形式。

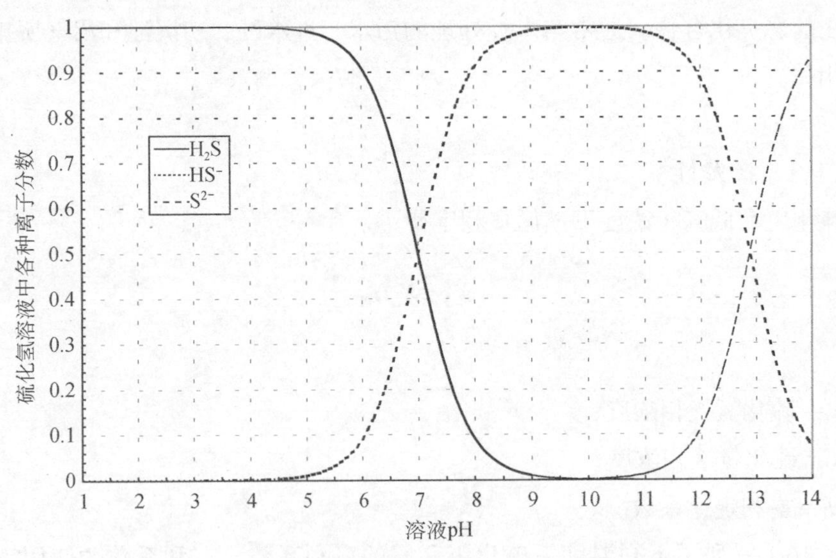

图 16.6 硫化氢溶液离子种类随 pH 值的变化分布

16.2.1.3　化学氧化

如前文所述，许多化学物质可以氧化硫。氧气也可以氧化硫化物，但这是一个非常缓慢的反应，除非存在催化剂（螯合铁是硫化物氧化的高效催化剂）。氯、过氧化氢、高锰酸钾盐能快速化学氧化硫化物。氯可以以气态形式存在，如次氯酸盐、亚氯酸盐，甚至二氧化氯。

利用氧气对硫化物进行氧化的反应

$$2S^{2-} + 2O_2 \rightarrow SO_4^{2-} + S^0 \tag{16.4}$$

与氯的化学反应（White，1992）可以是

$$H_2S + Cl_2 \rightarrow 2HCl + S^0 \tag{16.5}$$

或

$$H_2S + 4Cl_2 + 4H_2O \rightarrow 8HCl + H_2SO_4 \tag{16.6}$$

与次氯酸钠的化学反应可以是

$$H_2S + NaOCl \rightarrow NaCl + S^0 + H_2O \tag{16.7}$$

或

$$H_2S + 4NaOCl \rightarrow 4\,NaCl + H_2SO_4 \tag{16.8}$$

与过氧化氢发生化学反应是

$$H_2S + H_2O_2 \rightarrow S^0 + 2H_2O \tag{16.9}$$

或

$$S^{2-} + 4H_2O_2 \rightarrow SO_4^{2-} + 4H_2O \tag{16.10}$$

人们普遍认为，在氧化剂浓度较低和 pH 值较低的情况下，反应倾向于只生成单质硫，从而节省了可观的化学药剂费用。通常来说，这仅适用于对过氧化氢反应，并不适用于氯的反应。

对于将硫化物氧化成硫酸盐的氯反应，化学计量数为每 kg 硫化氢对应 8.9 kg 氯。常规情况下，只有单个化学计量数是必须的。每 1 000 kg 氯成本在 200～400 美元之间，具体金额取决于数量及地点。次氯酸钠的价格在每 1 000 kg 400～800 美元之间。

过氧化氢与硫化物反应，其中每磅硫的化学计量率在 1～4 磅，具体取决于氧化反应产物是硫单质还是硫酸。过氧化氢每 1 000 kg 的成本将在 500～2 000 美元之间。

16.2.2　氨

氨气通常与污泥生物处理过程相关，尤其是污泥厌氧消化污泥或污泥稳定过程中导致 pH 值显著上升，除如下反应，氨气化学性质与 H_2S 非常相似。

氨溶于水后的电离公式如下：

$$NH_3 + H_2ON \rightarrow H_4^+ + OH^- \tag{16.11}$$

值得注意的是氨对溶液 pH 值的影响作用与硫化氢完全相反。图 16.7 显示，在低 pH 值（酸性）溶液中大部分氨是以非挥发性离子形式存在的。氨也会与氯（或其他氧化剂较小程度）发生氧化。氨与氯的反应为（White，1992）：

$$NH_3 + 3HOCl \rightarrow NCl_3 + 3H_2O \tag{16.12}$$

所在反应全部生成三氯化氮（三氯胺）的情况下，1mol 氨会消耗 3mol 氯。

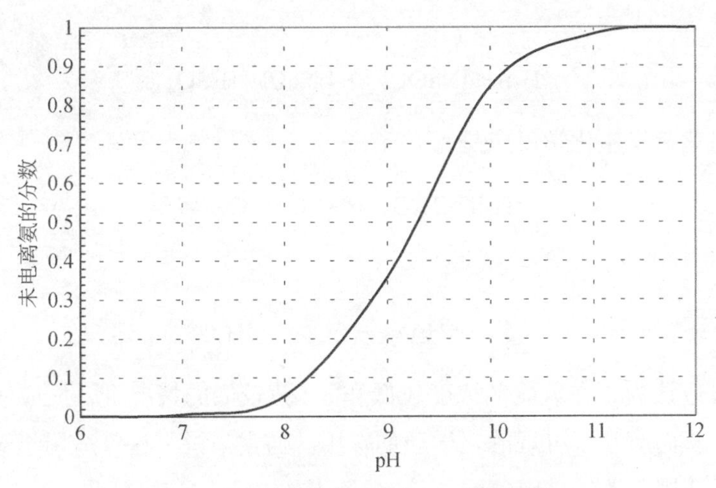

图 16.7　液相中氨浓度与 pH 值的函数

16.2.3　有机气体

通常关注的有机气体是有机还原性硫化合物，如甲硫醇、二甲基二硫化物、氧硫化碳；以及有机氮化合物，如有机胺类、吲哚和粪臭素。此类化合物多数都抗氧化且不太溶于水，这两点对于填料塔来说都是挑战。通常情况下，需要氯基药剂去除此类化合物。此外，许多与有机硫化物的反应都是可逆的，并产生恶臭污染物的中间产物。

16.3　填料洗涤塔设计

填料塔是控制污水处理设施产生臭气的主要设备之一。填料塔可根据污水处理设施灵活布置，可稳定有效去除污水处理设施中最常见的恶臭化合物。

16.3.1　结构与化学药剂选取

填料塔应用的常规情况如下。合理选择化学药剂对于运行效果和经济成本都至关重要。图 16.8 显示了仅使用氢氧化钠与同时使用氢氧化钠和氧化剂对处理不同进口 H_2S 浓度的运行成本。这种比较因工程案例而异，但总体趋势大致相同。

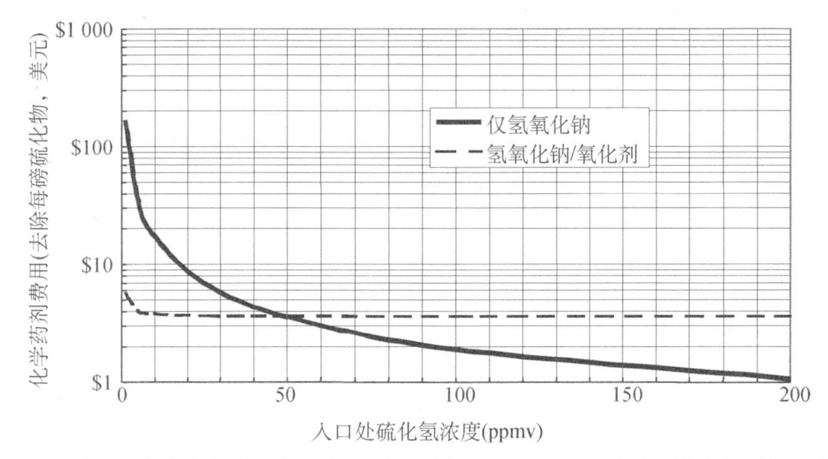

图 16.8　仅使用氢氧化钠与使用氢氧化钠 / 氧化剂对处理不同进口硫化氢浓度的运行成本函数

16.3.1.1　只使用氢氧化钠

氢氧化钠是除臭填料塔最重要且最常见的化学药剂。之前的研究表明，只使用氢氧化钠去除高浓度 H_2S 是最经济的，同时具有高排污（洗涤废液）率。在常规情况下，只使用氢氧化钠处理进口 H_2S 浓度在 25～100 ppmv 范围的气体是最经济的。确切的经济阈值是化学药剂成本、循环水补水成本、排污处理成本与进口二氧化碳浓度的函数。在此，进口处大约 10% 的二氧化碳被去除，这是主要的经济负担。如果H_2S的浓度低于25 ppmv，单独使用氢氧化钠去除H_2S成本较高，该情况下只能去除90%～95%的H_2S，且只能去除H_2S，不能去除其他恶臭化合物。这就导致了需要后续第二阶段的处理。虽然对于高浓度H_2S的去除来说，这仍然是受欢迎的技术，但铁催化系统和自养生物滤池在H_2S浓度大于100 ppmv时明显具有成本优势。

16.3.1.2 只使用硫酸

当氨浓度在5～50 ppmv时，通过填料塔中循环低pH值（通常为3）的硫酸溶液去除氨是更经济。氧化剂洗涤塔，尤其是使用次氯酸钠的洗涤塔可以有效地去除氨，但成本较高。此外，高浓度氨会减少次氯酸盐洗涤塔对其他恶臭化合物的去除性能。这可能是因为氨反应非常快且消耗大量氯，导致洗涤塔局部存在低氧化还原反应。

该技术的升级版是由北美工程咨询公司CH2M HILL在20世纪70年代中期开发的氨的去除和回收过程（ARRP）。这一过程配合使用氨气提塔与氨吸收塔。氨吸收塔运行中产生氨盐，并能浓缩为肥料进行销售。单独的氨气洗涤塔排污生成的高浓度铵盐适合回收作为肥料。

16.3.1.3 使用氧化剂和pH控制

用于污水处理厂除臭的填料塔最常见的配置是使用次氯酸钠（漂白剂），可投加或不加碱液控制pH值。当进口处H_2S浓度低于10 ppmv时，通常只投加适量次氯酸钠。投加过量次氯酸钠后，洗涤塔塔内的pH值就会下降，从而产生大量氯气。碱液的投加可使pH值保持在8～9之间，这会显著减少氯气的产生。氢氧化钠投加量通常是次氯酸钠投加量的10%左右。当H_2S浓度持续高于25 ppmv时，应考虑使用替代处理方法或预处理措施控制进口处H_2S浓度。对于难以氧化的恶臭化合物，投加次氯酸盐作为第一级处理工艺。这个过程将产生气相氯，气相氯会氧化非水溶性化合物。采用该类型的处理工艺时需特别注意严重腐蚀和安全问题。该类型的工艺几乎总是伴随着高pH值的措施来去除氯和残留恶臭化合物。

过氧化氢也在填料塔内广泛使用。使用过氧化氢时，需投加碱液将溶液pH值提高到9。过氧化氢的挥发性较低，只能氧化液相中的化合物，对于去除有机污染物较为困难。

二氧化氯作为氧化剂处理某些不溶于水的有机污染物。二氧化氯极易挥发，为气相反应提供了充足的时机。然而，需确保未反应的二氧化氯不会从系统中释放。

16.3.2　新型填料塔系统

16.3.2.1　铁催化剂

至少有两家供应商提供使用铁催化剂的填料塔，铁催化剂可以利用气体中的氧气或氧气测流（应用于沼气）将硫化物氧化为单质硫。由于堵塞问题，这些系统会使用流化塑料球介质。硫单质以悬浮液的形式从溶液中回收，后对硫进行处置。当气相硫浓度大于 100 ppmv 时，通常这类系统处理每千克硫的运行成本低于 2 美元。在夏威夷，这个系统已被大规模应用于控制臭气污染。

16.3.2.2　液相次氯酸盐催化

在英国，已开发出一种催化剂可极大地增强次氯酸盐在液相中的氧化能力。该系统中，洗涤液经过催化床在塔内循环。此类催化剂将提高有机硫化合物和一些挥发性有机化合物的去除效果。

16.3.2.3　溶解臭氧

目前已有结合使用臭氧和填料塔的工程案例。因为臭氧不太溶于水限制了其适用性。填料塔可提供臭氧在溶液中的反应时间。通过循环液体在填料塔中完成臭气洗涤与臭氧氧化。

16.3.2.4　紫外线增强

在加拿大的斯托克顿（Kundidzora and Reichenberger，1999）安装了一个大型紫外线增强填料塔系统。这个系统在两个独立系统中都使用紫外线，其作用是对恶臭污染物进行预处理，同时为循环洗涤液提供氧化能力。这个系统在本文撰写时还未正式投运，目前已经成功地进行了测试。

16.3.3　实际案例

对于复杂的臭气源，填料塔可使用不同成分的化学药剂协同处理全面去除恶臭。通常使用不同工艺串联的组合工艺去除复杂的多组分恶臭污染物。在填料塔系统的设计中，需对臭气来源、种类和排放规律进行系统全面的分析，以便除臭系统的合理规范设计。

16.3.3.1 含氨硫化氢

当氨大量存在（10～100 ppmv）时，应先用酸洗涤塔处理。这种配置运行费用更经济（在酸洗阶段，每千克氨去除成本约为 0.65 美元，在次氯酸盐体系中每千克约为 6.50 美元），当氨已去除时，第二阶段（氢氧化钠）的去除效率会得到显著提升。

16.3.3.2 含有机还原性硫化合物硫化氢

若有机还原性硫化物浓度超过 100 ppbv 时，则建议第一阶段仅使用 pH 值较低（7～8）的次氯酸盐。这将大幅增强有机还原性硫化合物的去除效果。

16.3.4 填料塔选型

最有效的填料塔配置是垂直逆流配置。填料塔也可是横向流或顺流配置。这些配置类型效率较低，但结构差异可以弥补效率的不足，通过更有效地组合配置提升效率。

16.3.4.1 多级紧凑填料塔系统

目前，多级紧凑填料塔系统因其操作简便，安装灵活而大受欢迎。通常这些系统分为三个处理工段，所有组件已预装在紧凑型机组上。这些系统可在预定场地内短时间完成安装（有时少于两周）。图 16.9 为该系统的示意图。这些系统可在不同处理工段使用相同的化学药剂，也可在不同处理工段对所使用的化学药剂种类进行调整，以获得最佳的去除效果或最低的成本。

16.3.5 填料塔组件

16.3.5.1 外壳

外壳可由钢、聚氯乙烯（PVC）或玻璃纤维（FRP）组成。污水厂的除臭工程中，外壳主流材料是玻璃钢，PVC 则较少应用。目前，大多数系统会使

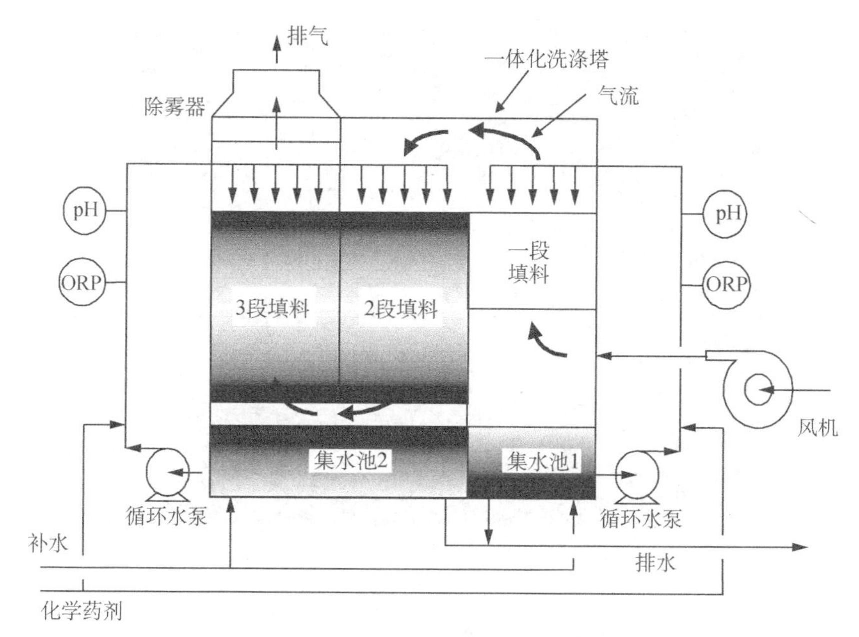

图 16.9　紧凑型填料塔系统原理图

用基于乙烯基酯树脂的玻璃纤维层压板，此类系统耐用性强，适应所有除臭化学药剂。氯或次氯酸钠具有最强烈的化学性质，因此需使用乙烯基酯树脂系统。

16.3.5.2　填料

目前适合污水厂除臭工程的填料厂商包括 Jaeger，LanTec，Norton，Glitsch 和 Ceilcote。大部分臭气处理不需要非常高性能的填料。空间受限时可使用结构化填料，该填料比随机填料体积约小 30%。图 16.10 为污水除臭系统所用的填料形状。

16.3.5.3　填料塔内部

填料通常使用玻璃纤维格栅支撑，因为格栅的开孔面积占总开孔面积的 90%。对于高性能装置可使用注气板。虽然价格昂贵，但可通过使用大型华夫格类型波纹提供超过 100% 的开放面积。

当运行维护人员需要在填料上行走时，对于高流速（大于 2.5 m/s）需安装填料床层限速器。所用材料都是玻璃钢格栅。

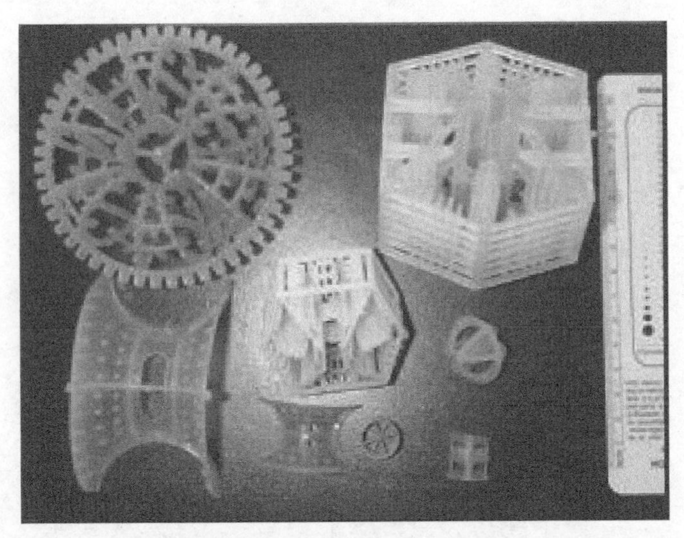

图 16.10　用于填料塔系统的典型填料

主流除臭系统使用喷嘴进行液体喷淋。对于大型系统，可使用多个喷嘴。重力分配系统可提供更好的喷淋效果，运行费用更经济（水头损失较低），但较喷嘴更昂贵。图 16.11—图16.13 显示了各种类型的重力分配系统。

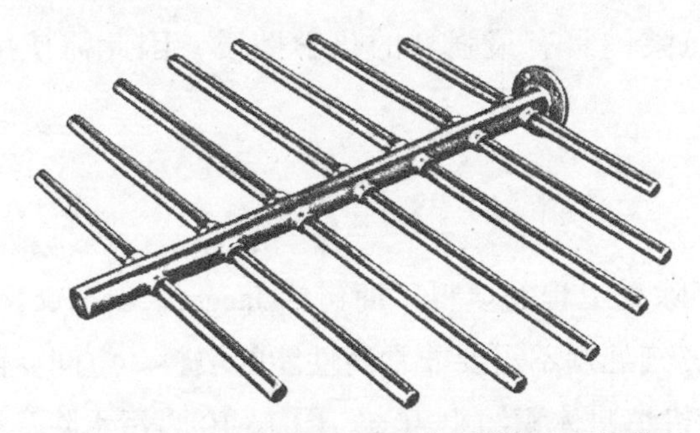

图 16.11　梯形分配器（美国诺顿公司提供）

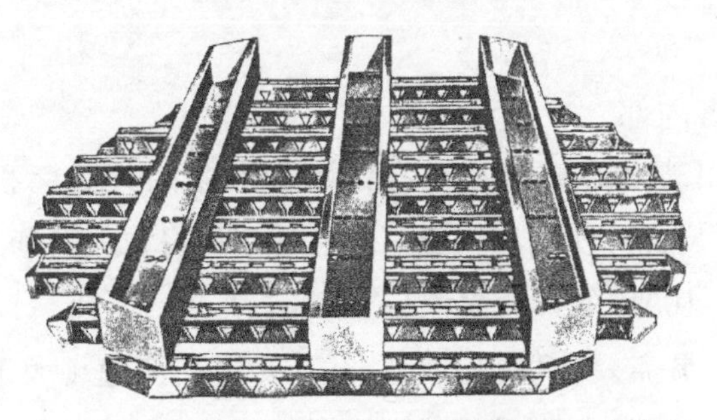

图 16.12　溢流堰槽分配器（美国诺顿公司提供）

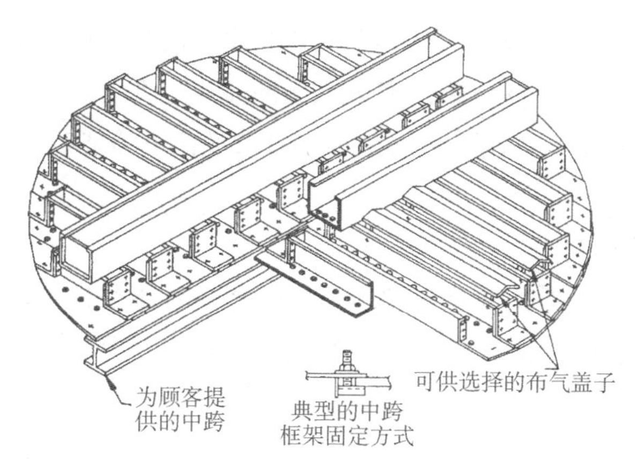

图 16.13　孔板分配器（美国诺顿公司提供）

16.3.5.4　除雾

除雾是非常必要的。三种常见的除雾器都可减少雾气：

- 除雾器；
- 小型随机填料；
- 雪佛龙。

除雾通常存在维护问题。除雾器性能最好，但最需加强维护。

16.3.5.5　水泵

除了一次性流通过系统，洗涤液需要通过水泵输送至填料形成循环，大多数系统使用美国国家标准协会（ANSI）B73.1 化工流程泵，该泵由高性能不锈钢（合金 20）或玻璃钢（FRP）制成。所有水泵都使用塑料泵，这是一种相对便宜的方法，但是和化工行业的泵相比，其使用期限较短。水泵的主要问题之一是密封。氢氧化钠 / 次氯酸盐溶液需要水泵在严格密封环境下使用。为减少维护工作，并延长密封服役期限，联机使用所有的水泵并保证水泵的非待机状态是更好的运行方式。

解决密封问题的另一种方法是通过无密封的立式泵循环洗涤液。

16.3.5.6　补水

所有的系统都需要排放洗涤液（排污）以保证经处理的恶臭污染物从系统中去除。通常向洗涤液中加水，并排放等量的循环液体。持续运行模式比批序运行模式更好。所需的水量取决于溶液的化学性质。仅含水和仅含碱性洗涤剂的系统需要最多的排污量。氧化系统（使用次氯酸盐或过氧化物）需要最低的排污水率。若所补水硬度较高，则需要软化以减少高 pH 值下的结垢。

16.3.5.7 化学药剂

许多化学药剂可以用来提高填料塔的性能。对于酸性气体（硫化氢），通常使用高 pH 值或碱性溶液。对于碱性气体（氨），通常采用低 pH 值或酸溶液。化学氧化剂（氯、过氧化氢、高锰酸钾等）可以显著提高去除性能并减少用水量。

16.3.5.8 控制系统

大多数控制系统使用 pH 传感器。除此之外，可利用氧化还原电位（ORP）和 / 或气体分析仪（恶臭气体或气相余氯）来增强控制系统。ORP 控制比 pH 控制复杂，需要更多的经验和耐心。

16.3.6 实际设计问题

16.3.6.1 尺寸

对于大多数填料塔系统，最经济的尺寸为表面气速大约 1.5 m/s（每分钟 300 英尺）和气液比 400（m^3/m^3）。处理单元尺寸比这更紧凑，但存在更高的运营成本（例如风扇压力损失），在填料塔中最大的气体流速实际大约是 3 m/s（600 fpm）。大多数除臭系统最佳运行气体流速一般在 1～2 m/s。

16.3.6.2 填料塔体积

对于普通塔式系统，1 m^3 填料对应气体流速 0.5 m^3/s（每 30 cfm 填料 1 ft^3）时，可以去除 99% 的进气硫化氢。

16.3.6.3 液体循环速率

最佳液体循环速率通常为每 1 m^3/s 气体的液体流速为 170 L/min（每 50 cfm 1 gpm）。循环速率不应小于每 1 m^3/s 气体的液体流速为 85 L/min（每 100 cfm 1 gpm）。

16.3.6.4 填料选择

污水厂除臭系统中最常用的随机填料材料是 Lan-Pack、Jaeger Tri-Packs 和 Ceilcote Tellerettes。这些填料材料都足以去除污水臭气。一种名为 Q-Pac 的新型超低耗填料可使填料塔压力损失降低 75%。当使用该类型填料时，良好的气液分布就显得更加重要。

性能最高的填料是结构化填料。由于其成本高（比随机填料高出 2 到 3 倍），还未在除臭系统中得到广泛应用。结构化填料仅用于有限空间内。

16.3.6.5 内部

最重要的内部部件是液体分配系统和填料支撑系统。高液体流速和低气体流速的填料塔无需复杂的支撑或分配装置。然而，当气体流速增加或液体流速减少时，内部构造就显得非常重要。性能最好的液体分配装置是堰槽式或喷孔板重力分配器。因节流孔板的堵塞倾向，通常不利于除臭系统。喷雾喷嘴适用于气体流速较低且液体流速高的小型填料塔。使用喷雾喷嘴来循环洗涤液的能耗较高，尽管其投资成本较重力系统便宜好几倍。

当气体流速超过 2 m/s（400 fpm）时，应使用注气支撑板。这是一个波浪形截面，由于开放面积较大，可允许气体在最小的压力损失下进入填料。

16.3.6.6 填料塔建设

对于高气体流速系统，进气条件也很关键。气体进入塔中的流速不应超过 7.6 m/s（15 00 fpm）和 5 m/s（1 000 fpm），这应成为设计目标。

16.3.6.7 管道

管道设计中最重要的是引导气体均匀平稳地进入填料塔，并倾斜进入塔内，使喷入管道系统的洗涤液可回流到塔内。

16.3.6.8 风机

风机可以设置进气通风或强制通风模式。强制通风将风扇配置在洗涤液外，但这会给填料塔增压，可能引起泄露。进气通风使填料塔保持负压状态，但风机经常会受洗涤液水雾影响。如果使用氯类药剂，可能会对风机产生负面影响，但其他化学药剂不受影响。由于风机叶片往往会携带水雾，进气通风能减少羽流和受风问题。

16.3.6.9 化学药剂投加

填料塔液体循环回路中设有化学药剂投加点。常见的投加点位包括：

- 直接进入填料塔集水池；
- 进水泵进水管；
- 进水泵排水管。

水泵进水管处投加化学药剂可达到较好的混合效果。但药剂投加点必须配合pH值测量点，进而调控系统稳定性。控制系统在循环过程中快速调整保障溶液充分混合，能在pH计前快速投加药剂才能效果显著。然而，若非必须，一般不推荐这种控制模式。要使化学药剂在水箱中储存，并且要给控制系统充足的延迟时间，控制系统的性能较低。

16.3.6.10 水泵

水泵最大的问题是密封系统。水泵停运期间易发生机械密封的腐蚀。需确保所有水泵联合使用以减少密封腐蚀。使用立式水泵可以消除密封问题，但立式水泵比卧式水泵存在更多的维修问题。避免水泵气蚀及涡流进入吸水管道是设计的关键。填料塔底部集水池管道入口处流速应保持在0.6 m/s以下（2 fps）。

16.3.7 运行优化

16.3.7.1 pH值和排水量

对于使用碱性药剂的洗涤塔，pH值和排水量的优化至关重要，图16.14显示了位于加拿大泉水谷奥兰治县污水厂除臭系统中填料塔的pH值和排水量的关系。随着排污量的增加，pH值会降低。如果水量和碱液的成本是已知的，可优化系统低成本运行。

16.3.7.2 液体流速

处理性能随着液体流速的增加而略有提升。高流速的主要优势是避免了流速低于填料湿度时，液体分布不良或堵塞导致处理性能迅速下降甚至降至零。传统填料湿度出现在气液比约为80～1 000（m^3/m^3）时。气液比为400时为控制提供了足够的安全裕度，无需担忧填料湿度。

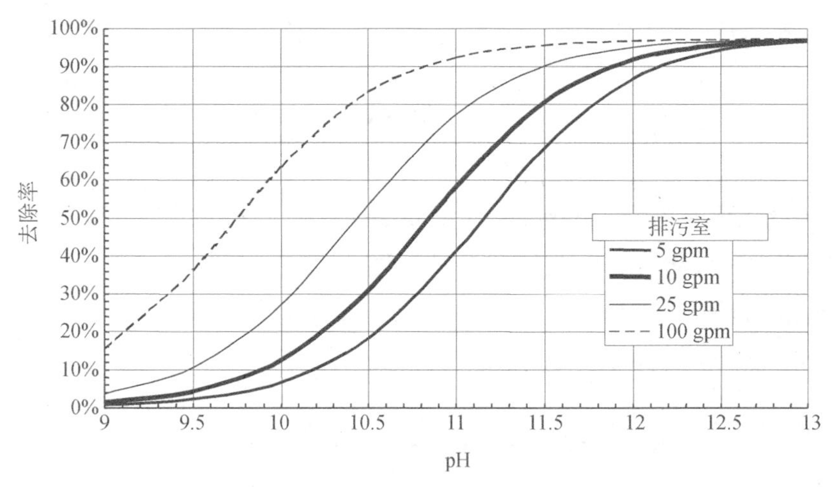

图 16.14　硫化氢的去除率与 pH 值和排水率的函数关系

16.4　填料塔理论

本节介绍填料塔系统的设计实践和理论。其中某些方程是半经验公式，因此必须以相应数值单位呈现推导公式。

16.4.1　理论背景

分析并预测填料塔系统性能有两种截然不同（尽管理论上相同）的方法（Sherwood et al.，1975）。图 16.15 显示了用于此分析的常用表示。

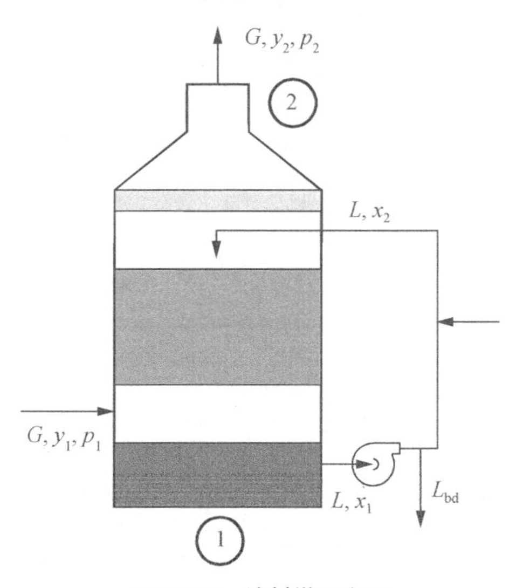

图 16.15　填料塔示意图

第一个方法是

$$k_{\mathrm{g}}A=\frac{N}{VP\Delta Y_{\mathrm{LM}}} \tag{16.13}$$

式中：

$k_{\mathrm{g}}A$= 质量传递系数［lb-moles /（ft^3-hr-atm）］；

N = 每小时转移的磅摩尔（lb-moles）数；

V= 塔填料体积（ft^3）；

P= 系统压力（atm）。

$$\Delta Y_{\mathrm{LM}}=\frac{\left(Y_i-Y_i^*\right)_1-\left(Y_i-Y_i^*\right)_2}{\ln\left[\frac{\left(Y_i-Y_i^*\right)_1}{\left(Y_i-Y_i^*\right)_2}\right]} \tag{16.14}$$

式中：

ΔY_{LM} = 对数平均浓度差；

Y_i= 组成 i 的气相摩尔分数；

Y_i^*= 组成 i 的平衡气相摩尔分数；

1= 填料塔底部塔；

2= 填料塔顶部塔。

另一种方法涉及传递单元数和传质单元高度的概念。

$$Z=\mathrm{HTU}*\mathrm{NTU} \tag{16.15}$$

式中：

Z = 填料深度（ft）；

HTU = 传质单元高度（ft）；

NTU = 传输单元数。

$$\mathrm{HTU}=\frac{G}{k_{\mathrm{g}}A} \tag{16.16}$$

式中：

G= 摩尔空气流量［#mol/（ft^2-hr）］。

$$\mathrm{NTU}=\frac{\ln\left[\frac{y_1-Hx_2}{y_2-Hx_2}\left(1-\frac{1}{A}\right)+\frac{1}{A}\right]}{1-\frac{1}{A}} \tag{16.17}$$

式中：

y= 气相浓度（摩尔分数）；

H= 亨利定律系数（atm / 摩尔分数）；

X= 液相浓度（摩尔分数）；

1= 填料塔底部；

2= 填料塔顶部。

吸附因子（A）：

$$A = \frac{L}{HG} \tag{16.18}$$

式中：

L= 摩尔液体流量［#mol/（ft^2-hr）］。

这可以通过以下代数运算提高去除效率：

$$\left(1-\frac{1}{A}\right)\mathrm{NTU} = \ln\left[\frac{y_1 - Hx_2}{y_2 - Hx_2}\left(1-\frac{1}{A}\right)+\frac{1}{A}\right] \tag{16.19}$$

$$\exp\left[\left(1-\frac{1}{A}\right)\mathrm{NTU}\right] = \frac{y_1 - Hx_2}{y_2 - Hx_2}\left(1-\frac{1}{A}\right)+\frac{1}{A} \tag{16.20}$$

现分配：

$$E = \exp\left[\left(1-\frac{1}{A}\right)\mathrm{NTU}\right] \tag{16.21}$$

$$F = \frac{1}{A} = \frac{HG}{L} \tag{16.22}$$

$$F_b = \frac{1}{A_b} = \frac{HG}{L_{bd}} \quad F_b = \frac{1}{A_b} = \frac{HG}{L_{bd}} \tag{16.23}$$

包括再循环和非再循环系统：

$$R = \frac{Q_c - Q_{bd}}{Q_c} = 1 - \frac{L_{bd}}{L} \tag{16.24}$$

式中：

Q_C = 液体循环率；

Q_{bd} = 液体排污率。

$$x_1 = \frac{G}{L_{bd}}(y_1 - y_2) \tag{16.25}$$

$$x_2 = x_1 R = \frac{G}{L_{bd}}(y_1 - y_2)\left(1 - \frac{L_{bd}}{L}\right) \tag{16.26}$$

$$hx_2 = \frac{hG}{L_{bd}}(y_1 - y_2) - \frac{hG}{L}(y_1 - y_2) = (F_b - F)(y_1 - y_2) \tag{16.27}$$

$$T = \frac{E - F}{1 - F} = \frac{y_1 - (F_b - F)(y_1 - y_2)}{y_2 - (F_b - F)(y_1 - y_2)} \tag{16.28}$$

简化至：

$$\frac{y_2}{y_1} = \frac{1 + F_b(E - 1) - FE}{E + F_b(E - 1) - FE} \tag{16.29}$$

式中：

F_b = 排水率；

F = 循环率。

只有当通过洗涤塔（F_b=F）时，可简化：

$$\frac{y_2}{y_1} = \frac{1 - F}{E - F} \tag{16.30}$$

而如果吸附因子 A 非常大（FE>>0），如在氧化剂的情况下：

$$\frac{y_2}{y_1} = \frac{1}{E_m} = \frac{1}{\exp(NTU)} \tag{16.31}$$

而如果吸附因子 A 非常大（FE>>0），但排污率很小：

$$\frac{y_2}{y_1} = \frac{1 + F_b(E_m - 1)}{E_m + F_b(E_m - 1)} \tag{16.32}$$

$$\frac{p_2}{p_1} = \frac{\dfrac{1 - F_b}{E_m} + F_b}{1 - F_b\left(\dfrac{1}{E_m} - 1\right)} \tag{16.33}$$

式中：

y_1= 进气摩尔分数；

y_2= 出气摩尔分数；

p_1= 部分进气的压力；

p_2= 部分出气的压力。

$$F_b = \frac{HG}{L_{bd}} \quad (16.34)$$

式中：

L_{bd} = 摩尔液体排水率。

$$E_m = e^{NTU} \quad (16.35)$$

根据氧化剂及填料的不同，硫化氢去除中 k_gA 值范围为 12～36 lb-moles/（ft^3-hr-atm），由于氯离子的存在，低 PH 值时次氯酸盐溶液中 k_gA 的表面浓度可高达 60 lb-moles/（ft^3-hr-atm）。根据填料类型，氨的 k_gA 值范围为 10～20 lb-moles/（ft^3-hr-atm）。根据填料类型，k_gA 值为 2～4 lb-moles/（ft^3-hr-atm）。液体流速对 k_gA 值也有一些影响，大部分 k_gA 值为液体流速 5 000 磅 /ft^{2}h。可用 0.175 幂次定律对其进行调整。例如：

$$\frac{K_g A_1}{K_g A_2} = \left(\frac{L_1}{L_2}\right)^{0.175} \quad (16.36)$$

当达到最小填料湿度时此公式不再适用。对于大多数填料，最小填料湿度发生在气液比为 800：1 000 时，上述公式仅用于气液比不超过 600 的情况。

16.4.1.1　电　离

酸和碱（及其盐）在水溶液中电离。硫化氢电离化学方程式如下：

$$H_2S \Leftrightarrow H^+ + HS^- \Leftrightarrow 2H^+ + S^{2-} \quad (16.37)$$

这个电离反应基本上是瞬时的。每一种物质的平衡浓度作为 pH 值的函数由以下方程所示。硫化氢类离子总量如下：

$$C_t = [H_2S] + [HS^-] + [S^{2-}] \quad (16.38)$$

式中：

$[H_2S]$ = 未电离溶解气体浓度（mol/L）；

$[HS^-]$ = 二硫化物离子浓度（mol/L）；

$[HS^{2-}]$ = 硫化物离子浓度（mol/L）。

反应的平衡条件如下：

$$H_2S \Leftrightarrow H^+ + HS^- \quad (16.39)$$

第一电离常数的计算为：

$$K_1 = \frac{[H^+][HS^-]}{[H_2S]} \quad (16.40)$$

K_1 为第一电离常数，氢离子浓度由 pH 值计算所得：

$$[H^+]=10^{-pH} \quad (16.41)$$

达到平衡时如式（16.42）所示：

$$HS^- \Leftrightarrow H^+ + S^{2-} \quad (16.42)$$

第二电离常数的计算为：

$$K_2 = \frac{[H^+][S^{2-}]}{[HS^-]} \quad (16.43)$$

K_2 为第二电离常数。

常见化合物的电离常数值如表 16.2 所示。

表 16.2　用于除臭化学药剂的电离常数（20℃）(Sorum，1967)

化合物	化学式	电离常数（s）
硫化氢	H_2S	$K_1 = 1.0\times10^{-7}$
		$K_2 = 1.3\times10^{-13}$
次氯酸钠	HClO	$K_1 = 3.2\times10^{-8}$
氢氧化铵	NH_4OH	$K_1 = 1.8\times10^{-5}$

液相硫化物浓度中被结合的部分是：

$$\alpha_O = \frac{[H_2S]}{C_t} = \frac{1}{\left(1+\frac{K_1}{[H^+]}+\frac{K_1K_2}{[H^+]^2}\right)} \quad (16.44)$$

部分电离为：

$$\alpha_1 = \frac{[HS^-]}{C_t} = \frac{1}{\left(\frac{[H^+]}{K_1}+1+\frac{K_2}{[H^+]}\right)} \quad (16.45)$$

全电离的部分是：

$$\alpha_2 = \frac{[S^{2-}]}{C_t} = \frac{1}{\left(\frac{[H^+]^2}{K_1K_2} + \frac{[H^+]}{K_2} + 1\right)} \tag{16.46}$$

图 16.6 显示了离子化硫化氢的浓度与 pH 值变化函数。

16.4.1.2　氧化

硫化氢易被任何强氧化剂（氯、过氧化氢和高锰酸钾）氧化。与氯的反应几乎是瞬时的，与过氧化氢的反应可长达 5～10 min。除非存在催化剂（铁），否则与氧的反应相当缓慢。由于氯体系中存在气液两相反应，氯在填料塔系统中的性能较好。这是溶液中氯的蒸气压所致。

16.4.1.3　压力损失

Jaeger 以图形形式为 2 号 Tri-packs 提供压力损失信息。近似于

$$\log(\Delta p) = \left(a_1 + \frac{b_1 L}{1000}\right) + \left(a_2 + \frac{b_2 L}{1000}\right)\log(G) \tag{16.47}$$

式中：

Δp = 压力损失（英寸水柱填料每英尺的深度）；

L = 液体流速（#hr-ft^2）；

G = 气体流速（#hr-ft^2）；

$a_1 = -8.2828$；

$b_1 = 0.0897$；

$a_2 = 2.2342$；

$b_2 = -0.0171$。

溢流点近似为：

$$G_f = a_3 \exp\left(\frac{L}{b_3}\right) \tag{16.48}$$

式中：

G_f= 溢流时气体速度（#hr-ft^2）；

a_3=5 536.2；

b_3= −42 000。

16.4.2 物料平衡案例

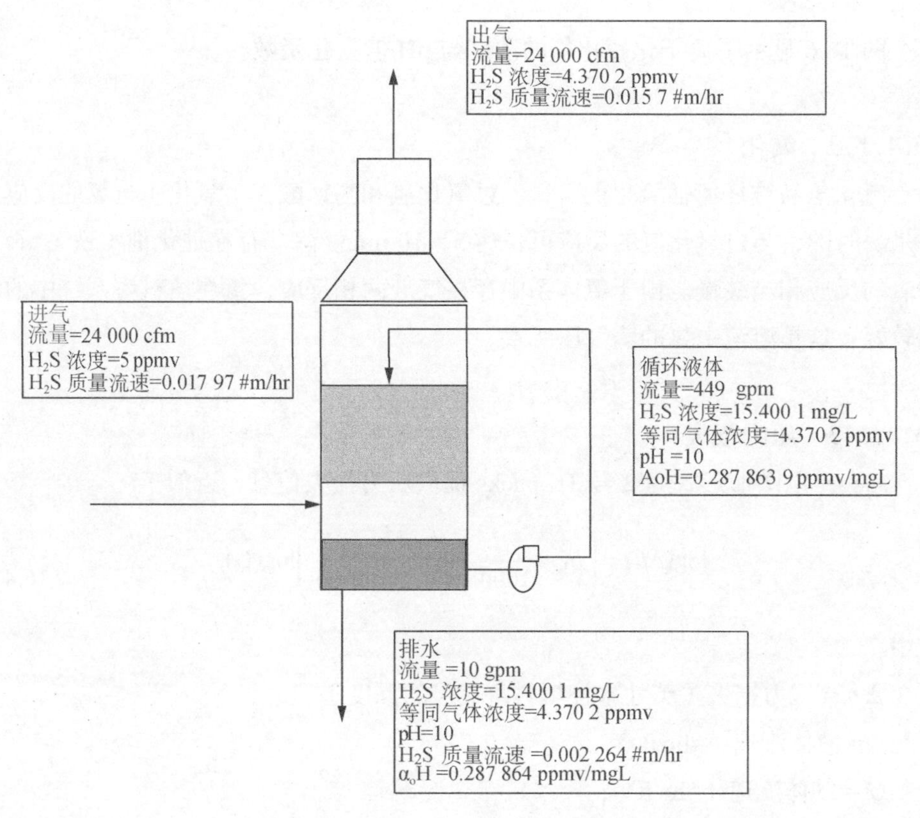

填料塔关键参数
pH =10
排污=10 gpm
%去除率=13%
Kga=18 #moles/ft3/hr
塔直径=10 ft
填料层厚度=10 ft
气体流速=306 cfm/ft2
G/L=400 ft3/ft3

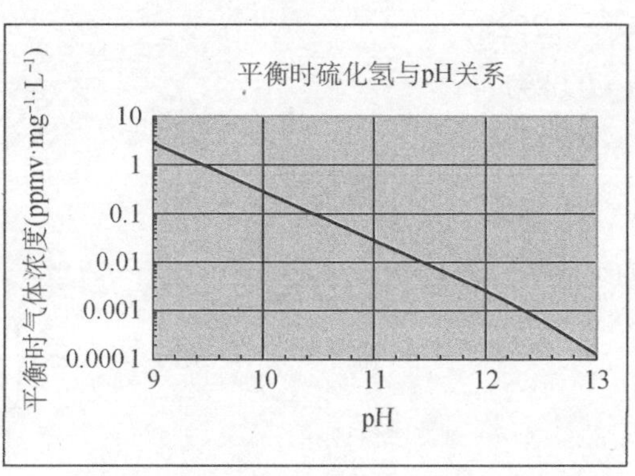

16.5　喷雾系统设计

目前有两种类型的喷雾系统。一种是用压缩空气把液体加速到超音速，进而将水流裂解成直径约 10 μm 的水滴（图 16.16）。这种喷嘴是一个直径约 6 cm，长约 10 cm 的圆柱体，喷嘴间隙约为 10 μm。另一种喷嘴使用压缩空气将液体加速成两股相互撞击的射流（图 16.17）。该技术的喷嘴间隙约为 5 mm，但是液滴较大。冲撞工艺需组装长约 1 m 的整组喷头。

图 16.16　超音速喷嘴技术

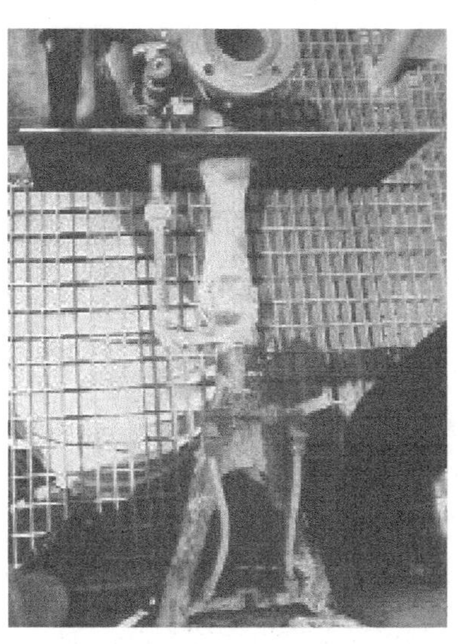

图 16.17　冲撞工艺的喷嘴技术

喷雾技术具有比填料塔更大的气液界面面积，但具有较低的液体流速。通过喷嘴的基本流速为 4 L/min。通常一个喷嘴所需空气流速为 4 m^3/s（10 000 cfm）。液体系统通常投加过量化学药剂。化学药剂投加量通常通过感应 pH 值和在线 ORP 进行控制。

此类技术大多利用氯化合物作为氧化剂，以利用气相发生氧化反应。通常采用对应不同 pH 值下的多级运行模式来提高惰性化合物洗涤性能。

系统的容积设计根据对于 H_2S 浓度为 10 ppmv 的气体大约需要 10 s 的停留时间，H_2S 浓度上升至 25 ppmv 的气体需要约 15 s 的停留时间。浓度更高的恶臭气体，停留时间须经现场验证。

根据喷嘴类型的不同，每个喷嘴所需压缩的空气流量约为 0.036 m^3/s（80 cfm），所需压力为 3～7 atm（40～100 psi_{gas}）。产生压缩空气是主要的成本。

避免短路接触反应器设计至关重要。切向入口和出口的正常标准气体流速小于 7.6 m/s（1 500 fpm）。接触室是升流式或降流式设计无关紧要，因为液滴尺寸较小，反应过程总是顺流进行的。随着气流被带出洗涤系统的液滴是值得关注的问题。

目前还没有实用的喷雾系统分析设计方法。洗涤系统的尺寸设计只能依据相似工程的实际经验。

位于美国马里兰州银泉市的华盛顿郊区卫生委员会花了超过十年的时间优化喷雾技术，以控制堆肥产生的恶臭气体。系统依赖于多级多喷嘴方法。其过程如图 16.18 所示。

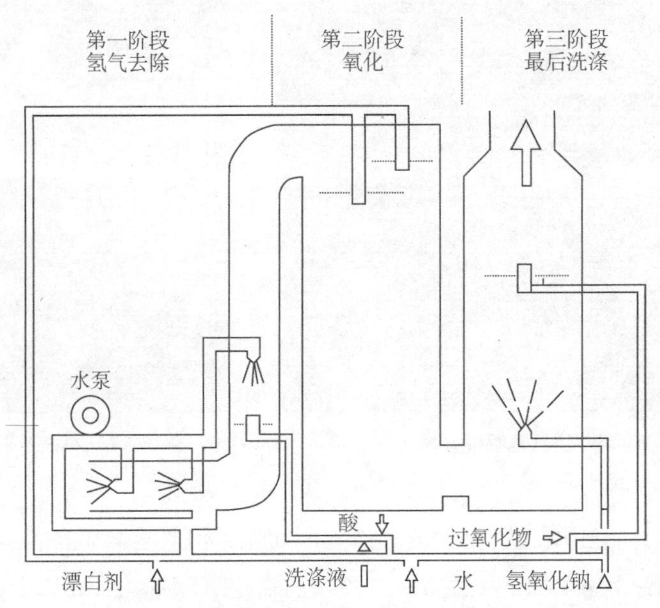

图 16.18 WSSC 喷雾系统原理图（Hentz et al.，1992）

16.6 化学除臭成本估算

两种领先的液体洗涤技术，填料塔和喷雾系统的采购成本非常相似。单个喷雾系统的最大尺寸通常约为 14 m³/s（30 000 cfm）。对于较大的气量，必须安装多个系统。填料塔单塔可以处理的气体流量高达 27 m³/s（60 000 cfm），一组填料塔可以共用配套设备。因此填料塔相对喷雾系统更经济。

填料塔系统有许多供应商，40 多家供应商积极参与系统生产。喷雾系统只有两家供应商。喷雾系统的实际制造成本低于填料塔系统，然而至今为止

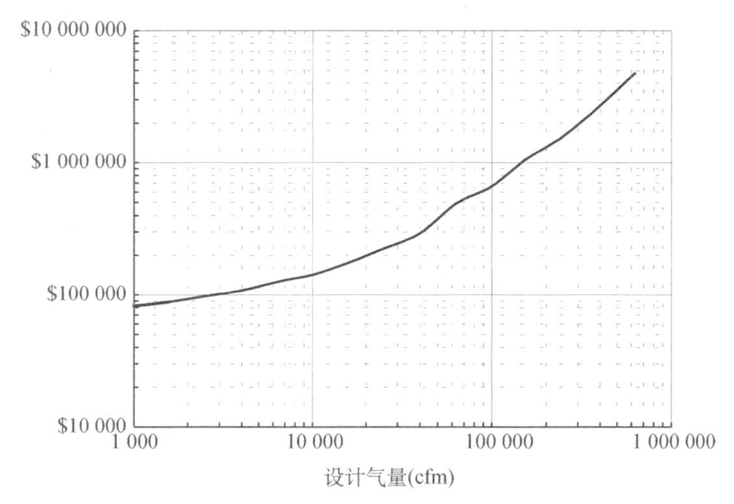

图 16.19　单级填料塔洗涤系统不同流量下的资本成本（仅含设备费用）

该部分收益被转化成了利润而不是降低售价。因此对于处理风量低于 14 m³/s（30 000 cfm）的系统，相同性能水平下填料塔系统和喷雾系统价格也是相同的，图 16.19 展示了该系统的近似成本与空气流量的函数。

运营成本包括化学药剂、水、电力、备件和人工。化学药剂的使用量通常接近去除硫化氢和氨所需化学计量，但对其他恶臭化合物而言可能更高。当使用氧化药剂时水的成本是微不足道的，但对于碱性洗涤塔而言则较大。请注意，水必须经常软化，以减少堆积在填料上的水垢。风机和循环泵所消耗电力也是重要的成本组成部分。

16.7　参考文献

Hentz, L.H., Murray, C.M., Thompson, J.L., Gasner, L.L., and Dunson, JB. (1992) Odor Control Research at the Montgomery County Regional Composting Facility. *Water Environ. Res*. **64**, 13-18.

Kohl, A and Riesenfeld, F. (1979) *Gas Purification*, 3rd Ed., Gulf Publishing Corporation, Houston.

Kundidzora, E., and Reichenberger, J. (1999) Cost-Effective WWTP Odor Control with UV Light. Proc. WEFTEC, New Orleans, October 9-13.

Sherwood, T. G., Pigford, R.L., and Wilke, C.R. (1975) *Mass Transfer.* McGraw-Hill, New York.

Sorum, C.H, (1967) *Introductiom to Semimicro Oualitative Analysis*, 4th Edition. Prentice-Hall, Inc. Englewood Cliffs.

Tchobanoglous, G. and Burton, F.I. (1991) *Wastewater Engineering: Treatmentt Disposal and Reuse*, Metcalf and Eddy Inc., McGraw-Hill Inc., New York.

White, G.C. (1992) *Handbook or Chlorination and Alternative Disinfectants*, 3 rd Ed Van Nostrand Reinhold, New York.

第 17 章
除臭吸附系统

R. 阿莫斯·塔克（R Amos Turk）
特蕾莎·J. 班多斯（Teresa J.Bandosz）

17.1 引 言

当流体和液体与多孔固体接触时，流体和液体中某一组分或多个组分在固体表面处积蓄停留，这被称为吸附现象。吸附也指物质（主要是固体物质）表面或内部广阔的孔隙网络（包括直径为分子尺寸的孔隙），吸住周围介质（液体或气体）中的分子或离子现象。这种固体物质被称为吸附剂。从固体中去除被吸附的物质（吸附物）被称为解吸附。

吸附剂有非常明显的除臭效果，通过吸收和集中恶臭分子来去除空气气流中的恶臭物质，进而净化空气。吸附剂系统也可回收有价值的化学物质，但这一功能通常不适用于污水处理领域。

在空气中稳定和具有惰性的恶臭分子，相对无反应活性，如丁酸，在被吸附后将在吸附介质的碳结构内无限期停留。还原性硫化物如硫化氢，在被氧化后，恶臭分子基团大幅消减甚至彻底消失。氧化产物在反应后含有更高的分子质量，同时被更大程度地吸附和保留。不同的恶臭物质在吸附剂的表面或孔隙内相互堆积，紧密相连，它们之间可以相互反应聚合产生如苯乙烯或丙烯酸酯。这些反应对除臭效果有协同作用。

预先浸渍的吸附剂用来去除特定恶臭污染物，对空气进行氧化或催化整个进程的反应速率。吸附剂本身可以提供催化活性。对于污水处理中的实际除臭应用，吸附剂浸渍法显得令人喜忧参半。通过牺牲浸渍剂所占的比表面积和孔体积，降低了多数恶臭气体的物理吸附能力。可吸附总量通常会有所下降。

用于控制污水中臭气的吸附剂系统由包含颗粒材料静态床的竖直圆柱组成。因此吸附过程始于臭气进入柱内，沿气流方向持续到排气口，臭气“贯穿”整个处理系统。静态床上发生的吸附过程（在吸附排口后但在其他反应区域之前）称之为吸附区。排气口的臭分浓度达到设计要求时，说明吸附剂已发挥其设定功能。关于吸附静态床性能表现，常见的问题是：有多高效率？去除总容量是多少？效果能持续多久？在什么温度下运行？空气湿度对运行效率和去除容量会有什么影响？

效率：污水除臭静态吸附床的深度由几个吸附区域组成，因此其使用期限内的排气浓度都可符合设计要求。即使选择不同类型的吸附剂，初始效率仍可达100%。

容量：静态吸附床针对特定恶臭污染物的除臭容量取决于吸附剂的性质、进气浓度、环境温度以及湿度、可吸附气态化合物数量、工艺设计以及流通速率。典型的未改性活性炭静态吸附床深度为 1 m，当线性流速为 25 cm/s 时，污染物去除质量约为干床质量的 10%。在式（17.1）中，S 值等于 0.1。

使用期限：

$$t = 6.7 \times 10^6 SW/EQMC \tag{17.1}$$

式中：

t = 使用期限（h）；

S = 吸附过程比例饱和度（%）；

W = 吸附剂重量（kg）；

E = 平均吸附效率（随使用时间变化的分数通常接近 1）；

Q = 通过吸附床的气流速率（L/s）；

M = 吸附剂平均分子量（g/mol）；

C = 进气浓度（ppm）。

吸附剂的平均分子量约为 100。将该值代入方程，假设 S=0.1，则得到粗略的近似：

$$t \approx 6\,700\ W/QC \tag{17.2}$$

污水处理厂用于除臭的炭塔，在流量为每秒 5 000 升恶臭气体时，需要使用大约 1 万公斤的炭。其中最易变的参数为进气浓度 C。在实践中，这种活性炭除臭系统可使用一年或两年，有时甚至更久。

温度：通常吸附剂的容量随着温度的升高而降低。根据运行经验，50℃是活性炭吸附除臭的使用上限。硫化氢等恶臭污染物在被吸收后氧化。浸渍碳利用化学反应如酸碱中和，以提高其处理恶臭气体的能力。中和反应在任何水环境中都是非常迅速的，而氧化则像一般的化学反应一样在高温下获得更快的反应速率。

湿度：活性炭是“疏水性的”，比有机化合物有更强的极性，非极性性质使其与 VOCs 结合而非水蒸气。这一特性非常适合去除液态水中的有机杂质。活性炭吸附空气中的湿度后，逐渐被较低极性或非极性水蒸气所取代。潮湿气流在温度下降时，液态水可能凝结在活性炭表面，减缓有机蒸气的扩散，因此不利于除臭。当进气湿度下降后，内部湿气会迅速蒸发。

17.2　吸附剂

17.2.1　活性炭与颗粒介质特性

活性炭由木质、煤质和石油焦等含碳的原料经热解、活化加工制备而成，具有发达的孔隙结构、较大的比表面积和丰富的表面化学基团，吸附能力较强。在中国和北美地区，污水厂除臭使用的活性炭主要以煤为原材料。在南亚地区，以椰子壳中的碳为主要材料。生产活性炭的供应商包括：原材料生产商、深度加工企业和经销商。某些厂商兼具了这三种功能，有些厂商不时变换自身市场角色。表 17.1 列出了欧美国家的六大活性炭供应商。将有机原料（果壳、煤、木材等）在隔绝空气的条件下加热，以减少非碳成分（此过程称为炭化），然后与气体反应，表面被侵蚀，产生微孔发达的结构（此过程称为活化）。由于活化的过程是一个微观过程，即大量的分子碳化物表面侵蚀是点状侵蚀，所以造成了活性炭表面具有无数细小孔隙。活性炭表面的微孔直径大多是狭缝形的，直径从几埃到几百埃（量度的单位等于 10^{-10} m，表示波长和原子间的距离）不等，在吸附过程中起到活化作用（图 17.1）。即使是少量的活性炭，也有巨大的表面积，每克活性炭的表面积为 500～2 000 m^2，高孔隙体积大于 1 cm^3/g。活性炭的一切应用，几乎都基于活性炭的这一特点。在活性炭制备过程中，炭化阶段形成的芳香片的边缘化学键断裂形成具有未成对电子的边缘碳原子。这些边缘碳原子具有未饱和的化学键，能与诸如氧、氢、氮和硫等杂环原子反应形成不同的表面基团，这些表面基团的存在毫无疑问地影响到活性炭的吸附性能。

表 17.1　活性炭供应商列表

公司名称	网址
Calgon Carbon	www.calgoncarbon.com
Chemiviron carbon	www.chemivironcarbon.com
Norit	www.norit.com
Pica	www.picausa.com
Waterlink Barnebey Sutcliffe	www.waterlink.com
Westvaco	www.westvaco.com

图 17.1　活性炭结构示意图（Donnet et al.，1994）

活性炭表面官能团分为酸性、碱性和中性 3 种。酸性表面官能团有羰基、羧基、内酯基、羟基、醚、苯酚等（图 17.2），可促进活性炭对碱性物质的吸附；碱性表面官能团主要有吡喃酮（环酮）及其衍生物，可促进活性炭对酸性物质的吸附。

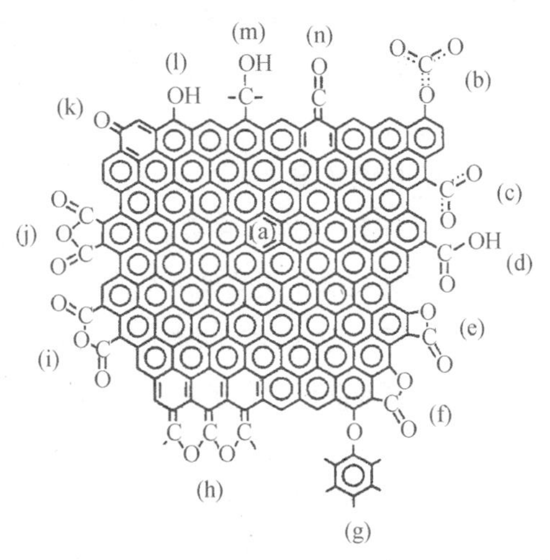

图 17.2　活性炭表面 IR– 活化功能

（a）芳香 C=C 拉伸，（b）碳酸根，（c）羰基碳酸酯，（d）羧酸，（e）内酯（四元环），（f）内酯（五元环），（g）醚桥，（h）环醚，（i）环酸酐（六元环），（j）环酸酐（五元环），（k）苯醌，（l）羟基，（m）醇，（n）烯酮（Fanning and Vannice，1993）

活性炭的物理吸附是吸着物的分散或与碳表面相互作用所致。小孔隙增加了分散强度。吸着物分子与多个表面的相互作用增加了吸附能。表面化学对特定分子间的相互作用有着重要的影响，其中最强的是氢键和酸碱电子（路易斯酸碱理论）之间的相互作用。

活性炭表面可以催化多种化学反应，尤其是氧化反应，同时还有吸着物分子和已浸渍试剂之间的相互作用。微孔隙、功能基团和无机杂质，以及碳质材料的电导率对电子转移具有重要性。综合因素导致活性炭对污水中的硫化氢有较强的吸附与氧化性能。

其他材料如氧化铝、二氧化硅、沸石或各种无机氧化物对污水中硫化氢的去除能力只有活性炭的十分之一。氧化铝或氧化锆等氧化物确实有很明显的硫化氢去除率（但只有活性炭的一半）。这些氧化物的活性增强是由于在路易斯酸中心（有低能量空轨道的位置，或缺电子的位置，即为路易酸位置）有关铝和其他金属离子在氧化物结构中的配位。这些吸附剂的比表面积和气孔体积约为碳的一半，而且表面不像碳质吸附剂那样不均匀。

17.2.2 活性炭：浸渍、催化、气体注入或未改性

17.2.2.1 浸渍活性炭

碱液（氢氧化钠或氢氧化钾）浸渍活性炭是污水处理厂最常用的硫化氢吸附剂。氢氧化钠和氢氧化钾都与大气中的二氧化碳发生反应产生相应的碳酸盐。这些基本化合物有利于去除硫化氢。活性炭催化硫化氢氧化的同时会产生多种副产物，包括元素硫和化合价更高的硫氧化物。

重金属盐如硫酸铜或乙酸铅浸渍碳也是去除硫化氢的吸附剂。其重金属含量高，因此被归类为危险废弃物。非含碳类吸附剂高锰酸钾浸渍活性氧化铝亦可氧化去除硫化氢，但在潮湿空气下对 VOC 的物理吸附能力有限，故无法在污水厂中广泛应用。在 21 世纪初，Calgon 公司推出了一种新的催化活性炭 Centaur。其使用浸渍剂制造而成，低温焦炭经尿素浸渍处理后，在 800℃左右活化。二次加工后在活性炭结构中引入含氮物质。Centaur 具有相对较高的微孔隙度（微孔体积占总孔隙体积的 80% 以上），由此产生的吡啶样物质在碳的微孔中具有高度分散性。硫化氢解离进一步氧化成硫氧化合物和硫酸（图 17.3）。因此硫化氢将 100% 转化为硫酸，可经水洗后再回用。Centaur 适用于臭气污染较轻的污水厂，仅有边际优势。

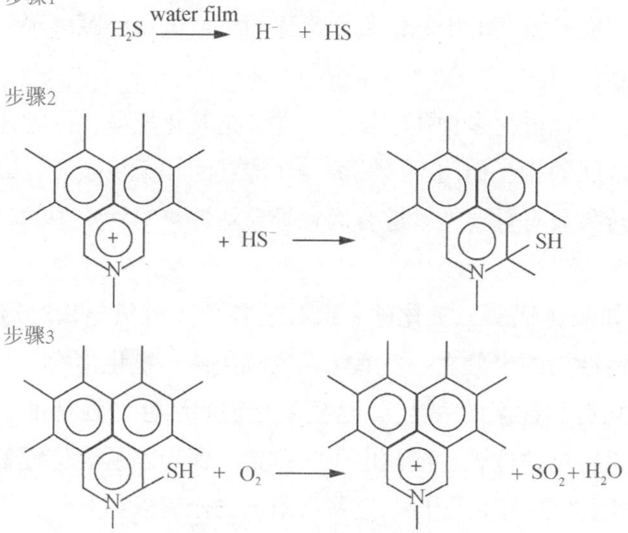

步骤1

$$H_2S \xrightarrow{\text{water film}} H^- + HS$$

步骤2

+ HS^- ⟶ SH

步骤3

SH + O_2 ⟶ + SO_2 + H_2O

图 17.3 在氮改性活性炭上 H_2S 的氧化途径（Adib et al.，2000b）

17.2.2.2　催化氧化活性炭

未改性活性炭可提供充足吸附容量，有效去除污水处理厂臭气中的硫化氢。这非常重要，因为使用碱浸渍后存在诸多缺点，包括：①通过发生在碳表面的放热反应降低燃烧温度。当催化碳作为反应床充分接触空气后，在完全冷却空气流动之前，温度的逐渐上升可能导致自燃。其结果不是火灾或爆炸，而是部分区域着火。②硫化氢主要转化为硫元素。含硫沉积的碳由于去除过程而容量耗竭，无法利用水洗等经济方法原位再生。根据氧化过程的机理，活性持续到碱耗尽，然后硫和盐沉积在表面堵塞内部孔隙，降低对硫化氢的吸附。

17.2.2.3　气携活性炭

氨（NH_3）通过结合空气中的氧，催化硫化氢氧化生成硫化物，可在吸附反应床前连续注入进气气流。同时甲基硫醇被氧化为二甲基二硫化物，由于其分子量几乎翻倍，更易被碳所吸附。注入 10 ppm 浓度的氨已足够，远远低于其约 50 ppm 的恶臭感知阈值。由于氨气比空气轻且不被碳所吸附，不断地被气流推进，因此其对 VOC 的吸附能力不会降低。此外，在水中无毒且高度可溶的氨不构成大气污染。通过对氨注入系统的改造，发现废碱浸渍炭的硫化氢使用寿命可延长约三分之一。对于无法使用氨气的污水处理厂，可以注入氨水来代替。

17.2.2.4　未改性活性炭

前文所述的碱浸渍活性炭的缺点，引起了研究者们对未改性炭作为替代吸附剂的关注。未改性活性炭的优点总结如下：①物理吸附容量不受影响；②未改性活性炭表面含有杂原子，可作为氧化催化剂；③较少的无机盐沉积量；④成本明显低于高湿度的浸渍炭或专利催化碳。污水中硫化氢浓度过低，使未改性碳更适合在废水除臭中应用。因此，即使反应动力缓慢也不构成使用上的障碍。

17.2.3　表面化学作用

对未改性炭作为硫化氢吸附剂的研究表明，表面 pH 值对硫化氢去除率有重要影响，理应纳入选择活性炭的规格标准。碳的孔体积以及孔隙中的局部 pH 值对硫化氢分解效率和含硫化合物的氧化有着重要影响，如图 17.4 所示。若碳表面的 pH 值过低，则会抑制硫化氢的析出和硫氢根离子（HS^-）的生成。小孔隙中，低浓度的硫氢根离子被氧化为硫氧化物后，才能生成硫酸。中性范围的 pH

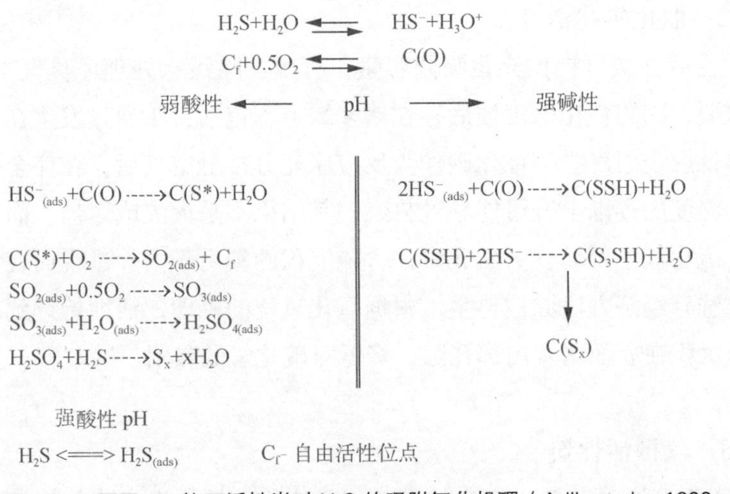

图 17.4　不同 pH 值下活性炭对 H_2S 的吸附氧化机理（Adib et al.，1999a）

值促进硫化氢的析出，然后高浓度的硫氢根离子被氧化成硫磺聚合物，例如 S_6 或 S_8。只有在酸性条件下，才会发生物理吸附。这就引发了关于碳表面合适的酸碱度的思考。不仅涉及吸附容量，且对于已使用活性炭的再生利用也至关重要。因为基本环境和硫酸的存在，高吸附容量是最好的选择。但未改性活性炭通常是在中性 pH 条件下生产。理想的“妥协”是选择低 pH 值，这会产生高吸附容量，加大对硫化氢的去除，并促进硫化氢最终氧化为硫酸。图 17.5 显示了吸附容量（单位孔隙体积的硫化氢）与表面 pH 的关系。pH 值测定方法较为便捷，可作为活性炭产品的质量指标。不同类型活性炭对硫化氢吸附及氧化的分析表明，合理 pH 值为 5.0 左右。

合理 pH 值是基于未经改性碳对硫化氢吸附 / 氧化的特定机理［式（17.4）］。涉及硫化氢在碳表面的吸附［式（17.3）］，在水膜中的溶解［式（17.4）］，在水膜中的解离［式（17.5）］，以及与吸附氧的表面反应［式（17.6）］。

$$H_2S_{gas} \xrightarrow{K_H} H_2S_{ads} \tag{17.3}$$

$$H_2S_{ads} \xrightarrow{K_S} H_2S_{ads\text{-}liq} \tag{17.4}$$

$$H_2S_{ads\text{-}liq} \xrightarrow{K_a} HS^-_{ads} + H^+ \tag{17.5}$$

$$HS^-_{ads} + O^*_{ads} \xrightarrow{K_{R1}} S_{ads} + OH^- \quad (17.6)$$

$$HS^-_{ads} + 3\,O^*_{ads} \xrightarrow{K_{R2}} SO_{2\,ads} + OH^- \quad (17.7)$$

$$H^+ + OH^- \dashrightarrow H_2O \quad (17.8)$$

公式中 H_2S_{gas}、$H_2S_{ads\text{-}liq}$ 和 H_2S_{ads} 分别对应气、液和吸附相中的硫化氢；K_H、K_s、K_a、K_{R1} 和 K_{R2} 是相关过程（吸附、气固）的平衡常数；O^*_{ads} 是解离吸附氧；S_{ads} 代表硫作为表面氧化反应的最终产物。

表面反应式［式（17.6）和式（17.7）］是硫化氢氧化的限速步骤。式（17.9）为计算 HS^-_{ads} 浓度的表达式：

$$\mathrm{Log}\,(HS^-_{ads}) = \log(K_S) + \log(K_H) + \log(K_a) + pH + \log(H_2S_{gas}) \quad (17.9)$$

将从特定实验条件导出的平衡常数导入式（17.9）可得到以下表达式：

$$\mathrm{Log}\,(HS^-_{ads}) = -4.2 + pH + \log\,(H_2S_{gas}) \quad (17.10)$$

这个方程表明，当 pH 值等于或大于 4.2 时，吸附态的硫氢根浓度将高于气相中的硫氢根浓度，这有益于高效去除硫化氢。图 17.5 显示，pH 合理值在 5 左右。差异是由于式（17.8）的 K 常数是用简单方法计算出来的预估数值。

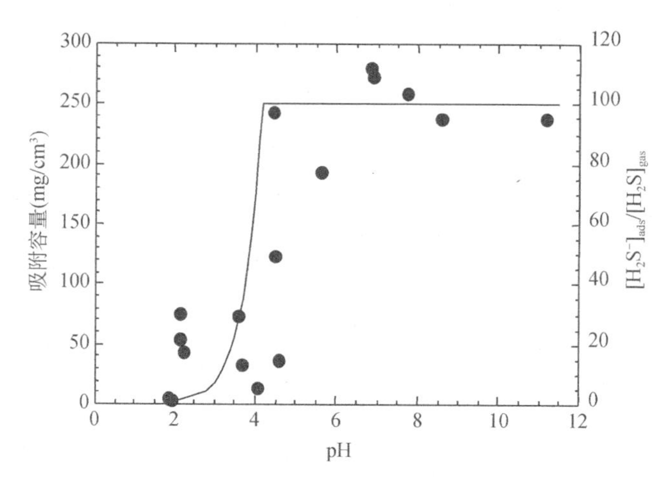

图 17.5　吸附容量（以每平方厘米毫克的硫化氢孔容为单位）对活性炭表面 pH 的关联性

17.3 再生或处置旧吸附剂的备选方案

未改性碳的处理选项如图 17.6 所示。在欧美国家的污水处理厂，用于控制臭气的活性炭通常不被归类为“危险”废弃物，因此可在城市垃圾填埋场中处置[1]。如要重复使用，必须送入特定设施重新活化，通常蒸汽加热到 700～900℃左右，炉膛废气排放前需经水洗和焚化。现实中无人对回收臭气感兴趣。由于所需的炉子与环境温度、臭气控制吸附剂不一致，所以不适宜在现场再活化。

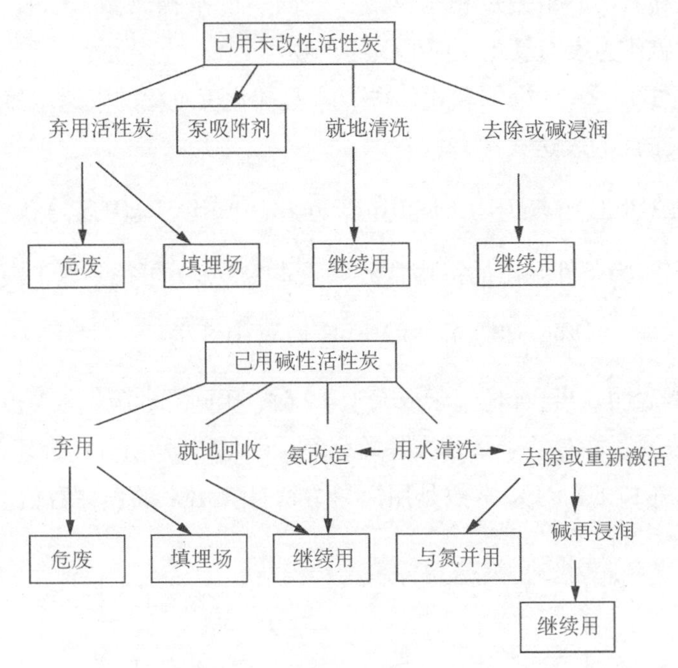

图 17.6 已用活性炭再生 / 处置方案

碱浸渍的碳也需要进行处置，要求与未改性的碳相同。在自然晾干前，通过一系列强烈腐蚀性的碱和水进行洗涤再生。浸泡大约需要一周的时间，目前污水厂无相关操作。另外，可以用水清洗废碳以去除可溶性盐，水洗后更容易发生反应。另一种选择是在水洗后使用预充氨系统延长其使用寿命。

任何能催化硫化氢完全氧化成硫酸的活性炭都具有在水中原位再生的可能性。Centaur 制造商声称它可使用每公斤废吸附剂吸附 1 046 L 水或使用每公斤 Calgon 碳吸附 30 L 水，使其能量至少达到原容量的 80%。如前所述，两者所需

[1] 中国将活性炭归类为危险废弃物——译者注。

水量差异很大。

未改性的碳中，硫化氢的氧化会产生不同比例的硫和硫酸的混合物，这取决于碳的类型。必须根据具体情况确定是否值得临时用水洗涤以延长碳寿命。在图 17.7 中展示了在四个吸附 / 冷水再生循环之后的基于椰子的碳的性能。随着再生周期的增加，穿透时间减少，沉积的硫的量增加，导致催化剂由于活性位点的堵塞而结垢。

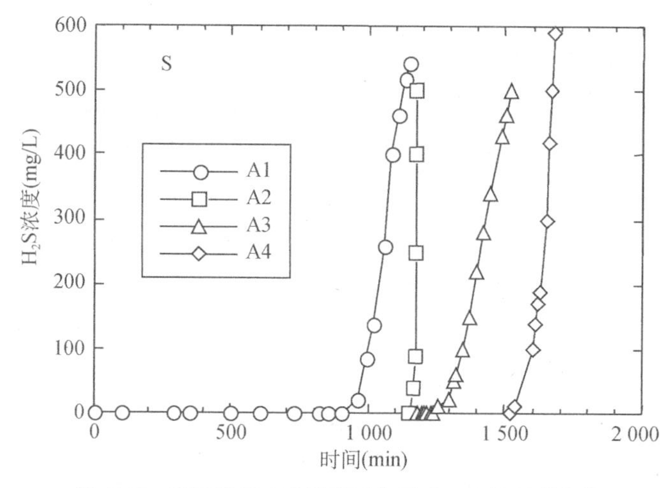

图 17.7　椰子炭经 4 次吸附再生后对 H_2S 的吸附曲线

氨气携碳也可以通过上述的苛性浸泡过程而再生，或作为未改性的碳处理。

对硫化氢吸附后的已使用活性炭可作为汞蒸气的吸附剂，因为已吸附硫化物可与汞生成非溶解性沉淀物。目前公布的实验结果表明，活性炭表面的磺化和有机硫化合物的掺入增强了汞的去除能力。

17.4　活性炭吸附床特性

若吸附床的深度小于吸附反应区，则臭气的去除只会发生在初始阶段，且一旦开始运行吸附床就会每况愈下。污水处理厂采用的活性炭床深度约为 1 m，线性空气流速约为 0.26 m/s，总停留时间约为 4 s。吸附区的数量在一定程度上取决于吸附剂颗粒的堆积密度和粒径分布，至少达到 10 个或更多。图 17.8 显示了一种双层结构的活性炭吸附床，其设计目的是在单一容器内提供更大的吸附容量。这种吸附床设有三个间隔相等的取样口，这种设计严格要求通过双层床体的气流平衡，确保与污染物充分接触和有足够的停留时间。

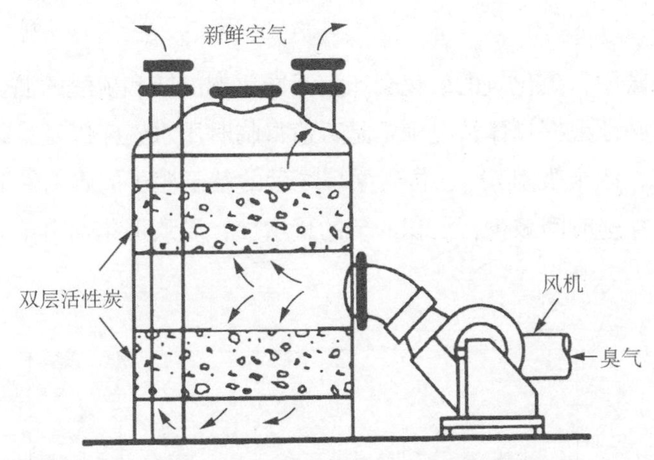

图 17.8 北河污水厂双层净化装置示意图（美国纽约）

其他类型的系统包括可用于净化空气的薄层（2～3 cm）吸附反应床，惰性载体吸附床，以及流化或移动式吸附床。污水厂较严格的大气排放标准，排除了使用此类替代方案的可能。

如图 17.6 中所示，对于已使用过的活性炭，可再适当处置或加工后再利用。因此需思考如何在这个转换中实现对已用活性炭的复原。

如图 17.9 所示，活性炭复原后需对内部碳主体组分进行分析。但是物料平衡的分析较少应用于污水处理中所使用的活性炭。复原后，可与原始产品进行比较，即复原后的性能损失比例。若循环再利用，则需对吸附容量损失进行补偿。目前，还未公布任何相关数据。

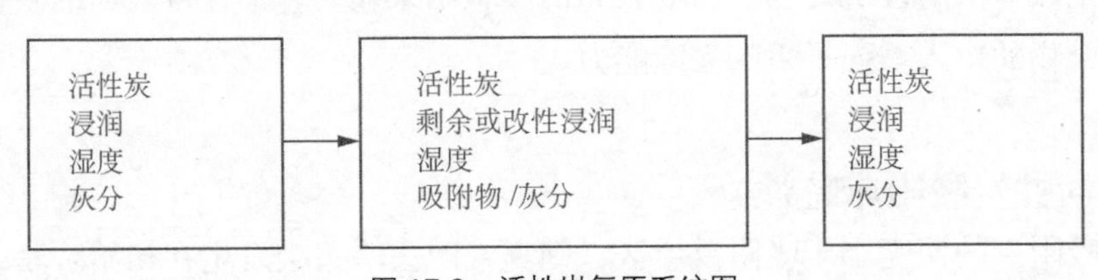

图 17.9 活性炭复原系统图

17.5 硫化氢控制

选择活性炭消除污水处理厂的恶臭气体，主要取决于硫化氢浓度的去除有效性。较厚的碳反应床在实践中可运行数月之久，但在实验室测试中却需要在一天内完成。目前世界范围内普遍使用的试验方法是，在常温下对碳反应床进口施加含有 1%（10 000 ppm v/v）硫化氢的气体，直到出口硫化氢浓度达到 50 ppm。然后根据流速、硫化氢的进气浓度、停留时间和碳测试柱的体积来计算硫化氢穿透容量，单位是每毫升碳所去除硫化氢的毫克数量。污水处理厂通常承担的负荷约为 0.14 g/mL。该试验最初的设计目的是对不同类型碱浸渍活性炭进行比较。在实验条件下，硫化氢瞬间中和后被氢氧化钾和氢氧化钠氧化。使用未改性活性炭时，硫化氢的氧化速度较慢，反应区间较宽，实验室所使用的加速测试法会低估穿透容量。

现已有一种改良的试验方法。使用较低的硫化氢进气浓度、较小的碳床体积和较低的空气流量。在这种适当的改性条件下，碱浸润炭对未改性炭的处理优势消失（表 17.2）。在污水处理厂，必须在符合现实情况的条件下进行全面有效的测试。在位于美国纽约市的北河污水厂，对碱浸润炭与未改性炭进行了长达 18 个月的比较研究。结果表明，在碱浸润炭饱和后，未改性炭继续保持对硫化氢的去除能力（第 17.10 节）。纽约北河污水厂活性炭生产性试验仍在继续。

表 17.2　两种不同试验方法测定 H_2S 穿透容量的比较

炭	ASTM 测试	CCNY 测试
碱液：		
7383C-B1	0.002	0.002
7383C-B2	0.093	0.080
原始：		
7383F-B2	0.020	0.021
WVA-1100	0.014	0.079
Maxsorb	0.003	0.026
S208C	0.029	0.055
Centaur®	0.066	0.068

17.6　VOCs 控制

污水处理厂控制恶臭的吸附剂系统的大部分都集中在脱除硫化氢，因为硫化氢具有毒性和较高的恶臭阈值，且易于分析。因此，硫化氢浓度是各类监督条例执行检测的良好代理指标。然而硫化氢并不是影响周围社区的主要恶臭气体，是非典型的排水恶臭气味。污水处理厂需消除的恶臭是来自有机物气体和蒸气的混合物，具有一定范围的分子量、挥发性和化学反应活性。这些混合物包括烃、硫醇和其他还原有机硫化合物、胺和各种含氧物，饱和与不饱和羧酸、酯类、醛和

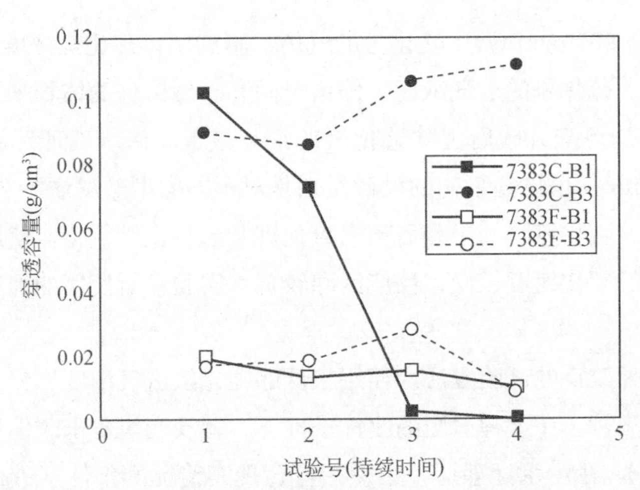

图 17.10　北河污水厂（美国纽约）硫化氢穿透容量变化（活性炭使用 18 个月最为吸附剂）– 浸润碱（●，■）– 未改性（□，○）

酮。因季节不同污水厂所散发的恶臭气体含量也不同，不同工艺处理段产生不同的恶臭来源。酸碱中和或氧化，无论是在液相中还是在吸附床，都能对这些物质中的恶臭污染物进行除臭，但没有任何单一的化学转化适用于所有恶臭物质。未浸渍的颗粒活性炭优先作为物理吸附剂，其较高的吸附容量是污水处理厂常用的除臭方式。使用某种或多种化学方法进行预处理可减少后续活性炭的处理负荷，从而有效延长其使用寿命。

17.7　参考文献

Adib, F., Bagreev, A. and Bandosz T.J. (1999a) Effect of surface characteristics of wood-based activated carbons on adsorjXion of hydrogen suiphide. *J. Coil, interface Sci.* **214**, 407-415.

Adib, F., Bagreev,. A. and Bandosz, T.J. (199%) Effect of pH and surface chemistry on the mechanism of H, S removal by actiazed carbons. *J. Coil. Interface Sd.* **216**, 360-369.

Adib, F., Bagreev, A. and Bandosz T.J. (2000a) Anaiysis of the relationship between H_2S removal capacity and surface propemes of unimpregnated activated carbons. *Emviron. Sci. Technol*. **34**, 686-692.

Adib, F., Bagreev, A and Bandosz, T.J. (2000b) Adsoqtion/ox on of hydrogen suiphide on nitrogen containing activated carbons. *Longmuir* **l6**. 1980-1986.

Bagreev, A., RaIiman, H. and Bandosz. T.J., (2000a) Study of H_2S adsorption and water regeneration of spent coconut-based activated carbon. *Enwron. Sci. Technol.* **34**, 2439-2446.

Bagreev, A., Rahman, H. and Handosz T.J., (2000b) Wood-based activated carbons as adsorbents of hydrogen sulphide: A study of adsorption and water regeneration process. *Ind Eng. Chem. Res.* **39**, 3S49-3855.

Bandosz, T.J and Le, Q. (1998) Evaluation of surface properties of exhausted carbons used as H_2S adsorbenis in sewage treatment plants. *Carbon* **36**, 39-44.

Bandosz, T.J. (l999) Effect of pore structure and surface chemistry of virgin activated carbons on rcmoval of hydrogen sulphidc. *Carbon* **37**, 483-491.

IIandosz, Ti., Bagreev, A., Adib, F. and Turk, A. (2000) Unmodified versus caustics-impregnated carbons for control of hydrogen suiphide emissions from sewage plants. *Environ. Sci. Technol* **34**, 1069-1074.

Bansal, R.C., Donner, J.B. and Stocckli, F. (1988) *Active Carbon*. Marcel Dekker, New York.

Boehm, H.P. (1966) Chemical identification of surface groups. In: *Advances in Catalysir*, Vol. 16, Academic Press, New York, 179-274.

Brinker, C.J. and Scherer, G.W. (1990) *Sol-Gel Science*. Academic Press. New York.

Calgon Carbon Coqoration Manual. Carbon Regeneration Using Wutcr Centaur HSV.

Chang, C.H. (1981) Preparation and characterization of carbon-sulfur surface compounds. *Carbon* **19**, 175-186.

Donnet, J.B., Papirer. E., Wang, W., Stoeckli, H.F. (1994) The observation of active carbons by scanning tunneling microscopy, *Carbon* **32**, 183-184.

Everett, D.H. and Powl, J. C. (1976) Adsorption in slit-like and cylindrical micropores in the Henry's Law region. *J. ChemSoc. Farad. Trans. I* **72**, 619-636.

Fanning. P.E. and Vannice, M.A. (1993) A DRIFTS study of the formation of surface groups on carbon by oxidation, *Carbon* **31**, 721-730.

Farmene, J.J. (1985) Regeneration of caustic impregnated carbon. US patent 4,072,479.

Chosh, T.K. and Tollcfson, E.L (1986) Kinetics and reaction mechanism of hydrogen sulphide oxidation over activated carbon in the temperature range of 125-200° C. *Can. J. Chem. Eng* **64**. 969-976.

Gregg, S.J and Sing, K.S.W. (1982) *Adsoipsion. Surfade Area and Porosity. Academic* Press, New York.

Hayden, R.A (1995) Process for regenerating nitrogen-treated carbonaceous chars used for hydrogen sulphide removal WIPO PCT W09526230A I, 1995.

Hcddcn, K., Huber, L. and Rao, B. R. (1976) Adsorptive Reinigung von Schwefelwasscrstoffaltigen Abgasen. *VDI Benchi*, **253**, 37-42.

Leon y Leon, C.A. and Radovic, L. R. (1992) lnterfacio.1 chemstry and electrochemistry of carbon surfaces. In: *Chemistry and Physics of Carbon* (PA. Thrower. ed.), Marcel Dckker. New York, Vol. 24. pp. 213.310.

Liu, W.; Vidic, R.D. and Brown, T.D (2000) Optimization of high temperature sulfur impregnation on activated carbon for permancnt sequestration of elemental mercury vapors. *Environ Sci. Technol*. **34**. 483-488.

Matviya. T. M. and Hayden. R. A. (1994) Catalytic carbon U.S. patent 5,356,849

Pun, B.R. (1970) Surllce Complexes on Carbon. In: *Chemistry and Physia of Carbons*. (P.1 Walker. Jr., Cd) , Marcel Dckker, New York, Vol.6, pp. 191-282.

Stcijns, M. and Mars. P. (19) Catalytic oxidation of hydrogen sulphidc. Influence of pore structure and chemical composition of various porous substances. *Ind. Eng. Chem. Prod. Res. Dev.* **16**. 35-41.

Turk, A., and Van Doren, A. (1953) Saturation of activated carbon used for air purification. *Agric Food. Chem*. **1**, 145-151.

Turk, A., Sakalis, E., Lessuck, J., Karamitsos H. and Rago, O. (1989) Ammonia injection enhances capacity of activated carbon for hydrogen sulphide and methyl mcrcaplan. *Environ. Sci. Technol*. **23**, 1242-1245.

Turk, A., Karamitsos H., Mozaffari, J. and Locwi, R. (1991) Wastes generated from the removal of sutphde odors In: *Recent Dewiopnients and Cwrent Practices in Odor Regulations, Controls, and Techno1ogy.* Air and Waste Management Assn. Trans. Series 18.

Turk, A., Sakalis, E, Rago, O. and Karamitsos H. (1992) Activated carbon systems for removal of ligh gas. *Ann. N.Y. Acad Sci* **661**:221-227.

Turk, A., Mahmood, K. and Mozaffari, J. (1993) Activated carbon for air purification in New York City's sewage treatment plants. *Water Sci. Technol.* **27** (7-8), 121-126.

第 18 章
污水处理中恶臭化合物的催化氧化

皮特·N. L. 伦斯（Piet N.L. Lens）
马克·A. 邦茨（Marc A. Boncz）
简·赛普玛（Jan Sipma）
哈里·布鲁宁（Harry Bruning）
维姆·H. 鲁肯斯（Wim H. Rulkens）

18.1 引　言

18.1.1 氧化除臭

恶臭化合物如挥发性有机化合物（VOCs）、硫化氢（H_2S）和挥发性有机硫化合物（VOSC）经氧化反应后，其恶臭程度会被大幅削减甚至彻底消除。但在正常环境温度和标准大气压条件下，恶臭化合物的氧化速率非常缓慢。易氧化物质受客观条件限制，致使反应速率较慢，无法完全氧化和消除相应的恶臭分子基团。这些化合物都有较低的恶臭阈值，都在 ppb 的浓度范围属于痕量级别。虽然硫化氢在标准条件下很容易被氧化，却是污染物处理过程中最常见的恶臭污染物之一。

在常规条件下，氧化速率不足以消除恶臭分子，但采用不同技术的工艺组合可加快氧化速率。包括使用化学方法（详见第 16 章）、吸附方法（详见第 17 章）或微生物方法（详见第 19 章）。次氯酸盐氧化等化学氧化工艺已在实践中长期应用。使用催化剂加速氧化速率的催化氧化工艺也已得到广泛使用（表 18.1）。使用场景包含直接在气相（例如光解）中或通过与固定载体材料（催化焚烧）的催化剂接触。高级氧化工艺（AOP_S）如臭氧氧化法或芬顿氧化法，可用于洗涤塔废液除臭。洗涤塔处理液可在氧化后再循环使用，重复吸收恶臭气体。

表 18.1 催化氧化和高级氧化处理恶臭气体的不同方法概述

氧化除臭		洗涤塔废液处理
气相反应	气相 / 固相反应	气相 / 液相反应 *
紫外光照射	催化焚烧	湿式氧化
臭氧氧化	催化膜	臭氧氧化
电子束辐射	催化辅助	芬顿氧化
	ZnO 过滤	超声波分解
	Fe_2O_3 过滤	液体氧化
	活化煤	

* 洗涤塔废液的处理应用气液转移法。

本章概述了催化氧化工艺的原理，并列举了在除臭工程中的应用实例。本章仅阐述催化氧化工艺对于特定恶臭化合物的去除能力，因此集中在特定恶臭化合物去除效率的研究。本章未提供关于臭气浓度变化的相关数据。

18.1.2 氧化产物

氧化工艺主要适用于处理胺、酚、氰化物、硫化氢和硫醇。也可用于去除卤代脂肪族化合物和某些农药化合物。氧化后产物是二氧化碳、水和一种来自卤素酸性组分（X=Cl，Br，F，I），氧化硫来自含硫化合物的氧化，氧化氮来自胺、腈和氮杂环化合物及氧化磷来自磷化合物（表 18.2）。诸多恶臭化合物属于易氧化物质，因此氧化工艺是非常适用的除臭技术。

本书此前章节已描述了几种硫化氢的催化氧化工艺。在设计去除含硫化合物系统时，须重点考虑含硫物质无法彻底转化为无臭物质。硫化氢催化氧化的最终产物取决于工艺的应用条件（特别是 pH 值），可能是单质硫、硫代硫酸盐、亚硫酸盐或硫酸盐。S^0 可作为肥料或硫酸生产中的可回收固体产物。化学氧化产生的 S^0 是疏水性的，因此可能堵塞管道或过滤材料。硫代硫酸盐和亚硫酸盐是可溶性的，易增加水中化学需氧量（COD）浓度。经处理后生成的硫代硫酸盐、亚硫酸盐和硫酸盐仍然存于水溶液中，再次暴露于厌氧条件下时仍是硫化氢产生的潜在来源。氧化工艺无法同时处理含碳和含氮物质，氧化后碳、氮化合物分别转化为无味的二氧化碳和氮气。

表 18.2　催化焚烧去除 VOCs（Nakajima，1991）

VOCs	可去除性	催化点火温度（℃）
甲醛	高	<30
甲醇	↑	<30
乙醛	│	100
三甲基胺	│	100
丁酮	│	100
正己烷	│	120
酚类	│	150
甲苯	│	150～180
乙酸	│	200
丙酮	│	200
丙烷	↓	250～280
氯代烃	低	400

18.1.3　催化氧化和高级氧化工艺

催化氧化工艺中可使用无机催化剂（例如贵金属），也可使用有机催化剂（如醌类）。相比之下，高级氧化工艺（AOP_S）不仅直接氧化底物，还分解成羟基、自由基等更多的反应氧化剂。这些高活性自由基提升了氧化强度，可将惰性化合物降解。

产生自由基的方式取决于工艺的类型，在不同条件下的工艺应用造就了差异化的自由基生成效率。自由基的来源是氧、臭氧或过氧化氢。氧化剂分解为自由基的工艺包含：湿式氧化、臭氧氧化、过臭氧化、H_2O_2/UV 氧化和芬顿法（见表 18.3）。电子束辐照工艺中，自由基可以直接从有机污染物中产生。

高级氧化工艺主要用于洗涤废液的消毒和处理。尽管臭氧化、电子束照射和紫外光光解等工艺可用于处理恶臭气体，在浓度较低的情况下，恶臭化合物可在浓缩后使用高级氧化工艺处理。

表 18.3 催化处理前的硫化氢浓缩方法

材料	可见表面积（g/m^2）	微孔体积（cm^3/g）	干式吸附容量（$mol \times 10^5/g$）	湿式吸附容量（$mol \times 10^5/g$）	参考文献
分子筛（13×）	490	0.25	10.0	0.8	Tanada et al.，1982
未处理活性炭			5.2	6.2	Meeyoo et al.，1995
活性炭（200℃热处理）	1005	0.38	0.2	2.1	Meeyoo et al.，1995
硅胶	407	1.5	1.6	未知	Chou et al.，1986

表 18.3 列举了四种硫化氢浓缩技术。高级氧化工艺可应用于在吸附剂解吸过程中形成的气流。恶臭分子经过洗涤后溶解于洗涤液中，高级氧化工艺可用于处理此类高浓度液体（详见第 18.3 节）。在洗涤塔内，影响除臭效率的因素包含：恶臭物质溶解度、总有效气液接触面积、进气浓度和停留时间。

18.2 催化工艺处理挥发性有机物和硫化氢

18.2.1 催化焚烧

18.2.1.1 催化焚烧原理

燃烧是一种有效的恶臭控制技术。其效率取决于完全燃烧的程度，若不完全燃烧则会适得其反，增加臭气浓度。尽管 VOCs 的氧化是放热性质，但由于气相中存在的 VOCs 浓度较低，反应所放热量不足以维持氧化所需温度。因此，必须提供热源或催化剂确保恶臭化合物在较低温度下完全氧化。

催化焚烧（表 18.4）是指在高温（高于 100℃）和高压（大于标准大气压）条件下，气体化合物被彻底氧化。气体通过与附着催化剂的固体材料接触来提高氧化速率。气相催化焚烧技术相比其他气相处理技术有许多优点。在 20～60 ppm 的浓度范围内，气相催化焚烧颗粒活性炭吸附更经济。与焚烧等高温处理工艺相比，燃料需求较少和建设耗材成本更低。

表 18.4　VOC 催化焚烧工艺简介

化合物	催化剂	运行温度（℃）	参考文献
苯、乙酸丁酯、环己烷、甲苯、甲醇、乙炔、丁烯、氯丁烷、氯苯	铀氧化物	300～450	Taylor et al.，2000
线性烷烃（C1-C4）	铀氧化物		Taylor and O’Leary，2000
苯、正己烷和炼油厂排放气体	氧化铬	240～400	Wang and Chen，2000
丁酮和甲苯	铂、镍、铬合金	120～220	Lou and Chen，1995
氯苯、氯化甲烷、氯化芳族化合物	镧、钴、锰		Sinquin et al.，1999
三氯乙烯	铂、钯	250～550	Gonzalez Velasco et al.，2000

高温下，主流催化焚烧工艺以最优速率快速完成氧化反应（表 18.4）。因此需对催化剂附着载体进行加热或者对进气流进行加热。入口气流温度比点火温度高出 50～150℃。温度提升完成预热后催生复杂的反应过程，涉及火焰中的燃烧产物，也包含催化剂上的化学反应。工艺运行的参数包含温度和空间速度，直接影响 VOCs 的去除效率（表 18.2）。

18.2.1.2　催化焚烧机理

催化剂对 VOCs 的氧化（图 18.1）包含表面附着分子以及气相分子，取决于不同的催化机理。Langmuir-HinShelwood 机理是一种以表面反应为控制步骤，以两个吸附着的分子进行表面反应的多相催化机理。即两个反应物先吸附在固体催化剂上，在表面反应，产物再脱附。表面反应为控制步骤，吸附与脱附速度远大于表面反应速度。反应速度与两个反应物在催化剂表面上的覆盖度成正比（图 18.1a）。

Mars-van Krevelen 机理是化合物与催化剂晶格氧离子的反应（图 18.1b）。第一步是反应物与催化剂产生氧空位被还原。第二步是催化剂被解离吸附的氧补充氧缺位而重新氧化，得以再生。第一步是反应物与催化剂产生氧空位被还原，第二步是催化剂被氧化，因此也被称为氧化还原机理。在这个过程中，催化剂表面的氧空位后由蒸汽相的氧补充。Eley-Rideal 机理（图 18.1c）类似于 Mars-van Krevelen 机理，区别在于反应产物由吸附氧气和气相化合物共同形成。

对于金属或非还原性氧化催化剂，气相中的过量氧意味着催化剂表面被氧所覆盖导致只有少量的分子可被吸附。这对 Eley-Ride 机理是非常重要的。对于含有易还原金属的金属氧化催化剂，Mars-van Krevelen 机理更为重要。

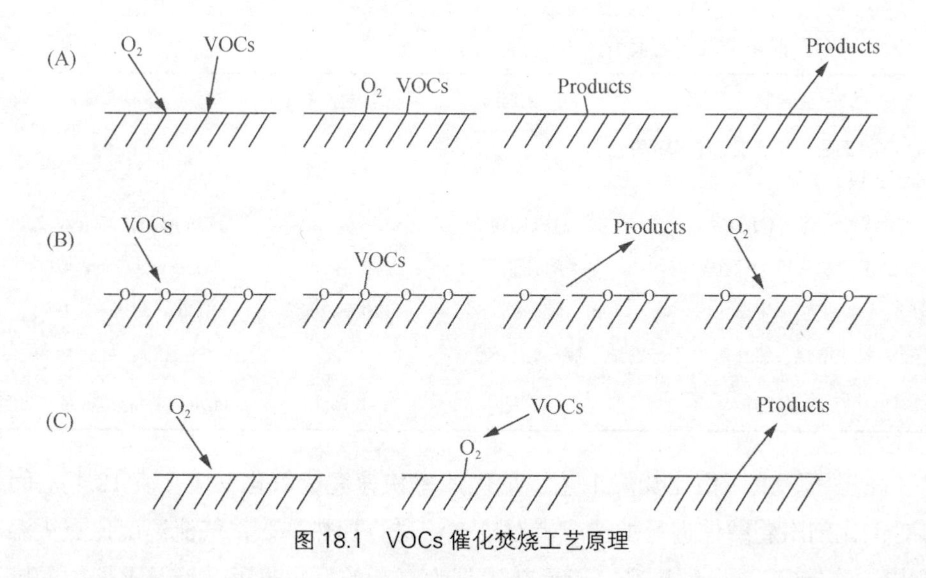

图 18.1 VOCs 催化焚烧工艺原理

金属氧化物是一种富含电子的 N 型半导体（即自由电子浓度远大于空穴浓度的杂质半导体），作为氧化催化剂一般不具有很高的活性。五氧化二钒是一个明显的例外。P 型半导体（又称空穴型半导体，是以带正电的空穴导电为主的半导体）的导电性是基于电子流向正空穴。这种金属氧化物的电子表面缺陷易吸附氧气，非过量吸附即可生成活性催化剂。高热稳定性且不易碎的绝缘体具有作为催化活性金属氧化物或贵金属的载体的价值。陶瓷或沸石适宜用作催化材料辅助载体。

多种氧气物质可与催化剂晶格结合，例如：吸附在催化剂表面的氧气（O_2）、离子（O^{2-}，O_2^{2-}）或自由基离子（O^-，O_2^-）。其中关键的因素是催化剂表面与氧（原子、分子或离子）之间的相互作用强度。若氧离子充分与表面结合，则催化剂的活性不高。若相互作用太弱，则表面与氧的覆盖度较低，催化剂的交流电也较低，因此活性大幅降低。各种热力学参数可描述氧和分子的吸附强度，即用于金属表面的初始吸附热或用于再氧化金属氧化物的反应焓。由于催化剂的最大氧化速率是这些热力学参数的函数，催化剂的选择与应用条件大致取决于化合物的可催化活性（表 18.2）。

在多组分气流中，高温和充足的氧含量保证了气相物质的完全氧化，同时混合氧化催化剂也是必要条件（表 18.4）。混合氧化物在碱性或稀土金属氧化物促进下，具有更高活性且不同于多种化合物组合而成的活性。这归因于不同形式氧离子的潜在活性，以及不同能级和结合位点所派生的共同反应潜能。

18.2.1.3　催化焚烧 VOCs

在催化焚烧过程中，多种 VOCs 被消除。在化学计量或未全面氧化条件下，催化剂具有较大的氧化活性，但也会出现不同 VOCs 分子之间互相抑制的情况。充足的氧供给将克服这些问题。含硫化合物能导致催化剂活性的丧失。例如，石化工业废气所排放的二甲基硫化物和乙醇混合物，在 Pt/Al_2O_3 固定床催化反应器中因催化剂中毒而失去活性。在较高温度（＞300℃）下，可以部分克服对催化剂的抑制作用。

根据焚烧升温加热系统的设计、催化剂反应床的类型、级数以及运行温度，存在诸多不同的配置。图 18.2 显示了用于处理含卤化和非卤化 VOCs 的废气的催化处理（CSA）工艺。每种 VOCs 的转化都需要不同催化剂的组合。必须对反应器中的废水进行处理，以去除反应产生的酸性化合物。

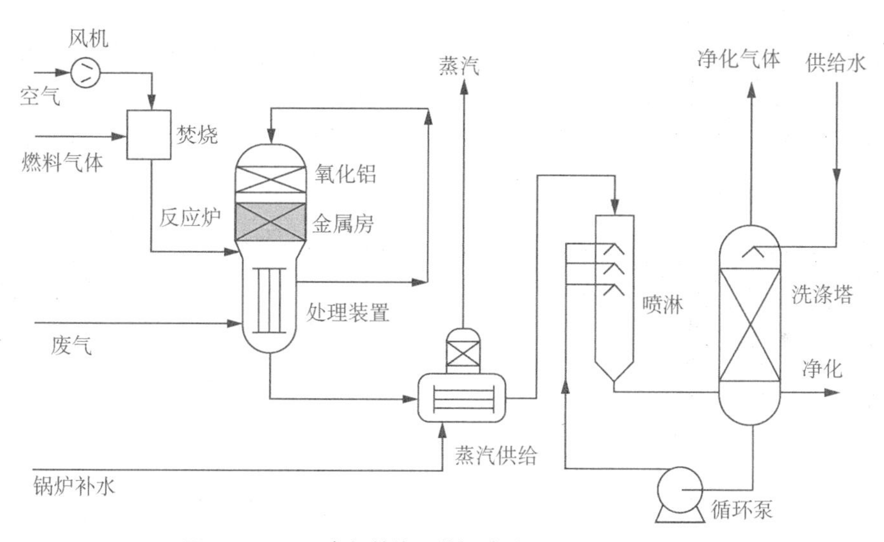

图 18.2　CSA 废气焚烧工艺概述（Cha et al.，2000）

18.2.1.4　催化焚烧硫化氢

文献（Lee et al., 1999）表明，在 220℃高温下，可催化焚烧含甲烷和硫化氢（15～40 ppm）的沼气，使用钯和铂基作为整体催化剂（图 18.3）。钯是甲烷氧化的最佳催化剂，但被硫化氢限制会失去部分活性。但含铂催化剂的活性却不受硫化氢的任何影响。

Chu 和 Wu（Chu and Wu，1998）报道了乙烯硫醇在 MnO/Fe_2O_3 固定床催化

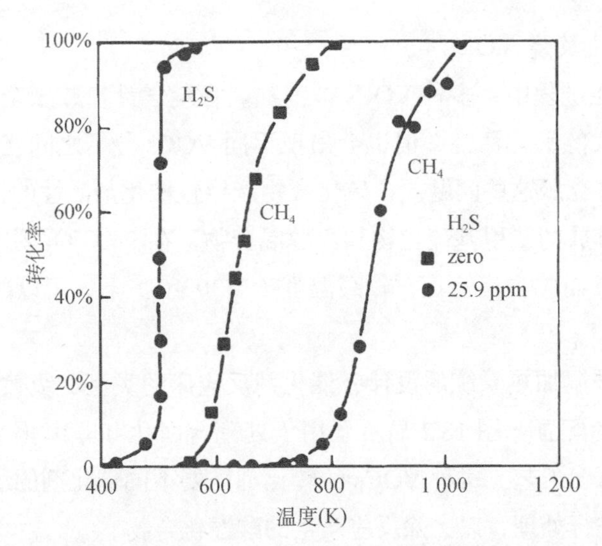

图 18.3 金属钯催化剂存在下硫化氢甲烷和硫化氢甲烷混合物的光熄灭曲线（Lee et al.，1999）

反应器中，进口温度、空间速度、乙硫醇和氧气浓度等操作参数对系统性能的影响。Langmuir-Hinselwood 模型能够描述所观察到的反应动力学。

18.2.2 干式氧化工艺

干式氧化工艺去除 VOCs、硫化氢和 VOSC 主要使用不同类型的材料过滤气体。所述过滤材料可具有催化性质（例如活性炭或金属床）或作为催化剂层的载体，过滤材料包含催化剂图层。

18.2.2.1 干式氧化 VOCs

催化膜将气相化合物的选择性传输与化学反应相结合（图 18.4）。反应产物的选择性消除不利于热力学反应转化率。催化剂可在冲洗移动过程中与膜组件分离或通过包封、凝胶化、物理吸附、离子结合、共价结合等方式固定在膜内。

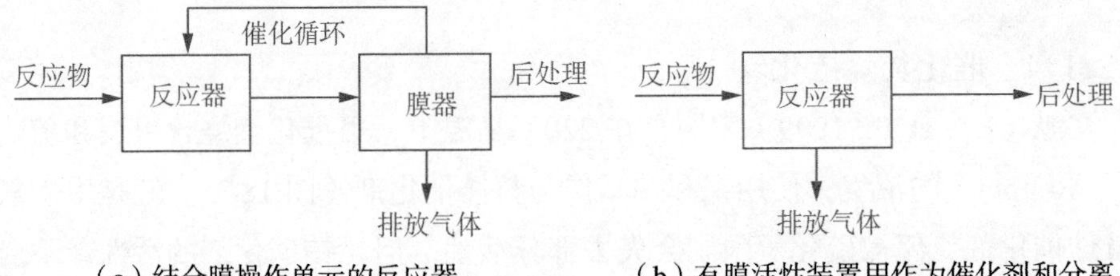

（a）结合膜操作单元的反应器

（b）有膜活性装置用作为催化剂和分离单元的反应器

图 18.4 膜反应器的主要构型类型。

18.2.2.2　干式氧化硫化氢

表 18.5 概述了干式氧化硫化氢所需的不同催化剂。图 18.5 为 Selox 处理工艺简图。交替切换反应器 R1 和 R2，以达到吸收和再生的目的。气体先通过鼓风机进入反应器 R1。加热气体，控制相对湿度，并在必要时提供空气或氧气。在反应器 R2 中，将催化剂再生后再利用，鼓风机将气体循环处理。催化剂中的水和解吸硫被浓缩并储存在冷凝器的不同区域。

表 18.5　硫化氢干式氧化催化剂汇总

催化剂	产物	参考文献
过渡金属元素（Mn，Cu，Ni）		Andreev et al.，1996b
MoS_2，CdS，$NiPS_3$	$S_2O_3^{2-}$	Iliev et al.，1996
Co- 酞菁染料，金属硫族化合物	$S_2O_3^{2-}$	Iliev et al.，1996
Zn- 酞菁染料 +hν	SO_4^{2-}	Iliev et al.，1996
V_2O_5/SiO_2 和 Fe_2O_3/SiO_2	S^0	Park et al.，1998
TiO_2/SiO_2	S^0	Chun et al.，1998
V/Sb	S^0	Li and Shyu，1997
Ni（OH）/$LiNiO_2$	S^0	Andreev et al.， 1996a
Au/Fe		Matsumoto et al.，1993
Cr（VI）		Thornton and Amonette，1999

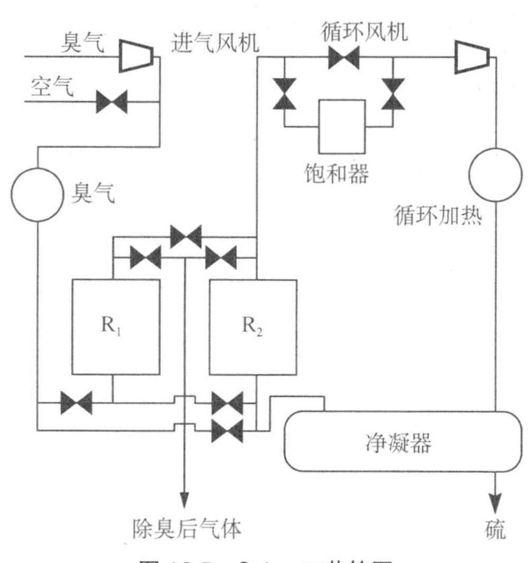

图 18.5　Selox 工艺简图

催化剂浸渍过滤载体，例如使用粒状活性炭或活性氧化铝可去除恶臭污染物中的恶臭分子。活性氧化铝和高锰酸钾组成的臭气过滤载体可同时除去硫化氢、硫醇和其他挥发性有机物。

为了优化活性炭的催化活性，学者们做了大量研究。例如通过添加不同材料改进活性炭生产工艺。在常温条件下，负载碳酸钾的活性炭纤维对空气中 30 ppm 的硫化氢气体具有较高的脱臭能力。硫化氢无法扩散至纤维内最深处，在纤维表面被氧化为零价硫。

18.2.2.3 臭氧氧化恶臭化合物

恶臭化合物可被臭氧氧化，无需催化剂或紫外光线辅助（详见 18.2.3.1）。在气相状态，臭氧对无机化合物中富含电子的部分具有反应偏好。然而与水溶液相比，气相状态中的反应序列与反应机理有所不同。引起严重恶臭问题的胺可与 O_3 快速反应，并已成功地应用于实验室所模拟的动物养殖臭气。此外，烟草导致的烟雾空气污染也可通过臭氧氧化得以快速净化。

与紫外光线结合时，臭氧氧化更加有效。紫外光可分解 O_3 分子，产生活性自由基，以高于 O_3 本身的速率氧化无机化合物。因此，通过 UV/O_3 组合可有效去除多组分 VOC 气体。

18.2.3 光解工艺

18.2.1.1 紫外线照射

在人类发现阳光对氧化存在强烈影响后，20 世纪早期紫外线便在水消毒中起到了重要作用。紫外线也可用于气相催化反应，因为紫外线可对气流进行穿透。紫外光波长所携带的光子能量大于化学键键能时，紫外光光子就可破坏化学键。由于化学硫氢键（H—S）的能量较低，紫外光线可形成对恶臭化合物的强力氧化。含硫化合物的光解则是通过切断 S—H 键而引发：

$$H_2S + h\nu \rightarrow HS^\bullet + H^\bullet$$

$$CH_3SH + h\nu \rightarrow CH_3S^\bullet + H^\bullet$$

在反应中生成的自由基可被氧（空气）进一步有效降解。将紫外光辐射与臭氧氧化相结合，可大幅提高紫外辐射效率。在富氧环境中应用光解时，O_3 形成进而对部分化合物进行降解。该原理适用于生活垃圾堆放中所释放的恶臭化合物光解。

18.2.3.2　光催化工艺

光催化是利用半导体、光催化剂和紫外光或可见光对有机或无机化合物进行转化的组合。光催化对化合物进行氧化还原反应，导致化合物在常规条件下的全矿化。该机制基于光子对传导带的电子的激活，使得催化颗粒作为氧化剂在表面产生电子空穴。在未照明的表面和孔隙中，过剩的电子作为还原剂。强催化剂是二氧化钛和硫化镉。可降解气体化合物包含：硫化氢、有机气味化合物、萘、氨和一氧化氮。

图 18.6 显示了乙醛气体浓度随紫外线照射时间而降解的试验数据。乙醛初始

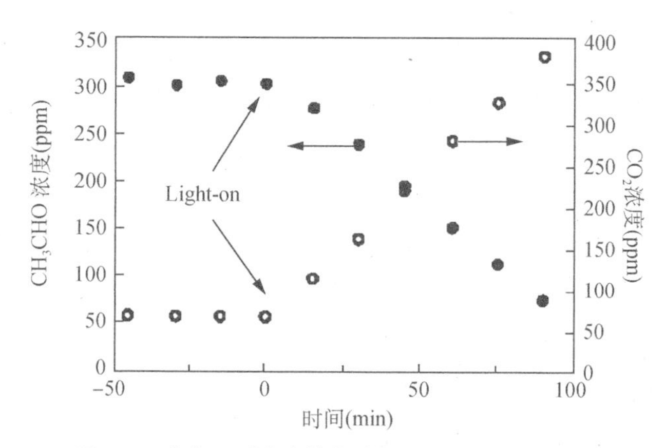

图 18.6　气相乙醛的光催化降解（Noguchi et al.，1996）

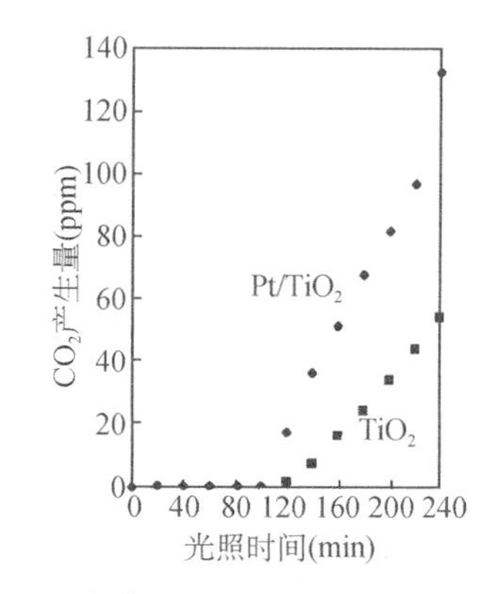

（a）催化剂类型的影响

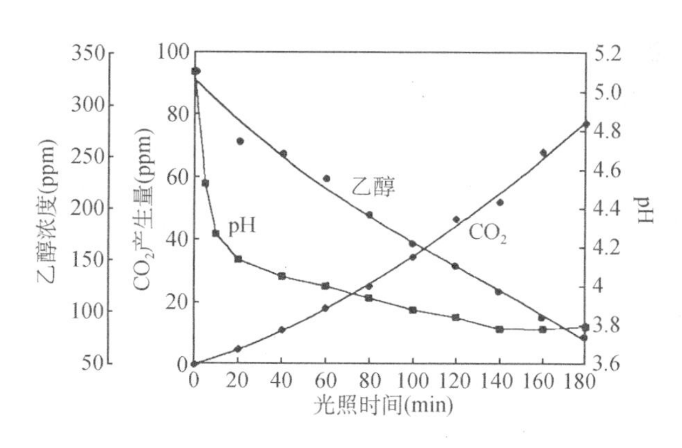

（b）反应产物随时间的演变曲线

图 18.7　溶解乙醇的光催化矿化

注：（a）中催化剂浓度为 1.0 g/L，初始乙醇浓度为 670 ppm；初始 pH 值为 10.9。（b）中为 1%Pt/TiO_2 催化剂，初始乙醇浓度 333 ppm，初始 pH 值为 5.1。使用 15W 黑色紫外线灯，600 毫升溶液，26℃（Chen，1997）

浓度为 300 ppm。当 1 mW/cm^2 的紫外光（365 nm）照射二氧化钛粉末（0.25 g）所附着的面板（8.6 cm^2）时，随着二氧化碳的伴生，乙醛浓度开始降低。光催化技术也被应用于处理土壤蒸气萃取井中的废气，利用二氧化钛光催化反应器在氯化溶剂泄漏点处进行光催化处理。

除气相降解外，还可通过光催化降解水溶液中的化合物。其过程的效率很高，即使在西欧等气候较为温和地区，也可以利用阳光作为紫外线源。图 18.7 给出了光催化降解水溶乙醇的案例。

18.2.3.3 电子束辐射

电子束辐射是一种气相反应技术，将高能电子束引入待处理的气体混合物中。对氧进行冠状式放电，产生臭氧，形成几种类似羟基的自由基，过程类似于西门子臭氧产生的机理。由于气体密度普遍不高，电子束可穿透气体混合物，大范围处理恶臭气体。该工艺可有效地处理含硫、含氮化合物等气体混合物，氧化后形成的固体硫酸铵可作为肥料出售。这项技术已经被用于发电厂废气处理。

18.3 洗涤液的催化氧化技术

第 18.2 节所述的工艺涉及气相条件下对恶臭气体直接催化处理。催化工艺不仅限于此，还可用于处理洗涤废液。水用作洗涤液，主要去除水溶性化合物。但是萃取膜反应器也使这些水基催化氧化技术能够去除空气 - 水分配系数较低的化合物。下一节概述了液相催化氧化工艺。

18.3.1 湿式氧化

湿式氧化工艺（WAO）是较早使用的高级氧化工艺之一，是一项成功商业化运用的技术。湿式氧化工艺以氧气（或空气）为主要氧化剂，在高压（3.5～15 MPa）和高温（150～300℃）条件下进行氧化。在高温高压下，形成氢过氧化物阴离子基团（$HO_2^{\cdot -}$）和超氧化物阴离子基团（$O_2^{\cdot -}$），并能（和水）反应产生羟基、自由基。此类羟基、自由基具有 1.77V 的氧化电位，后者可氧化溶液中的大多数有机物质。自由基（$HO_2^{\cdot -}$ 和 $O_2^{\cdot -}$）也可以通过链式反应直接氧化有机物，其中氧起着关键作用。

湿式氧化工艺已成功应用于降解碳氢化合物（包括多环芳烃）、某些农药、酚类化合物、氰化物和各类有机化合物。

文献表明，湿式氧化工艺可去除废碱液中的硫化氢和硫代硫酸根。在无催化剂、0.69 MPa 氧分压和 150℃的温度条件下，1×10^{-1} M 浓度的硫化钠在 10 分钟内完全被转化为硫酸根。以 3.25×10^{-2} M 浓度的硫酸铜为催化剂，在 120℃条件下，8 分钟内完全反应。

湿式氧化工艺去除气体中的恶臭化合物的适用性相当有限，因为洗涤液中的浓度通常太低，无法符合成本效益。

18.3.2　臭氧氧化

臭氧具有较高的反应活性，自 21 世纪初开始作为水处理中的氧化剂，较湿式氧化而言，臭氧氧化是更成熟的技术。臭氧氧化既可用于处理气体，也可用于处理液体，最常用于处理水溶液。

18.3.2.1　臭氧氧化反应机理

科学家维斯于 1935 年研究发现了臭氧氧化机理，1976 年和 1998 年有科学家陆续发现了自由基反应在臭氧氧化过程中的作用。臭氧在水中溶解，不仅是有机溶质的氧化剂，通过在芳香双键中加入氧气直接氧化化合物（图 18.8）。在与羟基阴离子或过氧氢根阴离子的反应中分解，开始一系列复杂的反应，最终产生分子氧，概括如下：

$$2O_3 \rightarrow 3O_2$$

反应进行的循环机制如图 18.9 所示。

在稳定状态下自由基存在于反应混合物中，但自由基的浓度取决于 pH、自由基清除剂和溶液中的有机溶质。自由基存在的条件下，臭氧的分解速率取决于 pH 值，而稳态自由基浓度在 pH 值升高时会增高。在以下反应序列中，碳酸阴离子类化合物在溶液中自由基反应。

$$HO^{\bullet} + CO_3^{2-} \rightarrow HO^{-} + CO_3^{\bullet-}$$

$$CO_3^{\bullet-} + O_2^{\bullet-} \rightarrow CO_3^{2-} + O_2$$

碳酸盐作为催化剂能降低自由基浓度。当烯烃存在时，则会发生克里吉臭氧化反应氧化双键（图 18.8A），生成两个醛基和一个过氧化氢分子。由于过氧化氢的酸度系数值较低（pK_A=11.8），过氧化氢阴离子对臭氧的反应活性较高，图

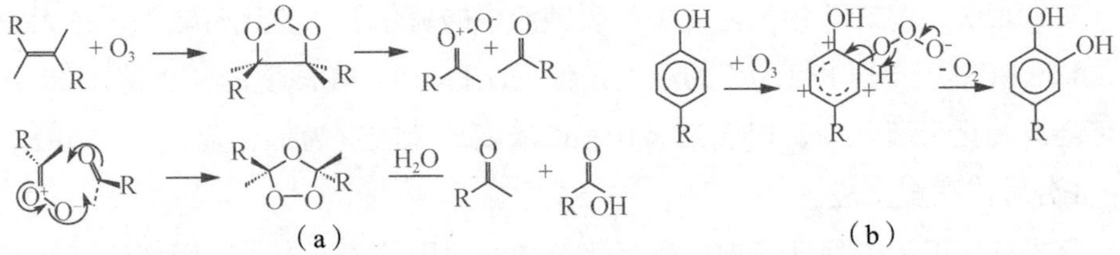

(a) (b)

图 18.8 臭氧氧化机理

注：（a）为烯属烃（Criegee，1975）；（b）为芳香化合物（Decoret et al.，1984）

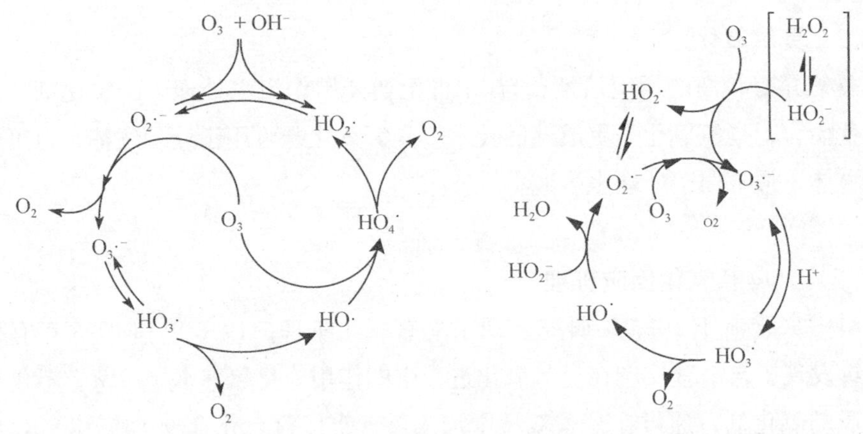

图 18.9 OH^- 引发的分解反应（左）和 HO_2^- 启动的臭氧分解（右）（Staehelin，1983）

18.8A 右侧所展示的反应将异常显著同时伴随自由基浓度的增加。当臭氧氧化含木质素的水时，这种效果尤其明显。另一个可增加自由基浓度的反应序列由 Staehelin 和 Hoigne 在 1985 年发现，若化合物能与羟基自由基和氧连续反应，则会发生此类反应。氧从反应化合物中清除，形成超氧自由基阴离子（O_2^-）后选择性地将电子转移到臭氧，引发另一个自由基反应链。

无论是直接机制（臭氧作为主要氧化剂）还是自由基机制（以羟基自由基为主要氧化剂）的持续进行都取决于相对应的反应条件。引发自由基的反应过程必须满足两个条件：初始反应与清除反应的比率需要适合自由基的存在，而引发速率必须足够高才能与有机溶质的直接氧化速率相竞争。当以极高的速率与臭氧反应的化合物被氧化时，引发反应可能被这些氧化反应所超越。

18.3.2.2 有机物臭氧氧化

可与臭氧快速反应的化合物包含：胺、酚类和烯烃。图 18.10 概述了 10 组常见化合物的臭氧氧化速率，并明确表明臭氧氧化比氧化剂氧化产生的羟自由基

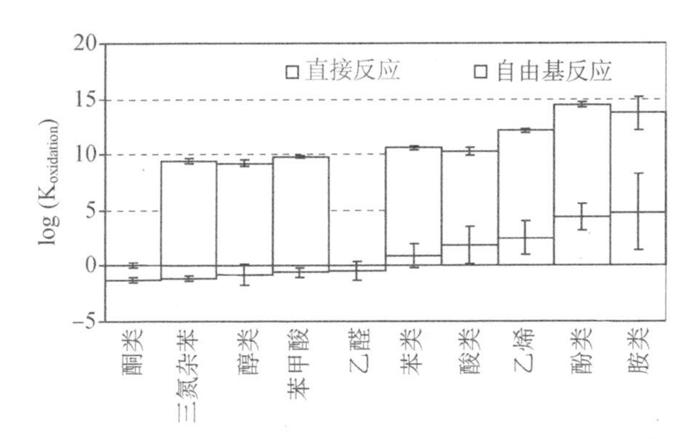

图 18.10　水中臭氧（直接反应）或羟基自由基（自由基反应）氧化有机物基团的平均反应速率常数（基于 55 种有机化合物的反应速率数据）

注：酮和醛与羟基自由基的反应速率无相关数据。

更具有选择性。当与臭氧反应的反应速率常数相差 10 个数量级时，自由基反应的反应速率常数仅相差 3 个数量级。选择哪种氧化工艺（分子臭氧氧化或羟基自由基氧化），这在很大程度上取决于废水中不同化合物的相对活性。

图 18.10 所含趋势表明脂肪族酮和醇几乎没有反应活性，苯甲酸也无良好活性，但酚类和胺类（包括芳香类和非芳香类）以极高的速率与臭氧反应。后者很可能在任何情况下都会被直接反应氧化，即使在相对较高浓度的自由基的反应条件下也会产生。当这些快速反应的化合物存在时，这个过程很可能是由传质控制的，特别是因为 O_3 是一种可溶的气体，要达到高度的溶解需要专有技术。低溶解度无法立即对该过程的选择性产生显著影响，除非空间因素在该体系中发挥作用。当只能发生自由基反应时，反应活性的差异则较小。

18.3.2.3　硫化合物的臭氧氧化

在洗涤塔的应用中，可通过在洗涤液中加入次氯酸盐、过氧化氢或臭氧来实现对 VOSC 的化学氧化。次氯酸盐被认为是 VOSC 化学洗涤最有效的氧化剂。然而当氨气和少量胺存在时，次氯酸盐则效果不佳。因为 VOSC 优先被氯胺类化合物氯化，次而被次氯酸盐氧化。

除次氯酸盐外，水中存在的含硫化合物可与臭氧发生氧化反应。根据下列化学反应，臭氧氧化可有效去除硫化物：

$$H_2S + O_3 \rightarrow SO_2 + H_2O \rightarrow H_2O + S + O_2$$

$$CH_3SH + O_3 \rightarrow CH_3\text{-}S\text{-}S\text{-}CH_3 \rightarrow CH_3SO_3H + O_2$$

磺酸以反应生成产物的形式出现，取决于分子结构的降解程度。磺酸盐基团彻底失去活性，因此芳香磺酸盐中间体对进一步的氧化具有抵抗力。这导致了这些可溶化合物的积累。

直接气相臭氧氧化速率较慢，与硫化氢或与紫外线辐射相结合可大幅提高氧化速率（见 18.2.2.3）。Laplance 等人在 1984 年利用此项工艺组合对污水处理厂所排放的硫化氢和甲醇进行处理并完全去除，与次氯相比其药剂成本大幅降低。

18.3.3 芬顿氧化

在芬顿氧化工艺中，过氧化氢添加作为氧化剂。在芬顿氧化中自由基由添加的氧化剂所生成，与二价铁反应分解为羟基和自由基，根据下列方程式：

$$Fe^{2+} + H_2O_2 \rightarrow Fe^{3+} + OH^- + OH^\bullet$$

三价铁可以通过紫外光作用或以下反应生成二价铁：

$$Fe^{3+} + H_2O_2 \rightarrow Fe\text{-}OOH^{2+} + H^+$$

$$Fe\text{-}OOH^{2+} \rightarrow HO_2^\bullet + Fe^{2+}$$

或

$$Fe^{3+} + HO_2^\bullet \rightarrow Fe^{2+} + O_2 + H^+$$

第一组反应的速率取决于三价铁离子浓度和 pH 值，因为这涉及酸碱平衡。后一组反应是清除反应，减少溶液中自由基的数量，在系统中必不可少。应注意的是 pH 值高于 4 时反应会产生更多的铁沉淀剂，酸性溶液限制了芬顿反应。在 pH 值为 3 时离解率达到最大。

产生自由基的降解反应与臭氧氧化中在自由基条件下发生的反应相当：脱氯及羟基化是主要反应。因此芬顿氧化工艺可被看作是臭氧氧化的补充。不同于化合物的臭氧氧化，芬顿氧化机制取决于可溶性化合物浓度且不受传质作用的阻碍。此外，通过降低 pH 值（反应介质的酸化）来降低碳酸盐的溶解度，可以避免碳酸盐自由基的清除。

芬顿工艺依赖于低催化浓度的铁（图 18.11），可在铁充足的情况下对地排水进行净化治理，添加铁盐来补充催化。芬顿反应过程中 UV 或可见光照射亦可用于废水处理。与常规芬顿试剂的反应相比，光芬顿法在有机化合物氧化反应中的效率更高，三价铁感光反应生成二价铁和羟基自由基。

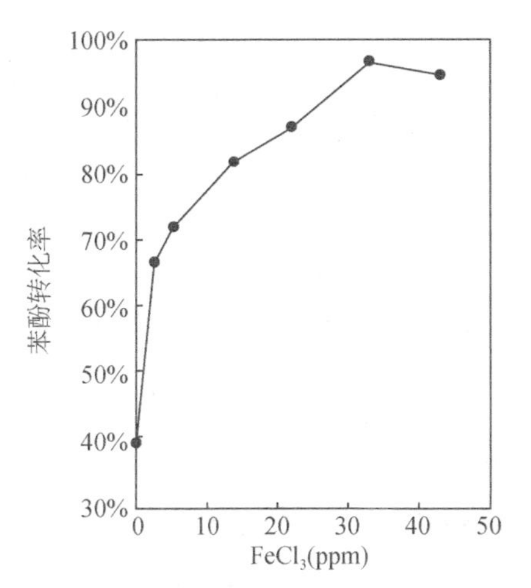

图 18.11　苯酚溶液的光解转化率与 $FeCl_3$ 浓度的关系。初始苯酚浓度：25 ppm，初始 pH 值：3.5，光照时间：10 分钟（Chen，1997）

18.3.4　废水的电子—空穴液滴与声降解

电空化涉及液体中气泡的形成和表现形式。通过在水相中直接施加电能而引起。脉冲驱动的等离子体放电形成电源，在水中产生脉冲或连续的超声波辐射（即声分解）。动力学和声致发光测试表明，近绝热过程中会产生极高的温度（$>$5 000 K）和压强（$>$100 atm）和短期内爆（$<$1 μs）发生在空化点。当充满气体和蒸汽脉冲的气泡崩塌时，气泡内或靠近气泡表面的分子就会碎裂，并在碎裂后溶于溶液，在气泡外（或内部）发生反应。在这种情况下，根据以下化学反应式，水和硫化氢分解为自由基：

$$H_2O \rightarrow H^{\cdot} + {}^{\cdot}OH$$

$$H_2S \rightarrow H^{\cdot} + {}^{\cdot}SH$$

$$CCl_4 \rightarrow Cl_3C^{\cdot} + {}^{\cdot}Cl$$

在这些自由基产生后，水相中的硫化氢和四氯化碳等污染物可氧化成硫酸根、氯离子和二氧化碳等最终产物。

18.3.5　硫化氢液相氧化还原工艺

硫化氢洗涤液的几种催化处理工艺已被证实，并在石油化工行业中得到了广泛的应用和发展。

18.3.5.1 钒基催化氧化

在钒的利用过程中，氢硫根被钒（V）催化氧化生成硫元素（S^0），随后被还原为钒（IV），详见下列化学反应：

$$4VO_3^- + 2HS^- + H_2O \rightarrow V_4O_9^{2-} + 2S^o + 4OH^-$$

在一个单独的反应器中，钒（IV）被溶解氧重新氧化回到钒（V）中：

$$V_4O_9^{2-} + O_2 + OH^- \rightarrow 4\ VO_3^- + H_2O$$

不同的化合物被应用于催化还原钒再生过程中氧的转移。Stretford 工艺使用蒽醌二磺酸（ADA），UNISOUF 工艺使用芳香磺酸盐。Stretford 工艺中不含硫化氢化合物（羰基硫，二硫化碳）的最终产物目前尚未发现。

18.3.5.2 铁基催化氧化

用于去除硫化氢的第二系列催化氧化过程依赖于铁的氧化还原反应。根据 Hardison（1985），硫化氢被铁离子氧化：

$$2\ Fe^{3+} + HS^- \rightarrow 2\ Fe^{2+} + S^o$$

在 Locat 反应中，总共使用 500ppm 铁离子浓度，其通过螯合剂乙二胺四乙酸（EDTA）在溶液中形成。SuferoxTM 法使用硝基三乙酸（NTA）保持铁离子的悬浮状态。硝基三乙酸还加速了二价铁与氧气的再氧化：

$$2\ Fe^{3+} + H_2S + NTA \rightarrow 2\ Fe^{2+}.NTA + S^0 + 2\ H^+$$

$$2\ Fe^{2+}.NTA + 2\ H^+ + 1/2\ O_2 \rightarrow 2\ Fe^{3+}.NTA + H_2O$$

18.3.5.3 其他氧化还原法

Plummer（1987）描述了硫化氢与对丁基蒽醌反应生成硫元素和相应对苯二酚的缓慢过程。氢醌通过催化脱氢和同时产生氢气被回收成蒽醌。

18.4 催化氧化法在公共卫生除臭中的应用

18.4.1 室内催化除臭系统

文献中使用金 / 铁氧化物催化剂氧化硫化氢和去除恶臭化合物。该催化剂涂覆在陶瓷纤维表面，具有广泛的应用前景。图 18.12 展示了将其加入厕所内，从而消除厕所内的臭味。

几种催化氧化技术的结合可应用于便携式空气净化装置，被称为 BENRAD。恶臭化合物通过臭氧氧化、催化和光解相结合被去除（图 18.13）。BENRAD 装置用于去除房间中的烟草异味，或去除卡车、列车车厢或船舱内的空气污染。可处理室内 150 m^3/h 的污染空气，净臭氧排放量为 1.8 mg/min。当专业人员进行操作时须清空室内人员，使用后对房间通风。

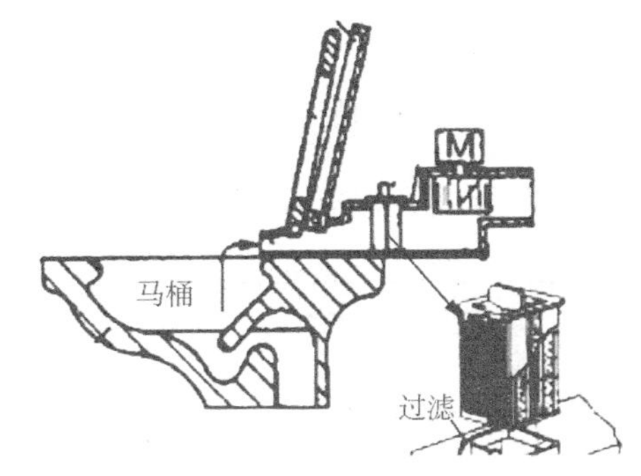

图 18.12　在冲厕内安装催化剂以消除异味的应用（Matsumoto et al.，1993）

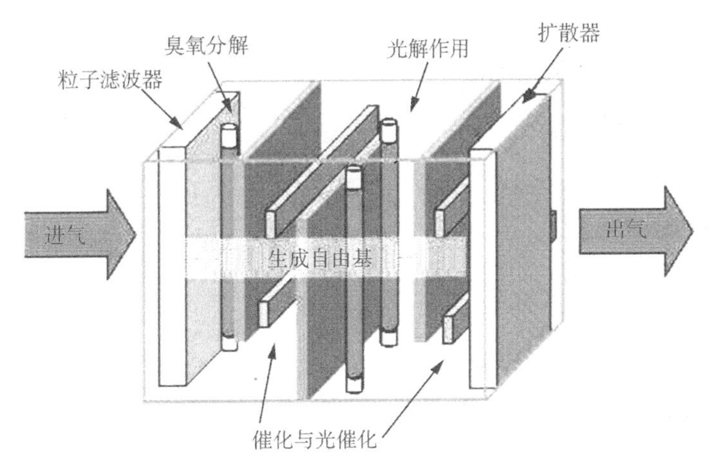

图 18.13　用于环境空气除臭的催化工艺组合（BENRAD，2000）

18.4.2　垃圾容器除臭

如何实现紫外线诱导臭氧形成，以减少餐厨垃圾和易腐烂垃圾容器内的恶臭气体。实验中通过安装 UV 灯，研究蔬菜、水果、园艺垃圾在腐烂中产生的恶臭气体的处理效果。

5 瓦 UV 灯的间歇操作导致在这些容器中存储的两周内通过电子鼻测量的臭气浓度降低 85%。在四次测试中，紫外线处理的样本在五人小组的感官测试后全部达标，实验对照组的恶臭则非常严重。

18.4.2 排水管线及污水厂的恶臭处理

表 18.6 汇总了悉尼某污水泵站的恶臭气体催化焚烧的研究结果。这些恶臭气体富含低浓度甲烷。在铂催化剂和 0.31 s 停留时间的基础上进行了详细的动力学研究，0.31 s 的停留时间足以去除硫化氢。运行两年之后，催化剂无失去活性的迹象，只需将低碳钢套更换为不锈钢材料。

表 18.6 使用 Pt– 单块催化剂（操作温度：673K）催化焚烧来自悉尼污水泵站的恶臭气体（Lee et al.，1999）

化合物	平均进气浓度（ppm）	平均出气浓度（ppm）
H_2S	<30	0.56
RSH	<1	0.09
VOC	<2	0.20
CH_4	<1	0.10
脂肪酸	微量	0.10

文献报道采用紫外线和臭氧联合工艺处理污水厂恶臭气体，可大幅降低周边居民的投诉数量（详见图 18.14）。臭氧的单独应用无法彻底消除恶臭气体，但是增强的 UV 光解能够降解 98% 的进气流中的硫化氢浓度（流入浓度约 500 ppm）。UV 灯安装在通风系统中穿过气流，而臭氧产生灯组件位于将臭氧引入到增压室的接收仓。

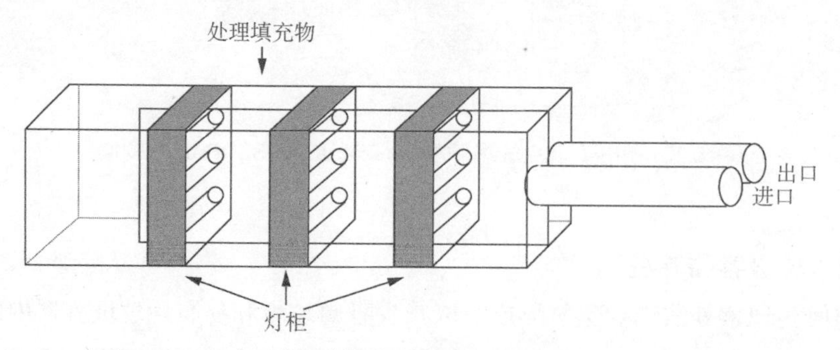

图 18.14 污水厂臭氧除臭装置截面图（McClean et al.，1999）

18.5 参考文献

Adib, F., Bagreev, A. and Bandosz, T. J. (2000a) Adsorption/oxidation of hydrogen sulfide on ntrogen-containing activated carbons. *Langmuir* **16** (4), 1980-1986.

Adib, F., Bagreev, A. and Bandosz, T. J. (2000b) Analysis of the relationship between H_2S removal capacity and surface properties of unimpregnated activated carbons. *Environ. Sci. and Technol.* **34** (4). 686-692.

Anderson, R. (1984) Sewage treatment processes: the solution to the odour problem. Characterization and control of odoriferous pollutants in process industries: 471-496. Vigneron, S., Hermia, J. and Chaouki, J. Elsevier Science B.V., Amsterdam, NL.

Andreev, A., Khristov, P. and Losev, A. (1996a) Catalytic oxidation ofulf, de ions over nickel hydroxides. *Applied Carafrm B: Environmental* **7** (3-4), 225-235.

Andreev, A., Prahov, L., Gabrovska, M., Eliyas, A. and lvanova, V. (1996b) Catalytic oxidation of sulphidc ions to elementary sulphur in aqueous solutions over transition metal oxides. *Applied Catalysis B: Environmental* **8**(4), 365-373.

Aplin, R. and Waite, T. D. (1999). Comparison of three Advanced Oxidation Processes for Degradation of Textile Dyes. *Proc. IAWQ Int. Speciaiised Conf of the Chemical Industry Group - Waste Minimisatlon and End of Pipe Treatment in Chemical and Petrochemical Industries*, Merida, Mexico. November 14-18, 1999.

Bahnemann, D., Bousselni, L., Freudenhaminer, H., Ghrabi, A., Geisscn, S.-U., Siemon, U., Salch, F., Si-Salah, A. and Vogelpohl, A. (1996). Detoxification and recycling of wastewater by solar-catalytic treatment. *Proc. International Conference on Oxidation Technologies for Water and Wasiewater Treasnient*. Clausthal. Germany. May 12-15.

Benoit Marquic, F., Wilkenhoner, U., Simon, V., Braun, A. M., Oliveros, E. and Maurette, M. T. (2000) VOC photodcgmdation at the gas.sohd interface of a TiO_2 photocatalyst - Part I: 1-bucanol and 1-butylamine. *J. Photochemisirv Photobiology A: Chemistry* **132** (3). 225.232.

BENRAD (2000) http://www.benrad.se/.

Boncz, M. A., Rulkens, W. H., Bruning, H. and Sudhôlter, E. J. R. (1997). The effect ohf hydrogen peroxide on the oxidation of chlorophcriok with ozonc, *Proc. 4th International Conference on Advanced Oxidation Technologies*, Orlando, Florida, USA, Sept. 23-26, 1997.

Bond, G. C. (1987) Heterogenous catalysis: pnnciples and application. Oxford University Press, Oxford.

Borgareflo, E., Serpone, N., Liska, P., Erbs, W., Graetzel, M. and Pclizsetti, E. (1985) Photocicavage of hydrogen suiphide in alkaline aqueous media with RuO_2-Ioadcd CdS catalyst supported on a polycarbonatc matrix. *Gazetta Chimica Italianu* **115**, 559-602.

Cant, N. W. and Cole, J. R. (1992) Photocatalysis of the reaction between ammonia and nitric acid on TiO_2-surfaces. *J. Catalysis* **134**, 317-330.

Cha, S., Chuang, K. T., Liu, D. H. F., Ramachandran, G., Reist, P. C. and Sanger, A. R. (2000) Pollutants: minimization and control. In: *Air Pollution*, (D. H.F. Liu and B. G. Lipak, eds.), Lewis Publishers. Boca Raton, pp. 107-180.

Chen, J. (1997) Advanced Oxidation Technologies-Phoiocatalytic Treatment of Wastewater. Environmcntal Technology. *Wagerisngen, NL.*, Wagcningen Agricultural University: 223.

Chou, T. C., Lin, T. Y., Hwang, B. J. and Wang, C. C. (1986) Selective removal of H_2S from biogas by a packed silica gel adsorber tower. *Biotech. Prog.* **2**, 203-209.

Chu, H. and Lee, W. T. (1998) The effect of sulfur poisoning of dimcthyl disulfide on the catalytic incineration oscr a Pt/Al_2O_3 catalyst. *Science of the Total Environment* **209** (2-3), 217-224.

Chu, H. and Wu, L. W. (1998) The catalytic incineration of ethyl mercaptan over a MnO/Fe_2O_3 catalyst. *J. Environ. Sct Health pan A: Toxic and Hawrdous Substances and Environmental Engineering* **33** (6), 1119-1148.

Chun, S. W., Jang, J. Y., Park, D. W., WOO, H. C. and Chung, J. S. (1998) Selective oxidation of H_2S to elemental sulfur over TiO_2/SiO_2 catalysts. *Applied Catalysis B: Environmental* **16** (3), 235-243.

Cramanuc, R., Mann, G., Martin, D., Cramariuc, B., Teodorescu, I., Munteanu, V. and Ohiuta, V. (2000) Contribution to electrical discharge electron beam system for flue gas cleaning method. Radiation Physics and Chemissiy **57** (3-6), 501-505.

Cncgec, R. (1975) Mechanismus der Ozonolyse. *Angewandie Chenile* **87** (21), 765-771.

Decoret, C., Royer. J., Legube, B. and Doré, M. (1984) Experimental and theoretical studies of the mechanism of the initial attack of ozone on some aromatics in aqueous medium. *Environ. Technol. Len.* **5**, 207.

Doi, Y., Nakanishi, I. and Konno, Y. (2000) Operational experience of a commercial scale plant of electron beam purification of flue gas. *Radiation Physics and Chemistiy* **57** (3-6), 495-499,

Giorno, L. and Dnoli, E. (2000) Biocatalytic membrane reactors: applications and perspectives. *TIBTECH* **18**, 339-349.

Glaze, W. H. (1987) Drinking waier treatment with ozone. Etwiron. Sci. and TechnoL **21**, 224.

Gonzalez Velasco, J. R., Aranzabal, A., Lopez Fonscca, R., Ferret, R. and Gonzalez Marcos, J. A. (2000) Enhancement of the catalytic oxidation of hydrogen-lean chlorinated VOCs in the presence of hydrogen-supplying compounds. *Applied Catalysis B: Envrrnnienial 24* (1), 33-43.

Chould, J. P. (1987) Correlations between chemical structure and ozonation kinetics: preliminary observations. *Ozone Sci. Engin*, **9**. 207-216.

Guillard, C., Delprat, H., Can, H.-V. and Pichat, P. (1993) Laboratory studes of the rates and products of the phototransformations of naphtalcnc adsorbed on samples of titanium dioxide, ferric oxide, muscovite and fly ash. *J. Atmos. Chem.* **16**, 47-59.

Gulyas, H., Bismarck, R. v. and Hemmerling, L. (1995) Treatment of industrial wastewaters with ozone/hydrogen peroxide. *Water Sci. Technol.* **32**, 127.

Hardison, L. C. (1985) Go from H_2S to Sin one unit. *Hydrocarbon Process* **73**, 70-71.

Hirota, K., Makela, J. and Tokunaga, O. (1996) Reactions of sulfur dioxide with ammonia: Dependence on oxygen and nitric oxide, *Indust. Engin. Chem. Res.* **35** (10), 3362-3368.

Hoigné, J. (I 998) Chemistry of Aqueous Ozone and Transformation of Pollutants by Ozonation and Advanced Oxidation Processes. The Handbook of Environmental Chemistry. 5: 83-141. Hrubec, J. Springer Verlag, Berlin, Germany.

Hoigné, J. and Bader, H. (1976) The role of hydroxyl radical reactions in ozonation Processes in Aqueous Solutions. *Water Res*. **10**, 377-386.

Hwang, Y., Maisuo, T., Hanaki, K. and Suzuki, N. (1994) Removal of odorous compounds in wastewater by using activated carbon, ozonation and aerated biofilter. *Water Res*. **28** (11), 2309-2319.

Iliev, V., Prahov, L., Bilyarska, L, Fischer, H., Schulz Ekloff, G., Wohrle, D. and Petrov, L. (2000) Oxidation and pl'iotooxidation of sulfide and thiosulfate ions catalyzed by transition metal chalcogenides and phthalocyanine complexes. *J. Molecular Catalysis A: Chemical* **151** (1-2), 161-169.

Isaksson, M., Li, J. and Soremark, R. (2001) An ad'anced oxidation technology combining UV. ozone and catalysts for decontamination of water. *Water Sci. Technol.* in press.

Jagushle, M. V. and Mabajani, V. V. (1999) Insight into spent caustic treatment: on wet ozidation of thiosulfate to sulfate. *J. Chem. Tech. Bioiech*, **74** (5), 437-444,

Kamei, O. and Ohrnoio, H, (2000) The kinetics of reactions bctwccn pynte and O_2-bearing water revealed from in situ monitoring of DO, Eh and pH in a closed system. *Gochimica et Cosniochimica Acta* **64** (15), 2585-2601.

Kiare, M., Scheen, J., Vogclsang, K., Jacobs, H. and Broekaen, J. A. C. (2000) Degradation of short-chain alkyl- and alkanolamines by TiO2- and Pt/TiO2-assistcd phoocatalysis. *Chemosphere* **41** (3), 353-362.

Kotronarou, A., Mills, G. and Hoffmann, M. R. (1991) Ultrasonic irradiation of pnirophcnol in aqueous solution. *J. Physical Chem.* **95**, 3630.

Kotronarou, A., Mills, G. and HotTmann, M. R. (1992a) Decomposition of parathion in aqeous solution by ultrasonic irradiation. *Environ. Sci. Technol.* **26**, 1469.

Kotronarou, A., Mills, G. and HofTmann, M. R. (1992b) Ultrasonic irradiation of hydrogen sulfide in aqeous solution. *Environ, Sci, Technol*. **25**, 2940.

Kuo, C. H., Zhong, L., Wang, J. and Zappi. M. E. (1997) Vapor and liquid phase ozonation of benzene. *Ozone Sci, Engln*. **19** (2), 109-117.

Laplanche, A., Bonnin, C. and Darmon, D. (1984) Comparative study of odors removal in a wastcwatcr treatment plant by wet scrubbing and oxidation by chlorine or ozone. In: *Characierisation and Control of Odoriferous Pollutunix in Prrwess Industries*, (Vigneron, S., Hermia, J. and Chaouki, J. eds.) Elievier Science B.V., Amsterdam, pp. 277-294.

Lee, J. H., Tnmm, D. and Cant, N. W. (1999) The catalytic combustion of methane and hydrogen sulphide. *Catalysis Today* **47** (1-4), 353-357.

Lens, P. N. L., Visser, A., Janssen, A. J. H., Pol, L. W. H. and Lettinga. G. (1998)

Biotechnological trcatmcnt of sulfate-rich wastewalers. *Critical Reviews in Environ. Sci. Technol.* **28** (l), 41-88.

Li, K. T. and Shyu, N. S. (1997) Catalytic oxidation of hydrogen sulfide to sulfur on vanadium antimonale. *Ind. Engin. Chem. Res.* **36** (5), 1480-1484.

Lou, J. C. and Chen, C. L. (1995) Destruction of butanone and toluene with catalytic incineration. *Hazardous Waste & Hazardous Materials* **12** (1), 37-49.

Magara, K., Ikeda, T., Tomimura, Y. and Hosoya, S. (1998) Accelerated degradation of cellulose in the presence of lignin during ozone bleaching. *J. Pulp Paper Sci.* **24** (8), 264-268.

Makaly-Biey, E. M. and Verstraetc, W. (1999) The use of a UV lamp for control of odour decomposition of kitchen and vegetable waste. *Environ. Technol.* **20** (3), 331- 335.

Manizavinos, D., Hcllenbrand, R., Livingston, A. G. and Mctcalfe, I. S. (1996). Reaction mechanisms and kinetics of chemical pretreatment of bioresistant organic molecules by wet air oxidation. *Proc. International Conference on Oxsdai'ion Technologies for Water and Wastewaier Treatment*, Clausthal, Germany, May 12-15.

Matsumoto, T., Tabata, K. and Maki, M. (1993) Catalytic composite for deodorizing gases and a method for preparaling the same. US Patent no.: 5266543.

Maizing, H., Bauniann, W. and Piur, H. R. (1996) Chemistry of the electron beam process and its application to emission control. *Pure and Applied Chem.* **68** (5), 1089-1092.

McClean, J. C., Hamilton, D. J. and Clark, N. (1999). Odour abarement using enhanced UV phoolysis: a new application for a proven technology. *Proc. CIWEM and IAWQ conference on Control and prevention of odours in the waler industry*, London, UK, September 1999.

McNeillic, A. (1984) The use of hydrogen peroxide for odour control. Characterization and control of odonferous pollutants in process industries. (Vigneron, S., Hermia, J. and Chaouki, J., eds.) Elsevier Science B.V., Amsterdam, pp.: 471-496.

Meeyoo, V., Adesina, A. A. and Foulds, G. (1995) The H_2S decomposition activity of supported MoS_2, catalysts prepared via PFHS method. *Reaction Kinetics and Catalysis Letters* **56** (2), 231-240.

Meeyoo, V., Lee, J. H., Trimm, D. L. and Cant, N. W. (1998) Hydrogen sulphide emission control by combined adsorption and catalytic combustion. *Catalysis Today* **44** (1-4), 67-72.

Mozzanega, H., Hcrrmann, J. M. and Pichat, P. (1979) Ammonia oxidation over UV-rradiated TiO_2 at room temperature. *J. Physical Chem.* **83** (17), 2251-2255.

Nakajima, F. (1991) Air pollution control with catalysis - Past, present and future. *Catalysis Today* **10**, 1.

Namba, H., Hashimoto, S., Tokunaga, O. and Suzuki, R. (1998) Electron beam treatment of lignite-burning flue gas with high concentrations of sulfur dioxide and water. *Radiation Physics and Chemistry* **53** (6), 673-681.

Neta, P., Huic, R. E. and Ross, A. H. (1988) Rate Constants for Reactions of Inorganic Radicals in Aqueous Solution. *J. Physical Chemical Reference Data* **17** (3), 3027-1262.

Neumann, D. W. (1984) Oxidative absorption of H_2S and O_2 by iron chelate solutions. *American Institute of Chemical Engineering Journal* **30**, 62-69.

Noguchi, T., Hashimoto, K. and Fujishima, A. (1996). Dependence of product distribution on TiO_2 surfce characteristics: photocatalytic decomposition of gaseous acctaldehyde. In: *proceedings of the 2nd International Conference on TiO_2 Photocaialvtic Punjication and Treatment of Air and Water*, Cincinnati, OH, USA. October 26-29.

Paillard, H. and Blondeau, F. (1988) Lcs nuisances olfactives en assainissemcnt: causes et rcmêdcs. *T.S.M. L'eau* **2**, 79-88.

Pan, T. M., Shimoda, K., Cai, Y., Kiuchi, Y., Nakama, K., Akimoto, T., Nagashima, Y., Kai, M., Ohira, M., Saegusa, J., Kuhara, T. and Maejima., K. (1995) Deodorization of laboratory animal facilities by ozone. *E.rpenmental Animals* **44** (3), 255-259.

Pandcy, R. A. and Malbotra, S. (1999) Dcsulfurization of gaseous fuels with recovery of elemental sulfur: An overview. *Critical Reviews In Environmental Science and Technology* **29** (3), 229-268.

Park, D. W., Chun, S. W., Jang, J. Y., Kim, H. S., Woo, H. C. and Chung. J. S. (1998) Selective removal of H_2S from coke oven gas. *Catalysis Today* **44** (1-4), 73-79.

Pctricr, C., Jeunet, A., Luche, J. and Revcrdy. G. (1992a) Unexpected frequency effects on the rate of oxidative processes induced by ultrasound. *Journal of she American Chemical Society* **114**, 3148-3150.

Peirier, C., Micolle, M., Merlin. G., Luche, J. L. and Reverdy, G. (1992b) Characteristics of pcniachlorophcnate degradation in aqueous solution by means of ultrasound. *Environ. Sci. Technol.* **26** (8), 1639-1642.

Peyton, G. R. (3990) Oxidative treatment methods for removal of organic compounds from drinking water supplies. *Signficance and Treatment of Volatile Organic Compounds in Water Supplies* (N.M. Ram, R.F. Christman and K.P. Cantor, eds.) pp. 313-362, Lewis Publishers.

Pichat, P., Hemnann, J. M., Courbon, H., Dsdicr, J. arid Mozzancga, M. N. (1982) Pbotocatalytic oxidation of various compounds over TiO_2 and othcr semconductor oudes: mechanistic considerations, *Canadian Journal ofciwn.scaJ Engineering* **60**. 27-32.

Pignatello, J. J. (1992) Dark and photoassisted Fe^{3+} caalyzed degradation of chlorophenoxyherbicidcs by hydrogen peroxide. *Environ. Sci. Techsol.* **26**, 944.

Plununcr, M. A. (1987) Sulfur and hydrogen from H_2S. *Hdrocarbon Process* **75**, 38-40.

Pzepionki, J. and Oya, A. (1998) K_2CO_3-lodnd deodonzing activated carbon fibre against H_2S gas: Factct influencing the detxkxizing efficiency arid the neraton method. *J. Mawrrals Science Letters* **17** (8), 679-682.

Przepionki, J., Yoshida, S. and Oya, A. (1999) Structure of K_2CO_3-loaded activated carbon fiber and its dcodoriration ability against H_2S gas. *Carbon* **37** (12), 1881-1890.

Ravrndranathan Thampi, K., Ruterana, P. and Craetzel, M. (1990) Low temcrature themal and photoactnation of TiO_2-supported Ru, Rh and Cu catalyst for CO-NO reachon. *Journal of Casalysis* **126**, 572.590.

Read, H. W., Fu, X. Z., Clark, L. A., Anderson, M. A. and Jarosch, T. (1996) Field trials of a TiO_2 pellet-based photocatalylic reactor for off-gas treatment at a soil vapor extraction well. *J. Soil Contamination* **5** (2), 187-202.

Reij, M. W., Keurentjcs, J. T. F. and Hartiuans, S. (1998) Membrane bioreactors for waste gas treatment. *J. Biotechnol.* **59** (3), 155-167.

Sabaté Cervera-March, J. S., Simano, R., Liska, P., Erbs, W., Grätzel, M. and Pclizzctti, E. (1990) Photocatalytic production of hydrogen from sulfide and sulfite waste streams. *Chem. Engin. Sci.* **45** (10), 3089-3096.

Sanerfield, C. N. (1991) *Heterogeneous Caraicis in Practice*. McGraw-Hill, New York, NY, USA.

Shen, Y. S. and Ku, Y. (1997) Treatment of gas-phase trichloroethene in air by the UV/O_3 process. *J. Hazardous Materials* **54** (3), 189-200.

Shcn, Y. S. and Ku, Y. (1999) Treatment of gas-phase volatile organic compounds (VOCs) by the UV/O_3 process. *Chemosphere* **38** (8), 1855-1866.

Siebert, P. C., Meardon, K. R. and Seme, J. C. (1984) Emission controls in polymer production. *Chem. Engin. Prog.*, 86-176.

Sinquin, G., Hindemiann, J. P., Petit, C. and Kiennemann, A. (1999) Perovskites as polyvalent catalysts for total destruction of C-1, C-2 and aromatic chlorinated volatile organic compounds. *Catalm Today* **54** (1), 107-118.

Smet, E. and Van Langenhove, H. (1998) Abatement of volatile organic sulfur compounds in odorous emissions from the bio-industry. *Biodegradation* **9** (3-4), 273-284.

Snape, T. H. (1977) Catalytic oxidation of pollutants from ink dxying ovens. *Plating Meval Review* **21** (3), 90-91.

Sokolovskii, V. D. (1990) Principles of oxidative catalysis on solid oxides. *Critical Revrews in Science and Engineering* **32**, 1.

Stachelin, J. (1983) Ozonzerfhll in Wasser: kinetiek der initiierung durch OH^- ionen und H_2O_2 sowie der folgereactionen der OH und O_2^- radicale. Zurich, Switzerland, ETH: 157.

Staehelin, J. and Hoigné, J. (1985) Decomposition of Ozone in water in the presence of organic solutes acting as promoters and inhibitors of radical chain reactions. *Environ. Sci. Technol.* **19**. 1206.

Suzuki, K. I., Shigeyyki, S. and Takashi, Y. (1991) Photocatalytic deodorization (oxidation of organ ics) on TiO_2 coated, supported on honeycomb ceramics. *Denki Kagau* **59** (6), 521-523.

Tanada, S., Boki, K., Kita, T. and Sakaguchi, K. (1982) Adsorption behavior of hydrogen sulfide inside micropores of Molecular Sieve Carbon 5A and Molecular sieve Zeolite 5A. *Bulletin of Enronrnenial Contamination and To.rlcolog* **29** (5), 624-629.

Taylor, S. H., Heneghen, C. S., Hutchings, G. J. and Hudson, I. D. (2000) The activity and mechanism of uranium oxide catalysts for the oxidative destruction of volatile organic compounds. *Casalim Today* **59** (3-4), 249-259.

Taylor, S. H. and O'Leary, S. R. (2000) A study of uranium oxide based catalysts for the oxidative destruction of short chain alkancs. *Applied Catalysis B: Environmental* **25** (2-3). 137-149.

Thornton, E. C. and Amonefle, J. E. (1999) Hydrogen sulflde gas treatment of Cr(VI)-contaminated sediment samples from a plairng-waste disposal site - Implications for in-situ remediation. *Environ. Sci. Technol.* **33** (22), 4096-4101.

USEPA (1987) A coaçendium of technologies used in the treatment of hazardous wastes. *Cincinnati, OH, USA.* U.S. Environmental Proection Agency. Center for Environmental Research Infocmagoa.

Van Durme, G. P., McNamara, B. F. and McGinlcy, C. M. (1992) Bench-scale removal of odor and volatile organic conounds at a composting 6cihty. *Water Res.* **64** (1). 19-27.

Wang, J. B. and Cbou. M. S. (2000) Kinetics of catalytic oxidation of benzcne, n-hexane, and emission gas from a refinery oilJwater separator over a chromium oxide catalyst. *J. Air Waste Manag. Assoc.* **50** (2), 227-233.

Weiss, J. (1935) The radical HO_2, in Solution. *Transactions of tie Faraday Society* **31**, 668.

Yeh, C. K. and Novak, 3. T. (1995) The effect of hydrogen peroxide on the degradation of methyl and ethyl tert-butyl ether in soils. *Waler Environ. Res.* **67**, 828.

第19章
生物除臭

赫尔曼·范·兰根霍夫（Herman Van Langenhove）
巴特·德·海德尔（Bart De heyder）

19.1 引言

自古以来，污水和污水处理就与臭气污染密切相关。古罗马建造马克西玛排水管道的原因之一就是规避恶臭。法国科学家巴斯德发现微生物、传染病与生物降解之间的关联后，污水处理在卫生健康领域的重要性愈加突显。

污水中的恶臭污染物主要有两个来源：污染物的厌氧分解和特定污染物质的直接排放。厌氧条件下的微生物活动是生活污水最主要的恶臭来源，特定污染物带来的臭气污染在工业污水排放中占主导地位。工业废水所产生的恶臭问题较为复杂，在此不做论述，本章重点关注生活污水的恶臭来源。

污水在收集和输送过程中形成的厌氧环境，提供了微生物分解污水中底物生成恶臭气体的必要条件，恶臭污染物的产生取决于底物、pH 值和氧化还原电位。硫酸盐的还原产物硫化氢，是污水处理中最常见的恶臭污染物。在特定条件下，硫化氢排放浓度与臭气浓度之间存在非常高的关联性（详见第 6 章）。硫化氢、二甲基硫化物和二甲基低聚硫化物，此类含硫恶臭物质在污水处理过程中造成了严重的臭气污染。挥发性有机化合物（VOCs），例如脂肪族和芳香族烃、氯化烃（如四氯乙烯、二氯苯）、醛和酮是另一类在污水厂内广泛存在的恶臭污染物。与含硫化合物的嗅觉阈值相比，VOCs 的阈值相对较高，对污水厂内臭气浓度的叠加效果有限。因此，污水处理过程中的主要恶臭污染物为硫化氢和含硫有机化合物，VOCs 属于次要恶臭污染物。

污水处理过程中相关的硫化合物是自然界硫循环的一部分。在这个循环中，硫化物还原性最强，硫酸盐是最易氧化的物种。Bruser 等人在 2000 年概述了硫循环中的生物机理。在特定条件下，含硫化合物可通过生化过程转换为不同种类的含硫物质。早在 1923 年，科学家就已探讨了生物过滤控制污水处理厂硫化氢的排放。

本章将讨论生物除臭的基本原理及相关适用性。

19.2　反应器类型

目前有三种主流生物除臭反应器：生物洗涤、生物滴滤和生物滤池。图 19.1 为不同类型反应器的工艺简图。图 19.2 为生物滤池的实际应用案例。

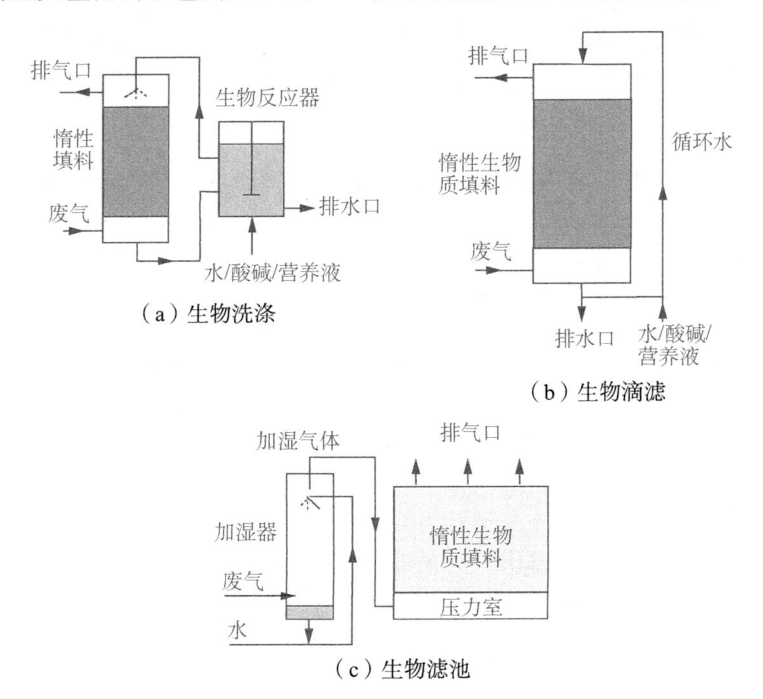

图 19.1　主流生物除臭反应器工艺简图

图 19.2 比利时德尔纳污水厂生物滤池

在生物洗涤塔中，污染物首先在吸附塔中被液相吸附，后将污染物吸附之水输送至活性污泥池进行处理。活性污泥池的出水以顺流或逆流的形式在吸附塔中循环使用。活性污泥池通过微生物来降解已溶于水的恶臭污染物。

在生物滴滤池中，恶臭气体首先进入含化学惰性载体材料的填料床。填料上所定植微生物与污水处理中的滴滤床工艺相似，液态培养基在填料床上循环。污染物首先被载体上的生物膜吸收，后由生物膜中的微生物降解。液态培养基可连续或间歇性循环，针对进气流顺流或逆流循环。

在生物滤池中，进气流首先经过加湿，后通过填料床。生物膜附着在有机载体填料上（堆肥、泥炭、树皮或这些物质的混合物）。污染物被滤料吸附后被生物膜降解。

19.3 基本工艺原理

在所有生物除臭反应器中，有两个主要过程：首先，污染物从气相转移到液体介质或生物膜，再由微生物对转移后的污染物进行降解。不同的物理、化学和生物机制的结合生成了一个复杂的系统。系统的基本特征仍难以量化（例如混合动力学、有机介质中的吸附、反应器中的气流模式等）。通常除臭系统的设计和运行以工程经验为基础。下文将进一步说明传质和生物降解机制的机理和复杂性。请参考最新生物除臭技术动态文献以掌握研究进展。

19.3.1　质量传递

吸附、扩散和对流等过程会影响气态污染物向微生物的物理迁移。根据不同反应器类型，这些质量传递过程可经过以下阶段：气态、液态、生物膜、惰性固体基质、非活性有机物等。

在生物洗涤装置中，恶臭物质必须溶于水，所以此项技术仅适用于高度水溶性的恶臭物质。生物滴滤装置也需满足相同的适用条件，但生物洗涤塔相比之下较为宽松。生物滴滤池的间歇滴滤可以提高对水溶性化合物的去除效率。在生物滤池中，有机载体材料的非极性部分促进了较低水溶性化合物的吸附和生物降解。m 用来表示污染物在气相和液相之间的分配均衡，表 19.1 描述了气水分配系数 m 与不同类型生物除臭反应器的适用性。

表 19.1　气水分配系数 m 在生物洗涤塔、生物滴滤池和生物滤池中的适用性（Van Groenestijin and Hesselink，1993）

反应器概念	[a]m（mol/m^3）^{air}/（mol/m^3）^{water}
生物洗涤塔	＜0.01
生物滴滤池	＜1
生物滤池	最大 10

[a]m=C_g/C_l 均衡值，C_g= 气相化合物浓度，C_l= 液相化合物浓度

在文献中可以找到气 / 水分配系数。但数据仅限于纯水系统，气 / 水的分配可能受到水中盐分和有机物的影响。

分配系数 m 描述的是均衡状态，不提供关于转移速率的信息。在气相和液相以及生物膜内的传输过程都是以固定速率进行的。在生物膜反应器（生物滤池和生物滤池）中，传质机理在微观上非常复杂。通过显微镜对全生物膜水合部分的观察揭示了重要的异质性，传输通道从生物膜的气-液界面延伸到惰性固体基质。这些通道明显增强了污染物和氧气的可利用性。De Beer 等在 1994 年对潜入式生物膜的研究结果显示，空隙和通道所提供的氧大约占氧转移总量的 50%。在生物除臭等非均质系统中，传质过程的详细情况目前仍未知。

在生物膜介质对气体污染物的物理吸附也是重要的除臭机制。这种吸附可

能发生在水相、固体基质表面或固体基质内部。填料表面的吸附是一种快速、可逆的过程。由于污染物在有机聚合物中的扩散系数较低，渗透速度相比表面吸附较慢。微生物可将吸附污染物转化后储存以便不时之需。Smet 等在 1996 年发现了二甲基硫化物吸附到树皮、泥炭和堆肥的有机部分中是缓慢的动力过程（平衡时间＞14 天）。DeShuses 于 1997 年在生物过滤器出口处测定二氧化碳含量发现，将丙酮、1- 丙醇和甲基异丁基酮吸附在填料上后，在 2～5 小时内经微生物降解生成二氧化碳。

19.3.2 生物降解

生物降解是微生物新陈代谢的产物，由酶作为生物催化剂所催化的生化反应被称为酶促反应。微生物细胞通过这些反应弥补饥饿和腐烂等状态下所造成的活性损失。

表 19.2 罗列了在除臭反应器中，利于微生物活性增长的物理化学条件。通过对臭气进行预加湿、微生物配给药营养物、校正 pH 值等方法可确保除臭设备在使用期限内的处理效果。

表 19.2 反应器内保持微生物活性的最佳条件

	参数	最佳区间
温度	在达到极限温度之前，微生物的反应速率大约每升高 10 K 而加倍生长	288～303 K
pH	大多数微生物不能耐受高于 9.5 或低于 4.0 的 pH 值。尽管有例外，如硫化细菌	6.5～7.5
含水率	液态水的可利用性对所有生化过程都是必不可少的。这种有效性表示为填料的含水率，即空气在平衡状态下填料的相对湿度除以因子 100	0.95～1
氧气	大多数污染物以氧气作为氧化剂进行生物降解。微生物好氧活性的临界氧浓度在 0.1～1.6 mg/L 范围内（Bailey and Ollis，1986）。在环境条件下，氧气在水溶液中的溶解度为 8～10 mg/L，但在生物废气处理条件下，其他电子受体的生物降解反应同样存在，例如使用硝酸盐	1～2 mg/L
营养物质	N、P 和 K、Ca、Mg 等无机微量元素对微生物细胞的合成起着至关重要的作用。微生物质量的重量比约为 C∶N∶P∶K=50∶10∶4∶1。经过处理，大约一半的碳源被同化为生物量，而另一半则被吸入二氧化碳	C∶N∶P∶K 100∶10∶4∶1

污水处理衍生的恶臭污染物源自微生物的新陈代谢，这预示着恶臭物质有较高的生物可降解性。米氏方程（Michaelis-Menten equation）是一个酶促反应的起始速度与底物浓度关系的速度方程式（19.1）：

$$R = R_{max}\ C_l/(C_l+K_s) \qquad (19.1)$$

式中：

R= 生物降解速率；

R_{max}= 最大生物降解速率；

C_l= 液体中化合物浓度；

K_s= 化合物亲和常数。

为了保持足够的生物降解能力，重要的是化合物浓度 C_l 高于化合物亲和常数 K_s。如果低于 K_s 的平衡气体浓度，则无法满足设计排放浓度。

文献报道主流生物除臭技术都集中在对单一恶臭气体的处理。实际上臭气染污是包含多组分恶臭污染物的集合。多种污染物会导致工艺处理效果的下降。Smet 等人于 1997 年发现，在进气中加入异丁醛可抑制生物滤池对二甲基硫化物的去除。Deshuses 在 1997 年报告了 1- 丙醇、甲基异丁基酮和丙酮对堆肥生物滤池的抑制作用。但是多种污染物的并存也会产生积极效果例如共代谢。共代谢，是指微生物从其他底物获取大部分或全部碳源和能源后将同一介质中的有机化合物降解的过程。在有其他碳源和能源存在的条件下，微生物酶活性增强，降解非生长基质效率更高。

生物除臭装置的运行过程中，污染物和反应器物理化学条件的自然选择产生了最适应的微生物群落。而人们对于生物除臭技术中微生物群落的组成和变化以及性能的影响却知之甚少。Webster 等人在 1997 年研究了实验室规模的生物滤池，发现需要数百天才能达到稳定的微生物生存条件，稳定后仅可去除低浓度的硫化氢和有机物。生物滤池内 pH 值的缓慢变化对低浓度硫化氢和有机物的去除率有显著影响，生物滤池 pH 值的缓慢变化是需要长时间才能稳定运行的原因之一。De Castro 等人在 1996 年研究处理 α－蒎烯的生物滤池结果显示，接种量和滤层高度的不同对达到稳定运行的时间存在巨大影响。若微生物群落无法被常用接种肥料或活性污泥快速驯化，可从相同除臭反应器系统内直接接种所需种类菌群加快系统稳定。Smet 等人于 1996 年在土壤内采集二甲基硫化物富集培养物，对实验室内的生物滤池进行接种，大幅增加了二甲基硫化物的处理浓度，从初始的 10 g/m^3/ d 提高到 35 $g/m^3/d$。

19.4　设计和运行参数

生物除臭装置的设计和运行可用若干参数来描述。表 19.3 描述了特定工艺设计和运行的主要参数。表 19.4 定义了最重要的运行和设计参数。

表 19.3 设计和运行基本参数

参数	单位	含义
$C_{g,e}$	mol/m^3	排气口污染物浓度
$C_{g,i}$	mol/m^3	进气口污染物浓度
H_r	m	反应器高度
Q_g	m^3/s	气体流速
S_r	m^2	反应器截面积
V_r	m^3	反应器体积
θ	-	反应器孔隙率

表 19.4 最重要的设计和运行参数

内容和公式	单位	含义
$\tau=V_r/Q_g$	s	理论停留时间（τ）
$\tau_\theta=\theta_\tau$	s	实际停留时间（τ_θ）
$v_s=Q_g/S$	m/s	上升气体流速（V_g）
$L_v=Q_g/V_r$	L/s	容积负荷（L_v）
$L_{M,S}=Q_gC_{g,i}/S_r$	kg/m^{2}s	质量负荷（$L_{M,S}$ 或 $L_{M,V}$）
$L_{M,V}=Q_gC_{g,i}/V_r$	kg/m^{3}s	进气污染物质量
RE=（$C_{g,i}-C_{g,e}$）$/C_{g,i}\times 100$	%	去除率（RE）
RE=（$C_{g,i}-C_{g,e}$）$\times Q_g/V_r$	kg/m^{3}s	去除能力（EC）

在设计除臭装置或评估工艺运行时，表 19.4 中定义的参数至关重要，不同运行条件下可得到相同的处理效果。

$$L_{\mathrm{M,V}} = C_{\mathrm{g,i}} / \tau \qquad (19.2)$$

上述方程表明，在不同进气浓度（$C_{\mathrm{g,i}}$）和停留时间（τ）的组合下，可获得相同的质量负荷（$L_{\mathrm{M,V}}$）。即使在相同的质量负荷率下，也可得到不同的去除效率（RE）和去除负荷（EC）。同时，反应器截面（Sr）和反应堆高度（Hr）的不同组合，可获得相同的停留时间（τ）：

$$\tau = V_{\mathrm{r}} / Q_{\mathrm{g}} = S_{\mathrm{r}} \times H_{\mathrm{r}} / Q_{\mathrm{g}} \qquad (19.3)$$

相同停留时间下，反应器截面和高度的不同组合适用于不同的气体流速（V_{r}）。不同的气体流速值导致不同的传质条件（层流－湍流状态），对去除效率或处理能力造成差异。设计或测算 RE 或 EC 值时，应先确认相应运行参数，后确定具体运行条件，例如：反应器截面（S_r）、反应器高度（H_r）、气流量（Q_g）、污染物进气浓度（$C_{g,i}$）。

在运行实践中，气体流速（Q_g）和进气浓度（$C_{g,i}$）根据实际情况产生。若设定气体接触设备的高度为最大值，则有较高的施工成本，也不利于运行调控。良好的运行管理是确保达标的必要条件，表 19.5 总结了不同类型生物除臭反应器所须确认的设计和运行参数。

表 19.5　不同反应器的设计参数

反应器类型	设计参数
生物滤池	不同填料类型的截面（S_r）
生物滴滤	不同工艺段的填料截面（S_r）、循环水速率
生物洗涤	不同填料类型的截面（S_r）、循环水速率、活性污泥浓度

图 19.3 展示了生物滤池实验中，去除负荷（EC）和去除效率（RE）与 S_r（常数 Q_g 和 $C_{g,i}$）的函数曲线。这些剖面是根据实验数据所绘制的。生物滴滤和生物洗涤的情况更为复杂，还应包括其他设计参数对 EC 和 RE 的影响（表 19.5）。

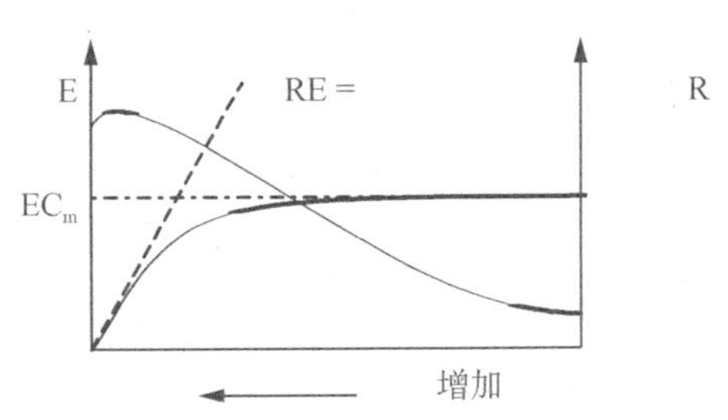

图 19.3　去除能力（EC）和去除率（RE）与生物滤池截面（Q_g、$C_{g,i}$ 常数）的函数分布图

19.5　性能表现

生物滤池和生物滴滤池的小试和中试试验数据，提供了生物除臭技术性能表现的具体情况。Herrygers 等人叙述了硫化氢和有机硫化合物的去除效率（数据截至 1999 年）。生物滴滤池和生物滤池对硫化氢都有较高的去除效率。文献中所记载的生物滴滤池和生物滤池最大的硫化氢去除能力为 3～3.5 kg $H_2S.m^{-3}.d^{-1}$。有些系统自行培养菌种，有些系统接种纯硫杆菌或生丝微菌。其他系统接种粪便污泥。然而接种污泥来源并非重要的运行参数，对 pH 值和硫酸盐浓度的控制是

关键因素。最佳 pH 值取决于有机物的种类与硫化氢氧化菌种。某些硫杆菌是非嗜酸的，在中性 pH 条件下表现良好，而其他硫杆菌则是嗜酸性的，只在低 pH 值下生长。低 pH 值也会影响硫化氢传质（pKa=7）。硫酸盐浓度的增加会增加渗透压从而降低微生物活性。Yang 和 Allen 在 1994 年的实验中揭示了当硫酸盐浓度高于 25 g $SO_4^{2-}-S.kg^{-1}$ 时，硫化氢氧化能力显著降低。就生物滤池填料而言，不同的填料都可通过调控 pH 值和湿度获得良好的性能表现。通常含有机组分的生物滤池填料的性能优于惰性载体。实验结果还表明，有机硫化物的存在不影响硫化氢的去除能力。

目前使用的生物滤池填料无法驯化可氧化甲基硫化物的微生物菌种。Smet 等人 1996 年的试验结果表明，使用非炭化木皮填料和堆肥接种的生物滤池系统，对甲基硫化物仅有小于 0.01 $kg \cdot m^{-3} \cdot d^{-1}$ 的去除能力。与硫化氢相比，系统对有机硫化物的最大去除能力（$<1\ kg \cdot m^{-3} \cdot d^{-1}$）较低。以甲基生丝微菌属和自养型硫杆菌属接种，可明显提高生物除臭系统对恶臭污染物的最大去除能力。同时，pH 值和硫酸盐浓度等环境影响因素，对恶臭污染物的去除非常敏感。有机硫化物的消除也受其他化合物的并存的影响。Hirai 等人在 1990 年发现对硫化氢的去除抑制了系统对二甲基硫化物的处理能力。Smet 等人在 1997 年所发表的论文中指出，微生物对二甲基硫代硫酸的处理能力被异丁醛抑制，而甲苯却无抑制作用。数据表明，通过生物除臭技术可消除污水处理过程中产生的常规恶臭污染物。

19.6 工艺监控

良好运行效果的关键是实施监控措施，以持续评估处理过程的性能表现。监控措施的主要目的是评估除臭系统对恶臭污染物的处理效果。虽然在成本限制下，无法日常检测除臭系统的进气和排气浓度。因此，可对系统运行参数进行监控以评估性能表现：

（1）常规运行参数（反应器温度、相对湿度等）；

（2）除臭效果（感官测量、便携测量仪等）。

工艺监控基于已经标准化的气体、水或土壤检测分析技术（例如测定生物滤池填料的湿度）。

监控措施必须与运行人员的技能和经验相结合。污水处理厂需对运行人员进行除臭系统和相关设备方面的专业培训。若运行人员不具备所需的运行技能和监控技术，可外包专业运营商。

综上所述，在实际运行中建立所需的监测机制，能够避免复杂或昂贵的日常检测费用。监控机制涉及收集常规工艺参数数据，如停留时间、去除效率等；以便观测工艺是否有恶化的迹象。针对除臭系统的运行波动，建立全面监测措施来发现原因并及时进行工艺调整。表 19.6 中描述了监控措施的实际案例。表 19.7 总结了系统恶化时所需的监控方法，出于成本考量无需经常使用。专项监控技术探究工艺恶化的原因，并和正常运行状态下的相应参数进行比对，才能得出工艺控制的最佳方法。因此每年进行一些必要的监测对工艺运行与优化有明显的效果。

监控措施在实际应用中，会受到除臭系统规模和设备配置等因素的影响。只有在臭气被引导至单个排口管道时才能进行准确可靠的采样。若生物滤池已加盖，则无法运用烟雾试验来评估臭气的分布情况。测定生物滤池填料湿度，原则上取样应在不同广度和深度进行。定期定点取样会导致填料结构受损，处理性能下降。

表 19.6　基础监控概述：参数监控至少每周记录一次

参数（方法）	评估内容	适用性 a		
		BS	BTF	BF
气压下降	紧缩或堵塞	●	●	●
进气速率	气流	●	●	●
风机能耗	气流	●	●	●
臭气浓度 b	臭气去除率	●	●	●
硫化氢浓度 c	硫化氢去除率	（●）	（●）	（●）
相对湿度（进出）	填料湿度	—	（●）	（●）
填料温度	温度传导	●	●	●
pH 渗滤	pH 传导	●	●	（●）
水耗	含水率	●	●	（●）

a：— = 不适用 ● = 适用（●）= 可能适用

BS= 生物洗涤，BTF= 生物滴滤，BF= 生物滤池

b：评估表式（1= 微弱臭气…5= 严重臭气）

硫化氢浓度不能超过 10 ppm

c：检测限制 1 ppm（电化学探针）或 0.25 ppm（模拟显色反应管）

表 19.7 工艺监控方法概述

监控方法	评估内容
持续监控硫化氢浓度（进气与排气）	峰值负荷
臭气浓度（进气与排气）	臭气负荷和去除情况
进气与排气化合物组分（GC-MS）	关键有机物
生物降解性（实验室测试）	微生物活性
新陈代谢（实验室与现场测试）	微生物活性
填料湿度（重量分析）	微生物反应条件
深层填料状态（视觉监测）	填料规模
进气规律	平均停留时间
烟雾测试	填料内空气分布
脂肪酸分析（色谱仪）	厌氧条件
填料 pH	填料酸化

19.7 工艺调控

根据除臭系统的类型，对不同参数进行调控从而确保工艺运行的稳定性。生物洗涤塔具有最佳工艺可控性，通过调节气体或喷淋水循环、控制营养物供给及 pH 值等参数控制微生物活性。

生物滤池的运行须在过滤填料中保持最佳湿度，以 40%～60% 为最适宜区间。非适宜湿度会导致微生物活性下降和填料紧缩，对臭气处理的性能下降，系统内易形成厌氧区，并排放恶臭气体。在实际运行中，填料湿度通过臭气预处理加湿或手动调节喷淋水循环进行控制。针对进气与排气的相对湿度或填料湿度的在线监测，制定自动调控方案。湿度的自动调控可能受限于在线监测硬件的低可靠性，软件上也无法将测量信号转化为适当的控制步骤。

对于生物滴滤装置须在运行中注意防止堵塞。生物膜的形成和代谢脱落易堵塞填料。部分填料的堵塞将形成不可控的厌氧区域，导致停留时间逐步减少，最终完全屏蔽臭气通过填料的流动性。表 19.8 介绍了防止生物滴滤器装置料堵塞的方法。

表 19.8　生物滴滤池防止堵塞方法简介

方法	参考文献
限制营养与 0.1M NaOH 洗涤	Weber and Hartmans，1996
原生动物添加	Cox and Deshusses，1997
以硝酸盐为唯一氮源的填料流化反冲洗	Smith et al.，1996
填料流化反冲洗	Sorial et al.，1998

19.8　成　本

除臭装置的投资成本是根据所处理的臭气风量来进行测算，成本单位为[欧元 /（m^3/h）]。表 19.9 描述了不同类型除臭装置的投资成本。数据表明常规条件下，生物滤池是最经济的除臭技术。但是投资成本取决于实际工程的项目要求。

除臭运行费用主要包括：能耗、水耗、填料更换与处置、监测要求和设备维护情况。具体金额取决于不同工程项目的实施情况。生物池滤的处理成本是每 1 000 m^3 臭气 0.1～3 欧元。对于生物滤池和生物洗涤池，运行成本随着喷淋液循环而增加。

表 19.9　不同类型除臭装置的投资成本简介

反应器类型	投资成本（欧元 /（m^3/h））	参考文献
生物滤池	2～5	Diks，1992
	2～150（范围），7～35（平均）	Devinny et al.，1999
	5～34（开放系统），10～68（封闭系统）	STOWA，1996
生物滴滤	5～20	Diks，1992
	23～92（排除辅助设备）	STOWA，1996
生物洗涤	23～92（排除辅助设备）	STOWA，1996

19.9　参考文献

Bailey, J.E. and Ollis, J.F. (1986) *Biochemical Engineering Fundamentals*, 2nd edition, McGraw-Hill, New York.

Beam, H.W. and Perry, G.G. (1974) Microbial degradation of cyclo parafinic hydracarbons via co-metabolism and commensalism. *J. General Microbiol*. **82**, 163-169.

Bruser, T. Lens, P.N.L. and Truper, H.G. (2000) The biological sulphur cycle. In: *Environmental Technologies to Treat Sulphur Pollution: Principles and Engineering*. (P. Lens and L. Hulshoff Pol, eds.) pp. 47-85, IWA Publishing. London.

Cho, K.S., Hirai, M. and Shoda, M. (1991) Removal of dimethyl disulphide by the peat seeded with night soil sludge. *J. Ferment. Bioeng.* **71**, 289-291.

Cox, H.J.J and Deshusses, M. (1997) Increasing the stability of biotrickling filters by using protozoa (233-240) In: *Biological waste gas treatment* (Prins W.L. and van Ham J. eds.), VDI Verlag, Düsseldorf.

De Beer, B., Stoodly, P.R., Roe, F. and Lewandowsky, Z. (1994) Effects of biofilm structure on oxygen distribution and mass transport. *Biotech. Bioeng*. **43**, 1131-1138.

De Castro, A., Allen, D.G. and Fulthorpe, R.R. (1996) Characterisation of the microbial population during biofilteration and the influence of the inoculum source. In: *Proc. 1996 Conference on Biofiltration*, (Reynolds F.E. and Tustin C.A. eds), pp. 164-172, The Reynolds Group.

De heyder, B. (1998) Biotechnological treatment of poorly water soluble waste gases: case study ethene. Ph.D. thesis, Universiteit Gent, Gent, B.

Deshusses, M (1997). Transient behaviour of biofilters: start-up, carbon balances and interactions between pollutants. *J. Environ. Engin.* **123**, 563-568.

Deshusses, M., Hamer, G., Dunn, I.J. (1995a) Behaviour of biofilters for waste air biotreatment. 1. Dynamic model development. *Environ. Sci. Technol.* **29**, 1048-1058.

Deshusses, M., Hamer, G., Dunn, I.J. (1995b) Behaviour of biofilters for waste air biotreatment. 2. Experimental evaluation of a dynamic model. *Environ. Sci. Technol.* **29**, 1059-1068.

Devinny, J.S., Deshusses, M.A. and Webster, T.S. (1999) *Biofiltration for Air Pollution Control*. CRC Press, Boca Ration.

Dewulf, J., Van Langenhove, H. and Drijvers, D. (1995) Measurement of Henry's Law constant as function of temperature and salinity for the low temperature range. *Atmosph. Environ.* **29**, 323-331.

Diks, R.M.M. (1992). The removal of dichloromethane from waste gases in a biological trickling filter. Ph.D. thesis. Technical University of Eindhoven, The Netherlands.

Eaton, A.D., Clesceri, L.S. and Greenberg, A.E. (1995). Standard methods for the examination of water and wastewater. American Public Health Association, Washington, USA.

Guey, C., Degorce-Dumas, J.R. and Le Cloirec, P. (1995) Hydrogen sulphide removal a biological activated carbon. *Odours VOCs J.* **1**, 136-137.

Hartmans, S. (1997). Biological waste gas treatment: kinetics and modeling. *Med. Fac. Landbouww. Univ. Gent*, **26** (4b), 1501-1504.

Herrygers, V. Van Langenhove, H. and Smet, E. (2000) Biological treatment of gases polluted by volatile sulphur compounds. In: *Enviromental Technologies to Treat Sulfur Pollution: Principles and Engineering*. (P. Lens and L. Hulshoff Pol, ed.) pp. 281-304, IWA Publishing, London.

Hirai, M., Ohtake, M. and Shoda, M. (1990) Removal kinetics of hydrogen sulphide, methanethiol and dimethyl sulohide by peat biofilter. *J. Ferment. Biotechnol.* **70**, 334-339.

Hwang, S.J. and Tang, H.M. (1997). Kinetic behaviour of the toluene biofiltration process. *J. Air Waste Manag. Assoc.* **47**, 664-673.

Kasakura, T.K and Tatsukawa, K. (1995). On the scent of a good idear for odour removal. *Water Quality International* **2**, 24-27.

Kennes, C. and Thalasson, F. (1998) Waste gas biotreatment technology. *J. Chem. Technol. Biotechn.* **72** (4), 303-319.

Kim, N.J., Hirai, M. and Shoda, M. (1998) Comparison of organic and inorganic carriers in removal of hydrogen sulphide in biofilters. *Environ. Technol.* **19**, 1233-1241.

Leson, G. and Winer, A.M. (1991) Biofiltration: an innovative air pollution control technology for VOC emissions. *J. Air Waste Maneg. Assoc.* **41**, 1045-1054.

Moller, S. Pedersen, A.R., Poulsen, L.K., Arvin, E. and Molin, S. (1996) Activity and three dimensional distribution of toluene degrading *Pseudomonas putida* in a multi-species biofilm assessed by quantitative in-situ hybridization and scanning confocal laser microscopy. *Appl. Environ. Biotech.* **12**, 4632-4640.

Okkerse, WJH, Ottengraf, SPP, Osinga-kuipers, B and Okkerse, M (1999) Biomass accumulation and clogging in biotrickling filters for waste gas treatment. Evaluation of a dynamic model using dichloromethane as a model pollutant. *Biotech. Bioengin.* **63**, 418-430.

Picioeranu, C. van Loosdrecht, M.C.M. and Heijen, J.J. (2000) A theoretical study on the effect of surface roughness on mass transport and transformation in biofilms. *Biotech. Bioengin.* **68** (4), 355-369.

Shareefdeen, Z. and Baltzis, BC (1994) Biofiltration of toluene vapor under steady-state and transient conditions: theory and experimental results. *Chem. Engin. Sci.* **49**, 4347-4360.

Smet, E, Heireman, B and Van Langenhove, H (1996) The contribution of physical sorption processes to the biofiltration of dimethylsulphide. In: *Biofiltration of organic sulphur compounds*, Ph.D. thesis, Ghent Unversity, Ghent, Belgium.

Smet, E. Van Langenhove, H. and Verstraete, W. (1997) Isobutyraldehyde as a competitor of the dimethyl sulphide degrading activity in biofilers. *Biodegradtion* **8**, 53-59.

Smith, F.L., Sorial, G.A., Suidan, M.T. Breen, A.W. and Biswas, P. (1996) Development of two biomass control strategies for extended stable operation of highly efficient bifilters with high toluene loadings. *Environ. Sci. Technol.* **30**, 1744-1751.

Sorial, G.A., Smith, F.L., Suidan, M.T. Pandit, A., Biswas, P. and Brenner, R. (1998) Evaluation of a trickle-bed air biofilter performance for styrene removal. *Water Res.* **32**, 1593-1603.

Staudinger, J. and Roberts, P.V. (1996) A critical review of Henry's law constants for environmental applications. *Crit. Rev. Environ. Sci. Technol.* **26** (3), 205-297.

STOWA (1996). Odour abatement on sewage treatment plants. Report 96-02 (in Dutch). Hageman Verpakkers, Zoetermeer, The Netherlands.

Van Groenestijn J.W. and Hesselink P.G.M. (1993) Biotechniques for air pollution control. *Biodegradation*, **4**, 283-301

Van Langenhove, H., Roelstraete, K., Schamp, N. and Houtmeyers, J. (1985) GC-MS identification of odorous volatiles in wastewater. *Water Res*. **19** (5), 597-603.

Van Lith, C., Leson, G and Michelsen, R. (1997). Evaluating design options for biofilter. *J. Air Waste Manage. Assoc.* **47**, 37-48

Weber, F.J. and Harmans, S. (1996) Prevention of clogging in a biological trickle-bed reactor removing toluene from contaminated air, *Biotech. Bioengin*. **50**, 91-97.

Wenster, T.S., Devinny, J.S., Torres, E.M. and Basrai, S.S. (1997) Microbial ecosystems in compost and granular activated carbon biofilters. *Biotech. Bioengin.* **53**, 296-303.

Yang, Y. and Allen, E.R. (1994) . Biofiltration control hydrogen sulphide. I. Design and operational parameters. *J. Air Waste Manag. Assoc.* **44**, 863-868.

Zarook, S.M., Shaikh, A.A., Ansar, Z. (1997a) Development, experimental validation and dynamic analysis of a general transient biofilter model. *Chem. Engin. Sci.* **52**, 759-773.

Zarook, S.M., Shaikh, A.A., Ansar, Z., Baltzis, B.C. (1997b) Biofiltration of volatile organic compound (VOC) mixtures under transient conditions. *Chem. Engin. Sci.* **52**, 4135-4142.

Zeman, A. and Koch, K. (1983) Mass spectrometric analysis of malodorous air pollutants from sewage plants. *Int. J. Mass Spec. Ion. Phus.* **48**, 291-294.

第20章
活性污泥扩散除臭法

罗伯特·P. G. 鲍克（Robert P.G. Bowker）
乔安娜·E. 伯吉斯（Joanna E. Burgess）

20.1 活性污泥法除臭：概论与生物降解理论

化学除臭的复杂性源于以下事实：臭气污染是多组分恶臭气体的混合而并非单一物质，这大幅降低了化学除臭措施的可靠性。臭气污染最经济的治理方法是去除恶臭阈值较高的气体，而非简单地将污染物从气相转移至液相。众多方法可实现此目标，但需要建造专属工艺设施及控制系统，这涉及高昂的投资成本。许多产生恶臭的污染物处理设施，都因为高额的开支而让人望而却步。对于污水处理厂，活性污泥法的延伸提供了一种低成本的解决方案。收集输送恶臭气体至活性污泥曝气池消除恶臭，是成本相对低廉的除臭工艺。

曝气池的固有特性，非常适用于去除臭气与空气混合气体中的恶臭污染物。活性污泥法处理污水是一种曝气氧化工艺。在发达国家，活性污泥法处理生活污水和工业污水是最稳定和最广泛应用的生物处理工艺之一，不断适应新的出水水质标准说明此项工艺具有重要的现实意义。这种技术将废水与活性污泥（微生物）混合搅拌并曝气，使废水中的有机污染物分解，生物固体随后从已处理废水中分离。活性污泥是向废水中连续通入空气，经一定时间后因好氧性微生物繁殖而形成的污泥状絮凝物。其中栖息着以菌胶团为主的微生物群，具有很强的吸附与氧化有机物的能力。污染物被氧化后生成二氧化碳、硝氮、硫酸根和磷酸根。由于生物量能够适应和氧化大量已溶解的污染物，活性污泥法已被广泛用于处理工业废水。活性污泥法本质上与自然界水体自净过程相似，只是其经过人工强化，污水净化的效果更好。

图 20.1 展示了同时处理污水和恶臭气体的活性污泥系统。在曝气池中，废水输送至池内与微生物污泥混合，通过曝气盘向池内注入空气。混合空气与悬浮液，使絮体与废水最大限度地接触。充分混合确保微生物细胞有充足的食物供应，扩大氧梯度以优化传质和分散絮体内部代谢产物。经过活性污泥净化作用后的混合液进入二次沉淀池，混合液中悬浮的活性污泥和其他固体物质在这里沉淀，与水分离，澄清后的污水作为处理水排出系统。污泥絮体性质非常重要，控制了微生物有对机物的有效吸收和吸附及沉淀池中的泥水分离。

对活性污泥曝气加速了菌胶团上的细菌繁殖，增加了污泥状絮凝物之间的结合，最后聚集成为含有非活性颗粒的较大絮体。此项工艺的应用需特定环境条件的配合，否则将会限制微生物对污染物的降解活性。污水的生物处理需要控制某些环境参数，如溶解氧（DO）水平，接触混合，营养供应，微量元素供应和物理条件（温度和 pH）。

多数除臭措施使用填料，而基于液相的除臭系统案例较少，相比之下两类系统的优缺点各不相同，污水处理厂的适用条件也不尽相同。成熟的生物除臭反应器包括：生物滤池、生物洗涤塔和生物滴滤塔，活性污泥法除臭被视为替代方案。活性污泥法消除恶臭污染物的机理包括：吸收（气体中各组分因在溶剂中物理溶解度的不同而被分离后吸收，受限于气泡尺寸和气体停留时间），吸附（当流体与多孔固体接触时，流体中某一组分或多个组分在固体表面处产生积蓄，低溶解度的高分子质量化合物吸附在絮体上），凝结（VOCs 遇冷而变成液体，温度越低，凝结速度越快），和生物降解。从源头收集恶臭气体，使用鼓风机通过管道输送至活性污泥曝气池中的潜入式曝气喷口（图 20.1）。恶臭气体气泡扩散至污泥混合液，恶臭污染物先溶解后被吸附、吸收和生物降解。

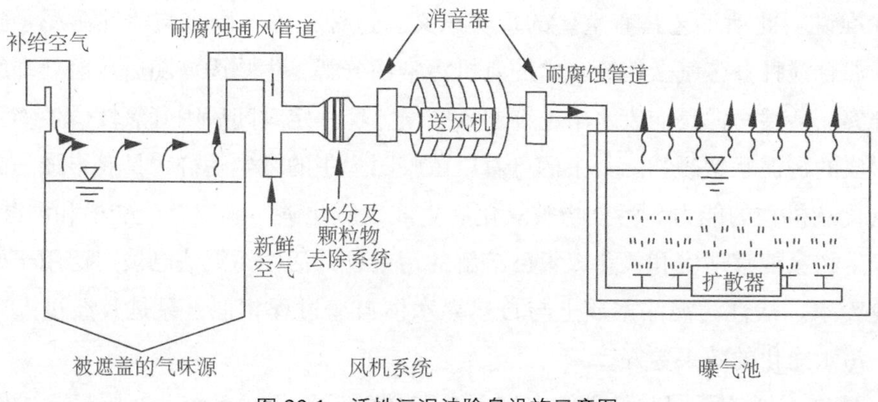

图 20.1　活性污泥法除臭设施示意图

20.2　设计与运行依据

20.2.1　臭气预处理

任何除臭设施都应包括预处理系统。预处理设计目的是去除酸性条件下的硫化氢游离水分和冷凝物，以及由灰尘和油脂气溶胶组成的颗粒。在填料塔洗涤中使用的网垫或除雾器足以去除水分，并可消除 99% 超过 50 μm 的滴液。

对于活性污泥的精细曝气系统，其过滤装置足以去除颗粒和油脂气溶胶。在美国洛杉矶，两级过滤的预处理系统成功保护了风机设备。这包括 2.5 cm 褶皱玻璃纤维预过滤器和 30 cm 褶皱玻璃纤维过滤器。过滤装置设计去除 95% 的大于 0.3 μm 的粒子，典型的表面速度为 0.6～2.5 m/s。在耐腐蚀外壳中包含易更换的模块式滤板。图 20.2 为除臭预处理系统简图。

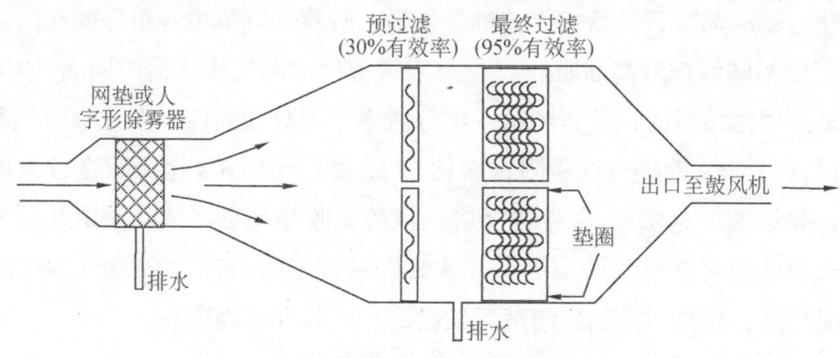

图 20.2　除臭预处理系统简图

重要部件包括：除雾器、过滤框和过滤器外壳，所有部件材料都抗硫化氢或稀硫酸侵蚀。这些材料包括玻璃纤维、不锈钢和聚氯乙烯、聚丙烯、聚乙烯等塑料材质。

20.2.2 风　机

离心风机和回旋风机已用于输送恶臭气体至活性污泥池中。相关工程人员建议使用离心式鼓风机，因为回旋风机的叶片和套管之间有微小空间，易造成有机“柏油”材料的堵塞。美国瓦利福奇污水处理厂就发生过此类现象（第 20.7 节），导致鼓风机在数周后被迫关闭。后通过在进管处增设防油装置和改进过滤系统整体提高了稳定性。

风机腐蚀是活性污泥除臭系统的关键问题，硫化氢直接导致鼓风机腐蚀的发生概率较低。对于新设备，可使用保护涂层或金属镀层防腐蚀。不同厂商提供差异化的防腐措施包括酚醛涂层和镀镍。在确定恶臭来源的臭气特性后，应联系厂商咨询防腐涂料事宜。通常在投运后只是对水分和微粒进行过滤，不采取任何防腐措施。然而在美国马里兰州的安纳波利斯，现有的曝气鼓风机返厂加装防腐涂层，用来专门处理污泥浓缩池和初沉池的恶臭气体。某些污水厂会在离心鼓风机进风端口定期清理腐蚀鼓风机阀的污染物。

20.2.3 曝气装置

各种曝气装置已成功应用于处理恶臭污染物，包括粗曝气盘、柔性膜和陶瓷穹顶精细曝气盘。对于储泥池等臭气污染较严重区域，精细曝气盘能提供更优越的性能。在美国新罕布什尔州的康科德，对粗曝气盘和精细曝气盘的试验显示，粗曝气盘可去除约 96% 的臭气和 92% 的硫化氢。精细曝气盘的去除率更高，臭气去除率为 99.9%，硫化氢去除率为 99.7%。

目前尚未发现活性污泥除臭系统中曝气装置的堵塞或腐蚀现象。在美国，一些工程公司规定使用柔性膜曝气盘，因为该材料可抗硫化氢和稀硫酸的腐蚀。

曝气盘的深度越大就可获得更大的驱动力，雾化恶臭气体溶解于混合液中，并确保曝气气泡的停留时间足够。常规除臭设计基于生物氧化工艺的曝气系统，完全符合臭气处理所需的深度和间距。深度应至少为 3 m，若中试试验表明较浅的深度能满足处理效果则另当别论。

除臭系统通过曝气装置保持微生物种群活性和良好的混合液特性，从而达到预期运行效果。多数活性污泥除臭系统使用现有曝气池中的曝气盘以保障效果。若除臭系统的曝气装置非供氧专用，则不应输送臭气至无微生物活性和混合液的池体中。

20.2.4 防腐措施

恶臭污染物会对臭气收集输送装置造成腐蚀，所以必须仔细选择建设材料。混凝土和碳钢易受硫化氢和硫酸的腐蚀，但玻璃纤维、不锈钢、聚氯乙烯或高密度聚乙烯材料都抗腐蚀，适用于臭气的收集输送。应在低处设置沟渠，排出酸性凝结水。

恶臭气体对鼓风机的潜在腐蚀，是污水厂现有曝气系统对臭气进行处理的最大担忧。根据美国大约 30 家污水厂的经验，这种担忧无充分根据。鼓风机腐蚀只是个案，可能是没有设置沟渠排出酸性凝结水从而导致腐蚀现象。如第 20.2.2 节所述，酚醛涂层或镀镍涂层可对鼓风机提供额外的防腐保护。进口过滤器和过滤器外壳必须由耐腐蚀材料建造，否则将被迅速腐化。应避免使用低碳钢或镀锌钢，推荐使用 316 不锈钢、玻璃纤维或塑料材质。风机排放管道推荐使用不锈钢材料并架构在水面之上。

一些污水厂报告了混凝土曝气池腐蚀的情况，在气水交界处加涂保护层可得到改善。在使用活性污泥法除臭的污水厂调研中，粗曝气盘和精细曝气盘的腐蚀并不常见。曝气减少了将空气引入污泥所涉及的设备数量，但增加了相应的系统维护工作。活性污泥法除臭取得了良好的处理效果，在低负荷和维持溶解氧浓度的条件下，20 世纪末已在北美地区若干污水厂内投运。

20.2.5 臭气排放的增加

活性污泥法通过生物氧化减少液相臭气，但若超负荷运行则恶臭气体会从污泥混合液中释放。然而，这并非重大的运行问题。第一，在常规情况下，只要混合液中保持足够的溶解氧浓度，普通活性污泥池与除臭活性污泥池之间的臭气排放规律无差别。第二，即使在曝气池的恶臭排放确实增加的情况下，污水处理现场的臭气污染也已显著减少，这是因为在现场边界监测到的臭度增加是针对整体厂区而言，而非针对活性污泥池本身。

对活性污泥法除臭的现场调研指出，利用精细曝气对沉砂池和初沉池排放臭气进行处理，将影响池体内的气体排放量、恶臭气体浓度和挥发性有机物的生物降解量。在曝气池排气量增加的条件下，由于消除了沉砂池和初沉池的臭气，现场的臭气排放量整体减少。通过反应器排放至大气 VOCs 浓度增加，但此处的总排放量下降，因为多数 VOCs 已被生物降解。使用臭气作为曝气空气，对于必须处理后才能排放的场所具有独特优势。

有观点认为，曝气池无法完全负担污水处理厂的总臭气量。针对北美地区的调研结果，未发现任何臭气冒溢现象。采用活性污泥法除臭的污水厂，臭气占曝气量的 20%～100%。

20.3　性能影响因素

与污水处理相同，活性污泥法除臭也受到多种因素的影响，包括曝气池特性、污染物可降解性及现场运行情况。

20.3.1　曝气池深度

活性污泥法除臭的缺点是需要较深的曝气池为气体提供充足的停留时间。较浅的池体能耗较低，亦可有效降解苯、甲苯、乙苯和 BTEX（石油中常见的苯、甲苯、乙基苯、三种二甲基苯的异构体的合称，属于单环芳烃类质）等污染混合物。BTEX 在小型活性污泥反应器中进行处理，容积为 2 L，池深为 40 cm。运行期间污泥龄分别为 1.7、2.7 和 9.2 天［水力停留时间（HRT）等于污泥停留时间（SRT）］，进气 BTEX 浓度为 15～17 mg/L。BTEX 的排放浓度低于检测限值（0.01 mg/L），在所有试验中去除率均大于 99%，这表明较浅的活性污泥池能够对废气中的 BTEX 进行生物降解。

在对混合液深度对除臭效果的影响的进一步研究中，活性污泥法中试装置用于处理污泥浓缩池所散发的浮动臭气。反应器有效容积为 35 L，池体深度 127 cm，活性污泥在试验中混合液挥发性悬浮固体浓度为 250 mg/L（MLVSS）。污泥浓缩池排放气体中含有低浓度的硫化氢、胺、氨和巯基化合物，经处理后所有气体排放浓度都小于 0.1 ppm。将反应器中液体高度降低到 60 cm 后，处理后的排放浓度依旧稳定，未出现波动。和污水处理相同，活性污泥的驯化对于臭气的有效处理至关重要，由于未驯化的活性污泥在初始阶段受限于低生物降解性，对某些污染物的去除率仅为 45%。更长的污泥停留时间可降解吲哚等臭气浓度较高的污染物。

20.3.2　气泡尺寸

气泡尺寸是处理效率的另一项重要影响因素。在美国新罕布什尔州康科德污水处理厂，使用活性污泥法处理高浓度硫化氢。使用粗曝气盘对深度 3 m 的池体曝气，能减少 95% 的恶臭气体（通过感官测量）和 92% 的硫化氢浓度，但现场的臭气浓度却更加明显。将系统改为精细曝气后，臭气浓度和硫化氢的去除率均大于 99.5%，现场情况大幅度改观。

小试试验表明，活性污泥池可有效降解含硫化合物、脂肪胺、甲苯和低分子量化合物。小试试验采用真实臭气源而非仿真气体，去除率达 99%；之后的中试试验去除率近 90%。中试试验结果表明，系统完全能适应高负荷冲击，这在小试试验中无法验证。研究表明，污水处理厂的负荷 25% 以上来自工业污染，其中混有很大比例的恶臭成分。

在一项研究中，利用活性污泥法连续对污水处理厂和化粪厂的臭气进行处理，试验持续数月之久。根据处理前后主要气体浓度的差异来衡量去除效率，尽管进气浓度差异较大但排放浓度始终稳定。芳烃和二甲基硫化物的平均去除率为 90%，硫化氢去除率为 96% [污泥混合液悬浮固体（MLSS/d）平均浓度为 7 mg/g]，氨气去除率为 100%。

20.3.3 曝气强度

采用曝气池（深度 1.0 m，容积 150 L，MLSS 11.20 g/L，SRT 不限）对曝气强度的影响进行研究发现，曝气强度通过影响气体剥离进而对 VOCs 的去除率产生影响（表 20.1），Fukuyama 等学者在 1986 年发表的论文中强调在曝气强度为 12 m^3 air/m^3/h 时，除二硫化碳外所有组分均减少，同时臭气浓度增加。结论是增加曝气强度可剥离污水中存在却未被检测的恶臭污染物。

表 20.1 曝气强度对恶臭气体去除率的影响

恶臭气体	曝气强度	
	6 m^3 air/m^3 tank	12 m^3 air/m^3 tank
	容量 / 小时	容量 / 小时
总芳烃	87.50%～91.40%	85.34%～93.33%
甲硫醚	80.00%～93.10%	80.83%～92.56%
二硫化碳	31.58%～45.45%	15.05%～47.73%
臭气浓度	74.29%～90.65%	62.86%～76.92%

化粪厂产生的恶臭气体使用活性污泥曝气池进行处理，并将除臭效果与清水池进行比较。初次运行，曝气强度为 4.7 m^3 air/m^3 tank volume/day，MLSS 为 16.28 g/L 和较长的 SRT。第二次运行采用较低的负荷率精细曝气，曝气强度为 2.0 m^3 air/m^3 tank volume/day，MLSS 为 15.55 g/L 和较长的 SRT，试验结果表明第二次运行效果远优于初次运行（表 20.2）。正常负荷范围内，清水池达到了与活性污泥法相似的去除率，但面对峰值负荷（0.58 ml H_2S/mL air）却未取得理想效果。活性污泥除臭系统收获了良好的去除率，硫化氢排放浓度未有波动。这表明部分恶臭气体溶解后并无继续反应，多数恶臭气体的去除依赖于生物降解，须避免混合液中恶臭化合物的饱和。

表 20.2　活性污泥法去除化粪厂臭气

恶臭气体	第一次运行平均去除率	第二次运行平均去除率
氨气	99.12%	99.92%
硫化氢	87.24%	95.30%
甲硫醇	78.43%	93.93%
甲硫醚	29.41%	74.03%
二甲基二硫	−0.80%	−0.11%～23.30%

硫化氢负荷与去除率关系如下（Fukuyama et al.，1986）：

$$y=-0.981x+99.26 \tag{20.1}$$

式中：

y= 去除率（%）；

x= 硫化氢负荷（mg/g MLSS/d）。

式（20.1）在极端阈值负荷条件不再成立，当出现过量硫化氢时会对微生物产生毒性。该阈值明显超过 7 mg H_2S/g MLSS/d，公式 20.1 仅适用于平均负荷，尚待完善。

20.3.4　运行参数

上述学者同时还研究了两级曝气池的有效性。相同的曝气池（池深 1.0 m，容积 150 L，MLSS 8.82 g/L，较长 SRT，曝气强度 30 m^3 air/m^3 tank volume/day）。表 20.3 中的结果显示，第二阶段去除量存在较大标准差，而污染物的去除平均值较低，这说明常规条件下，增加第二个曝气池不符合成本效益。两级曝气池适合处理负荷较重的臭气污染，不适合将排口气体循环重复处理。

表 20.3 两级曝气处理效果

恶臭气体	一阶段去除率	二阶段去除率	平均额外去除率
总芳烃	81.91%～88.53%	0.00%～11.24%	5.76%
甲硫醚	80.95%～94.38%	3.37%～7.26%	4.89%
二硫化碳	0.00%～11.11%	0.00%～40.00%	4.17%

采用一个曝气池（池深 1.0 m，有效容积 150 L，MLSS 4.65 g/L，两种不同的 SRT，分别为 1 h 和 4 h）和曝气强度 30 m^3 air/m^3 tank volume/day，考察污泥再曝气的效果。所获得的去除效率（表 20.4）在实验中随着 SRT 的增加而降低，相比之下两种 SRT 的去除效率都很低。结论就是 SRT 太低，无法与污水处理中使用的典型 SRTS（生活废水的 6～10 天，工业废水更长）进行比较；实验数据不代表 SRT 对“真实”系统中臭气处理的影响。

表 20.4 污泥停留时间对臭气去除率的影响

恶臭气体	1 小时停留时间	4 小时停留时间
总芳烃	9.26%～22.91%	0.11%～16.25%
甲硫醚	21.69%～35.00%	10.00%～21.05%
二硫化碳	13.04%～33.90%	0.00%～26.09%

在实验室小试条件下，15 mg H_2S/g MLSS/d 的负荷得到了很好的处理效果（去除率为 95%）。该试验装置承受了负荷变化的冲击，去除率超过 90%（7 mg H_2S/g MLSS/d 以上），在实验室的小试试验中并未出现其他臭气源的干扰。对硫化合物的去除顺序为：硫化氢＞甲基硫醇＞二甲基硫化物＞二硫代脱乙基。当出现峰值浓度时，去除效率会受到影响，因为高浓度恶臭气体对系统内微生物群的驯化类似活性污泥的污水处理过程，但这很少影响曝气池排放浓度。特别是高浓度恶臭污染物，可通过在高峰负荷冲击下回流循环保证处理效果。

Oppelt 等人在 1999 年报告了与去除挥发性有机化合物有关的实验数据，采用活性污泥法处理（液深 6.6 m，MLVSS 2 242 mg/L，DO 2.0 mg/L）污水提升泵站臭气与空气的混合气源。经过曝气池的废水中含有的挥发性有机化合物的浓度远超在现场所测的背景浓度。因此在装置正常运行过程中，无法计算挥发性有机物的去除效率。该系统的处理效率测试在建设阶段，没有废水流经活性污泥系统。曝气池内充满了另一个活性污泥池的混合液，并允许对恶臭污染物进行为期两周的驯化，之后在曝气池的液位顶部取样。11 种挥发性有机化合物进入曝气池（表 20.5）并被生物降解，但是曝气池排放数据的变化巨大。因此，在有效数据基础上，仍需长期观察系统稳定运行的效果。

表 20.5　提升泵房与曝气池 VOCs 排放数据

化合物	提升泵房顶部空间浓度（μg/m³）	曝气池顶部空间		
		平均浓度（μg/m³）	标准差	相对偏差
苯	315	20	7.9	39.5%
氯乙烷	912	81	40.4	49.9%
三氯甲烷	596	84	19.4	23.0%
乙基苯	1 589	14	12.5	87.0%
己烷	20 059	3 815	2 917.9	76.5%
甲苯	11 106	121	167.5	138.3%
三甲基苯	4 097	30	32.5	110.7%
乙烯乙酸酯	82 308	45	40.7	89.4%
二甲苯	4 325	17	12.7	74.7%
邻二甲苯	9 708	21	20.0	95.5%

20.4　对污水处理的影响

在高负荷的活性污泥系统中引入臭气会降低处理效果。污染物处理过程中产生的臭气，例如污泥堆肥场，具有较高的含氧量，这提供了一个优势。

进气硫化物的浓度对活性污泥法的运行有显著影响。所有含硫化合物对硝化都有抑制作用，当硫化物将 pH 值降至 7 以下时，硝化反应开始受到抑制。硫化氢输送至活性污泥系统不仅对硝化存在抑制，还会导致污泥膨胀。微生物的驯化程度，污水中硫化氢等组分浓度和温度都会对硫化物抑制作用产生影响。温度影响水中溶解度和细菌生长速率。实验室小试规模的活性污泥反应池处理高浓度硫化氢污水时，污泥中含较高浓度的丝状细菌。工程实践中，活性污泥除臭系统中混合液丝状细菌含量有所增加，还未证实其中原因和后续影响。众多污水厂都存在此类现象，这可能是因为污水中的硫化物浓度通常高于臭气中的硫化氢浓度，因此气体硫化物负荷的影响较小。

在一中试试验中，研究了污水处理中的恶臭空气曝气对活性污泥的影响。混合液 pH 保持中性的运行条件下，MLSS 下降，出水悬浮物增加，微生物群落结构发生变化。原生动物减少，轮状体和鳞壳虫属类上升。研究还调查了化粪厂臭气对活性污泥系统的影响。在一个 33 天的实验中，pH 值从 7.6 下降到 3.15，在 22 天内从 6.3 降到 5.5，对硝化产生了明显的抑制作用。在 pH 值为 3.15 的条件下，生物质的自溶作用导致反应器出水中的氨浓度超过进水氨浓度。混合液、挥发性悬浮物和 MLSS 减少幅度为 130～160 mg/l，污水中硫与氮浓度增高。22%～39% 的硫化物代谢转化成硫酸根，水中无残余硫化物。

活性污泥系统中通常使用金属盐作为混凝剂，与硫化物形成沉淀。铁盐因成本低、毒性弱而被广泛使用。氯化亚铁可引发共沉淀。

一种沉淀从溶液中析出时，会引起某些共存的可溶性物质一起沉淀的现象。但任何铁盐都会与水溶性硫化物反应，进而大幅度降低 pH 值，因此需对 pH 值进行监测确保系统正常运行。调节混合液 pH 值可提高硫化物的溶解度，使硫化物具有生物可利用性，减少活性污泥池的臭气排放。虽然硫化氢气体在水中的溶解度很小，但氢硫根和二价硫等电离物质在水中的溶解度很高。降低污水处理负荷可避免 pH 值降低，仅靠药剂进行 pH 调节无法优化活性污泥除臭系统。

若使用活性污泥系统处理固废处置厂的恶臭气体，需对 pH 和 MLSS 进行调控控制，以保持高效能。调节措施包括：保持正常负荷、提高污泥浓度和污泥回流可避免有毒代谢物的积累。研究发现系统中含硫化合物转化为硫酸盐，部分被污泥吸收，含氮化合物转化为硝酸盐和亚硝酸盐。在高负荷和 pH＞5.0 条件下，在出水或 MLSS 上清液中未发现硝酸盐或亚硝酸盐，确保氨态氮的硝化和反硝化不受影响。

20.5 比较优势

针对污泥堆肥臭气污染，我们比较研究了湿式洗涤塔、生物滤池和活性污泥法对恶臭气体的处理效果。在美国，湿式洗涤塔是最广泛应用的除臭工艺之一，但受到某些缺陷限制，平均去除率仅为 70%～75%。生物滤池利用混合物或木屑作为填料，平均去除率在 90%～95% 之间，实践中已取代某些湿式洗涤塔装置。当生物滤池填料湿度不足，则大幅影响运行效果，去除率仅为 45%。活性污泥法工程运行平均去除率为 100%，维持 2.0～2.5 m 深的 MLSS 浓度；若使用侵入式曝气可使污水臭气降低至本底值浓度。活性污泥法处理污泥堆肥臭气明显优于湿式洗涤法，进气含硫化合物、醇类、酮类、醛类和酸性恶臭气体这些污染物可由活性污泥法生物降解，却无法被湿式洗涤去除。

相较于生物滤池、生物滴滤和膜生物反应器，活性污泥除臭工艺避免了填料堵塞、生物量过载、气体循环不充分、水循环与湿度控制、保持合理生物膜厚度等问题。在表 20.6 中总结了活性污泥除臭工艺的优点和缺点。任何由填料载体组成的过滤反应装置都必须提前对臭气进行预加湿，以防止微生物脱水。生物滤池和生物滴滤都由填料层组成，加湿促使臭气扩散至填料表面薄水层中，进而被微生物吸收降解。低溶解度污染物无法扩散到填料薄水层，与活性污泥精细曝气的水表面积相比，填料薄层水表面积过小。

生物过滤法处理含氯化污染物、含硫化合物或氨气时，会导致氯离子、硫酸盐或硝酸盐离子累积及生物膜的酸化。酸化可通过添加石灰等化学物质来缓冲，但最终的矿产物无法去除。使用活性污泥法，悬浮在液体中的微生物经反应后，将有毒的最终产物从液相中排出，或以固体形式融入污泥生物量后通过排泥离开系统。

表 20.6　活性污泥扩散法总结

优势	劣势
简便有效	增加风机维护工作量
投资与运行成本较低	受限于气体溶解率
易通过污水调控	主要去除硫化氢
冲洗去除降解后副产物	污水组分复杂增加调控难度
生物质驯化与治污能力较强	
常规排泥保持活性	工艺稳定性存疑
使用现存设施设备	
处理量大经济性较好	仅适用于好氧硝化无法处理超高硫化氢浓度
无需化学药剂	
硫化氢处理浓度高到 100 ppm	若超负荷产生额外臭气污染
无填料堵塞、湿度控制与气体循环要求	恶臭污染物抑制硝化反应
臭气浓度与硫化氢去除率＞99.5%	硫化氢输入导致污泥膨胀

20.6 经济性

20.6.1 使用现有设施

使用活性污泥法除臭的污水厂，都基于现有鼓风机和曝气系统为生物氧化供氧。活性污泥除臭工艺衍生的额外运行维护费用较少，同时避免使用次氯酸钠和氢氧化钠等危化品，规避后期存储与处置问题。

沿用现有曝气系统处理臭气，所涉及的新增投资仅限于臭气输送的管线建设，臭气输送管线工程包含预处理系统去除水分和细微颗粒。投资额度取决于臭气源与曝气风机之间的距离，以及过程设备、道路、建筑物布局等现场情况。新建大口径管线造价较高，潜在管线建设和运行需要高昂的投资。相比在臭气源旁，建设运行传统湿式洗涤塔更贵。但综合考虑化学药剂成本、设备维护和人力成本，可轻易抵消系统使用期间新建管线所带来的投资支出。应进行投资效益分析，正确权衡实际因素。

20.6.2 使用新建系统

采用专属除臭鼓风机和曝气系统，活性污泥除臭工艺不具成本优势。在液位下 3 m 或更深处曝气的能耗成本较高。现有鼓风机及曝气系统已为污水的生物处理提供了所需的空气，因此并无额外费用。每分钟将 100 m^3 的空气输送至液面下 3 m 深所需的鼓风机功率约为 60 kW。

新建系统所带来的能耗成本必须计入综合成本效益分析，包含鼓风机和曝气盘费用。虽然投资成本可能低于湿式洗涤塔等其他技术，曝气系统每年能耗可能远高于其他技术的化学药剂成本。

20.7 案例阐述

20.7.1 美国宾夕法尼亚瓦利福奇县排水管理部门

美国宾夕法尼亚州瓦利福奇县排水管理部运行有一个每天处理 30 m^3 污水的小型设施。排水管道内的厌氧条件促进了硫化氢生成，进水区和初沉池有严重的腐蚀恶臭。主管当局决定对进水区域和初沉池进行加盖处理，并将臭气输送至曝气池内处理。由于曝气池采用机械表面曝气盘，这就需要安装除臭专属鼓风机和曝气盘。

表 20.7 总结了瓦利福奇县小型污水处理厂除臭系统的设计标准。性能测试表明，该系统对臭气浓度和硫化氢的去除率可达 99.9% 以上。在曝气盘上方的池体表面，19 000 ou 的臭气进气浓度降至 5~7 ou，相当于本底值浓度。进气硫化氢浓度为 77 ppm，排气浓度低于分析仪器的检测限值约 0.1 ppm。

表 20.7　瓦利福奇县小型污水处理厂臭气控制系统的设计标准

参数	设计范围
恶臭来源	进水区域
	初沉池配水井
	初沉池出水渠与分流箱
气流速率	62 m^3/min（2 200 cfm）
加盖池内空气交换率	12 AC/hr
预计进气硫化氢浓度	120 ppm（夏季高峰）
鼓风机	2~45 kW（60 hp）正向位
曝气盘	4.3 米深度下 394 口径、膜材料管
	盖板（FRP）
	管线（PVC，316 SS）
构筑物材料	鼓风机过滤器与消音器（316 SS）
	鼓风机（钢材）
	排放管道（316 SS）
混凝土防腐措施	液位表面处乙烯基脂涂层

最初在鼓风机叶片上的焦油材料导致鼓风机在运行几周后关闭。这是从初沉池进口井管道中的油脂及去除气溶胶的过滤机制效率低下造成的。在抢修纠正这些缺陷后，只需少量维修费用。

20.7.2　美国新罕布什尔州康科德污水厂

美国新罕布什尔州康科德市霍尔街污水处理厂设计使用初沉池和活化生物滤池（ABF）工艺，每天处理 39 m^3 的废水，工艺由红杉木载体滴滤池和活性污泥池组成。现场臭气污染主要来源于进水区域、初沉池和储泥池。现场小试试验中，使用活性污泥法成功处理了储泥池的恶臭气体，处理过程基于精细曝气盘，进气浓度从 39 000 ou 降至 18 ou，相当于本底值浓度，去除率超过 99.9%。硫化氢从 100 ppm 降至约 0.3 ppm。虽然现场已建造两级湿式洗涤装置处理污泥恶臭气体。后来针对活性污泥法除臭工艺的调研决定，在1998年采用鼓风机和精细曝气装置取代老化的机械表面曝气。从此开始使用新的曝气系统处理进水管道、沉砂池和初沉池中的恶臭气体。

表20.8介绍了康科得污水厂除臭系统的设计参数。相较于美国宾州瓦利福奇县的除臭项目，康科得污水厂设计了专用的鼓风机和曝气系统为生物除臭提供氧气。

表20.8 康科得污水厂使用系统的设计标准

参数	设计范围
恶臭来源	进水区域
	曝气沉沙池
	初沉池出水渠
气流速率	70 m^3/min
加盖池内空气交换率	6 AC/hr
预计进气硫化氢浓度	200 ppm（夏季高峰）
鼓风机	2～93 kW，1～149 kW 离心风机
曝气盘	4.3 m 深度下 2928 口径、膜材料管
	盖板（铝材与 FRP）
	管线（FRP 与 HDPE）
构筑物材料	鼓风机过滤器与消音器（316 SS）
	鼓风机（钢材）
	排放管道（316 SS）
混凝土防腐措施	无

20.7.3 美国加尼福利亚州洛杉矶县污水厂

美国加州洛杉矶县环卫区运营了至少8个利用活性污泥法除臭的小型污水处理设施。每天处理污水量为49~240 m^3。表20.9提供了设施的简介。总体而言，活性污泥法是经济有效的除臭工艺。运行至今无重大问题，使用两级结构空气过滤系统减少了焦油材料在鼓风机内部组件上的积聚问题。

表 20.9　洛杉矶县各污水厂除臭工程汇总

污水厂地址	设计处理量（m^3/d）	恶臭来源	投产时间	进气流速（m^3/min）	注释
Los Coyote 污水厂 加州 Cerritos	140	进水井及初沉池	1970	280	过滤装置隔半年清洗、风机每年保养清洗有防腐涂层、无腐蚀现象、采用组曝气盘
Long Beach 污水厂 加州 Long Beach	95	初沉池	1973	170	无滤装置、风机每年保养清洗、存在腐蚀现象、采用组曝气盘、无堵塞现象、100% 硫化氢去除率
Pomona 污水厂 加州 Pomona	49	初沉池	1965	170	每季度更换过滤装置、采用精细曝气盘
Whittier Narrows 污水厂 加州 So. El Monte	57	初沉池	1962	140	每季度更换清洗过滤装置、无腐蚀现象、采用精细曝气盘、无堵塞现象
San Jose 污水厂 加州 Whittier	240	初沉池	1971	570	最近更换为精细曝气、新加装风机过滤装置、钢材鼓风机

20.8　参考文献

Æsøy, A., Ødegaard, H. and Bentzen, G. (1998) The effect of sulphide and organic matter on the nitrification acitivity in a biofilm process. *Wat. Sci. Tech.* **37**(1), 115-122.

Æsøy, A., Storfjell, M., Mellgren, L., Helness, H., Thorvaldsen, G., Ødegaard, H. and Bentzen, G. (1997) A comparsion of biofilm growth and water quality changes in sewers with anoxic and anaerobic (septic) conditions. *Wat. Sci. Tech.* **36**(1), 303-310.

Bentzen, G., Smith, A.T., Bennet, D., Webster, N.J., Reinholt, F., Sletholt, E. and Hobson, J. (1995) Controlled dosing of nitrate for prevention of H_2S in a sewer network and the effects on the subsequent treatment process. *Wat. Sci. Tech.* **31**(7), 293-302.

Bielefeldt, A.R., Stensel, H.D. and Romain, M. (1997) VOC treatment and odour control using a sparged shallow activated sludge reactor. In *Proceedings of WEFTEC '97, Vol. I. Research: Municipal Wastewater Treatment* p 93-101. WEF, Alexandria.

Clark, T., and Stephenson, T. (1998). Effects of chemical addition on aerobic biological treatment of municipal wastewater. *Env. Tech.* **19**, 579-590.

Clark, T., Burgess, J.E., Stephenson, T. and Arnold-Smith, A.K. (2000) . The influence of iron-based co-precipitants on activated sludge biomass. *Trans. IChemE*, **78**(B) 405-410.

Eckenfelder, W.W. and Grau, P. (1992). *Activated sludge process design and control: theory and practice*. Vol. **1**. Technomic Publishing, Inc., Lancaster.

Frechen, F-B. (1994) Odour emissions of wastewater treatment plants - recent German experiences. *Wat. Sci. Tech.* **30** (4), 35-46

Fukuyama J, Inoue Z and Ose Y (1986) Deodorization of exhaust gas from wastewater and night-soil treatment plant by activated sludge. *Toxicol. Env. Chm.* **12**, 87-109.

Henze, M., Harremoes, P., la Cour Jansen, J. and Arvin, E. (1995) *Wastewater Treatment*. Springer Verlag, Berlin.

Johnson, L.K., Waskow, C.E.G., Krizan, P.A. and Polta, R.C. (1995) Suspended growth bioscrubber for hydrogen sulphide control. *Proc. Specialty Conference on Odor / VOC Control*, p. 181-190. Air Waste Management Association, Pittsburgh.

Oppelt, M.K., Tischler, L., Levine, L. and Kowalik, J. (1999) Clearing the Air. Water *Env. Tech.* **11**(11), 43-47.

Ostojic, N., Les, A.P., and Forbes, R. (1992) Activated sludge treatment for odor control. *Biocycle* April, 74-78.

Ryckman-Siegwarth, J. and Pincince, A.B. (1992) Use of aeration tanks to control emissions from wastewater treatment plants. *Proc. WEF 65th Annual Conference, New Orleans, Louisiana, USA. Sept. 20-24. Session #22: VOC and Odor Control II: Emissions Evaluation and Control*. pp. 83 - 94. WEF, Alexandria.

Vincent, A. and Hobson, J. (1998) *Odour Conrol*. CIWEM Monographs on Best Practice No. 2, Terence Dalton, London.

WEF/ASCE (1995) *Odour control in wastewater Treatment Plants*. Water Environment Federation (WEF) Manual of Practice No. 22, American Society of Civil Engineers (ASCE) Manuals and Reports on Engineering Practice No. 82.

中英文名词对照

Area sources　面源

Biofilter　生物滤池

Biotrickling filter　生物滴滤池

Bioscrubber 生物洗涤塔

Deodorization　除臭

Dimethyl Sulphide　甲硫醚

Dispersion　扩散

Elimination capacity　去除能力

Dynamic dilution olfactometry　动态稀释嗅觉测量法

Electronic nose 电子鼻

Sensor arrays　传感器阵列

Emission hoods　排放罩

Gas chromatography　气相色谱

Hedonic tone　愉悦度 / 厌恶度

Mass spectrometry(MS)　质谱分析

Mass transfer　质量传递

Odour concentration　臭气浓度

Odour intensity　臭气强度

Odour perception　臭气感知

Odour thresholds　臭气阈值

Odour emission capacity(OEC)　恶臭释放能力

Olfactometry　嗅觉测量法

Packed towers　填料塔

Point sources　点源

Volume sources　体源